Hugo von Klinggraeff

Die Leber- und Laubmoose West- und Ostpreussens

bremen
university
press

Hugo von Klinggraeff

Die Leber- und Laubmoose West- und Ostpreussens

ISBN/EAN: 9783955620707

Auflage: 1

Erscheinungsjahr: 2013

Erscheinungsort: Bremen, Deutschland

@ Bremen-university-press in Access Verlag GmbH, Fahrenheitstr. 1, 28359 Bremen. Alle Rechte beim Verlag und bei den jeweiligen Lizenzgebern.

bremen
university
press

DIE

LEBER- UND LAUBMOOSE

WEST- UND OSTPREUSSENS

VON

DR. HUGO VON KLINGGRAEFF.

———•••———

HERAUSGEGEBEN MIT UNTERSTÜTZUNG DES WESTPREUSSISCHEN
PROVINZIAL - LANDTAGES

VOM

WESTPREUSSISCHEN BOTANISCH - ZOOLOGISCHEN VEREIN.

DANZIG 1893.
COMMISSIONS - VERLAG VON WILHELM ENGELMANN IN LEIPZIG.

Vorwort.

Seit ich im Jahre 1858 meine Flora der höheren Kryptogamen Preussens schrieb, einer Pflanzengruppe, welche seitdem allgemein den Namen der Archegoniaten erhalten hat, habe ich von zehn zu zehn Jahren neue Aufzählungen der bei uns gefundenen Arten dieser Pflanzenklasse geliefert. So will ich denn auch jetzt als Abschluss einer 50jährigen Forschung das Gesammt-Resultat derselben mittheilen. Die Pteridophyten oder Gefässkryptogamen übergehe ich, da wir über dieselben in kurzem aus der Feder eines Berufeneren genaueres und gründlicheres zu erwarten haben, und beschränke mich auf die Moose. Von unserer Kenntniss dieser hoffe ich ein ziemlich vollständiges Bild geben zu können, denn ich glaube so ziemlich alles, was davon bei uns gesammelt, unter Händen gehabt zu haben, dank den freundlichen Mittheilungen unserer Sammler. Was im Königlichen Herbarium in Königsberg vorhanden, habe ich früher durch die Freundlichkeit der Professoren E. Meyer und Caspary, neuerlichst durch die Professor Luerssen's zur Durchsicht erhalten. Der Ankauf des grossen Moosherbariums des verstorbenen Dr. Sanio durch das Westpreussische Provinzial-Museum, im Jahre 1891, ermöglichte mir die Kenntniss aller von diesem bedeutenden Moosforscher gemachten Entdeckungen, so weit sie mir nicht schon durch seine eigenen Mittheilungen bekannt waren.

Ich habe es mir zum strengen Gesetz gemacht, nur dasjenige hier mit einer Nummer versehen aufzunehmen, was ich selbst gesehen, diejenigen Angaben aber, die ich aus Mangel an Exemplaren nicht verificiren konnte, nur ohne eine solche anzuführen. Daher bin ich für alle Bestimmungsfehler, die leider auch hier nicht, wie wohl in keiner Flora, ganz fehlen werden, allein verantwortlich.

Die Standortsangaben habe ich nach den Landrathskreisen geordnet, und zwar möglichst in der Reihenfolge von Südwest nach Nordost, als der Längenachse unserer Schwesterprovinzen entsprechend, so dass ich mit Dt. Krone beginne und mit Memel ende. Bei den gewöhnlichen Arten begnüge ich mich mit der Angabe der Kreise, in denen sie bisher gefunden, bei selteneren gebe ich die speziellen Fundorte. Bei jedem Standorte habe ich den Namen des Finders in einer Klammer beigefügt, meine eigenen Funde aber mit einem ! bezeichnet. Die Namen der ersten Fundorte mit denen der Entdecker gebe ich bei seltenen Arten mit gesperrter Schrift, damit jedem sein Recht werde.

Der Hauptzweck dieser Schrift ist, eine genaue Uebersicht der Verbreitung der Arten in unseren Provinzen, so weit sie mir bekannt geworden, zu liefern. Um aber jungen Botanikern, die sich für diese zierliche Pflanzengruppe interessiren, einen Leitfaden in die Hand zu geben, habe ich kurze Beschreibungen der Familien, Gattungen und Arten hinzugefügt, die ich freilich, der Raumersparniss wegen, auf das Nothwendigste beschränkt habe. Feinere anatomische Merkmale, wie sie jetzt so vielfach angewendet werden, habe ich nur da gegeben, wo sie zur Artunterscheidung unentbehrlich sind. Hoffentlich wird sich keiner mit meinen kurzen Beschreibungen begnügen, sondern, wenn er erst Interesse für diese schönen Pflanzen gewonnen, zu grösseren Werken greifen. Auch ist zu erwarten, dass er bald auf Arten stösst, die ich aus der Provinz noch nicht kannte, und die er daher hier noch nicht beschrieben findet.

Vielleicht wird mancher an einigen Namen, die ich gebraucht, Anstoss nehmen, weil sie nicht dem strengen Prioritätsgesetze entsprechen. Daher will ich hier einiges über meine Stellung zu diesem Gesetze sagen.

Eines der grössten Verdienste Linné's ist es, dass er uns durch die strenge Durchführung der binären Pflanzennamen eine brauchbare Nomenclatur geschaffen; die baldige allgemeine Annahme beweist die Brauchbarkeit. Nun war gewiss jeder überzeugt, dass man für ein und dieselbe Art nur einen Namen gebrauchen dürfe, und es hielt daher anfangs keiner für nöthig, bei Gebrauch eines solchen den Autor desselben anzuführen. Als jedoch bei der immer grösser werdenden Zahl der neu unterschiedenen Arten die Zahl der Pflanzennamen und der Autoren wuchs, oft auch dieselbe Art von verschiedenen Autoren verschiedene Namen erhielt, entweder weil sie ohne gegenseitige Kenntniss dieselbe gleichzeitig oder fast gleichzeitig beschrieben, oder aus verschiedenen andern Gründen, so stellte sich bald die Nothwendigkeit heraus, bei Gebrauch eines solchen Namens auch den Autor desselben zu nennen, weil sonst kein Verständniss möglich war. Man denke nur an *Pinus Abies* und *Pinus Picea* Linné und du Roi. Die Beifügung des Autornamens zum Pflanzennamen hatte also nur denselben Zweck, wie bei Temperatur-Angaben die Beifügung eines C., R. oder F.; so wie dieses nur anzeigen soll, welcher Thermometerskala man sich bedient, so jenes, in welchem Sinne man den Pflanzennamen gebrauchte.

Da nun aber im Laufe der Jahre eine sehr verwickelte Synonymie entstand, fühlte man das Bedürfniss, hier Wandel zu schaffen. Die leitenden Autoritäten der Wissenschaft sprachen im Anfange des zweiten Drittels unseres Jahrhunderts die Meinung aus, dass es am zweckmässigsten wäre, stets nur den ältesten Namen anzuwenden, und bald ward auch auf botanischen Congressen das Prioritätsgesetz beschlossen und fand auch fast allgemeinen Beifall. Wie es aber mit solchen Beschlüssen von Congressen geht, denen keine Executivgewalt zusteht, wurde das Gesetz nur von wenigen stricte befolgt, die meisten befolgten es nur, so weit es ihnen zweckmässig erschien, fanden aber eine Menge Ausnahmen nöthig. Es hat das Uebel, dem es steuern sollte, eher vergrössert.

Das Prinzip finde ich richtig, seine strenge Beobachtung ist aber kaum durchführbar und führt oft zu Unzuträglichkeiten. Denn:

1. ist es bei den älteren Pflanzennamen, auch wenn man nicht hinter die Linné'sche Zeit zurückgeht, oft nicht möglich mit Sicherheit festzustellen, welche Pflanzenform der Autor mit seinem Namen meint, da er sie nicht so gut beschrieben, dass man sie sicher von Verwandten unterscheiden kann, es auch nicht durch Tradition festgestellt ist, welche er vor Augen gehabt. Als Beispiel nenne ich *Equisetum maximum* Lmk., von welchem sich durchaus nicht feststellen lässt, was Lamark damit gemeint, während wir ganz genau wissen, was Ehrhart unter seinem *E. Telmateja* verstand. Und doch verlangen die Prioritätseiferer, man solle statt *Equisetum Telmateja* Ehrh. *E. maximum* Lmk. schreiben.

2. Die Pflanzenarten der älteren Autoren sind zum grossen Theil Collectivarten, wie es in formenreichen Gattungen ganz natürlich ist, wo man zuerst nur Hauptmerkmale auffasst und erst bei eingehender, längerer Beschäftigung mit einem solchen Formenkreise die feineren, aber oft wichtigen Unterschiede erkennt. Werden nun von einer solchen Collectivart nur einzelne, besonders auffallende Formen als Arten abgetrennt, so kann man ja der zurückbleibenden Hauptmasse den alten Namen lassen, und hinter den Autornamen ein „ex parte" setzen. Misslich ist dieses jedoch, wenn die Collectivart in eine grössere Zahl von Arten aufgelöst wird, denn dann wird es ganz willkürlich, welcher man den alten Namen lassen soll, und ein e. p. hinter dem alten Autornamen belehrt einen nicht im geringsten darüber, welche Pflanzenform gemeint sei. Man hat aber auch in vielen Fällen schon aufgegeben, den alten Namen zu conserviren, und so findet man z. B. in den neueren Floren keinen *Rubus fruticosus* L. mehr. Den Namen *Sphagnum palustre* L. zu conserviren, finde ich ganz unzweckmässig; Linné würde sicher, wenn man ihm eine Sammlung aller europäischen *Sphagnum*-Arten vorlegte, alle zusammen, und mit Recht für sein *S. palustre* erklären.

3. Halte ich es durchaus nicht für zweckmässig, wenn Namen, die seit 40—50 Jahren im allgemeinen Gebrauch und allen geläufig waren, dem Prioritätsgesetze zu liebe, weil ein vergessener, älterer Name aufgefunden wurde, abgeändert werden.

Einen Nutzen für die Wissenschaft kann ich daraus nicht ersehen, es bringt nur ein immerwährendes Schwanken in der Nomenclatur hervor, denn es kann in kurzem sich noch ein älterer, vielleicht einige Monate älterer, Name finden. Im Laufe meines Lebens habe ich auf diese Weise manche alte, bekannte Art ihren Namen 4—5 mal ändern sehen. Hier sollte man zweckmässiger Weise den usus tyrannus anerkennen und einen allbekannten Namen nicht ändern.

Seit der Herrschaft des Prioritätsgesetzes hat sich eine wunderliche Vorstellung gebildet. Mit der Namengebung und Beschreibung soll nach derselben der Autor ein Besitz-recht der Art erwerben, wie durch eine Flaggenhissung, und wer dieses etwa ignorirt, soll sich einer Rechtsverletzung schuldig machen. Nun erwirbt sich jedenfalls derjenige ein Verdienst, der eine neue Pflanzenart so gut beschreibt oder abbildet oder auch in instructiven Exemplaren veröffentlicht, dass sie mit Sicherheit wiedererkannt werden kann, und der-jenige handelt thöricht, der ihr einen neuen Namen beilegt, weil ihm vielleicht der vom Autor gegebene nicht zutreffend genug scheint, oder er ihn nicht sprachlich richtig gebildet findet. Aber wenn der Autor die Art so mangelhaft beschrieb, dass sie nicht zu erkennen ist, und dann ein anderer sie neu und besser beschreibt und sie unwissentlich mit einem neuen Namen belegt, so verdient denn doch wohl der neuere Name den Vorzug. Dass einem älteren Autor ein Unrecht geschehe, wenn einer seiner Pflanzennamen obsolet wird, kann ich durch-aus nicht einsehen, eben so wenig wie ich glaube, dem alten Fahrenheit ein Unrecht zu thun und seinen Ruhm als Physiker zu kränken, wenn ich statt seiner älteren die neuere Celsius-sche Thermometerskala, weil zweckmässiger, anwende. Mir ist der Name einer Pflanze ein an sich gleichgültiges Zeichen, mich anderen verständlich zu machen, und ich wähle daher den, welchen ich für den bekanntesten halte.

In der Mooskunde hat wohl keiner den Prioritätsfanatis-mus höher auf die Spitze getrieben als S. O. Lindberg, dessen sehr grosse Verdienste ich gewiss bereitwilligst anerkenne, zu denen ich aber seine, alt sein sollende, neue Nomenclatur durchaus nicht rechnen kann. Wenn man seine Schriften ansieht, kommt man sich wie in einer Maskengesellschaft vor, in der man seine besten Bekannten in dem ungewohnten Kostüm nicht wiedererkennt, sondern nur errathen muss. Wie man bei den Phanerogamen nicht hinter Linné zurückgehen sollte, denn seit ihm herrschen erst die binären Namen, so sollte man bei den Moosen nicht auf die Namen vor Hedwig und Ehrhart zurückgreifen, denn sie erst haben brauchbare Gattungen gebildet.

Ich habe Synonyme nur dort angegeben, wo es durchaus nothwendig, auch bei Arten mit veränderten Gattungsnamen nicht den ersten Autor in der Klammer beigefügt, wie es wohl üblich, denn so nothwendig und nützlich alle solche Nachweisungen in umfassenderen Werken sind, halte ich es doch für unnütze Raumverschwendung, in einer kleinen Provinzialflora den ganzen historischen Apparat mitzuschleppen. Feinden der Artzersplitterung wird es vielleicht anstössig sein, dass ich manche alte Art, die zur Varietät degradirt worden, wieder hergestellt habe. Mir war es nicht darum zu thun, eine möglichst grosse Artenzahl aufführen zu können, wie vielleicht mancher meinen wird, sondern ich hielt es nur für zweckmässig, dadurch auf gut unterscheidbare Formen aufmerksam zu machen, die, wenn sie als Varietäten stehen, leicht übersehen werden. Ich bin überhaupt ausser stande, einen Unterschied zwischen Art und beständiger Varietät auzuerkennen, und es fällt mir daher nie ein, darüber zu streiten, ob eine Pflanzenform eine gute oder eine schlechte Art sei. Bei den Moosen kommt nun noch die Schwierigkeit hinzu, dass wir die Formen nicht auf ihre Samenbeständigkeit prüfen können, da Culturversuche ausgeschlossen sind, wir also die Formen so hinnehmen müssen, wie wir sie in der freien Natur vorfinden. Unter die Varietäten herabzusteigen und noch Formen und Unterformen vorzuführen, hielt ich für überflüssig. Diese feinen Unterschiede sind kaum mit Worten wiederzugeben, und es wird kaum jemandem, der sich nicht auf ein monographisches Studium einer formenreichen Gattung einlassen will, möglich sein, sie mit einiger Sicherheit zu bestimmen. So nützlich es ist, solche Formenreihen in Herbarien zusammenzustellen, weil man an ihnen recht die Variabilität der Arten erkennt, so zwecklos ist es, in einer Flora sie alle anzuführen, da man unnützerweise das Gedächtniss des sie Benutzenden mit Namen belastet, bei denen er sich nichts Bestimmtes vorstellen kann, und die ihn nur verwirren.

Allen den Herren, die mir zu meinen früheren und jetzigen Mittheilungen behülflich gewesen, sage ich hiermit meinen herzlichsten Dank. Besonders fühle ich mich dem wissenschaftlichen Hilfsarbeiter am Provinzial-Museum Herrn Dr. Kumm in Danzig für die mühevolle Correctur dieser Arbeit zu aufrichtigem Dank verpflichtet. Auch den bereits Verstorbenen bewahre ich ein dankbares Andenken.

Danzig-Langfuhr, im November 1892.

Der Verfasser.

Inhalt.

Allgemeiner Theil.

Geschichtliche Entwickelung unserer Kenntniss der Moosflora West- und Ostpreussens.

Literatur. Erst sehr spät hat eine floristische Erforschung der west- und ostpreussischen Moose angefangen. Es lohnt wohl kaum der Mühe, die wenigen Moose, welche in den Schriften von J. Gotsched, Helwing, Reyger und Bock angeführt und z. Th. abgebildet sind, zu erwähnen. Es sind alles sehr gemeine Arten, die in keiner mitteleuropäischen Gegend fehlen. Die erste grössere Aufzählung findet sich in der zweiten Ausgabe von Reyger's „Um Danzig wildwachsende Pflanzen", herausgegeben von G. Weiss 1825, wo von diesem in dem zweiten, die Kryptogamen enthaltenden Bande 23 Lebermoose und gegen 140 Laubmoose aufgeführt und beschrieben werden. Leider führt Weiss nur wenige Standorte an und meist nur von sehr gewöhnlichen Arten. Doch sind alle Arten wieder in der Provinz, wenn auch nicht bei Danzig aufgefunden worden, bis auf *Pottia Heimii*. Klinsmann meint, der ganze kryptogamische Theil sei nur eine Uebersetzung aus Schlechtendal's „Flora berolinensis", und er dürfte vielleicht Recht haben.

E. Meyer veröffentlichte 1833 in seinem „Elenchus plantarum Borussiae indigenarum" 29 Lebermoose und 112 Laubmoose, leider ohne alle Angaben von Fundorten. Diese Arten habe ich zum grössten Theil in dem Königsberger Herbar vertreten gefunden und auch alle wieder in der Provinz aufgefunden, nur zwei muss ich beanstanden, nämlich *Jungermannia pumila* und *Fontinalis squamosa*, die nicht im Herbar vorhanden und auch nicht wiedergefunden sind. *J. pumila* ist mir verdächtig, da E. Meyer sagt, er habe die Lebermoose nach der „Synopsis hepaticarum europaearum" von Lindenberg bestimmt, Nees von Esenbeck aber der Meinung ist, dass die daselbst abgebildete und beschriebene Pflanze nicht die echte Withering'sche Art, sondern seine *J. nana* ist. Wie dem auch sei, so lasse ich die Art lieber aus, denn ich sehe keinen Nutzen dabei, unsichere Angaben von Buch zu Buch weiter zu schleppen. *Fontinalis squamosa* halte ich für einen Flüchtigkeits- oder Schreibfehler, weil *F. antipyretica*, die bei Königsberg gar nicht selten, nicht aufgeführt wird. Im Herbarium fand sich letztere, richtig bezeichnet, aber nicht erstere.

W. Hübner in Braunsberg lieferte in den Preussischen Provinzialblättern 1839 einen „Beitrag zur preussischen Flora", in dem er auch eine grosse Anzahl Moose anführt. Seine Angaben sind recht zuverlässig, denn alles, was ich davon in Originalexemplaren sah, war richtig bestimmt. Zwei Arten sind nach ihm noch nicht wiedergefunden, nämlich *Pterigoneuron subsessile* und *Hypnum molluscum*; ich besitze sie aber selbst von seiner Hand.

S. Th. Ebel veröffentlichte 1856 eine „Beschreibung der preussischen Laubmoose". Er beschreibt darin 119 Arten, aber meist ohne Standortsangaben. Die Bestimmungen scheinen richtig zu sein, bis auf *Dichodontium pellucidum*, denn an dem angeführten Standorte bei Juditten hat Elkan, wie ich mich aus dem Herbarium überzeugte, nicht diese Art, sondern *Dicranella Schreberi* gefunden und als *Dicranum pellucidum* bestimmt.

1858 erschienen meine „Höheren Kryptogamen Preussens." Ich zählte darin auf und beschrieb 51 Lebermoose und 229 Laubmoose. Manches Irrthümliche habe ich später verbessert.

1862 schrieb Klinsmann seine „Beiträge zur Kryptogamenflora Danzig's", in welche er aber auch alles aufnahm, was ihm überhaupt aus West- und Ostpreussen bekannt geworden. Er führt darin 63 Lebermoose und 244 Laubmoose mit Standortsangaben auf. Leider ist er dabei zu wenig kritisch verfahren, er hat alles aufgenommen, wie es ihm geboten worden. Auch irrige Angaben von mir hat er aufgenommen, und, wenn ich sie später verbessert, diese Verbesserungen wieder für andere Arten angesehen. So kommt es denn, dass häufig eine Art unter mehreren Namen aufgeführt wird, weil er sie unter verschiedenen Namen erhielt, oder zu verschiedenen Zeiten nach verschiedenen Autoren bestimmt hat. Unbedingt, wenigstens vorläufig, sind folgende Arten zu streichen: *Jungermannia Taylori, J. nana, Dicranum falcatum, Zygodon torquatus* und *Pterygophyllum lucens*. Man lege mir diese Aeusserungen nicht als Impietät gegen meinen hochverehrten väterlichen Freund aus, dessen Verdienste um die Erforschung unserer Provinzialflora gewiss niemand williger anerkennt, als ich, aber im Interesse der Sache hielt ich sie für unerlässlich.

1872 und 1880 veröffentlichte ich dann wieder „Verzeichnisse der preussischen Moose".

1882 lieferte P. Janzen in den Schriften der Naturforschenden Gesellschaft in Danzig ein „Verzeichniss der Moose der Umgegend von Elbing“.

Das dürfte wohl alles sein, was bisher über west- und ostpreussische Moose veröffentlicht worden, kleinere Notizen, Exkursionsberichte u. s. w. abgerechnet, die besonders anzuführen überflüssig wäre.

Sammlungen. Sehr zahlreich sind in neuerer Zeit die Sammler gewesen, wie man aus meinen Standortsangaben ersieht, wo jeder bei seinen Funden namentlich angeführt wird. Es sind wenige Kreise, der beiden Provinzen, die nicht wenigstens einen kleinen Beitrag geliefert. Genauer durchsucht sind aber erst wenige Lokalfloren, wie es nur geschehen kann, wenn an einem Orte angesessene Botaniker längere Zeit der Umgegend ihre Aufmerksamkeit widmen. In Westpreussen sind es folgende 5: Konitz, durchsucht von C. Lucas, mit 31 Lebermoosen und 128 Laubmoosen, Danzig, erforscht von Klinsmann, Klatt, C. Lützow und mir, hat bisher 54 Lebermoose und 228 Laubmoose geliefert. Marienwerder, von mir durchsucht, 49 Lebermoose und 224 Laubmoose. Loebau, von mir durchsucht, 51 Lebermoose und 240 Laubmoose. Elbing, durchforscht von Hohendorf, Janzen, Preuschoff, Kalmuss und mir, 37 Lebermoose und 171 Laubmoose. In Ostpreussen folgende 3 Lokalfloren: Königsberg, erforscht von Rauschke, W. Ebel, Elkan, Sanio und vielen anderen, mit 25 Lebermoosen und 219 Laubmoosen. Pr. Eylau, wo Janzen leider nur wenige Jahre botanisirt hat, lieferte doch bereits 12 Lebermoose und 178 Laubmoose. Die grösste Zahl lieferte die von Sanio durchforschte Flora von Lyck, nämlich 41 Lebermoose und 271 Laubmoose, was wohl weniger der grösseren Reichhaltigkeit, als dem anhaltenden, langjährigen Eifer des Forschers zuzuschreiben. Die übrigen Gegenden sind bryologisch nur bei Gelegenheit botanischer Reisen durchforscht, auch sind an vielen Orten von Botanikern gelegentlich Moose gesammelt worden.

Verbreitung und Vorkommen der Moose.

Vergleichung des Vorkommens der Arten in den beiden Provinzen. Wenn wir die beiden Provinzen hinsichts der Zahl der Arten mit einander vergleichen, so hat bis jetzt Westpreussen die grössere Zahl voraus. Es fehlen bis jetzt in Ostpreussen von den aus Westpreussen bekannten folgende: *Anthoceros laevis, A. punctatus, Riccia ciliata, Lunularia vulgaris, Metzgeria conjugata, Aneura pinnatifida, A. multifida, A. latifrons, Blasia pusilla, Pellia calycina,*

1*

Fossombronia cristata, F. Dumortieri, Haplomitrium Hookeri, Sarco-scyphus Ehrharti, Cephalozia elachista, C. Jackii, C. catenulata, C. Starkii, Jungermannia alpestris, J. porphyroleuca, J. Mülleri, J. caespiticia, J. lanceolata, Diplophyllum obtusifolium, Scapania rosacea, S. undulata, Plagiochila interrupta, Geocalyx graveolens, Madotheca rivularis, Sphagnum molle, S. crassicladum, Andreaea rupestris, Sphaerangium muticum, S. triquetrum, Astomum crispum, Dichodontium pellucidum, Dicranella crispa, D. subulata, Dicranum tectorum, Conomitrium Julianum, Leptotrichum homomallum, L. palli-dum, Distichium capillaceum, D. inclinatum, Pottia minutula, Didy-modon luridus, D. rigidulus, Tortella tortuosa, Aloina rigida, Syntri-chia intermedia, Racomitrium aciculare, R. protensum, R. sudeticum, R. microcarpum, Ulota intermedia, Orthotrichum tenellum, O. Sturmii, O. gymnostomum, Encalypta ciliata, Physcomitrium sphaericum, P. eurystomum, Bryum lacustre, B. calophyllum, B. erythrocarpum, B. Klinggraeffii, B. badium, B. Funkii, B. Duvalii, Mnium serratum, Bartramia pomiformis, B. Oederi, Philonotis capillaris, Timmia mega-politana, Pogonatum alpinum, Fontinalis dalecarlica, F. baltica, Dichelyma falcatum, D. capillaceum, Brachythecium amoenum, Eurhynchium Stokerii, Plagiothecium Schimperi, Hypnum elodes, H. fertile, H. imponens; im Ganzen 84 Arten. Dagegen hat Ostpreussen vor Westpreussen voraus: *Harpanthus Flotowianus, Lophocolea cuspi-data, Cephalozia curvifolia, Jungermannia sphaerocarpa, J. quinque-dentata, J. Floerkei, Mastigobryum trilobatum, Cynodontium strumi-ferum, Dicranella hybrida, Leptotrichum flexicaule, Pterigoneuron subsessile, Syntrichia latifolia, Schistidium maritimum, Grimmia leuco-phaea, G. commutata, Dryptodon patens, Funaria microstoma, Bryum Lisae, B. Neodamense, Mnium medium, M. orthorrhynchum, M. sub-globosum, Cinclidium stygium, Buxbaumia indusiata, Pseudoleskea atrovirens, Thuidium delicatulum, Homalothecium Philippeanum, Brachythecium vagans, Eurhynchium myosuroides, E. velutinoides, Rhynchostegium depressum, Amblystegium tenuissimum, Hypnum capillifolium, H. Cossoni, H. revolvens, H. aurantiacum, H. falcatum, H. pallescens, H. molluscum, H. trifarium, Hylocomium umbratum*; im Ganzen 41 Arten.

Diese grosse Differenz in der Moosflora der beiden Provinzen ist jedenfalls nur eine scheinbare, durch unsere mangelhafte Kenntniss derselben bedingte, und dürfte sich bei späteren Forschungen fast ganz ausgleichen. Ein grosser Unterschied lässt sich auch bei diesen gegen klimatische Einflüsse nicht sehr empfindlichen Pflanzen in einem Gebiete, welches noch nicht voll 3 Breitengrade und 7 Längengrade umfasst, kaum erwarten; es sind hier fast nur physikalische Geländeverhältnisse für das Vorkommen oder Fehlen maassgebend. In dieser Hinsicht wüsste ich nun zwischen beiden Provinzen nur einen auffallenden Unterschied, das häufige Vorkommen grosser Hochmoore in Ostpreussen, und das fast gänzliche Fehlen der·selben in Westpreussen, was ein weit häufigeres Erscheinen der diese mit Vorliebe bewohnenden Moose in Ostpreussen erwarten lässt. Und dieses trifft in der That zu. Die *Meesea*-Arten, in Westpreussen ziemlich selten, erscheinen in O. tpreussen häufig, das echte *Sphagnum rubellum* Wils. ist mir fast nur von dort bekannt, und *Sphagnum molluscum* erscheint dort auch ziemlich massenhaft, während ich es in Westpreussen nur an einer Stelle sehr sparsam gefunden habe. Die *Harpidia*, wie alle Sumpf-Hypneen erscheinen in Ostpreussen viel häufiger und formenreicher als in Westpreussen. Dagegen liefern die Laubwälder und Seen Westpreussens eine ganze Anzahl Arten, die Ostpreussen fehlen. Die Erhebung über die Meeresfläche zeigt keinen bemerkbaren Einfluss auf die Moosflora. Beide Provinzen haben Höhen über 300 Meter, doch zeigt sich an diesen Punkten kein auffallender Unterschied in der Moosdecke von der der niedrigen Gegenden, wenn sonst die Bedingungen die gleichen sind. Dagegen scheint mir ein grösserer Unterschied zwischen dem Binnenlande und den Küstengegenden obzuwalten. Abgesehen von den Sumpf- und Wassermoosen erscheint die Moosflora der Küstengegenden weit üppiger, und einzelne Arten, die hier z. Th. nicht selten, habe ich aus dem Binnenlande garnicht oder doch nur sehr spärlich gesehen, z. B. *Diplophyllum obtusifolium*, *Scapania nemorosa*, *Jungermannia exsecta*, *Frullania Tamarisci*. *Dicranum majus*, *Diphyscium foliosum*, *Plagiothecium undulatum*, *Hylocomium loreum* und andere.

Bei der noch so unvollständigen Kenntniss unserer Moosflora ist es ganz unthunlich, schon jetzt über die Verbreitung der einzelnen Arten etwas Allgemeines zu sagen; der grösste Theil derselben ist allgemein verbreitet, und findet sich überall, wo eine passende Oertlichkeit vorhanden. Bei den selteneren, und besonders bei den unscheinbareren Arten ist es ja überhaupt mehr ein glücklicher Zufall, wenn man sie auffindet, und da lässt sich über ihre Verbreitung durchaus noch gar nichts sagen, denn an wie vielen Orten mögen sie noch und z. Th. zahlreich vorhanden sein. Am ehesten ist es noch möglich, bei den grossen, in die Augen fallenden und nicht allzu selten vorkommenden, die man daher selbst nicht leicht übersieht, die man fast in jeder Moossammlung findet, und die man fast in

jeder Moossendung aus Gegenden, wo sie vorkommen, erhält. Als
Beispiel möchte ich hier die 6 grossen, ansehnlichen *Dicranum*-Arten,
D. Bergeri, palustre, spurium, scoparium, majus und *undulatum* anführen. Die beiden ersten Arten, *D. Bergeri* und *D. palustre* sind
Sumpfmoose, die in beiden Provinzen an allen passenden Oertlich-
keiten vorhanden, die vier letzten sind Waldmoose und ihre Ver-
theilung eine sehr verschiedene. *D. scoparium* findet sich durch
beide Provinzen in jedem Walde, meist in mehreren seiner sehr von
einander abweichenden Formen. *D. spurium*, Kiefernwälder liebend,
kenne ich nur aus dem äussersten Westen, wo es z. Th. recht häufig
sein soll, und dann sah ich es erst wieder und nur einmal aus dem
äussersten Osten, von Darkehmen. Wahrscheinlich wird es auch
noch in dem grossen Zwischenraum vorkommen, aber gewiss nur
selten, denn sonst wäre es mir bei seiner Ansehnlichkeit doch schon
unter die Hände gekommen. *D. undulatum* kommt auch in beiden
Provinzen häufig vor und wird kaum in einem Kreise gänzlich fehlen,
ist aber im nordwestlichen Westpreussen, schon bei Danzig, ziemlich
selten, und im Putziger Kreise habe ich es nur ganz im Osten, auf
der Oxhöfter Kämpe und auf Hela gefunden. Dagegen ist hier im
Nordwesten *D. majus* häufig. Schon bei Danzig ist es häufiger als
D. undulatum, und je weiter von hier nach Norden und Westen,
desto vorherrschender wird es. Im Innern Westpreussens kenne ich
es nur spärlich von Graudenz, und aus Ostpreussen auch nur sparsam von Pr. Eylau und Lyck. Es scheint beinahe, als wenn *D. majus*
und *D. undulatum* sich gegenseitig ausschliessen, wo das eine üppig
gedeiht, scheint das andere zu verschwinden. *D. undulatum* soll
nach Schimper in England, wo *D. majus* häufig ist, ganz fehlen.
D. undulatum liebt mehr die Nadelwälder, *D. majus* mehr die Laub-,
besonders Buchenwälder, doch habe ich es in den Buchenwäldern bei
Elbing vergeblich gesucht, wo man leicht durch das ihm äusserlich oft sehr
ähnliche *D. scoparium* var. *curvulum*, das dort sehr üppig gedeiht, ge-
täuscht wird. Nähere Angaben über die Verbreitung einzelner
Moosarten werden erst dann möglich sein, wenn eine recht grosse
Zahl von Lokalfloren durchforscht und deren Arten verzeichnet sein
werden, denn was ich jetzt etwa vermuthungsweise anführen könnte,
würde sich vielleicht durch Entdeckungen der nächsten Tage als irrthümlich erweisen.

Vergleichung mit den Nachbarfloren. Von grösstem Interesse
wäre es, eine Vergleichung mit unsern sämmtlichen Nachbarfloren
anzustellen, weil sich dabei herausstellen würde, was wir möglicherweise bei uns noch zu erwarten haben, denn dass wir den Arten-

reichthum unserer Provinzen noch lange nicht vollständig kennen, kann man mit Bestimmtheit annehmen. Doch ist mir dieses leider nur in sehr beschränktem Maasse möglich. Littauen und Polen sind für mich eine bryologische terra incognita, ich habe von dort nicht ein einziges Moos gesehen. Für die Provinz Posen fehlen mir auch alle Angaben bis auf die zahlreichen Moose aus der Bromberger Umgegend, die ich der Freundlichkeit des Herrn Gymnasiallehrer Schaube verdanke. Unter diesen habe ich aber keines gefunden, das nicht auch in Westpreussen vorkäme. Ich gehe daher weiter nach Südwesten und fange die Vergleichung mit der schlesischen Flora an, wozu ich die Flora von Limpricht von 1876 benutzen kann. Für Brandenburg besitze ich durch die freundlichen Angaben Warnstorf's die Kenntniss alles dessen, was dort bisher gefunden. Für Pommern ist keine Aufzählung der dort gefundenen Moose veröffentlicht, was ich sehr bedaure, denn die Moosflora dieser Provinz ist sicher der unsrigen am nächsten verwandt. Für die baltischen Provinzen Russlands, Kurland, Livland und Estland, sind 1890 und 1891 Verzeichnisse der Laub- und Lebermoose von Bruttan veröffentlicht, die ich durch die Güte Russows erhalten habe.

Ich beginne also mit **Schlesien.** Limpricht zählt 491 Laub- und 135 Lebermoose auf. Von diesen können zuvörderst nur die Moose der Ebene und Hügelregion, nach Limpricht 377 Laub- und 111 Lebermoose, mit unserer Flora verglichen werden. Von solchen hat nun Schlesien vor West- und Ostpreussen folgende voraus: *Riccia bifurca, R. minima, R. sorocarpa, Reboulia hemisphaerica, Grimaldia barbifrons, Metzgeria pubescens, Pellia Neeseana, Blyttia Lyellii, Moerkia hibernica, Madotheca laevigata, Mastigobryum deflexum, Cephalozia rubella, C. dentata, C. Francisci, Jungermannia Mildeana, J. acuta, J. Zeyheri, J. minuta, J. Michauxii, Diplophyllum albicans, Scapania umbrosa, S. compacta, S. aequiloba, Sphagnum imbricatum, S. Lindbergii, Archidium alternifolium, Ephemerum cohaerens, E. tenerum, Microbryum Floerkeanum, Sporledera palustris, Hymenostomum squarrosum, H. rostellatum, Gymnostomum calcareum, Cynodontium alpestre, Campylopus fragilis, Seligeria pusilla, S. Doniana, Pottia Starkeana, P. Heimii, Eucladium verticillatum, Leptotrichum vaginans, Trichostomum tophaceum, T. cordatum, Aloina ambigua, A. aloides, Barbula cylindrica, B. vinealis, B. recurvifolia, Tortella inclinata, Cinclidotus fontinaloides, Schistidium confertum, Grimmia Schultzii, G. Doniana, G. tergestina, G. montana, Coscinodon pulvinatus, Zygodon viridissimus, Ulota Hutchinsiae, Orthotrichum leu-*

comitrium, O. apendiculatum, Schistostega osmundacea, Discelium nudum, Pyramidula tetragona, Webera elongata, Bryum fallax, B. alpinum, B. Mildeanum, Mnium spinosum, M. spinulosum, Bartramia Halleriana, Fontinalis squamosa, Pterygophyllum lucens, Pseudoleskea catenulata, Heterocladium dimorphum, H. heteropterum, Neckera pumila, Eurhynchium striatulum, E. Tommasinii, E. crassinervium, E. speciosum, E. Teesdalii, Rhynchostegium confertum, Amblystegium confervoides, Hypnum rugosum, H. ochraceum; im ganzen 85 Arten, von denen wohl noch manche bei uns vorkommen könnten: besitzen West- und Ostpreussen doch einige Moose, die in Schlesien nur in der Berg- resp. Hochgebirgsregion vorkommen, nämlich: Harpanthus Flotowianus, Cephalozia curvifolia, Jungermannia Floerkei, J. alpestris, Mnium medium, M. subglobosum, M. cinclidioides, Bartramia Oederi, Dichelyma falcatum, Hylocomium umbratum. Die Moose, welche West- und Ostpreussen vor Schlesien etwa voraus haben, lohnt es nicht anzuführen, da in den 16 Jahren, welche seit dem Erscheinen der Limpricht'schen Flora verflossen, wohl so manche derselben auch in Schlesien aufgefunden sein dürften.

Wenn wir die Moosflora der **Mark Brandenburg** betrachten, so fällt es auf, dass aus dieser viel kleineren, weit kultivirteren und daher der Moosvegetation mehr entzogenen Provinz genau so viele Arten bekannt sind wie aus dem viel grösseren Areal West- und Ostpreussens. Es ist aber leicht erklärlich, weil Brandenburg viel länger und gründlicher durchsucht ist. Und doch werden dort noch fast jährlich neue Arten aufgefunden, also dürfen die preussischen Bryologen sicher nicht fürchten, dass für sie nichts neues mehr zu finden sei. Wenn auch die angegebenen Zahlen in den beiden Floren nicht genau stimmen, weil die Arten in beiden etwas abweichend begrenzt sind, in der einen eine Form als Varietät steht, die die andere als Art aufführt, so ergeben doch die Zahlen der Formen, die jede vor der andern voraus hat, und die ganz gleich sind, dass auch die Zahl aller Arten nahe gleich sein muss. Brandenburg hat voraus: Riccia bifurca, R. minima, R. sorocarpa, R. Warnstorfii, R. Michelii, Reboulia hemisphaerica, Blyttia Lyellii, Fossombronia incurva, Cephalozia Francisci, C. dentata, Jungermannia Mildeana, J. marchica, J. Limprichtii, J. Rutheana, Diplophyllum taxifolium, D. albicans, Scapania compacta, Sphagnum imbricatum, Archidium alternifolium, Ephemerum Rutheanum, E. recurvifolium, E. Flotowii, Microbryum Floerkeanum, Sporledera palustris, Hymenostomum squarrosum, Rhabdoweisia fugax, Dicranella humilis, Dicranum strictum, D. fuscescens, Campylopus flexuosus, Seligeria recurvata, Pottia Starkeana, P. Heimii,

Trichostomum tophaceum, Aloina brevirostris, A. ambigua, Barbula revoluta, B. vinealis, B. cylindrica, Zygodon viridissimus, Ulota marchica, Orthotrichum Shawii, O. leucomitrium, O. pulchellum, Schistidium confertum, Grimmia crinita, G. decipiens, G. Doniana, Tayloria splachnoides, Pyramidula tetragona, Webera sphagnicola, Bryum luridum, B. Ruppinense, B. Mildeanum, B. fallax, Mnium paludosum, Bartramia Halleriana, Fontinalis androgyna, Neckera pumila, Heterocladium squarrosulum, Scleropodium illecebrum, Eurhynchium crassinervium, E. speciosum, Rhynchostegium tenellum, R. confertum, Brachythecium sericeum; im Ganzen 66 Arten, z. Th. südliche und westliche, die bei uns schwerlich zu finden sein werden, den grösseren Theil können wir aber mit ziemlicher Sicherheit erwarten. West- und Ostpreussen haben bis jetzt vor Brandenburg voraus: *Metzgeria conjugata, Haplomitrium Hookeri, Harpanthus Flotowianus, Lophocolea latifolia, Chiloscyphus pallescens, Cephalozia curvifolia, C. elachista, C. Starkii, Jungermannia quinquedentata, J. Floerkei, J. attenuata, J. sphaerocarpa, J. alpestris, Scapania rosacea, Madotheca rivularis, Sphagnum quinquefarium, S. Wulfianum, S. platyphyllum, S. crassicladum, Andreaea rupestris, Dicranoweisia crispula, Dicranella subulata, D. hybrida, Dicranum fulvum, D. tectorum, Fissidens pusillus, F. decipiens, Dicranodontium longirostre, Trichostomum cylindricum, Ulota intermedia, Schistidium maritimum, S. gracile, Dryptodon patens, Racomitrium aciculare, R. protensum, R. sudeticum, R. microcarpum, Funaria microstoma, Bryum calophyllum, B. cirrhatum, B. Lisae, Mnium orthorrhynchum, M. subglobosum, M. cinclidioides, Meesea Albertinii, Bartramia Oederi, Timmia megapolitana, Pogonatum alpinum, Fontinalis dalecarlica, F. seriata, F. baltica, Dichelyma falcatum, Leskea nervosa, Pseudoleskea atrovirens, Homalothecium Philippeanum, Eurhynchium velutinoides, Rhynchostegium depressum, Brachythecium vagans, Amblystegium tenuissimum, A. fluviatile, Hypnum vernicosum, H. fallax, H. pallescens, H. fertile, H. Haldanianum, Hylocomium umbratum;* auch 66 Arten, unter denen wohl viele als nördliche und östliche zu betrachten sind.

Von **Pommern** giebt es, wie schon gesagt, noch keine Aufzählung der Moose, doch haben wir, wie mir Dr. Winkelmann schrieb, bald eine solche zu erwarten. Es thut mir nur leid, dass ich sie noch nicht benutzen kann, denn die pommersche Moosflora würde als die der unseren nächstverwandte manche interessanten Vergleiche gewähren.

Nun bleibt noch die Moosflora der **baltischen Provinzen Russlands**, Kurland, Livland und Estland, zu betrachten. Diese scheint aber, wie Bruttan in seiner Schrift bemerkt, noch nichts weniger als einigermaassen erschöpfend bekannt, besonders die des uns zunächst liegenden Kurland. Zwar die Lebermoose dürften mit 81, und wenn ich die von Bruttan als Varietäten erwähnten, die ich für Arten rechne, dazu zähle, mit 87 Arten wohl keine grosse Steigerung zu erwarten haben, denn 100 Arten wäre wohl das Höchste, was von dort zu erwarten, aber die Laubmoose erreichen nach Bruttan nur die Zahl von 279, oder wenn ich die bei mir als Arten geltenden Varietäten dazu zähle, 286 Arten. Das ist jedenfalls eine viel zu niedrige Ziffer, denn dass ein Land, welches ungefähr dieselbe Grösse hat wie West- und Ostpreussen, sich fast einen Breitengrad weiter von Süden nach Norden erstreckt, mindestens nicht kultivirter ist und Felsen verschiedener Formation besitzt, 100 Arten weniger beherbergen sollte, als dieses, ist wohl nicht anzunehmen. Die Arten, welche die baltischen Provinzen voraus haben, sind folgende: *Riccia bifurca, Reboulia hemisphaerica, Harpanthus scutatus, Cephalozia Hampeana, C. rubella, Jungermannia minuta, J. Taylori, J. pumila, J. nana, J. acuta, J. Hornschuchiana, J. plicata, J. socia, J. lycopodioides, Scapania compacta, S. umbrosa, S. apiculata, Sphagnum imbricatum, S. balticum, Gymnostomum curvirostre, G. calcareum, G. tenue, Cynodontium virens, Dicranum fuscescens, Seligeria pusilla, Pottia Heimii, Grimmia incurva, Schistidium confertum, Splachnum Wormskioldii, S. vasculosum, S. sphaericum, S. rubrum, Schistostega osmundacea, Discelium nudum, Funaria Mühlenbeckii, Webera elongata, Bryum obconicum, B. Schleicheri, Catoscopium nigritum, Fontinalis squamosa, Myurella julacea, M. apiculata, Leskea pulvinata, Pseudoleskea catenulata, Thuidium minutulum, Neckera oligocarpa, Eurhynchium striatulum, E. Vaucheri, Plagiothecium nitidulum, P. pulchellum, Brachythecium plicatum;* also 51 Arten. West- und Ostpreussen besitzen dagegen folgende, dort noch nicht gefundene Arten: *Lunularia vulgaris, Metzgeria conjugata, Aneura pinnatifida, Haplomitrium Hookeri, Sarcoscyphus Funki, S. Ehrharti, Lophocolea latifolia, L. cuspidata, Harpanthus Flotowianus, Cephalozia Starkii, C. elachista, C. Jackii, Jungermannia Floerkei, J. quinquedentata, Diplophyllum obtusifolium, Scapania nemorosa, S. undulata, S. rosacea, Mastigobryum trilobatum, Madotheca rivularis, Sphagnum molle, S. crassicladum, Andreaea rupestris, Sphaerangium muticum, S. triquetrum, Phascum curvicollum, Mildeella bryoides, Astomum crispum, Weisia viridula, Dicranoweisia cirrhata, D. crispula, Dicranella rufescens, Dicranum fulvum, D. viride, D. tectorum, Dicranodontium longirostre, Campylopus turfaceus, Fissidens bryoides, F. pusillus, F. decipiens,*

*Conomitrium Julianum, Pottia lanceolata, Pterigoneuron subsessile,
P. ovatum, Leptotrichum homomallum, L. pallidum, Trichostomum cylindricum, Aloina rigida, Barbula Hornschuchiana, B. gracilis, Syntrichia papillosa, S. latifolia, S. laevipila, S. pulvinata, Racomitrium aciculare, R. protensum, R. fasciculare, R. sudeticum, Dryptodon patens, D. Hartmani, Grimmia leucophaea, G. Mühlenbeckii, G. trichophylla, Schistidium gracile, S. rivulare, S. maritimum, Clota intermedia, Orthotrichum saxatile, O. Sturmii, O. nudum, O. Schimperi, O. pallens, O. patens, O. stramineum, O. tenellum, O. diaphanum, O. leiocarpum, O. Lyellii, O. gymnostomum, Physcomitrium sphaericum, P. eurystomum, Enthostodon fascicularis, Funaria microstoma, Bryum longisetum, B. Warneum, B. lacustre, B. calophyllum, B. cuspidatum, B. Klinggraeffii, B. atropurpureum, B. cyclophyllum, B. Lisae, B. Neodamense, B. Duvalii, Mnium Seligeri, M. riparium, M. orthorrhynchum, M. subglobosum, Cinclidium stygium, Bartramia ithyphylla, Philonotis caespitosa, Ph. marchica, P. capillaris, Pogonatum aloides, P. alpinum, Diphyscium foliosum, Buxbaumia indusiata, Fontinalis dalecarlica, F. seriata, F. baltica, F. hypnoides, Dichelyma capillaceum, Pseudoleskea atrovirens, Thuidium delicatulum, Neckera crispa, Homalothecium Philippeanum, Eurhynchium myosuroides, E. velutinoides, E. megapolitanum, E. abbreviatum, E. Stockesii, Plagiothecium latebricola, P. Roeseanum, P. undulatum, P. Schimperi, Amblystegium tenuissimum, A. Juratzkanum, Brachythecium vagans, B. amoenum, Hypnum elodes, H. hygrophilum, H. fallax, H. falcatum, H. molluscum, H. pallescens, H. imponens, H. purum, H. trifarium, Hylocomium brevirostre, H. loreum*; 141 Arten; dabei habe ich die
9 *Harpidium*-Arten, die ich mehr annehme, noch nicht mitgezählt,
wie so manche andere, nicht allgemein anerkannte Art. Wenn man
sich die dem baltischen Gebiet eigentbümlichen Arten, die uns fehlen,
ansieht, so bemerkt man, dass davon eine ganze Anzahl den Kalkstein- und Sandsteinfelsen angehören; von diesen können wir kaum
hoffen, irgend eine noch bei uns zu finden. Dagegen ist dazu einige
Wahrscheinlichkeit bei den Erd-, Holz-, Sumpf- und Wasserbewohnern, besonders bei den Arten, die sowohl dort, als auch in Brandenburg und in den niedrigen Regionen Schlesiens zu finden sind. Da
sind es denn besonders: *Riccia bifurca*, sowohl in Brandenburg als
auch in Schlesien, *Reboulia hemisphaerica*, in B. und S., *Cephalozia
rubella*, in S., *Scapania compacta*, in B. und S., *S. umbrosa*, in S.,
Sphagnum imbricatum, in B. und S., *Dicranum fuscescens*, in B.,
Pottia Heimii, in B. und S., *Schistidium confertum*, in B. und S.,

Discelium nudum, in S., *Webera elongata*, in S., *Fontinalis squamosa*, in S., *Pseudoleskea catenulata*, in S., *Eurhynchium striatulum*, in S.

Standorte der Moose und ihre Substrate. Die meisten Moose, als langlebige Pflanzen, fliehen die menschliche Kultur, da sie ihnen nicht die für ihre Entwickelung nöthige Ruhe gewährt. Nur wenige sind es daher, die wir in der Nähe menschlicher Wohnstätten finden. Auf den Gartenbeeten finden wir *Pottia truncata* und *Phascum cuspidatum*, wo sie feuchter sind auch wohl *Marchantia polymorpha*, *Funaria hygrometrica* und *Physcomitrium pyriforme*. Zwischen dem Steinpflaster wuchert das silberglänzende *Bryum argenteum* mit seinen purpurrothen Sporogonien. An den Fundamenten und Mauern unserer Häuser findet sich zuweilen *Tortula muralis* und *T. aestiva*, die eben kein günstiges Zeichen sind, denn sie zeigen Feuchtigkeit an; an alten Ziegelmauern auch wohl das bei uns recht seltene *Rhynchostegium murale*. Auf den Ziegeldächern wachsen *Grimmia pulvinata*, seltener *Schistidium apocarpum*, *Bryum caespiticium* und sehr häufig *Hypnum cupressiforme*. Alte Strohdächer sind häufig mit *Syntrichia ruralis* überzogen, dazwischen findet sich der allgegenwärtige *Ceratodon purpureus*, *Hypnum cupressiforme*, *Brachythecium albicans*, zuweilen auch *Thuidium abietinum*, von dem es mir unbegreiflich, wie dieses, bei uns nie Sporogonien tragende Moos dahin gelangen kann, selten *Dicranoweisia cirrhata* und *Dicranum tectorum*. Die alten Plankenzäune beherbergen verschiedene *Orthotricha*, besonders *O. pumilum* und *Schimperi*, seltener *O. diaphanum* und *anomalum*, dann *Pylaisia polyantha*, *Hypnum cupressiforme*, natürlich auch *Ceratodon purpureus*, *Syntrichia pulvinata* und selten *Platygyrium repens*. Die Stämme der Obstbäume werden gewöhnlich von Moosen reingehalten, wo Parkanlagen sind, finden sich allmählig, je älter sie werden, die charakteristischen Waldmoose ein.

Gehen wir auf die Aecker, so finden wir, dass diese auch nicht besonders günstige Standorte für Moose sind. Auf den bestellten Ackerflächen finden wir *Pottia truncata* und *P. intermedia*, selten *P. minutula*, *Phascum cuspidatum* und *Sphaerangium muticum*, *Riccia glauca*, selten *R. ciliata*, die *Anthoceros*-Arten, an feuchteren Stellen auch wohl *Ephemerum serratum* und *Eurhynchium praelongum*, letzteres aber nur steril. Erst wenn die Aecker als mehrjährige Weide liegen bleiben, siedelt sich eine etwas reichere Moosflora an. Dann finden sich verschiedene *Brya*, z. B. auch das seltene *Bryum atropurpureum*, *Pleuridium alternifolium*, *Enthostodon fascicularis*, *Atrichum tenellum* und in feuchteren Furchen wohl auch *Webera anotina* und selbst

Philonotis marchica. Auch die fruchtbaren Wiesen sind nicht nur arm an Arten, sondern überhaupt an Moosvegetation. Es wachsen dort nur einige Astmoose, die fast immer unfruchtbar bleiben. An den Grabenufern finden sich *Funaria hygrometrica, Physcomitrium pyriforme, Physcomitrella patens, Bryum bimum, B. cuspidatum* und andere. Erst wo die Wiesen nass werden, wird die Moosflora mannigfaltiger und geht dann in die Sumpfflora über; auf mit Sand überflossenen, nassen Wiesen findet man oft schöne und seltene *Brya.* Doch wir wollen uns auch die Stämme der auf den Feldern einzeln, und der an den Wegen stehenden Bäume auf ihre Moosbewohner ansehen. Am Grunde derselben finden wir, besonders wenn sie feucht stehen, *Leskea polycarpa* und *Amblystegium serpens,* höher hinauf *Pylaisia polyantha, Homalothecium sericeum, Leucodon sciuroides, Anomodon viticulosus, Syntrichia pulvinata* und *S. laevipila,* zuweilen auch *S. papillosa,* verschiedene *Orthotricha,* wie *O. fastigiatum, O. affine, O. pumilum, O. Schimperi, O. diaphanum, O. speciosum, O. leiocarpum, O. Lyellii, O. obtusifolium,* seltener und nur an Espen *O. gymnostomum.* Von diesen Moosarten sind *Leskea polycarpa,* die *Syntrichiae, Orthotrichum fastigiatum, O. Schimperi, O. diaphanum* und *O. obtusifolium* für diese Feldbäume charakteristisch, während die übrigen Arten auch an Waldbäumen wachsen. Von Lebermoosen findet man hier nur *Frullania dilatata* und *Radula complanata,* seltener *Ptilidium ciliare.*

Je weiter wir uns von der Kultur entfernen, desto grösser wird der Moosreichthum, der erst in den Wäldern und Sümpfen seinen Höhepunkt erreicht. Doch auch schon auf bebuschten Viehweiden und recht steril aussehenden Heiden ist der Moosreichthum ein recht grosser, so dass es nicht mehr lohnt, die einzelnen Arten zu nennen; ich will mich daher begnügen, nur einzelnes, charakteristisches zu nennen. Auf Viehweiden, besonders wenn sie moorig sind, findet sich auf verrottetem Rindviehdünger eines unserer schönsten Laubmoose, das *Splachnum ampullaceum.* Dieses Moos gehört zu einer Familie, deren Vertreter die bei den Moosen seltene Eigenschaft haben, meist nur auf verwesender animalischer Substanz, einige sogar auf kleinen Thierleichen zu wachsen. Sie zeichnen sich auch alle durch den eigenthümlichen Bau ihres Sporogons aus, denn die verhältnissmässig kleine Kapsel wird von einer, sie oft an Grösse vielmals übertreffenden, aufgeblasenen Apophysis getragen, die oft in den schönsten Farben prangt. Bei unserem *Splachnum* ist nun die Apophysis vom rosenrothen ins purpurrothe gehend, fast wie eine oben zugerundete Vase gestaltet, auf der die kleine, cylindrische Kapsel in der Mitte als Hals steht. Die Splachnaceen sind alle eigentlich Bewohner des hohen Nordens und der Hochgebirge, und nur 3 Arten sind bisher in der norddeutschen Ebene gefunden worden; nämlich unser *Splachnum ampullaceum* und als grosse Seltenheiten *Tayloria splachnoides* bei Berlin und *Tetraplodon mnioides* im Oldenburgischen. Ob diese Moose hier nun als Relicte der Eiszeit zu betrachten seien, wird sich wohl schwerlich entscheiden lassen; unwahrscheinliches hat für mich die Sache nicht. Noch immer habe ich die Hoffnung nicht aufgegeben, dass auch bei uns noch eine oder die andere Art dieser schönen Familie aufgefunden werde, zumal in den baltischen Provinzen, ausser unseren, noch 4 Arten von *Splachnum* vorkommen, aber freilich, wie es scheint, nur in den nördlichsten Gegenden.

Die unfruchtbaren Heiden sind durchaus nicht arm an Arten, und es finden sich auf ihnen so manche, die fast nur ihnen eigenthümlich sind. An den dürrsten, sandigsten Stellen finden sich *Racomitrium canescens*, *Syntrichia ruralis*, *Brachythecium albicans*, *Thuidium abietinum*, *Polytrichum piliferum*, *P. perichaetiale* und *Ptilidium ciliare* var. *ericetorum*. An Hohlwegen und Abhängen *Bartramia pomiformis*, *B. ithyphylla*, *Philonotis capillaris*, *Pogonatum urnigerum*, *Atrichum undulatum*, *Hypnum cupressiforme* var *ericetorum* und var. *elatum*, *Scapania curta*, *Jungermannia bicrenata*. Auf festeren Stellen *Sarcoscyphus Funkii*, *Cephalozia divaricata*, *Jungermannia exsecta*, *Pleuridium alternifolium* und *P. subulatum*, *Hymenostomum microstomum*, *Weisia viridula* und natürlich, alle anderen Arten an Häufigkeit übertreffend, überall *Ceratodon purpureus*. Ferner *Bryum caespiticium*, *B. erythrocarpum* und *B. pendulum*.

Wenn wir die Wälder betreten, so werden wir einen ziemlichen Unterschied zwischen der Moosvegetation der Nadel- und der Laubwälder bemerken. In einem reinen Kiefernwalde treten viele der für die Heiden genannten Arten wieder auf, doch ist etwas besonders charakteristisches hier die grosse Flächen zusammenhängend überziehende Moosdecke, die zum grössten Theil aus *Hypnum Schreberi* und *Hylocomium splendens* besteht, zu denen sich in Vertiefungen *Hypnum purum* und *H. Crista castrensis* gesellen. Häufig sind hier auf lockerer Walderde *Dicranum scoparium* und *D. undulatum*, *Bryum capillare* und *Cephalozia bicuspidata*. Der Grund der Stämme wird von *Hypnum cupressiforme* bedeckt, die Stämme selbst sind meistens von Moosen frei, am häufigsten findet man an denselben noch *Dicranum montanum* und *Ptilidium ciliare*. Die morschen Baumstumpfe beherbergen *Lophocolea heterophylla*, *Tetraphis pellucida*, *Aulacomnion androgynum* und *Webera nutans*. An den Lehnen der

Hohlwege erblicken wir *Bryum pendulum, Webera strangulata, Dicranella heteromalla, Lophocolea latifolia, L. minor, Cephalozia Starkii, Lepidozia reptans, Plagiothecium denticulatum, Hypnum Sommerfeltii, Syntrichia subulata.* Die dicke Laubdecke der Laubwälder erlaubt selten zusammenhängende Moosteppiche einzelner Arten, dagegen ist die Zahl der Arten meist grösser. Wie *Plagiothecium denticulatum* im Nadelwald ein sehr häufiges Moos, so ist es hier *Plagiothecium Roeseanum* und an feuchteren Stellen *P. silvaticum*; hier sind die *Brachythecia* und *Eurhynchia, Thuidium tamariscinum* und *T. recognitum* viel häufiger, die schönen *Mnium*-Arten treten hier in der grösseren Zahl auf, und an Stelle des *Dicranum undulatum* tritt, wenigstens im Nordwesten, *D. majus.* An den Wänden der Hohlwege und Schluchten finden sich *Bartramia crispa, Leptotrichum tortile, L. homomallum, Didymodon rubellus, Dicranella varia, D. rufescens, D. subulata, D. Schreberi* und *D. crispa, Fissidens*-Arten, *Encalypta vulgaris* und *E. streptocarpa, Blasia pusilla, Fegatella conica, Plagiochila asplenioides, Diplophyllum obtusifolium, Scapania curta* und *S. rosacea, Alicularia scalaris, Blepharostoma trichophylla, Calypogeia Trichomanis.* Die Baumstämme sind meist mit Moosen bedeckt, *Neckera*-Arten, *Homalia trichomanoides, Anomodon attenuatus* und *A. longifolius;* zu *Leucodon sciuroides* kommt hier noch *Antitrichia curtipendula, Amblystegium subtile, Hypnum reptile* und verschiedene Formen von *H. cupressiforme,* ferner kommen hier viele *Orthotricha* vor, auch solche, die an Feldbäumen fehlen, wie *O. stramineum, O. patens, O. pallens* und ebenso die den Laubwäldern eigenthümlichen *Ulota*-Arten. Die mannigfaltigste Moosflora bieten natürlich die gemischten Wälder.

Die kleinen Waldmoore, die sich ihnen anschliessenden Erlenmoore und die sumpfigen Waldwiesen beherbergen manche ihnen eigenthümliche Moose, so *Hypnum cordifolium,* das nur hier vorkommt, *H. stramineum, Sphagnum squarrosum, S. teres, S. fimbriatum, S. Girgensohnii, S. Russowii, S. tenellum, S. Warnstorfii, S. riparium; Mnium hornum* wächst hier in üppigster Fülle, *M. Seligeri, M. cinclidioides, Webera nutans* var. *longiseta* und var. *sphagnetorum, Paludella squarrosa, Campylopus turfaceus, Dicranodontium longirostre, Dicranum flagellare, D. Bergeri, Trichocolea Tomentella, Blepharostoma setaceum, Cephalozia elachista,* an morschen Stubben *Jungermannia attenuata, J. porphyroleuca, Polytrichum strictum, P. formosum, P. commune, P. juniperinum* und viele andere Moose.

Die grösseren Moore des freien Landes theilt man ein in Hochmoore und Wiesenmoore; von diesen möchte ich zur Charakterisirung der Moosflora die aus ihnen beiden durch Entwässerung und natürliche Austrocknung hervorgegangenen trockneren Moore trennen, die vorzüglich der Torfgewinnung dienen. Hochmoore kommen nur in Ostpreussen vor, in Westpreussen sah ich als einziges Moor, welches einigermaassen durch seine zusammenhängende *Sphagnum*-Decke an ein solches erinnert, den Bielawa-Bruch bei Karwenbruch. Diese Hochmoore haben eine sehr einförmige Pflanzendecke, sie besteht fast nur aus Formen, und zwar meist nur wenigen der Cymbifolien-, Acutifolien-, Cuspidaten-, seltener der Subsecunden-Gruppe der Gattung *Sphagnum*, als iuteressante Mitbewohner finden sich *Sphagnum molluscum* und *S. tenellum* var. *rubellum*, die fast nur hier vorkommen. Je tiefer man in das Moor eindringt, desto einförmiger wird es, und die Mühe, die eine solche Wanderung macht, wird schlecht belohnt. Dagegen bietet der Rand, die sich um das Moor bildende Sumpfzone, desto interessanteres. Hier gedeihen die grossen *Meesea*-Arten in üppigster Fülle, prächtige *Bryum*-Arten, wie *B. longisetum*, kommen hier vor, *Philonotis fontana* und *P. calcarea* und viele andere Arten.

Die Wiesenmoore haben ihre grösste Ausdehnung in Westpreussen. Hier sind es vor allem die *Hypna*, die der Moosflora ihren Charakter geben, wenn auch andere Moose zahlreich und auch *Sphagna*, aber in untergeordnetem Maasse, vorkommen. Hier ist die Heimath der meisten *Harpidia*. von *Hypnum giganteum*, *H. cuspidatum*, *H. stramineum*, *H. stellatum*, *H. polygamum*, *H. filicinum*, *Camptothecium nitens*, hier wächst in üppigster Fülle *Bryum pseudotriquetrum*, *Gymnocybe palustris*, *Dicranum palustre* und *Marchantia polymorpha*. Die trockneren Moore, wie ich sie oben genannt habe, bieten wieder ein anderes Bild. Die Oberfläche hat gewöhnlich nur eine schwache Pflanzendecke, auch die Moose kommen hier mehr vereinzelt vor. Das ist aber die eigentliche Heimath von *Polytrichum gracile* und *Dicranella cerviculata*, *Amblyodon dealbatus* und *Meesea uliginosa*; *Sphagnum compactum* kommt fast nur hier vor, und auch das bei uns so seltene *S. molle* habe ich hier gefunden. Wo Wiesenmergel liegt, findet sich gewöhnlich *Preissia commutata* und *Barbula convoluta*. Besonders aber sind es die alten Torfgruben, die unser bryologisches Interesse erwecken; in ihnen entfaltet sich eine reiche Flora von *Bryum*- und *Hypnum*-Arten, hier wachsen massenhaft *Philonotis fontana* und *P calcarea*, auch ist hier das *Hypnum scorpioides* zu Hause. Wenn trocknere Wiesenmoore zur Viehweide benutzt werden, bilden die Wurzelstöcke der Binsen und Riedgräser sogenannte Bülten; an diesen findet man manche seltenen Moose, z. B.

Bryum cyclophyllum, Distichium inclinatum, Fissidens osmundoides, Jungermannia inflata und andere.

Von den Mooren, die z. Th. ja schon dazu gehören, ist der natürliche Uebergang zu den Gewässern und ihren Ufern. In Tümpeln und Teichen fallen uns die nicht selten darauf schwimmenden *Riccia fluitans* und *Ricciocarpus natans* in die Augen. Wo Quellen aus Brüchen entstehen, da sind vor allem *Brachythecium rivulare* und *B. Mildeanum, Hypnum filicinum* und, wenn Kalk vorhanden, *H. commutatum* zu finden, und an sandigen Ufern *Webera albicans.* Waldquellen enthalten massenhaft *Pellia calycina*, aber immer unfruchtbar. In den Waldbächen fluthen *Amblystegium irriguum* und schwimmende Formen von *A. riparium, Rhynchostegium rusciforme, Fontinalis antipyretica* und *F. gracilis*; auf Steinen an den Ufern *Thamnium alopecurum, Brachythecium plumosum, Dichelyma falcatum, Racomitrium aciculare, R. protensum, Madotheca rivularis, Lejeunia serpyllifolia* und *Scapania uliginosa.* In den Seen fluthen die verschiedenen *Fontinalis·*Arten, *Dichelyma capillaceum, Conomitrium Julianum* und verschiedene *Harpidia.* Wo ihre Ufer torfig sind, finden sich dann auch *Sphagna*, z. B. *S. obtusum*, und besonders aus der Subsecunden-Gruppe, so *Sphagnum rufescens* und *S. obesum*, welches letztere lang in den Seen fluthet. Die grossen Flüsse beherbergen keine Moose, aber an ihren sandigen und schlammigen Ufern und auf ihren Sandbänken siedeln sich manche Moose an, die man sonst selten findet, z. B. *Bryum lacustre, B. atropurpureum, B. caespiticium* var. *imbricatum, Pottia lanceolata, Mildeella bryoides, Phascum curvicollum, Barbula convoluta, Riccia crystallina* und andere.

Hiermit schliesse ich die kurze Schilderung unserer Moosflora, die natürlich nur ein sehr ungenügendes Bild geben kann. Aber einem der Sache Unkundigen würde es wenig nützen und ihn nur langweilen, wenn ich noch einige hundert Namen nennen wollte, und ein Kundiger wird sich leicht selbst ein klareres Bild aus dem systematischen Theil meines Schriftchens, wo ich bei jeder Art möglichst genau den Standort angegeben habe, bilden.

Erratische Moose. Einen fremdartigen Bestandtheil unserer Moosflora bilden die Bewohner der erratischen Blöcke. In einem Lande, dem durchaus alles anstehende Gestein fehlt, würden natürlich alle felsbewohnenden Moose fehlen müssen, wenn jene Blöcke nicht vorhanden wären, und diese Moose machen daher den Eindruck eines fremden Elementes, das von fernher der Flora zugeführt worden. Mir steht noch immer die Ueberzeugung fest, dass es der Norden sei, aus dem sie zugleich mit ihrem Substrat eingewandert. Der

Haupteinwand gegen diese Hypothese ist von der alten Drifttheorie hergenommen, nach welcher jene Blöcke auf Eisschollen hierher gelangt sein sollten, nach der es sich also kaum annehmen liess, dass die etwa darauf befindlichen Moose dem Einflusse des Meereswassers hätten widerstehen können. Nach der jetzt wohl allgemein angenommenen Gletschertheorie fällt dieser Einwand aber fort, denn auf den Moränen der Gletscher dürften sie nie mit dem Meereswasser in Berührung gekommen sein. Der Einwand Limpricht's (Schlesische Kryptogamenflora), dass im Falle der Einwanderung auf Gletschern die Moose doch vorzugsweise alpine Formen sein müssten, wird hinfällig durch die Erwägung, dass solche den Einflüssen des veränderten Klimas nicht hatten widerstehen können, also zu Grunde gehen mussten, während die Gebirgsmoose sich leicht anpassten. Dass in der Nähe der Gebirge sich auch nordische Blöcke mit einheimischen Gebirgsmoosen bedecken können, ist sehr wahrscheinlich, sieht man doch genugsam in Gebirgsländern die pflanzlichen Bergbewohner in die Ebenen hinabsteigen, dass aber in Gegenden wie der unseren, die so weit von allen Gebirgen entfernt ist, Moose als Sporen hingelangen sollten, ist für mich, bei der Zartheit dieser Gebilde, die für weite Luftreisen durchaus nicht geeignet sind, undenkbar. Weite Luftreisen wären aber nothwendig, weil die erratischen Blöcke nur strichweise, durch grosse Entfernungen getrennt, in grösserer Zahl vorkommen.

Neben diesen nordischen Einwanderern werden die Blöcke natürlich auch von sonstigen einheimischen Moosen, die mit den verschiedenartigsten Substraten vorlieb nehmen, bewohnt, und zwar häufig vorherrschend, so dass man oft nach Untersuchung mehrerer hundert Steine kaum ein oder zwei erratische Moose findet, vor allem die bei uns häufigsten, nämlich *Hedwigia ciliata* und *Racomitrium heterostichum,* die man kaum vergeblich suchen wird. Die auf freien Plätzen, auf Heiden liegenden Blöcke beherbergen die *Andreaea-,* die meisten *Grimmia·* und *Orthotrichum-,* die in Wäldern die *Dicranum*-Arten und *Pleurocarpae,* die feucht liegenden die Lebermoose, ausserdem *Dichodontium, Fissidens, Dichelyma falcatum* u. s. w. Diese erratischen Blöcke sind es, die ich angelegentlichst meinen Nachfolgern in der bryologischen Erforschung unserer Provinzen empfehlen möchte, und ich kann ihnen da noch manche überraschende Entdeckung versprechen. Man muss nur nicht gleich die Hoffnung sinken lassen, wenn man einige hundert Steine abgesucht und noch nichts Nennenswerthes gefunden, es sind auch nicht immer die grössten Blöcke, welche die Seltenheiten beherbergen, zuweilen belohnt einen für stundenlanges Suchen ein kleines, unansehnliches Steinchen durch seine merkwürdigen Bewohner.

Ich gebe hier das **Verzeichniss der bisher in West- und Ostpreussen gefundenen erratischen Moose:** *Metzgeria conjugata, Sarcoscyphus Ehrharti, Madotheca rivularis, Andreaea petrophila, A. rupestris, Dicranoweisia crispula, Cynodontium strumiferum*, soll in Brandenburg aber auch an Bäumen vorkommen, *Dichodontium pellucidum, Dicranum fulvum, D. viride*, aber auch an Bäumen, *D. longifolium, Fissidens pusillus, F. decipiens, Didymodon rigidulus, D. luridus, Tortella tortuosa*, soll anderwärts auch auf der Erde vorkommen, *Syntrichia intermedia, Schistidium apocarpum*, auch auf Ziegeln, *S. gracile, S. rivulare, S. maritimum, Grimmia leucophaea, G. commutata, G. ovata, G. pulvinata*, auch auf Ziegeln, *G. Mühlenbeckii, G. trichophylla, Dryptodon patens, D. Hartmani, Racomitrium aciculare, R. protensum, R. sudeticum, R. fasciculare, R. heterostichum, R. microcarpum, R. lanuginosum*, soll anderwärts auch auf der Erde wachsen, *Hedwigia ciliata, Orthotrichum anomalum*, doch auch auf Ziegeln und selbst auf Holz, *O. saxatile, O. nudum, O. cupulatum, O. rupestre, O. Sturmii, Bartramia Oederi, Dichelyma falcatum, Homalothecium Philippeanum, Brachythecium amoenum, B. plumosum, Eurhynchium myosuroides*, in Brandenburg auch an Baumwurzeln, *E. velutinoides, Rhynchostegium depressum, R. murale*, auch auf Ziegeln, *Thamnium alopecurum, Hypnum incurvatum, H. pallescens, Hylocomium umbratum, H. brevirostre*, anderwärts auch auf der Erde.

In Brandenburg finden sich noch folgende steinbewohnende Moose, die aber wohl auch z. Th. von dem Lausitzer Gebirge herabgewandert sein könnten. *Rhabdoweisia fugax, Barbula vinealis, Schistidium confertum, Grimmia decipiens, G. Doniana, Eurhynchium crassinervium, Rhynchostegium confertum.*

Fossiles Vorkommen. Bei der grossen Zartheit der Moose haben sich in älteren Erdschichten fast keine erkennbaren Spuren von ihnen erhalten, ausser in Bernstein eingeschlossen, wo sie vor Zerstörung geschützt waren. Bei uns sind eine ganze Zahl solcher Mooseinschlüsse gefunden, bisher aber erst theilweise bestimmt, und bei ihrer sehr fragmentarischen Beschaffenheit, sah ich doch nicht ein einziges Sporogon, lassen sich auch höchstens die Familien ermitteln, denen sie angehören. Es sind daher vor allem nur die tieferen Schichten des Alluviums, die bisher sicher bestimmbares subfossiles Moosmaterial geliefert haben, es ist bei uns aber noch in dieser Hinsicht zu wenig geforscht. Ich kann nur zwei bei uns gefundene Arten anführen, nämlich *Hypnum turgescens*, von C. Müller in alten Torfproben von Sarkau, Kr. Fisch-

hausen, aufgefunden, und *Hypnum scorpioides*, gegen 3 m tief in Wiesenmergel bei Bohlschau, Kr. Neustadt, von Conwentz. Letztere Art
wächst auch jetzt noch bei uns, wenn in Westpreussen auch nur
zerstreut, so doch in Ostpreussen recht häufig, und erstere dürfte
vielleicht auch noch bei uns lebend zu finden sein.

Biologisches.

Verwandtschaftliche Beziehungen. Die Moose sind eine in sich
durchaus scharf abgeschlossene Pflanzengruppe, die weder nach oben
noch nach unten irgend einen Uebergang darbietet. Nach oben
grenzen sie an die Pteridophyten, mit denen sie in den Geschlechts-
apparaten, dem Generationswechsel und der Fortpflanzung durch
Sporen viel Uebereinstimmendes haben und mit denen sie eine Haupt-
abtheilung des Pflanzenreiches, die der Archegoniaten, bilden. Zwei-
felhafte Zwischenformen von Muscineen und Pteridophyten giebt es
aber, so viel bekannt, wenigstens in der heutigen Lebewelt nicht.
Aehnlichkeiten in gewissen Lebensstadien findet man wohl so manche,
aber sie werden durch den ganz verschiedenen Entwickelungsgang
wieder aufgehoben. So sind z. B. die Prothallien der Polypodiaceen
vielen laubigen Jungermanniaceen äusserst ähnlich; mir ist es selbst
in den Anfängen meiner Moosstudien passirt, dass ich Polypodiaceen-
Prothallien als Lebermoose einsammelte, und mich dann mit der Bestimmung derselben natürlich vergeblich abmühte. Einem damals
noch ganz autodidaktischen Botaniker wird man solche Missgriffe, in
einer Zeit, als selbst die Meister der Wissenschaft noch keine Ahnung
von dem Entwickelungsgange der Gefässkryptogamen hatten, wohl zu
gute halten. Wenn es mir auch höchst wahrscheinlich ist, dass
Jungermanniaceen und Polypodiaceen aus einem Stamme hervorgegangen,
so kann man sich, bei dem jetzigen Mangel aller Zwischenbildungen,
doch nicht die geringste Vorstellung machen, wie aus der befruchteten Eizelle in einem Falle ein Lebermoossporogonium, im andern
eine Farnpflanze hervorgehen konnte. Das Prothallium der Equiseten
erinnert lebhaft an die Anthoceroten. Das konfervenartige Prothallium
der Hymenophylleen ähnelt sehr dem Protonema der Laubmoose,
aber es ist doch eben die ausgebildete Geschlechtspflanze, während
das Protonema nur ein Entwickelungszustand ist. Man hat auch
auf die Aehnlichkeit der Lycopodiaceen mit den Laubmoosen hin-
gewiesen, und in der That ist die äussere Aehnlichkeit zwischen
einem *Polytrichum* und einem *Lycopodium*, und einem *Hypopterygium*
mit einer *Selaginella* eine recht auffallende, man darf aber nicht ver-
gessen, dass der beblätterte Stengel einer Lycopodiacee ein Sporo-

gonium, der Stengel eines Laubmooses aber· ein Prothallium ist.
Solche äusserliche Aehnlichkeiten deuten noch nicht mit Nothwendig-
keit auf eine nähere Verwandtschaft, ebensowenig wie der blattlose
Stamm einer *Euphorbia* auf eine nähere Verwandtschaft mit den
Cacteen deutet.

Ebensowenig wie nach oben findet ein Uebergang von den Moosen
nach unten statt. Als die nächststehende Gruppe sind die Characeen
zu betrachten, aber diese haben mit den Moosen nichts gemeinsam,
als dass die Eizelle durch bewegliche Samenzellen befruchtet wird.
Das Produkt der Befruchtung ist hier aber eine sogenannte Oospore,
ein Körper, aus dem sich nach kürzerer oder längerer Ruhepause
eine dem Mutterstock gleichende Pflanze bildet. Auch die äussere
Tracht wie der anatomische Aufbau einer Characee hat nichts an
die Moose erinnerndes.

Terminologie. Es ist ein Uebelstand, dass die Terminologie
der Phanerogamen, die der früheste Gegenstand gründlicher botanischer Forschung waren, später auch auf die Moose angewendet
wurde, und wir haben diesen Uebelstand erst zum Theil, aber noch
nicht ganz überwunden. Nach ganz äusserlichen Aehnlichkeiten
sprach man von Wurzeln, Stengeln, Blättern, Blüthen, Antheren,
Fruchtknoten und Früchten der Moose. Die Wurzeln entsprechen
so ziemlich den Adventivwurzeln der Phanerogamen, dass man von
Stengel und Blatt[1]) der Moose spricht, ist wohl gerechtfertigt, denn
sie entsprechen doch ganz diesen Theilen der Phanerogamen, wenn
ihr Bau auch ein einfacherer ist; bei den Blüthen ist die Sache schon
misslicher, aber sie stimmen doch insofern überein, dass sie bei
beiden aus einzelnen oder gruppirten Geschlechtsorganen bestehen,
die durch meist modificirte Blätter umhüllt werden. Gut ist es, dass
man für die männlichen Organe die Benennung Anthere aufgegeben
und dafür **Antheridium** erfunden hat, denn dieser Name deutet
schon an, dass es zwar etwas der Anthere ähnliches, aber nicht derselben gleiches sei. Die Anthere der Phanerogamen ist ein Organ,
das männliche Mikrosporen erzeugt, das Antheridium erzeugt un-
mittelbar Befruchtungszellen. Ebenso zweckmässig ist es, dass an

---

[1]) Warum man die Ventralschuppen der Riccien und Marchantien nicht
Blätter nennen soll, ist mir unerfindlich, wenn man die Unterblätter der Junger-
mannien so nennt, denen sie genau entsprechen. Dass sie nicht die physiologische
Funktion von Laubblättern haben, kann kein Grund sein, denn Funktion und mor-
phologische Bedeutung decken sich in vielen Fällen nicht, man müsste sonst einen
grossen Theil der Niederblätter der Phanerogamen nicht Blätter nennen. Jene
Ventralschuppen dienen nur zum Schutze der Vegetationspunkte, wie die Knospen-
schuppen der Phanerogamen.

Stelle des alten Germen oder Fruchtknotens das neue Wort **Archegonium** getreten ist; das Archegonium entspricht durchaus nicht dem Fruchtknoten der Phanerogamen, sondern der Samenknospe. Noch nicht ganz überwunden und einer der falschesten ist der Ausdruck Frucht, den ich aber stets vermeide, denn er ist gerade geeignet, bei dem weniger der Sache Kundigen falsche Vorstellungen zu erwecken. **Kein Moos besitzt eine Frucht,** denn was man gewöhnlich so nennt, das Sporogonium, entspricht durchaus nicht der Frucht, sondern dem Embryo der Phanerogamen und der beblätterten Farnpflanze. Haube und Scheidchen kann man mit den Samenhäuten, und höchstens den Kelch der Lebermoose wie die Perichätialblätter der Laubmoose mit der Frucht der Phanerogamen vergleichen, denn alle diese Organe bilden sich erst in Folge der Befruchtung aus Theilen des Mutterstocks.

Lebensdauer. Dieselbe Schwierigkeit, wie bei Benennung der Organe, steht der Bezeichnung der verschiedenen Lebenserscheinungen entgegen. Wir nennen z. B. bei den Phanerogamen diejenigen Arten, welche nur einmal in ihrem Leben blühen und nach der Samenreife gänzlich absterben, einjährige resp. zweijährige. Andere, deren oberirdische Theile nach der Samenreife absterben, sich aber aus den lebendig bleibenden unterirdischen Theilen wieder erneuern, werden perennirend genannt. Solche, deren oberirdischer Stamm lange Jahre lebendig bleibt und weiter sprosst, Holzpflanzen, Bäume und Sträucher. Bei den Moosen giebt es in diesem Sinne, wenigstens in unseren Klimaten, nur sehr wenige einjährige. Mit Bestimmtheit möchte ich von unseren Lebermoosen als solche nur die Anthoceroten, die Riccien, *Blasia* und vielleicht die Aneuren und Fossombronien bezeichnen, von Laubmoosen nicht ein einziges, vielleicht ist es *Ephemerum*. Als perennirende Moose müsste man dann diejenigen bezeichnen, deren beblätterter Stengel nach der Sporenreife abstirbt, sich aber aus Knospen des unterirdischen Protonema wieder erzeugt. Auch dieser sind nicht allzuviele, die Funariaceen, *Amblyodon,* die Buxbaumiaceen, wohl auch *Pogonatum nanum* und wie ich vermuthe die Phascaceen und einige Pottiaceen; diese Moose findet man in den Floren meist als einjährig bezeichnet, aber jedenfalls ganz unrichtig. Wie soll man nun aber die grosse Mehrzahl der Moose, sowohl Leber- als Laubmoose bezeichnen, deren oberirdischer Stamm weiter sprosst und blüht, von unten auf absterbend, oft ganz wurzellos wird und häufig ein sehr hohes Alter erreicht? Einfach als perennirend können sie doch nicht gelten, wenn wir das Wort im selben

Sinne nehmen, wie bei den Phanerogamen, und sie als Holzpflanzen zu bezeichnen, geht auch nicht, denn ihnen fehlt das Holz.

Die meisten Moose sind wie gesagt langlebende, und viele sehr lange lebende Pflanzen. An den Wänden der Torfgruben eines noch mit lebender *Sphagnum*-Decke versehenen Hochmoores kann man die abgestorbenen, halb vertorften, oben noch lustig vegetirenden *Sphagnum*-Stengel bis tief herab verfolgen und, bei gehöriger Vorsicht, herauspräpariren. Solch ein unten todter, oben noch lebender, gegen einen Meter langer Stengel hat sicher ein sehr bedeutendes Alter, das annähernd abzuschätzen man aber nicht im Stande ist, da man Jahrestriebe nicht unterscheiden kann. Etwas günstiger stellt sich die Sache bei einigen pleurokarpischen Waldmoosen, z. B. *Thuidium tamariscinum* und *Hylocomium splendens*. Hier sind die sich erst erhebenden und dann bogig niederstreckenden Jahrestriebe deutlich von einander zu unterscheiden, und da habe ich denn bei der letzteren Art an über $1/8$ Meter langen Stengeln 3—4 schon abgestorbene und ebenso viele noch kräftig vegetirende Jahresglieder gezählt; dass ihnen ein weit höheres Alter als 7—9 Jahre zukommt, ist unzweifelhaft, denn es ist selbstverständlich, dass diesen noch vorhandenen Gliedern eine grosse Zahl bereits vermoderter vorangegangen ist. Ich glaube nicht zu irren, wenn ich manchem solcher Moose ein nicht geringeres Alter zuschreibe wie den Waldbäumen, unter deren Schatten sie wachsen. Man wird mir vielleicht einwenden, ich dürfe doch das bereits Todte nicht mit zur Lebensdauer der Pflanze in Anrechnung bringen, aber machen wir es denn bei den Bäumen anders? Der Unterschied ist nur der, dass die Bäume nicht nur Längenwachsthum, sondern auch Dickenwachsthum haben, die Moose aber nur ersteres, daher sterben die Bäume von innen her ab, die Moose aber von unten. Das Kernholz, der älteste Theil, nimmt nur noch mechanisch an der Zusammensetzung des Baumes theil, ja kann ganz entfernt werden, ohne dem Leben desselben ein Ende zu machen, und doch sprechen wir von 800-, ja 1000-jährigen Eichen! Man denke nur an die grosse, hohle Eiche bei Cadinen. Auch bei manchen akrokarpischen Laubmoosen kann man das Alter eines Stengels an den Jahrestrieben zählen, z. B. bei *Polytrichum*. Hier finden wir nämlich bei der männlichen Pflanze die Eigenthümlichkeit, dass der Stengel die Blüthe durchwachsend sich verlängert, die Blüthenhüllblätter sich aber erhalten und die Grenzen der einzelnen Jahrestriebe deutlich bezeichnen. Es sollen hier schon bis 15 Jahrestriebe beobachtet worden sein, ich habe noch nicht mehr als 9 gezählt. Wenn ein solcher Stengel abstirbt, so ist das nicht das Lebensende der ganzen Pflanze, denn durch

Sprossung hat dieselbe einen förmlichen Wurzelstock gebildet, aus dem sich die Stengel erneuern. Ein solch grosser *Polytrichum*-Rasen, der möglicherweise einer einzelnen Spore seinen Ursprung verdankt, und auf dem man sich mit Behaglichkeit lagern kann, wenn man vorher nachgesehen, ob keine Ameisen darunter hausen, hat sicherlich ein sehr ehrwürdiges Alter. Aber nicht nur diese verhältnissmässigen Riesen unter dem Pygmäengeschlecht der Moose erfreuen sich einer langen Lebensdauer, sondern auch manche kleinere Art. Ich will nur wenige Beispiele nennen. Eines unserer gemeinsten Lebermoose, die *Radula complanata*, bildet gewöhnlich an der Rinde der Bäume, ihre Zweige strahlenartig vom Mittelpunkte aus verbreitend, kleine Rosetten von wenigen Centimetern Durchmesser. Nun findet man aber zuweilen an alten Bäumen von ihr Kreise oder Halbkreise von bis 20 Centimeter Durchmesser, die in der Mitte abgestorben und oft von Flechten überwuchert sind; bei dem langsamen Wachsthum dieses Mooses muss eine ansehnliche Reihe von Jahren dazu gehören, ehe ein solcher Ring gebildet wird. Auf Steinen und alten Ziegeldächern findet man häufig halbkugelförmige Polster der *Grimmia pulvinata* von der Grösse eines Apfels. Das Moos wächst auch, wie man aus seinem trockenen Standorte, der nur kurze Vegetationsperioden zulässt, schliessen kann, recht langsam, und ein solches dickes Polster kann sich daher nicht in Kurzem bilden.

Geschlechtliche Fortpflanzung. Als es mir im Jahre 1859 gelang, durch Verpflanzung männlicher Rasen von *Hypnum giganteum* zwischen weibliche, Sporogonien zu erziehen, welche ich bis dahin von dieser Art nicht hatte auffinden können, machte ich mein Experiment in einem Aufsatze in der Botanischen Zeitung (1860) bekannt, und sprach dabei die Meinung aus, es wäre sehr wünschenswerth, wenn für die verschiedenen Arten der Moose nicht nur die Zeit der Fruchtreife, sondern auch die Blüthezeit festgestellt würde. Aber ich machte dabei auch die Erfahrung, wie viel leichter es ist, einen guten Rath zu geben, als ihn selbst zu befolgen. Es ist bei aufmerksamer Beobachtung verhältnissmässig leicht, die Zeit der Sporogonienreife festzustellen, sehr schwierig aber die Blüthezeit, d. h. die Zeit der Befruchtung. Denn die Blüthen sind meistens sehr schwierig aufzufinden, sie fallen meist durchaus nicht in die Augen, wie die Blüthen der Phanerogamen, entwickeln sich sehr langsam aus dem Knospenzustande und bleiben noch lange nach der Befruchtung, oft jahrelang, an den Pflanzen stehen. Es bedarf daher immer erst der mikroskopischen Untersuchung, um festzustellen, ob sie wirklich in Blüthe stehen, d. h. ob die Antheridien und Archegonien sich im be-

fruchtungsfähigen Zustande befinden. Für *Hypnum giganteum, H. cuspidatum*, die *Harpidia*, überhaupt die Sumpf- und Wasser-*Hypna*,
hatte ich damals die Blüthezeit richtig aufgefunden, nämlich den Spätsommer, und da diese Arten alle am Ende des Frühlings oder im
Anfange des Sommers reifen, so umfasst die Lebensdauer ihrer Spo-
rogone durchschnittlich 10 Monate. Nach weniger eingehenden Be-
obachtungen versuchte ich dann auch die Entwickelungsdauer der
Sporogonien anderer Moose zu bestimmen und kam dabei zu irrigen
Resultaten; denn ich glaubte, dass bei einigen kurzlebigen Arten
sich der ganze Entwickelungsgang in 1—3 Monaten abspiele, und dass
er überhaupt bei keinem Moose länger als ein Jahr dauere. Später
habe ich dann, eben der grossen Schwierigkeiten wegen, diese Beob-
achtungen ganz ruhen lassen. Im Jahre 1875 veröffentlichte W. Arnell
seine Schrift „De Skandinaviska Löfmosornas Kalendarium", in welcher
er für den grössten Theil der skandinavischen Laubmoosarten die
Blüthezeit und Reifezeit angiebt. Zu meinem grössten Bedauern
hindert mich meine Unkenntniss der schwedischen Sprache, dieses
verdienstliche Werk vollständig zu verstehen und zu würdigen, nur mit
Mühe entziffere ich Einzelheiten und bleibe doch bei manchem unsicher. Nun bleibt es mir aber doch einigermaassen problematisch, ob
alle Angaben ganz sicher seien. Es ist nämlich für einen einzelnen
Forscher ganz unmöglich, eine so grosse Zahl von Arten im blühenden Zustande aufzufinden und lebend zu untersuchen, er ist daher
genöthigt, zu Herbariumexemplaren seine Zuflucht zu nehmen, und
da ist es meistens kaum möglich, mit Sicherheit zu erkennen, ob das
Moos sich wirklich im blühenden Zustande, d. h. im Zustande der
Geschlechtsreife, in der Zeit der Befruchtung, befindet. Zwar sind
veraltete, d. h. abgeblühte Blüthen leicht an den geöffneten Antheridien und Archegonien mit eingeschrumpftem Befruchtungskanal zu
erkennen, aber die Entwickelung der Blüthen ist, wie die aller Theile
der Moose, eine sehr langsame, daher kann man bei jungen Blüthen
schwer unterscheiden, ob sie sich noch im Knospenzustande befinden
oder schon geschlechtsreif sind, besonders an getrockneten Exemplaren. Wie dem auch sei, so gewährt doch das hier Dargebotene
schon sehr interessante Einblicke sowohl in die so sehr verschiedenen
Blüthezeiten der Arten, als auch in die sehr verschieden langen Ent-
wickelungszeiten ihrer Sporogonien Es geht daraus hervor, dass bisher kein Laubmoos beobachtet worden, bei dem die Entwickelung des Sporogons in kürzerer Zeit als 5 Monaten erfolgt, dass
es aber auch Arten giebt, bei denen dazu 23 Monate, also beinahe
2 Jahre, erforderlich sind, und dass natürlich die verschiedensten Zwischen-

stufen sich finden. Dass bei den grossen Polytrichen die hochent-
wickelten Sporogonien eine Lebensdauer von 13 Monaten haben, kann
nicht auffallen, wohl aber die 23 Monate dauernde Entwickelung derselben bei einigen, doch nur ziemlich kleinen Grimmien. Diese langsame Entwickelung lässt sich aber wohl aus dem Standorte dieser
Moose erklären, der nur kurze, oft unterbrochene Vegetationsperioden
zulässt. Wenn bei den Wasser- und Sumpfmoosen die Vegetation
nur in den Wintermonaten durch den Frost unterbrochen wird, und
auch bei den Erdmoosen, besonders den im Schatten wachsenden,
selten eine vollständige Austrocknung stattfindet, so ist das bei auf
sonnigen Felsen wachsenden Grimmien anders. Sie werden in der
Sommerdürre nur selten durch Regen zum Leben erweckt, haben
daher sowohl eine Winter-, als auch eine Sommerruhezeit, in der
der Lebensprozess nur schwach erhalten bleibt.

Die eigentliche Blüthezeit, d. h. die Zeit der Befruchtung,
muss bei den meisten Moosen nur eine kurze sein, denn man findet
alle Sporogonien eines Rasens, ja beinahe einer Art immer in demselben Entwickelungszustande und zu gleicher Zeit reifend; nur wenige
Arten scheinen eine Ausnahme zu machen. Mir bekannt sind als
solche Bryum lacustre und B. intermedium, bei denen man meist
Sporogonien in den verschiedensten Entwickelungsstadien auf demselben Rasen antrifft, ganz reife, solche mit halbentwickelten Kapseln und
solche, deren Stiel noch nicht einmal ganz ausgewachsen ist, so dass
dieser Umstand selbst zur Erkennung dieser Arten dient. Hier muss
also die Blüthezeit eine langdauernde sein. Die meisten Moose findet
man auch nur zu einer Zeit im Jahre mit reifen Kapseln, sie müssen
also auch nur einmal im Jahre blühen, nur zwei Arten habe ich
bisher im Frühjahr und auch im Spätsommer mit reifen Kapseln gefunden, nämlich Bryum Warneum und B. calophyllum, also haben
diese auch eine zweimalige Blüthezeit.

Viel weniger noch als bei den Laubmoosen ist über die Blüthezeiten der Lebermoose und die Entwickelungsdauer ihrer
Sporogonien bekannt. Hier ist noch ein reiches, aber sehr schwie-
riges Feld für die Beobachtung, denn die Blüthen sind noch schwie-
riger aufzufinden. Bei den Marchantien ist die Sache noch leicht,
die Blüthenstände fallen frühe ins Auge, auch bei den übrigen
laubigen Formen macht es meist nicht viel Schwierigkeit, aber bei
den beblätterten Jungermannieen findet man, ausser bei den Arten
mit kätzchenförmigen männlichen Blüthenständen, wie z. B. Plagiochila asplenioides u. a., die meist vereinzelt stehenden Antheridien
schwer auf, und die weiblichen Geschlechtsorgane werden erst dann

bemerkbarer, wenn sich der Kelch entwickelt; das geschieht aber erst, nach der Befruchtung, also wenn sie abgeblüht sind.

Alle Sporogonien bleiben lebenslänglich im Verbande mit dem Mutterstamm und werden von diesem ernährt, jedoch nicht bei allen Moosen ausschliesslich, denn bei einem grossen Theile derselben sind sie mit Selbsternährungsapparaten versehen, aber in sehr verschiedenem Grade. Von den Lebermoosen sind es nur die Anthoceroten, deren Sporogonien Chlorophyll enthalten und Spaltöffnungen besitzen, bei den übrigen sind sie vollständige Parasiten, die nur auf Kosten der Mutterpflanze leben. Ebenso ist es bei den Sphagnen und Andreaeaceen. Bei den Bryinen dagegen findet man fast überall Vorrichtungen, die der Selbsternährung dienen; fast überall findet man Spaltöffnungen in der Kapselwand und im Innern Chlorophyllzellen in verschieden-artigster Menge und Anordnung. Am ausgebildetsten sind diese Selbsternährungsvorrichtungen bei den Funariaceen, Splachna-ceen, Bartramiaceen, Polytrichaceen und Buxbaumien. Die schönen Versuche von Haberland haben gezeigt, dass es möglich ist, vom Mutterstamme getrennte, junge Sporogonien von Funariaceen in einer Nährflüssigkeit zur vollständigen Entwickelung zu bringen. Verständlicher werden uns diese verschiedenen Grade des Parasitismus, wenn wir die andern Schmarotzer des Pflanzenreichs, wo ein Indivi-duum auf Kosten eines ihm der Art nach fremden lebt, betrachten. Ich will nur einheimische Beispiele wählen. Die Brand- und Rost-pilze, die *Orobanche*-, die *Cuscuta*-Arten sind gänzlich der Selbst-ernährung unfähig und daher mit Nothwendigkeit auf den Parasi-tismus gewiesen. Die Rhinanthaceen dagegen, die *Thesium*-Arten, mit ihrem reichen Wurzel- und Blattsystem, erscheinen mir wirklich als muthwillige Räuber, wenn sie ihre Nachbarn überfallen, in ihre Wurzeln eindringen und ihnen den Lebenssaft entziehen. Der wunder-lichste unserer einheimischen Schmarotzer ist mir *Viscum album*. Wenn man es mit seinen, von Chlorophyll strotzenden Zellen nicht nur der Blätter, sondern auch der Rinde betrachtet, sollte man meinen, es sei ganz vorzüglich für die Selbsternährung ausgerüstet, und doch ist es ein Schmarotzer. Doch kehren wir zu den Sporogonien der Moose zurück; auch hier ist manches überraschend. Die Nothwendigkeit der Selbsternährung bei den Buxbaumien fällt in die Augen, denn das die Mutterpflanze an Grösse vielmals übertreffende Sporogonium kann von jener, die noch dazu, wenn dieses sich entwickelt, bereits blattlos ist, unmöglich ernährt werden. Auch bei den Funariaceen mit ihren im Verhältniss zum Sporogonium kleinen Moospflanzen, scheint mir wenigstens eine Mithülfe jenes ganz am Platze. Warum

— 28 —

aber bei den meist sehr kräftigen und reich beblätterten Bartramiaceen und Polytrichen die Sporogonien so vorzüglich für die Selbsternährung ausgerüstet sind, lässt sich teleologisch wohl nicht erklären. Man sieht auch hier, dass es mit der ehemals viel berufenen parsimonia naturae nicht viel auf sich hat.

Eine Eigentbümlichkeit vieler Laubmoose, die mir aus keiner anderen Pflanzenklasse bekannt ist, ist das Vorkommen von sogenannten Zwergmännchen. Es sind dies kleine Knöspchen mit nur wenigen kleinen Blättern, in deren Mitte einige Antheridien stehen, und welche in dem Wurzelfilz der Stengel oder seltener auf den Blättern wurzeln. Sie kommen bei sehr verschiedenen Moosen vor, sowohl auf solchen, welche ausserdem normale männliche Blüthen zeigen, wie *Dicranum scoparium,* die Thuidien und andere, als auch auf solchen, bei denen normale männliche Blüthen noch nicht gefunden wurden, wie *Dicranum undulatum, D. Bergeri, D. palustre, Camptothecium lutescens, Hypnum pratense* und andere. Ob diese Gebilde dem Mutterstamme entspriessen, oder aus Sporen entstehen, ist wohl noch nicht mit Sicherheit ermittelt.

Ungeschlechtliche Vermehrung. Ausser der Fortpflanzung aus Sporen vermehren sich die Geschlechtspflanzen der Moose auch auf ungeschlechtlichem Wege, und zwar bei sehr vielen Arten in dem Maasse, dass die Erzeugung von Sporogonien dagegen ganz in den Hintergrund tritt. Viele unserer gemeinsten Arten trifft man höchst selten mit Sporogonien, das so häufige *Thuidium abietinum* hat in Preussen noch niemand fruchtbar gefunden, ja es sind von demselben erst von wenigen Orten Sporogonien bekannt. Die in Deutschland eingeschleppte *Lunularia vulgaris* vermehrt sich bei uns nur durch die zahlreichen in den halbmondförmigen Brutbehältern erzeugten Brutkörper, und die an Alleebäumen an vielen Orten nicht seltene *Syntrichia papillosa* hat noch kein Bryologe mit Sporogonien gesehen, dagegen lösen sich von der Blattoberfläche zahlreiche runde Zellen ab und pflanzen die Art fort. Man hat diese Art als ein Moos betrachtet, bei dem die Geschlechtsfunktion erloschen sei, aber wohl etwas voreilig. Denn wenn auch vielleicht das fruchtbar gefundene australische Moos mit unserer europäischen Art nicht identisch ist, so könnte doch vielleicht eine zufällige Entdeckung der nächsten Tage diese Ansicht als eine Träumerei erscheinen lassen. Die Brutkörper sind in den meisten Fällen Gebilde, die von den Oberflächenzellen des Stengels oder der Blätter erzeugt werden. Bei *Marchantia* und *Lunularia* stehen sie in von der Oberhaut des Stengels gebildeten Schüsselchen, bei *Blasia* in flaschenförmigen Behältern. Die beblät-

terten Jungermanniaceen erzeugen sie an den Rändern, besonders an
den Spitzen der Blätter; auch bei *Calypogeia* und *Sphagnoecetis*, wo
sie an der Spitze eines nackten Pseudopodiums stehen, möchte ich sie
für metamorphosirte Blätter halten, ich vermuthe es aus dem Verhalten derselben bei *Aulacomnion*. Bei den Bryinen sind Brutkörper
sehr häufig. *Syntrichia papillosa* erzeugt sie auf der Blattrippe, *Dryptodon Hartmani* aus den Blattspitzen. Bei *Aulacomnion androgynum*
tragen nackte Pseudopodien einen sternförmigen Büschel länglicher Brutkörper, welche jedenfalls metamorphosirte Blätter sind, denn zuweilen
findet man in der Mitte des sonst nackten Pseudopodiums ein einzelnes Blatt, das nur zur Hälfte in einen Brutkörper umgewandelt
ist. Noch mehr wird diese Ansicht durch die nahe verwandte *Gymnocybe palustris* bestätigt. Hier sind die an der Spitze des Pseudopodiums stehenden Blätter nur theilweise in Brutkörper umgewandelt.
Webera annotina trägt Brutkörper in den Blattachseln, woran diese
Art im unfruchtbaren Zustande leicht zu erkennen ist. Auch einige
Orthotricha erzeugen auf der Blattoberfläche Brutkörper. *Orthotrichum obtusifolium* und *O. gymnostomum* als spindelförmige, an beiden
Enden zugespitzte, braune Körper, *O. Lyellii* als vielfach verzweigte,
braune Zellfäden, fast wie ein Protonema. Am eigenthümlichsten ist
die Bildung bei *Tetraphis pellucida*. Hier stehen an der Spitze steriler
Stengel viele gestielte, linsenförmige Körper, die Aehnlichkeit mit
den Brutkörpern von *Marchantia polymorpha* haben, umgeben von
mehreren breiten Hüllblättern. Die ganze Bildung erinnert lebhaft
an die scheibenförmigen männlichen Blüthen bei vielen Moosen, z. B.
bei *Mnium*. Auch am Protonema entwickeln sich oft knollenförmige
Brutkörper, so bei vielen *Bryum*-Arten. Schliesslich kann sich aus
allen Theilen der Laubmoose, auch aus dem Sporogonium, unter dazu
günstigen Umständen Protonema entwickeln und dieses neue Pflanzen
erzeugen. Aus diesen Verhältnissen ist die starke Wucherung und
rasche Vermehrung der Moose begreiflich, die sonst, bei dem oft so
seltenen Erscheinen der Sporogonien nicht leicht erklärlich wäre.

Lebensweise. Wie alle Pflanzen bedürfen die Moose zu ihrem
Leben des tropfbarflüssigen Wassers. Dieses wird ihnen in unserem
Klima durch zweierlei zeitweise entzogen und der Lebensprozess
daher unterbrochen, durch den Frost des Winters und die Dürre des
Sommers. Der bei weitem grössere Theil der Moose, die Marchantien, Jungermanniaceen und alle Laubmoose scheinen gänzlich
unempfindlich gegen den Frost, wenigstens den unseres
Winters, sie gefrieren gänzlich und erwachen beim Aufthauen, ohne dass
man einen nachtheiligen Einfluss davon an ihnen wahrnehmen könnte.

Die Anthoceroten, Riccien und die eingeschleppte *Lunularia* dagegen werden durch den Frost getödtet. Die Anthoceroten, welche im Herbst ihre Sporogonien entwickeln, erfrieren meistens ehe noch die letzten Sporen ausgebildet und zur Reife gekommen sind, die Kapseln erreichen daher selten ihre volle Länge. Die Riccien erfrieren ebenfalls und sind daher bei uns nur einjährig, während sie in südlicheren Gegenden ausdauern. Wir haben daher auch nur wenige Repräsentanten von dieser Moosgruppe, die gegen Süden schnell an Artenzahl zunimmt und erst jenseits der Alpen in Formen auftritt, die zu den Marchantien hinüberleiten, wie *Corsinia* und andere. *Lunularia*, die sich zuweilen von Blumentöpfen auf Gartenbeete verbreitet, erhält sich nur bei einigem Schutz in milden Wintern, meist wird sie durch den Frost gänzlich zerstört. Aber auch bei den Laubmoosen scheinen wenigstens die Sporogonien in einem gewissen Stadium der Entwickelung gegen Frost empfindlich. Bei dem gemeinen *Brachythecium velutinum*, das seine Kapseln im Spätherbst entwickelt und nach dem Schmelzen des Schnees reift, habe ich oft Rasen gefunden, besonders an exponirten Stellen, die keine vollständigen Sporogonien zeigten, sondern zahlreiche wie abgebissen aussehende Stiele, z. Th. auch weissgefärbte, taube Kapseln. Ich glaube, dass hier frühe Fröste im Herbst die jungen, sich bildenden Kapseln getödtet haben müssen. Die vollständig entwickelte Kapsel dagegen, welche schon ausgebildete Sporen enthält, scheint gänzlich unempfindlich zu sein, wie die vielen Moose mit Winterreifezeit beweisen. Auch bei *Mnium*-Arten, die ihre Sporen im Frühling reifen, habe ich mehrmals erfrorene junge Kapseln gefunden. Wie dem aber auch sei, so werden wir doch annehmen müssen, dass jede Moosart, wie jede andere Pflanzenart, ihr bestimmtes Quantum Wärme braucht, denn sonst würden wir uns die grosse Verschiedenheit des Mooskleides der verschiedenen Länder der Erde nicht erklären können.

Die zweite Art der Unterbrechung im Leben der Moose ist das Austrocknen in der Sommerdürre. Auch gegen diese zeigen die verschiedenen Arten verschiedene Grade der Empfindlichkeit. Die eigentlichen Wassermoose scheinen sehr schnell dadurch getödtet zu werden; so sieht man z. B. an Seeufern, wo *Hypnum* und *Fontinalis* an Baumwurzeln und Aesten der Sträuche wachsen und im Wasser fluthen, beim Zurücktreten des Wassers in trockenen Sommern dieselben todt in der Luft hängen, und sie leben auch nicht wieder auf, wenn man sie ins Wasser bringt. Auch die Sumpfmoose, *Sphagnum* und andere, können das gänzliche Austrocknen nicht lange ertragen. Viele auf der Erde und Baumrinden wachsende Moose erscheinen bei anhaltend trockenem Wetter ganz verschrumpft, dehnen sich bei eintretendem feuchten Wetter aber wieder ganz aus und wachsen freudig weiter. Sie sind aber wohl nicht gänzlich ausgetrocknet, sondern beziehen immer einige Feuchtigkeit aus ihrem Substrat. Dass sie gänzliches Austrocknen auch nicht ertragen können, habe ich dadurch erprobt, dass ich grössere Rasen mit einem Erdballen ausstach und sie an einem trockenen Orte aufbewahrte; nach nicht langer Zeit, nachdem die Erde gänzlich ausgetrocknet, lebten sie nicht mehr auf, wenn ich sie auch an ihren alten Standort brachte und angoss. Gänzliches Austrocknen für längere Zeit scheinen dagegen einige, auf Steinen wachsende Moose zu ertragen, z. B. die Andreaeen, viele Grimmiaceen, von Lebermoosen die häufig auf Steinen wachsende *Radula complanata* und *Frullania dilatata*. Auf den, auf sonnigen Heiden liegenden, erratischen Blöcken wachsend, finden sie sich in trockenen Sommern, wenn sie wochenlang durch keinen Tropfen Regen oder Thau angefeuchtet worden, so völlig ausgedörrt, dass sie zerbröckeln, wenn man sie von ihrem Substrat ablösen will, und doch erwachen sie beim ersten Regen wieder zu freudigem Leben. Wie lange diese Moose den Todesschlaf zu ertragen vermögen, wäre interessant zu erproben; dass es keine unbegrenzte Zeit sein kann, sieht man schon daraus, dass die Moose unserer Herbarien gänzlich todt sind, obgleich sie bei Anfeuchtung ganz das Aussehen lebender Pflanzen annehmen, durch welche Eigenschaft sie zu den bequemsten Pflanzen des Herbars werden. Denn man kann sie nach vielen Jahren fast so gut wie lebende Exemplare untersuchen. Diese für das Herbarium günstige Eigenschaft haben jedoch die Anthoceroten, Riccien, Marchantien und selbst die laubigen Jungermanniaceen nicht, oder doch nur in einem geringen Grade, und ihre Bestimmung nach getrockneten Exemplaren hat daher oft ihre grosse Schwierigkeit.

Zur Bastardfrage. Die bei den Phanerogamen so häufigen und bei den Pteridophyten nicht allzu seltenen Bastardbildungen lassen mit der grössten Wahrscheinlichkeit schliessen, dass sie auch bei den Moosen vorkommen werden. Es fragt sich nur, wie man erkennen soll, ob eine Moosform ein Bastard sei. Bei den Phanerogamen sind es vor allem die Pollenkörner, also die Mikrosporen, bei den Pteridophyten ebenfalls die Sporen, welche bei den Bastarden eine Verkümmerung zeigen, und es lässt sich daher erwarten, dass es bei den Moosen ebenso sein werde. Nun geht aber bei den Phanerogamen aus der befruchteten Eizelle wieder eine blühende Pflanze hervor, bei den Pteridophyten die ausdauernde Sporenpflanze, die selbst, wenn die Sporen gänzlich fehlgeschlagen sein sollten, sich doch ungeschlechtlich vermehren kann. Bei den Moosen dagegen kann das Produkt der Befruchtung, das Sporogonium, abgesehen von zufälliger Vermehrung durch Protonema-Bildung, sich nur durch Sporen vermehren; wären nun die Sporen eines Bastardsporogons sämmtlich steril, so hätte die Bastardzeugung weiter keine Folgen. Es ist aber die Sterilität des Pollens bei den Phanerogamen selten eine absolute, auch bei Bastard-Pteridophyten sind die Sporen oft nicht alle fehlgeschlagen, also könnten auch keimfähige Sporen in den Bastardsporogonien der Moose vorhanden sein. Es ist nun die Frage, wie verhalten sich die aus Bastardsporen entstandenen Moospflanzen zu ihren beiderseitigen Grosseltern, und sind sie im Stande, wieder Sporogonien zu erzeugen? So lange es uns nicht gelingt, auf irgend eine Weise künstliche Bastarde hervorzurufen, und sie wenigstens bis zur dritten Generation, also bis zu dem Sporogonium des Bastardmooses zu verfolgen, so lange bleibt es nach meiner Ansicht ein ganz unwissenschaftliches Verfahren, Moosformen nur deshalb für Bastarde zu erklären, weil sie nicht in das von uns zurechtgelegte Artenschema passen. Wir können doch nie wissen, ob bei unseren Arten die Grenzen zu weit oder zu eng gezogen, auch ist ja durchaus die Möglichkeit nicht ausgeschlossen, dass auch zwischen unsern sogenannten „guten" Arten Uebergangsformen vorkommen können.

Mir sind nur zwei Moose bekannt geworden, bei denen ich glaube, mit Sicherheit eine Bastardbefruchtung annehmen zu können, nämlich *Dicranella hybrida* Sanio, von Sanio in Ostpreussen entdeckt, und *Funaria hybrida* Ruthe, zuerst von Bayrhofer am Taunus entdeckt und später von Ruthe bei Baerwalde in der Mark wieder aufgefunden. *Dicranella hybrida* ist vollständig eine *Dicranella heteromalla* mit einem Sporogonium von *D. cerviculata*, und *Funaria hybrida*, nach der Beschreibung von Ruthe ein *Enthostodon fascicularis* mit einem Sporogonium, ähnlich dem von *Funaria hygrometrica*. Die Exemplare von *D. hybrida*, die ich gesehen, hatten alle schon entdeckelte und entleerte Kapseln, von der Beschaffenheit der Sporen konnte ich mich also nicht überzeugen. Bei *F. hybrida* zeigt das Sporogonium nach Ruthe einiges abweichende von dem der *F. hygrometrica*, und die Sporen sind unvollkommen ausgebildet. In beiden Fällen haben wir es also höchst wahrscheinlich mit Bastardsporogonien zu thun, und es wäre sehr zu wünschen, wenn es gelänge, daraus Moospflanzen zu ziehen.

Die Phanerogamen mit gemischtkörnigem Pollen, d. h. bei denen die Pollenkörner ungleich ausgebildet, z. Th. steril, sind, gelten jetzt allgemein als Bastarde, oder wenigstens als verdächtig. Bei den Moosen sind nun aber Kapseln mit verschieden grossen, vielleicht auch zum Theil sterilen Sporen gar nicht so selten, abgesehen von den sogenannten Mikrosporen der Sphagnen, die nach neueren Forschungen Sporen von Brandpilzen sein sollen, was mir aber doch nicht in allen Fällen zuzutreffen scheint. Sollten diese gemischtkörnigen Sporen der Moose nicht auch vielleicht auf eine, wenn auch vielleicht in früheren Generationen erfolgte Bastardzeugung hinweisen? Vielleicht gelangt man später noch zu der Ueberzeugung, dass bei den Moosen Bastarde eben so häufig sind wie bei den Phanerogamen, und sich wie bei diesen im Laufe der Zeit zu selbständigen und beständigen Formen ausbilden können.

Ein merkwürdiges Moos ist *Amblyodon dealbatus*, denn es vereinigt in sich Merkmale zweier recht verschiedener Familien, der Funariaceen und Meeseaceen. Die älteren Forscher, wie Hedwig und andere, die das Hauptgewicht für ihre systematische Eintheilung der Moose auf das Sporogonium legten, stellten es zu *Meesea*, C. Müller, der als Haupteintheilungsmerkmal das Zellnetz der Blätter betrachtet, zu den Funariaceen. In der That würde wohl kein Bryologe anstehen, es für eine Funariacee zu halten — so sehr gleicht die Geschlechtspflanze in ihrer ganzen Erscheinung einer solchen —, wenn zufällig bisher kein Sporogon davon bekannt wäre, durch welches es sich ganz den Meeseen anschliesst. Wenn es nicht gar zu phantastisch klänge, möchte ich hier an eine vor unvordenklichen Zeiten erfolgte Bastardzeugung glauben.

Nutzen und Schaden der Moose.

Einem alten Brauche gemäss muss ich hier zum Schluss noch einiges, wenn auch weniges über den Nutzen und Schaden, den die Moose den Menschen verursachen, anführen. Welche Rolle dieselben im Haushalte der Natur spielen, ist bald gesagt; sie sind die eigentlichen Regulatoren der atmosphärischen Niederschläge. Indem sie diese aufsaugen und dadurch das Abfliessen des Wassers verhindern, theilen sie später dieselben den tieferen Bodenschichten mit und verhindern das zu schnelle Austrocknen derselben. Jeder einsichtige Forstmann weiss, wie wichtig die Moosdecke für den Waldboden ist, und wird dieselbe eben so wenig wie die Laubdecke entfernen lassen, wenn beide auch manchem schädlichen Forstinsekt Zufluchtsort und Brutstätte gewähren. Auf losem Sandboden bilden einige Moose, *Racomitrium canescens*, *Syntrichia ruralis*, *Brachythecium albicans*, *Ceratodon purpureus* und andere, die erste Pflanzen-

3

decke, befestigen denselben und schaffen, bei ihrer Verwesung Humus bildend, passenden Boden für höhere Pflanzen. Ein Vorurtheil ist es, wenn man glaubt, dass sie die Wiesen schädigen. Diejenigen Arten, welche man auf guten Wiesen findet, z. B. *Brachythecium rutabulum*, *Thuidium recognitum* und andere, nehmen daselbst nie so überhand, dass sie die Gräser verdrängen, im Gegentheil werden sie an trockeneren Stellen durch die längere Bewahrung der Feuchtigkeit noch Nutzen stiften. Das Abeggen der Wiesen nützt weniger dadurch, dass es einen Theil der Moose entfernt, als dass es den Boden lockert. Wenn Wiesen so sumpfig sind, dass *Brachythecium Mildeanum*, *Hypnum cuspidatum* und *Harpidium*-Arten auf ihnen wuchern, so haben sie überhaupt eine Beschaffenheit, dass keine nützlichen Gräser und Futterkräuter, sondern nur noch Riedgräser und Binsen auf ihnen gedeihen können, und ihnen kann nur geholfen werden, wenn die Möglichkeit gegeben ist, sie gründlich zu entwässern.

Oft hört man, wenn in Wäldern und Anlagen die jungen Bäume nur ein schwaches Wachsthum zeigen, aber mit Moosen und Flechten bedeckt sind, diese beschuldigen, sie entzögen den Bäumen die Kraft. Hier wird wie in so vielen Fällen die Wirkung mit der Ursache verwechselt. Die Moose und Flechten sind keine Schmarotzer, ihre Saugorgane dringen nie bis in das lebendige Gewebe des Baumes; ihren Kohlenstoffbedarf entnehmen sie der Luft, und für den geringen Aschengehalt genügen die Abfallstoffe der Borke. Das geringe Wachsthum rührt von der ungünstigen Beschaffenheit des Bodens oder von dem Mangel an Licht und Luft her. In Folge dessen werden bei geringem Dickenwachsthum die alten Korkschichten nicht energisch abgeworfen, und diese gewähren den Moosen und Flechten einen günstigen Boden, sich anzusiedeln. So lange ein Baum schnelles Dickenwachsthum hat, sprengt er sehr schnell seine Korkschichten, es kommt zu keiner Borkenbildung und die etwa keimenden Moose und Flechten werden schnell entfernt. Dass Moose und Flechten des Lebenssaftes des Baumes nicht bedürfen, kann man schon daraus ersehen, dass so viele der rindenbewohnenden Arten auch auf todtem Holze, wie alten Planken und dergleichen, ja selbst auf Steinen üppig wachsen. In Anlagen, Alleen u. s. w. werden häufig diese vermeintlichen Schmarotzer sorgfältig von den Stämmen entfernt, verschönert werden dieselben dadurch gerade nicht; ein schön bemooster alter Baumstamm ist für mich ein schöner Anblick, und ich werde dabei immer an das hübsche Bild in Rückert's Gedicht auf Körner's Tod erinnert:

Es steht voll Moos und Schorfe
Ein Eichbaum alt und stark.

Einst sah ich in einem Park prachtvolle alte Eichen so gründlich gereinigt, dass alle alte Borke entfernt war, und sie roth wie Kiefernstämme dastanden. Schön war der Anblick nicht, und es ist bei solcher energischen Reinigung noch zu befürchten, dass die lebendige Rinde stellenweise verletzt, und dadurch den Sporen schädlicher, den Baum mit Sicherheit zerstörender Pilze wie *Polyporus*, *Daedalea* u. s. w. Eingang verschafft werde.

Auf seinen Strohdächern sieht der Landmann die Moose gerne. Sie bilden dort eine Decke, die dieselben gegen die Zerstörungen durch den Wind schützt, und die Vögel, besonders die Krähen, verhindert, Halme herauszuziehen. Ein schön gleichmässig mit einem Teppich von *Syntrichia ruralis* bedecktes Strohdach kann viele Jahre länger ausdauern, als eines, das solchen Schutzes entbehrt. Einen Nutzen stiften die Moose als Haupttorfbildner dadurch, dass sie unfruchtbare Gewässer in Torfmoore umwandeln, und so nicht nur dieses für uns nützliche Brennmaterial liefern, sondern auch allmählig festen Boden für höhere Pflanzen bilden. An der Spitze stehen dabei die *Sphagna*, die ganz besonders dafür organisirt scheinen. Andererseits sind aber besagte *Sphagna* vielleicht die einzigen Moose, welche auch eine für menschliche Zwecke schädigende Wirkung äussern. Wo sie durch keine Uferhöhen begrenzt in Gewässern auf flachen Geländen Hochmoore bilden, überwuchern sie durch peripherisches Wachsthum fruchtbaren Boden und Wälder und führen durch die Versumpfung das Absterben der Bäume herbei. Sie pumpen nämlich, durch ihren eigenthümlichen anatomischen Bau ganz besonders dazu geeignet, das Wasser aus der Tiefe heraus und lassen es am Rande des Moors ablaufen, wodurch sie neuen Sumpfboden für sich gewinnen. Wie weit sich dieses peripherische Wachsthum erstrecken kann, sah ich recht deutlich an einer Stelle des grossen Auxtumaler Moors im Kreise Heydekrug. Hier fand ich, mehrere hundert Schritt vom Rande entfernt, im Moor einen Quell schönen, klaren Wassers, nicht etwa braunes Torfwasser, das als kleiner Bach abfloss. Es ist wohl sicher anzunehmen, dass dieser Quell sich in ziemlicher Entfernung von dem ursprünglichen Entstehungsgewässer des Hochmoors befinden muss. Ein kleiner Privatwald, der sich nahe dem Moor befand und theilweise schon von seinem Rande berührt wurde, muss sein sicheres Opfer werden. Ich kann mir keinen anderen Schutz denken, als durch Fanggräben das überfliessende Wasser zu sammeln und durch Abzugsgräben zu entfernen. Theilweise sah ich dieses Verfahren vor nun bald 30 Jahren am grossen Moosbruch bei Labiau angewendet, wo der Popelner Forst dadurch geschützt war, der ohne dasselbe sicher von dem Moor überwuchert würde.

Ueber die technische Verwendung der Moose lässt sich wenig sagen. Sie ist eine sehr beschränkte. Man hat in neuerer Zeit, und wie ich glaube mit gutem Erfolg, angefangen, *Sphagnum* zur Bereitung von Packpapieren und Pappen zu benutzen; ob dasselbe sich nicht auch mit Vortheil zur Cellulosefabrikation eignen sollte, kann ich nicht beurtheilen. Die Verwendung der Moose zu Packmaterial, wozu sie sich bei ihrer Weichheit und Schmiegsamkeit sehr eignen, ist wohl allgemein bekannt. Bei Holzbauten aus Schurzbohlenwerk habe ich in einigen Gegenden bemerkt, dass zur Dichtung der Fugen Moos zwischen die Bohlen gelegt wird. Dieses Verfahren halte ich nicht für empfehlenswerth, denn bei seiner hygroskopischen Eigenschaft wird das Moos Feuchtigkeit anziehen und die Vermoderung des Holzes befördern.

Auch als Schmuckgegenstände finden die Moose wenig Verwendung; als Mooskränze zum Schmuck der Gräber, zur Umrahmung der Doppelfenster im Winter u. s. w. Es werden dazu grössere Astmoose genommen, am häufigsten sieht man *Hylocomium triquetrum*. Das höchst zierliche *Hypnum Crista castrensis*, das sogenannte „Pariser Moos" wird bei der künstlichen Blumenfabrikation benutzt. Vor einigen Jahrzehnten sah man häufig als Zimmerschmuck aus Kork geschnitzte Landschaften; die Bäume waren darin durch Moosstengel hergestellt, ich sah als solche nur immer *Hylocomium splendens*; durch Verwendung noch anderer zierlicher Moose hätte man eine grössere Mannigfaltigkeit erreichen können.

Aus dem Angeführten sieht man, dass es wohl kaum eine zweite so artenreiche und allverbreitete Pflanzenklasse giebt, von der wir weniger direkten Nutzen zu hoffen, und weniger direkten Schaden zu befürchten haben, als die Moose. Ihre relative Kleinheit und Unscheinbarkeit ist es aber wohl nicht, wodurch ihre Bedeutungslosigkeit für den menschlichen Haushalt bedingt wird, sind doch die Spaltpilze, Bacterien u. s. w., unendlich kleiner, für unser unbewaffnetes Auge unsichtbar, und doch sind sie als Gährungserreger für uns von so grossem Nutzen, als Krankheitserreger unsere gefährlichsten Feinde. Der praktische Mensch wird daher das Moosstudium zu den Allotriis rechnen und mit Achselzucken auf die Thoren sehen, die ihre Zeit damit verbringen. Er möge sich mit dem Spruche abfinden: es muss auch solche Käuze geben!

Systematischer Theil.

~~~~~

Muscineae.

Moose.

Aus der keimenden Spore entwickelt sich ein mehr oder weniger dauerhaftes Pflanzenindividuum, welches die vegetativen und die Geschlechtsorgane der Art, Antheridien und Archegonien, trägt. In der durch bewegliche Samenfäden befruchteten Eizelle des Archegoniums entwickelt sich ein geschlechtsloses Individuum, das Sporogonium (gewöhnlich, aber unpassend, die Moosfrucht genannt), welches die der Fortpflanzung dienenden Sporen, aber nur einmal während seiner Lebensdauer erzeugt, immer mit dem Mutterstamme in organischem Zusammenhange bleibt und nie selbst Wurzeln oder Blätter entwickelt.

1. Klasse.

Hepaticae. Lebermoose.

Aus der keimenden Spore bildet sich entweder ein einfacher Keimfaden, an dessen Ende, oder ein flacher, kuchenförmiger Vorkeim, an dessen Rande sich das geschlechtliche Individuum entwickelt. Nur bei einigen Jungermanniaceen bildet sich ein selten schwach verzweigter, aber bewurzelter Keimfaden, nie aber entsteht ein vielfach verzweigtes, langdauerndes Protonema wie bei den Laubmoosen. Der Stengel ist in den ersten Ordnungen und in den ersten Familien der letzten Ordnung ein flacher, blattartiger Stamm, auch wohl Thallus genannt, zuweilen gänzlich blattlos, in den meisten Fällen aber mit unvollkommenen Blattgebilden, den sogenannten Ventralschuppen. In den meisten Familien der letzten Ordnung ist der Stengel vollkommen beblättert und fast immer dorsiventral gebildet. Das Sporogonium bleibt bis zu seiner Reife in dem sich zur Haube ausbildenden Bauchtheil des Archegoniums und tritt dann in den meisten Fällen hervor. Nur die Anthoceroten und die Riccien bilden Ausnahmen. Die Sporen sind mit sogenannten Schleuderzellen, Elateren, untermischt, die nur bei den Riccien gänzlich fehlen.

1. Ordnung. Anthoceroteae.

Stengel ein meist kreisrundes, aus lauter parenchymatischen Zellen bestehendes, gänzlich blattloses Lager bildend. Die Geschlechtsorgane bilden sich nicht wie bei den übrigen Muscineen als Sprossungen an der Oberfläche des Stengels, sondern durch histologische Sonderung im Inneren desselben. Die kurzgestielten Antheridien zu mehreren in unter der obersten Zellenschicht gelegenen Lufthöhlen, die Archegonien als eine senkrechte Zellenreihe, deren unterste Zelle zur Eizelle wird, während die oberen aufgelöst werden. Sporogonium mit kurzem, dickem Fuss. Kapsel stiellos, schotenförmig, mit haarfeinem Mittelsäulchen, der Länge nach 2 klappig aufspringend; zeigt noch die bei keinem anderen Moose vorkommende Eigenthümlichkeit, dass sie, während die oberen Sporen bereits reif sind und entleert werden, vom Fusse aus nachwächst und neue Sporen erzeugt. Die Schleuderer sind mehrzellige Fäden ohne Spiralfasern, die ein Netzwerk zwischen den Sporen bilden.

Bemerkungen: Die Anthoceroten bilden die abweichendste Ordnung der Lebermoose, und auch wohl der Moose überhaupt. Mit den Riccien und Marchantien zeigen sie durchaus keine Verwandtschaft, aber eben so wenig mit den Jungermanniaceen, deren laubigen Formen sie in der Bildung des Stengels ähneln. In der Bildung der Kapsel haben sie mit den Sphagnaceen und Andreaeaceen nur in so fern Ähnlichkeit, als sie ein Mittelsäulchen besitzen, das von dem Sporensack kappenförmig überdacht wird. Ob man die Anthoceroten an den Anfang der Lebermoose stellt oder, wie Goebel („Die Muscineen") will, ans Ende derselben, bleibt schliesslich gleichgültig.

1. Anthoceros Mich.

Kapsel dünn, lang, schotenförmig, bis zum Grunde 2 klappig aufspringend. Schon vor der Reife durch die starke Längenausdehnung sich über die Oberfläche des Stengels erhebend, und am Grunde mit einer kurzen, von der Oberhaut des Stengels gebildeten Scheide umgeben. Stengel ein fast kreisrundes Lager bildend.

1. *A. laevis* L. Einhäusig. Lager 5—20 mm im Durchmesser, dick, dunkelgrün, fast fettglänzend, ohne Lufthöhlen. Kapseln zahlreich, bis 2 cm lang. Sporen gelb oder hellbraun, gekörnelt.

Auf Aeckern und an Grabenufern, wohl allgemein verbreitet. Die Pflanze entwickelt sich im Sommer, Sporenreife im Herbst.

Westpreussen: Schwetz! Danzig! Marienwerder! Rosenberg! Löbau! Stuhm! Elbing!

Aus Ostpreussen sah ich noch kein Exemplar, doch wird die Art dort sicher nicht fehlen.

2. *A. punctatus* L. Einhäusig. Lager 5—15 mm im Durchmesser, hellgrün, dünnhäutig, etwas warzig, mit Lufthöhlen. Kapseln

meist noch zahlreicher als bei dem vorigen, bis 2 cm lang.
Sporen dunkelbraun oder schwarz, stachelig.

Wie die vorige Art.

Westpreussen: Konitz (Lucas). Danzig! Marienwerder! Rosenberg! Löbau!
Stuhm! Elbing!

Wird in Ostpreussen sicher auch nicht fehlen.

2. Ordnung. Ricciaceae.

Stengel gabelig getheilt, meist rosettförmig flach ausgebreitet, mit
deutlicher Oberhaut, aus parenchymatischen Zellen bestehend mit einem
centralen Stränge langgestreckter, chlorophyllfreier Zellen. An der
Unterfläche mit meist bald verschwindenden, leistenförmigen, in einer
Reihe stehenden Blättern und Wurzelfasern. Die einzelnen Gabeläste
mit Mittelfurche. Die Geschlechtsorgane entstehen auf der Oberfläche
des Stengels und werden durch die Dickenwucherung desselben ein-
gehüllt. Die Antheridien ungestielt, mit einem stiftartigen Aus-
führungsgange. Von dem Archegonium überragt nur die Spitze des
Halstheiles die Oberfläche. Die kugelrunde Kapsel ohne Stiel und
Fuss, löst sich noch vor der Sporenreife auf, so dass die reifen
Sporen lose in der Haube liegen, und erst durch die Zerstörung der
über ihnen liegenden Schicht des Stengels, oder durch eine Spaltung
desselben frei werden. Schleuderer fehlen gänzlich.

Bemerkungen: Nach den neueren Untersuchungen bilden die Ricciaceen und
Marchantiaceen nicht zwei scharf gesonderte Gruppen, sondern gehen durch Mittel-
formen in einander über. Wir besitzen jedoch nur einige von den niedrigsten Formen
der Ricciaceen und den höchsten der Marchantiaceen, die daher bei uns durch eine
weite Kluft getrennt erscheinen, und so mögen sie denn hier noch als zwei Ordnungen
stehen.

2. Riccia Mich.

Sporen durch die Zerstörung der äusseren Stengelschicht frei
werdend. Blattschuppen schnell verschwindend.

A. Ricciella.

Kapsel die Aussenfläche des Stengels auf der Unterseite warzenartig hervortreibend, und sich auch hier entleerend.

3. *R. fluitans* L. Einhäusig. Mit schmalen, gabeligen, flachen, hell-
gelblichgrünen Zweigen; wenn im Wasser schwimmend, steril, ohne
Wurzelfasern und verworrene Rasen bildend, bis 5 cm lang und
1 mm breit. Auf den Schlamm gerathend, einfacher werdend,
Wurzeln treibend, meist in der Mittellinie vertieft (*R. canaliculata*
Hoffm.) und Geschlechtsorgane entwickelnd. Sporogonien die Unterfläche des Stengels beulenartig auftreibend und sich hier entleerend.

Auf sumpfigen Gewässern schwimmend und später auf dem Schlamme wurzelnd. Sommer.

Westpreussen: Flatow (Rosenbohm). Schwetz! Berent (Casp.). Karthaus! Danzig! Neustadt! Thorn (Casp.). Kulm (Casp.). Strasburg! Graudenz (Casp.). Rosenberg! Löbau! Stuhm! Elbing!

Ostpreussen: Allenstein (Bethke). Ortelsburg (Abromeit). Pr. Eylau (Janzen). Lyck (Sanio).

β. *purpurascens* (*R. Klinggraeffii* Gottsche). Auf dem Schlamme in Torfsümpfen wachsend, flache, mehr oder weniger purpurroth gefärbte Rosetten bildend und in 2 Formen auftretend: a. *major*. In mehr oder weniger vollständigen Rosetten, mit langen, schmalen Gabelästen, oder b. *minor*. In einzelnen, kurz gabeligen Theilstücken.

Westpreussen: Löbau: bei Wischnewo! Stuhm: bei Montken!

B. Riccia s. str.

Kapsel die Oberfläche des Stengels warzenartig hervortreibend und sich auch hier entleerend.

4. *R. glauca* L. Einhäusig. Flach aufliegende, bewurzelte, blaugrüne Rosetten, an den Rändern mehr oder weniger tief und gabelförmig getheilt, mit seichter Mittelrinne. Tritt in 3 Formen auf: a. *major* Lindenb. mit verkehrt herzförmigen, flachen Lacinien, Rosetten bis 16 mm im Durchmesser. Sporen braungelb. b. *minor* Lindenb. mit keilförmigen, tiefer rinnigen Lacinien, Rosetten bis 12 mm im Durchmesser. Sporen schwarzbraun. Häufig in Theilstücken. c. *minima* Lindenb. mit hellgrünen, schmal linearischen, flachen Lacinien, Rosetten bis 8 mm im Durchmesser. Sporen dunkelbraun. Meist in Theilstücken.

Ueberall häufig auf Stoppelfeldern u. s. w. Sommer bis Herbst.

Westpreussen: Konitz (Lucas). Danzig! Neustadt! Kulm (Casp.). Graudenz (Scharlock). Marienwerder! Rosenberg! Löbau! Stuhm! Elbing!

Ostpreussen: Allenstein (Casp.). Königsberg! Lyck (Sanio).

5. *R. ciliata* Hoffm. Einhäusig. Rosetten bis 10 mm im Durchmesser, flach aufliegend, bläulichgrün, mit gabeligen, keilförmigen, stumpfen, gegen die Spitze rinnigen Lacinien. Am Rande mit weisslichen, durchsichtigen Wimpern. Sporen dunkelbraun.

Auf Aeckern, ziemlich selten. Sommer bis Herbst.

Westpreussen: Rosenberg: bei Raudnitz! Löbau: bei Wischnewo! Stuhm: bei Paleschken!

6. *R. crystallina* L. Einhäusig. Rosetten bis 20 mm im Durchmesser, gelbgrün, gedunsen, mit zahlreichen Lufthöhlen. In der Jugend mit glatter Oberfläche, im Alter durch die aufbrechenden Lufthöhlen grubig. Am Rande verkehrt herzförmig getheilt, mit gekerbten Lappen. Sporen dunkelbraun.

Auf feuchtem Boden, besonders am Rande von Gewässern. Sommer.

Westpreussen: Schwetz: bei Warlubien (Hennings). Neustadt: bei Kölln! Marienwerder: bei Gorken! Kurzebrack! Lobau: bei Wischnewo! Stuhm: bei Paleschken! Marienburg (Preuschoff). Bei Danzig giebt sie Weiss an.

Ostpreussen: Allenstein: bei Kaltflies (Casp.).

3. Ricciocarpus Corda.

Sporen durch die Spaltung des Stengels in der Mittelfurche frei werdend. Blattschuppen bleibend.

7. *R. natans* Corda. Einhäusig. Auf dem Wasser schwimmend in einzelnen, verkehrt herzförmigen Theilstücken mit tiefer Mittelfurche, oder in halben Rosetten. Mit vielen Lufthöhlen. Auf der Oberseite dunkelgrün mit purpurnem Rande, auf der Unterseite ganz purpurroth, mit lang herabhängenden, lanzettlichen, purpurrothen Blättern und ohne Wurzeln. Geräth die Pflanze beim Austrocknen des Wassers auf den Schlamm, so bildet sie sich zu vollständigen Rosetten aus, wird heller grün, verliert grossentheils die Blätter und treibt Wurzelfasern. Sporen schwarzbraun.

In stehenden Gewässern schwimmend, beim Austrocknen auf dem Schlamme weiter wachsend. Sommer.

Westpreussen: Konitz (Lucas). Danzig, sehr zahlreich in den Festungsgräben! Thorn: bei Lulkau (Frölich). Rosenberg: bei Raudnitz! Marienburg: bei Neuteich und Lupushorst (Preuschoff).

Ostpreussen: Pr. Eylau (Beneke). Königsberg!

3. Ordnung. Marchantiaceae.

Stengel ein flacher, gabelförmig verzweigter Körper. Das mehrschichtige Gewebe desselben hat auf der oberen Fläche eine deutliche Epidermis mit Spaltöffnungen, die sich über grossen, von chlorophyllführenden Zellen umgebenen Lufthöhlen befinden. Die untere Fläche trägt jederseits der Mittellinie eine Reihe meist hinfälliger Blattschuppen und zahlreiche Wurzelfasern, hat in ihrem Inneren keine Lufthöhlen und wird aus langgestreckten Zellen ohne Chlorophyll gebildet. Die Geschlechtsorgane stehen auf eigenthümlich ausgebildeten Sprossen des Stammes, den sogenannten Receptakeln; die Antheridien stets auf der Oberseite derselben, die Archegonien auf der Unterseite. Die Sporogonien sind immer sehr kurz gestielte Kapseln; der Stiel hat einen mehr oder weniger deutlichen Fuss, dehnt sich aber, wie bei allen Lebermoosen erst bei der Reife aus. Die Antheridien sind stets ungestielt und werden durch Wucherung des Blüthenbodens eingeschlossen.

4. Fegatella Raddi.

Stengel niederliegend mit deutlicher Mittelrippe. Männlicher
Blüthenboden sitzend, mit zahlreichen Antheridien. Weiblicher
Blüthenboden kegelförmig, ungetheilt, gestielt, der Stiel aber erst bei
der Reife der Sporogonien vollständig auswachsend. Die Archegonien
stehen in 5—8 aus verwachsenen Hüllblättern gebildeten Fächern;
die Sporogonien stehen einzeln in röhrenförmigen Kelchen, die Kapsel
öffnet sich an der Spitze mit 4—8 Zähnen. Schleuderer kurz und
dick mit mehreren, meist 4, Spiralbändern.

8. *F. conica* Raddi. Zweihäusig Stengel selten länger als 10 cm
und 1 cm breit; auf der Unterseite oft purpurn angeflogen,
die Blattschuppen meist früh verschwindend, längs der Mittellinie mit weissem Wurzelfilz. Oberseits durch helle Linien
6seitig gefeldert, in der Mitte jedes Feldes eine von 5 Kreisen
weisser Zellen umgebene Spaltöffnung. Männlicher Blüthenboden gegen das Ende des Stengels, sitzend, durch die Antheridien warzig veruneboet, später schwarz werdend. Weiblicher
Blüthenboden anfänglich fast sitzend; erst bei der Reife der Sporogonien dehnt sich der Stiel desselben bis 7 cm lang aus. Dieses
Moos hat einen eigenthümlichen, fast terpentinartigen Geruch.
Auf lockerem feuchtem Waldboden, besonders an Bachufern nicht selten.
Frühjahr.
Westpreussen: Danzig! Neustadt! Thorn (Nowicki). Strasburg! Marien-
werder! Löbau! Stuhm!
Ostpreussen: Osterode! Heilsberg (Seydler). Königsberg! Lyck (Sanio).

5. Marchantia L.

Stengel niederliegend oder aufsteigend, mit deutlicher Mittelrippe.
Männlicher Blüthenboden gestielt, schildförmig, am Rande rundlappig.
Weiblicher Blüthenboden schon während der Blüthe langgestielt, fast
bis zum Mittelpunkte in viele schmale, strahlenförmige Lappen getheilt.
Hüllblätter häufig gefranzt; Kelche mehrspaltig, 1früchtig. Kapsel
öffnet sich mit 6—8 zurückgekrümmten Zähnen. Schleuderer lang
und schmal, mit 2 Spiralbändern.

9. *M. polymorpha* L. Zweihäusig. Oberfläche in rautenförmige
Felder getheilt, in der Mitte jedes derselben eine vertiefte, von
4 Kreisen Schliesszellen umgebene Spaltöffnung. Wurzelhaare
gelblich. Stets becherförmige Brutknospenbehälter tragend.
Sehr vielgestaltig, tritt bei uns in 3 Hauptformen auf.
α. *terrestris.* Stengel niederliegend, ziemlich dick, dunkelgrün, höchstens
10 cm lang, meist kürzer, bis 15 mm breit. Träger des Blüthenbodens ziemlich kurz, höchstens 5 cm lang.

Auf feuchter Erde in Gärten und auf Feldern.

β. *aquatica.* Aufsteigend bis fast aufrecht, dünner, hellgrün bis fast durchscheinend, viel länger, bis 15 cm lang und meist schmaler. Die Träger des Blüthenbodens sehr lang, bis 10 cm und darüber.

In Sümpfen. In tiefen Sümpfen, wo diese Form zwischen Sumpfmoosen fast aufrecht steht, wird sie wegen des spärlichen Chlorophylls durchscheinend und zeigt auch nur wenig Spaltöffnungen.

γ. *alpestris* Syn. hep. Niederliegend, am Rande aufsteigend, mehr oder weniger deutlich rinnig, bis 15 cm und darüber lang, 2 cm und darüber breit, dick und schön dunkelgrün mit sich deutlich zeigenden Spaltöffnungen.

Auf dem steinigen Bette von Waldquellen.

Westpreussen: Dt. Krone (Casp.). Flatow (Casp.). Schwetz! Konitz (Lucas). Pr. Stargard (Hohnfeldt). Berent (Casp.), Karthaus! Danzig! Neustadt! Strasburg! Marienwerder! Rosenberg! Löbau! Stuhm! Elbing! var. γ. Neustadt: bei Gr. Katz!

Ostpreussen: Osterode! Heilsberg (Seydler). Allenstein (Bethke). Königsberg! Lyck (Sanio). Heydekrug (Schmitt). Heiligenbeil (Seydler).

6. Preissia N. a. E.

Stengel niederliegend, wenig gegabelt, mit unterseits stark vortretender Mittelrippe. Männlicher Blüthenboden gestielt, schildförmig, am Rande 4—5 buchtig. Weiblicher Blüthenboden gestielt, halbkugelig, seicht 4 lappig. Die Hüllblätter bilden 4 Fruchtfächer, welche je 1—3 glockenförmige, 1 früchtige Kelche einschliessen. Kapsel mit mehreren zurückgekrümmten Zähnen aufspringend. Schleuderer fadenförmig, 2 spirig.

10. *P. commutata* N. a. E. Zweihäusig. Flache, zusammenhängende Rasen bildend, bis 3 cm lang, meist nur 5 mm breit, ziemlich dick, oberseits schön dunkelgrün mit vertieften Spaltöffnungen, unterseits mehr oder weniger purpurn, mit weisslichen Wurzelfasern.

Am Rande der Brüche, besonders wo Wiesenmergel liegt. Ziemlich verbreitet, aber nicht häufig. Sommer.

Westpreussen: Pr. Stargard (Casp.). Berent: bei Eisenberg (Casp). Karthaus: bei Glasino (Casp.) Neustadt: bei Kielau! bei Gdingen! Putzig: bei Bresin! bei Rixhöft! bei Lissau! Rosenberg: bei Raudnitz! Löbau: bei Wischnewo!

Ostpreussen: Ortelsburg: bei Passenheim (Abromeit). Lyck: Milchbuder Forst und Rothes Bruch (Sanio). Heydekrug: bei Ibenhorst!

7. Lunularia Mich.

Stengel niederliegend, gabelig, auf der Oberseite mit halbmondförmigen Brutbehältern. Männlicher Blüthenboden sitzend, oval, scheibenförmig; weiblicher sehr klein, gestielt, 4—6 blüthig. Kapsel langgestielt. Schleudern 2 spirig.

11. *L. vulgaris* Mich. Zweihäusig. Lebhaft grün, bis 2 cm und länger, 4 mm breit, oft dichte Rasen bildend. Auf der Oberseite in 6 eckige Felder getheilt mit oberflächlichen, von 5 Reihen Schliesszellen umgebenen Spaltöffnungen, auf der Unterseite mit Wurzelfilz.

Als fremder Einwanderer auf Blumentöpfen und von diesen aus sich auch auf Gartenbeete verbreitend, milde Winter überdauernd. Bei uns immer steril.

Westpreussen: Konitz (Lucas). Putzig: bei Krockow! Marienwerder! Stuhm: in Paleschken!

4. Ordnung. Jungermanniaceae.

Die Pflanzen bilden in den 3 ersten Familien der ersten Reihe noch blattlose, lagerähnliche Stengel; in den beiden letzten Familien ist ein Uebergang zum vollständig beblätterten Stengel. Die zweite Reihe hat vollständig 2—3 reihig beblätterte Stengel, und zwar 2 Reihen Oberblätter, die mehr oder weniger schräge am Stengel eingefügt sind und sich entweder unterschlächtig decken, indem der untere Rand des höher stehenden Blattes den oberen des tiefer stehenden deckt, oder oberschlächtig, wo der obere Rand des tiefer stehenden den unteren des höher stehenden deckt. Als dritte Reihe treten dann noch bei den meisten Arten andersgestaltete sogenannte Unterblätter auf, die quer zur Axe am Stengel angeheftet sind. Zweireihig beblätterte Stengel, bei denen die Blätter ziemlich horizontal angeheftet sind, giebt es im ganzen wenige, und noch weniger gleichmässig 3 reihig beblätterte, bei denen der Unterschied von Ober- und Unterblättern fortfällt. Die kugeligen, meist gestielten Antheridien bilden sich auf dem blattlosen Stengel theils zerstreut auf der Rückseite, theils auf besonderen Zweigen auf der Unterseite; bei dem beblätterten einzeln oder zu mehreren in den Achseln der Blätter des Stengels, oder in den Achseln veränderter Blätter auf besonderen Zweigen. Die Archegonien stehen einzeln oder zu vielen an der Spitze des Stengels oder auf besonderen Zweigen, umgeben von meist etwas anders geformten Hüllblättern. Nach der Befruchtung bildet sich noch bei den meisten Arten eine besondere Hülle, die, sich ringwallartig erhebend, zu einem verschiedengestalteten, das Sporogonium mit seiner Haube einschliessenden Kelch auswächst. Das Sporogonium besteht aus einer gestielten Kapsel, erreicht seine Reife von der Haube umhüllt, zerreisst dann diese an der Spitze, indem aer Stiel sich plötzlich verlängert. Die Kapsel springt mit 4 Klappen auf, sehr selten zerreisst sie unregelmässig.

1. Reihe. Frondosae.

1. Familie. Metzgerieae.

Laubartiger Stengel gabelästig, dünn, aus 1 schichtiger Zellenlage bestehend, mit dickerem Mittelstrang. Geschlechtsorgane auf der Unterseite stehend. Antheridien kugelrund, kurz gestielt, zu 2 — 4 unter einem bauchigen, sie ganz einschliessenden Deckblatt stehend. Archegonien zu 3 — 8 ebenfalls in der Achsel eines herzförmigen Deckblattes. Haube keulenförmig, fleischig, dicht borstig. Kapsel rundlich eiförmig, kurz gestielt, bis zum Grunde 4 klappig. Schleuderer spindelförmig, 1 spirig.

8. Metzgeria Raddi.

Merkmale die der Familie.

12. *M. furcata* N. a. E. Zweihäusig? In dichten, gelblichgrünen Rasen. Laub kurz, einige mm lang und höchstens 1—1½ mm breit, auf der Bauchseite an der Mittelrippe und gegen den Rand mit einzelnen Borsten. Häufig an der Spitze der Aeste Brutknospen tragend.

An Baumstämmen, Baumwurzeln, auch selbst auf Walderde. Nicht selten, aber bei uns bisher immer steril.

Westpreussen: Schwetz! Konitz (Lucas). Danzig! Neustadt! Strasburg! Rosenberg! Elbing!

Ostpreussen: Pr. Eylau (Janzen). Heiligenbeil (Seydler). Königsberg (Sanio). Lyck (Sanio).

13. *M. conjugata* Lindbg. Einhäusig. Weit robuster, in gelb- bis dunkelbraun-grünen Rasen. Laub meist breiter und länger, 1—3 cm lang und über 2 mm breit, auf der Bauchseite an der Mittelrippe dicht und lang, am Rande entfernter behaart.

In Waldschluchten auf grossen Steinen, selten. Bei uns bisher nur steril.

Westpreussen: Neustadt: Waldthal hinter Kl. Katz! Elbing: Doerbecker Schweiz und Grenzgrund!

2. Familie. Aneureae.

Laub dick, fleischig, unregelmässig, handförmig oder fiederig getheilt, ohne Mittelstrang und ohne Blätter. Antheridien zerstreut auf der Oberfläche kurzer Seitensprosse, fast kugelrund, sehr kurz gestielt und später ganz von dem Parenchym des Laubes bis auf eine kleine Oeffnung überwuchert. Archegonien ebenfalls zu

3—10 auf besonderen Seitenästen, am Grunde von kleinen, schmalen Hüllblättchen umgeben. Haube keulenförmig, fleischig. Kapsel lang gestielt, bis zum Grunde 4 klappig aufspringend. Schleuderer lang, 1 spirig.

9. Aneura Dumort.

Merkmale die der Familie.

14. *A. pinguis* Dumort. Zweihäusig. Laub einfach oder wenig getheilt, dunkelgrün, fettglänzend, bis 5 cm lang, 1 cm breit, meist flach niederliegend, selten etwas aufsteigend und mit welligen Rändern, unterseits mit dichtfilzigen Wurzelfasern. Haube über 5 mm lang, etwas behaart. Kapsel oval, braun, auf bis 1 cm langem, weissem Stiel. Sporen kugelrund, dunkelbraun, dicht gekörnelt. Schleuderer braun.

An Grabenufern und am Rande der Brüche, nicht selten. Frühjahr.

Westpreussen: Konitz (Lucas). Danzig! Neustadt! Marienwerder! Rosenberg! Löbau! Stuhm!

Ostpreussen: Pr. Eylau (Seydler).

β. *aquatica* Sehr unregelmässig getheilt, hellgrün. Wurzellos. Immer steril.

Im Wasser fluthend.

Westpreussen: Schlochau: Schwarzer See im Eisenbrücker Forst (Casp.) Karthaus: Steinsee bei Nowahutta (Casp.). Neustadt: Seen bei Wahlendorf (Lützow). Thorn (Casp.).

15. *A. pinnatifida* N. a. E. Zweihäusig. In Rasen oder einzeln umherschweifend, dunkelgrün, spärlich wurzelnd. Stengel bis 5 cm lang, selten breiter als 1 mm, einfach oder doppelt fiederig verästelt. Haube walzenförmig, glatt oder etwas haarig. Kapsel länglich, kastanienbraun.

An Seeufern, ziemlich selten. Bisher bei uns nur steril.

Westpreussen: Schlochau: Prechlauer Mühle (Casp.) Neustadt: Karpionki See bei Wahlendorf (Lützow), Steinkruger See! Wittstock See, Paglew See und Pauschnik See (Casp.)

16. *A. multifida* Dumort. Einhäusig. In kleinen, hellgrünen Räschen. Laub niederliegend oder etwas aufsteigend, rundlich, spärlich wurzelhaarig, gabelig oder fiederig getheilt, 5—10 mm lang, 1—1½ mm breit. Haube lang keulenförmig, warzig. Kapsel auf bis 7 mm langem, weissem Stiel, fast walzenförmig, dunkelbraun. Sporen gelb.

Auf feuchtem Boden und an Brüchen, ziemlich selten. Bisher bei uns nur steril.

Westpreussen: Schwetz: See bei Jascherrek (Hellwig). Neustadt: Pentko witzer Moor! Rosenberg: bei Raudnitz! Löbau: bei Wischnewo! Stuhm! Nach Weiss auch Danzig: bei Konradshammer.

17. *A. latifrons* Lindbg. Einhäusig. Dicht-rasig, gelbgrün, durchscheinend. Laub bis 1 cm lang, Aeste breit, fast fiederförmig verzweigt, Fiederchen keilförmig, dünn und flach. Haube fast birnförmig, 3 mm lang, höckerig. Kapsel eirund, braun. Sporen bräunlich-grün.

Auf morschem Holz, wahrscheinlich verbreitet, aber leicht mit der folgenden verwechselt.

Westpreussen: Schwetz: Bankauer Wald (Hennings). Strasburg: Rudaer Forst!

18. *A. palmata* Dumort. Zweihäusig. Dicht-rasig, dunkelgrün. Laub niederliegend, bis 1 cm lang, fiederspaltig, Abschnitte aufsteigend, 5 mm breit, handförmig getheilt, flach. Haube klein, dichtwarzig. Kapsel länglich, dunkelbraun, auf bis 15 mm langem, weissem Stiel. Sporen klein, bräunlichgrün.

Auf morschem Holz und auf Torf in Wäldern, nicht selten. Frühjahr.

Westpreussen: Karthaus! Danzig! Neustadt! Marienwerder! Rosenberg! Löbau! Stuhm!

Ostpreussen: Lyck (Sanio). Angerburg (Czekaj).

3. Familie. Pelliaceae.

Laub gabelig getheilt, mit deutlichem, aber nicht scharf begrenztem Mittelstrange, ohne Blätter. Geschlechtsorgane auf der Oberseite des Laubes. Antheridien sehr kurz gestielt, gegen die Mittelrippe zerstreut stehend, durch das Paremchym des Stengels überwuchert und warzenförmige Erhöhungen bildend. Archegonien zu mehreren gegen das Ende des Stengels, nach der Befruchtung von einem Kelch umgeben. Kapsel bis zum Grunde 4klappig. Schleuderer 2spirig.

10. Pellia Raddi.

Merkmale die der Familie.

19. *P. epiphylla* N. a. E. Einhäusig. Laub niederliegend, wurzelfilzig, mehr oder weniger gabelig getheilt, mit keilförmigen, geschweiften Lappen, 1—5 cm lang, 5—12 mm breit, lebhaft grün, selten etwas röthlich angeflogen. Häufig kommt auch eine, aber immer sterile, Form vor, die am Rande viele kleine, fast fingerförmig gestellte Lappen trägt. Kelch kurz, mit 2—3 Einschnitten, von der Haube weit überragt. Kapsel ziemlich gross, auf bis 10 cm langem, weissem Stiel.

An Grabenufern und feuchten Abhängen, wohl überall häufig. Frühjahr.

Westpreussen: Konitz (Lucas). Karthaus! Danzig! Neustadt! Putzig! Strasburg! Marienwerder! Rosenberg! Löbau! Stuhm! Elbing (Janzen).

Ostpreussen: Pr. Eylau (Janzen). Lyck (Sanio). Braunsberg (Seydler).

20. *P. calycina* N. a. E. **Zweihäusig.** Tracht der vorigen, meist
stark purpurfarbig oder gebräunt. Laub bis 6 cm lang, bis
1 cm breit, Laubränder meist aufstrebend und etwas gekräuselt,
daher das Laub rinnig erscheint. Kelch röhrenförmig, an der
Mündung gelappt, die Haube meist ganz einschliessend.

Wie die vorige; in besonderer Menge in Torfsümpfen, Quellen und kleinen
Bächen, oft dichte, aufstrebende Rasen bildend, daselbst aber immer steril,
höchstens hin und wieder mit Antheridien. Frühjahr.

Westpreussen: Karthaus: Tokar (Lützow). Danziger Höhe: **Freudenthal!**
Neustadt: Gr. Katz! Kl. Klatz! Sagorsch! Elbing: Panklau (Janzen), Wein-
gardsgrund (Janzen), Tolkemit!

4. Familie. Blasiaceae.

Bei der Entwickelung des Laubes trägt der ziemlich breite Stengel
2 Reihen senkrecht angehefteter Blätter; später verbreitert er sich
sehr, so dass diese nur wie gerundete Abschnitte desselben erscheinen.
Auf der Unterseite hat der Stengel auf jeder Seite der bewurzelten
Mittellinie eine Reihe wagerecht angehefteter, lanzettförmiger, gezähnter Blättchen, so dass er eigentlich als 4zeilig beblättert zu
betrachten ist. Antheridien eiförmig, kurz gestielt, auf der Oberseite
des Stengels, in denselben durch Wucherung eingeschlossen. Archegonien gegen die Spitze des Stengels, nach der Befruchtung durch
Ueberwallung in eine Höhlung eingeschlossen, welche bei der Reife
durch die Kapsel am vorderen Ende durchbrochen wird.

11. Blasia Mich.
Merkmale die der Familie.

21. *B. pusilla* L. **Zweihäusig.** Die ausgebildete Pflanze strahlige
Rosetten bis 4 cm im Durchmesser bildend, hellgrün, durchscheinend. Laub gabelspaltig, wellig gelappt. Auf der Oberfläche der weiblichen Pflanze bilden sich zahlreiche, zackige
Brutschuppen, auf der der männlichen flaschenförmige Brutknospenbehälter, welche gestielte Brutknospen enthalten. Kapsel
oval, lang gestielt, gelblich, mit 4 Klappen aufspringend. Sporen
bräunlichgelb. Schleuderer sehr lang, 2spirig.

An Grabenufern und feuchten Abhängen, nicht selten, aber selten fruchtbar.
Westpreussen: Konitz (Lucas). Karthaus! Danzig! Neustadt! Marienwerder! Rosenberg! Lobau! Stuhm! Elbing (Janzen).

5. Familie. Codonieae.

Pflanze ein etwas verflachter, 2reihig beblätterter, sich gabelig
theilender Stengel. Geschlechtsorgane auf der Oberseite des Stengels
stehend. Antheridien gestielt, nackt.

12. Fossombronia Raddi.

Stengel niederliegend, an der Unterseite mit langen, purpurfarbigen Wurzelfasern, unterschlächtig beblättert. Unterblätter fehlen. Blätter breit quadratisch, mit wellenförmigen Buchten und kleinen Zähnen. Die Antheridien stehen einzeln nackt auf der Rückseite des Stengels, sind kugelig und gestielt. Die Archegonien gegen die Spitze des Stengels, einzeln oder zu mehreren von einigen kleinen Hüllblättern umgeben. Kelch glockenförmig, offen, an der Rückseite mit tiefem Einschnitt. Kapsel kugelförmig, kurz gestielt, unregelmässig zerreissend oder undeutlich 4 klappig. Schleuderer kurz, hinfällig, mit 2—3 Spiralbändern.

22. *F. Dumortieri* Lindbg. Einhäusig. In dichten, dunkelgrünen Räschen. Sporen dunkelbraun, mit niedrigen, netzförmig verbundenen Runzeln, und dadurch unter dem Mikroskop am Rande undeutlich gekerbt erscheinend.

Am Rande von Torfbrüchen, ziemlich selten. Sommer.

Westpreussen: Löbau: bei W a l d e c k ! Stuhm: bei Montken!

23. *F. cristata* Lindbg. Einhäusig. Noch kleiner als die Vorige, heerdenweise wachsend, lebhaft grün. Sporen gelbbraun, wellig runzelig, unter dem Mikroskop am Rande mit kammartigen, scharfen Zähnchen.

Auf feuchten Aeckern, an Grabenufern u. s. w. verbreitet.

Westpreussen: Konitz (Lucas). Neustadt: Rekauer Forst! Marienwerder! Rosenberg: bei Herzogswalde! Löbau: bei Wischnewo! Stuhm: bei Paleschken!

2. Reihe. Foliosae.

6. Familie. Gymnomitrieae.

Pflanzen mit 2 oder 3 Blattreihen am Stengel. Weibliche Blüthen gipfelständig. Kelch fehlend oder unvollständig und mit den Blüthenhüllblättern verwachsend. Eine sehr wenig natürliche Familie, deren Gattungen sich sehr unähnlich sind.

13. Haplomitrium N. a. E.

Stengel 3 reihig beblättert. Blätter fast horizontal angeheftet. Antheridien kugelig, kurz gestielt, zu 3—5 in den Achseln der oberen Blätter. Archegonien an der Spitze des Stengels zwischen 2 Hüllblättern. Kelch fehlt. Schleuderer an der Spitze der Klappe stehen bleibend, 2 spirig.

24. *H. Hookeri* N. a. E. Zweihäusig. Pflanzen vereinzelt wachsend.

Stengel aus verzweigtem Rhizom aufrecht, wurzellos, unvoll-

4

kommen 3reihig beblättert, einfach, bis 1 cm hoch. Blätter ziemlich entfernt stehend, länglich eiförmig, ausgeschweift gezähnt; Blattzellen 6seitig, stark mit Chlorophyll angefüllt. Hüllblätter wenig von den Stengelblättern unterschieden, die lange, fast walzenförmige Haube dieselben weit überragend. Kapsel auf 2—3 cm langem Stiel, länglich cylindrisch, unregelmässig 2—4klappig aufspringend.

Westpreussen: Nur einmal fanden C. Lützow und ich dieses seltene Moos in einem Exemplar im Kreise Neustadt am Ufer des Espenkruger Sees. Sommer.

14. Sarcoscyphus Corda.

Stengel mit Ausläufern, nur an diesen spärlich wurzelhaarig. 2reihig beblättert, ohne Unterblätter. Blätter horizontal angeheftet, hohl, mit 2 gleichen Lappen. Antheridien in den Achseln der oberen Blätter. Weibliche Hüllblätter 2, in eine fleischige, 2lippige Becherform verwachsen. Kelch wenig entwickelt und nicht aus den Hüllblättern hervortretend. Kapsel fast kugelrund, fast bis zum Grunde 4klappig. Schleuderer hinfällig.

25. *S. Ehrharti* Corda. Zweihäusig. Locker-rasig, grün bis braungrün. Stengel 4 cm lang, aufsteigend, einfach oder gabelästig. Blätter aufrecht abstehend, mit breiter Basis zur Hälfte den Stengel umfassend, an der Spitze mit stumpfer Bucht und 2 stumpfen Lappen. Blattzellen ziemlich gross, rundlich 6eckig, mit 3eckig verdickten Ecken.

Westpreussen: Karthaus: im Mirchauer Forst, auf Steinen an Bachufern (Lützow). Neustadt: in der Kaminitza-Schlucht (Lützow).

26. *S. Funkii* N. a. E. Zweihäusig. In dichten, niedrigen, braungrünen bis schwärzlichen Rasen. Stengel aufsteigend, die fruchtbaren 6—7 mm hoch, nach oben mit grösseren Blättern. Blätter eirundlich, zur Hälfte den Stengel umfassend, fast bis zur Mitte durch eine spitze oder zugerundete Bucht in 2 spitze oder stumpfe Lappen getheilt. Zellen sehr gross, an den Ecken stark 3eckig verdickt. Kapselstiel bis 5 mm lang.

Auf Heiden und auf festem Waldboden, sehr zerstreut. Sommer.

Westpreussen: Konitz: bei Gigel (Lucas). Karthaus: bei Schneidewind und im Mirchauer Forst! Neustadt: bei Wahlendorf (Lützow), Steinkrug! und Kölln! Löbau: bei Wischnewo! Elbing: bei Kahlberg (Ohlert).

Ostpreussen: Fischhausen: bei Rauschen (Hensche).

15. Alicularia Corda.

Stengel verflacht, gleichmässig unterschlächtig beblättert, mit Unterblättern. Blätter schräge angeheftet, rundlich, ganz oder schwach an der Spitze ausgerandet. Unterblätter kleiner, 3 eckig. Antheridien kurz gestielt, in den Achseln am Grunde etwas ausgehöhlter Blätter. Kelch unvollständig, 4 lappig, die Haube nicht vollständig deckend, in den grossen Hüllblättern, zu denen auch Unterblätter gehören, eingeschlossen und mit denselben am Grunde verwachsend. Kapsel auf dickem Stiel oval, bis zum Grunde 4 klappig. Schleuderer hinfällig, 2 spirig.

27. *A. scalaris* Corda. Zweihäusig. Rasen locker, hellgrün, gebräunt oder seltener etwas purpurn. Stengel kriechend oder etwas aufsteigend, wurzelhaarig, bis 4 cm lang. Blätter seitlich flach anliegend; wo sich der Stengel erhebt, etwas abstehend; schwach schräg angeheftet, fast kreisrund, zuweilen an der Spitze etwas ausgerandet. Blattzellen rundlich 6 eckig, an den Ecken 3 eckig verdickt.

Auf kiesig-lehmigem Boden an Hohlwegen und in Wäldern, nicht selten Im ersten Frühjahr.

Westpreussen: Karthaus! Danzig! Neustadt! Marienwerder! Rosenberg! Löbau! Stuhm! Elbing!

Ostpreussen: Lyck (Sanio).

β. *gracillima* Syn. hep. Stengel mehr aufrecht, verzweigt. Blätter weitläufiger stehend, zusammengeneigt.

Westpreussen: Karthaus: Forstbelauf Burchardswo!

28. *A. minor* Limpr. Einhäusig. Pflanzen kleiner, glänzend rothbraun, selten grün. Stengel bis 1 cm lang, kriechend, dicht wurzelhaarig. Blätter der sterilen Sprosse entfernt stehend, seitlich ausgebreitet, rund; Blätter des fruchtbaren Stengels dachziegelig anliegend, mit kurzer, enger Bucht. Blattzellen gross, dickwandig. Hüllblätter lappig, kraus.

Westpreussen: Neustadt: bei Kölln! bei Wahlendorf (Lützow). Stuhm bei Louisenwalde! Elbing: in den Rehbergen (Janzen).

Ostpreussen: Osterode: bei Peterswalde!

7. Familie. Jungermannieae.

Stengel unregelmässig verästelt, 2 reihig unterschlächtig beblättert, mit oder ohne Unterblätter, oder selten gleichmässig 3 reihig. Blätter ganz, oder 2- oder mehrlappig, häufig Brutknospen tragend. Weibliche Geschlechtsorgane gipfelständig, auf der Spitze des Stengels oder von Seitenästen. Kelch vollständig, die Hüllblätter überragend. Kapsel bis zum Grunde 4 klappig. Schleuderer hinfällig, 2 spirig.

16. Chiloscyphus Corda.

Stengel kriechend oder schwimmend, gabelästig, büschelig wurzelhaarig. Oberblätter sehr schräge, fast senkrecht angeheftet, flach

4*

ausgebreitet, fast quadratisch, quergestutzt bis ausgerandet. Unterblätter deutlich, klein. Antheridien in den Achseln von Stengelblättern. Archegonien wenig zahlreich, an der Spitze kurzer, auf
der Bauchseite des Stengels entspringender Zweige. Hüllblätter
klein, schuppenförmig. Kelch becherförmig, tief 2—3spaltig, die
Haube nicht deckend.

29. *C. polyanthus* Corda. Einhäusig. Stengel kriechend oder
fluthend, bis 6 cm lang, dünn. Blätter quadratisch-eiförmig, an
der Spitze mehr oder weniger gestutzt, nicht flach aufliegend,
hellgrün. Unterblätter länglich, tief 2 spaltig. Blattzellen
ziemlich gross und durchsichtig, mit wenig Chlorophyll, 5- und
6eckig. Kelch sehr kurz, 2—3lappig, die Lappen ziemlich
ganzrandig. Die Haube überragt hoch den Kelch.

Auf lockerer Walderde und in Brüchen, zerstreut. Frühjahr.

Westpreussen: Schlochau (Casp.). Konitz (Casp.). Berent (Casp.). Karthaus! Neustadt! Marienwerder! Elbing (Janzen).

Ostpreussen: Osterode: bei Grünort (Winter). Lyck: im Baraner Forst
(Sanio). Heydekrug: bei Skirwit!

β. *rivularis* N. a. E. Stengel lang fluthend, fleischig. Blätter meist
gerundet. Unterblätter fehlen oft, wo sie vorhanden, sind sie
breiter. Farbe dunkelgrün bis bräunlich.

In Bächen und Seen fluthend.

Westpreussen: Dt. Krone: im Klotzow-Wald und im Barsch-See (Casp.).
Schwetz: im See bei Jascherrek (Hellwig). Schlochau: schwarzer See bei
Eisenbrück (Casp.). Berent: bei Lubjahnen und Lippa (Casp.). Karthaus: im
Borek-See (Casp.). Neustadt: bei Wahlendorf (Lützow), Okoniewo-See!
Steinkruger See! Marchowie-See und Paglei-See (Casp). Marienwerder: Bach
bei Sedlinen!

30. *C. pallescens* Dumort. Einhäusig. Stengel kriechend, bis 5 cm
lang, unregelmässig verästelt. Blätter flach ausgebreitet, etwas
herablaufend, eiförmig-quadratisch, an der Spitze mehr oder
weniger gestutzt oder ausgerandet. Farbe gelbgrün. Unterblätter eiförmig, gespalten. Kelch tief 3lappig, Lappen dornig
gezähnt. Haube nur so lang als der Kelch oder wenig länger.
Kapsel auf 15 mm langem, gelblichweissem Stiel, rundlich-eiförmig.

Auf lockerer Walderde, nicht gerade selten. Frühjahr.

Westpreussen: Konitz (Lucas). Berent: bei Spohn (Casp.). Danzig: bei
Oliva! Karthaus: bei Dombrowo! Putzig: bei Heisternest! Marienwerder: bei
Rachelshof! Rosenberg: bei Raudnitz! Löbau: bei Wischnewo!

Ostpreussen: Königsberg! Lyck: im Schlosswald und Baraner Forst (Sanio).

17. Harpanthus N. a. E.

Stengel niederliegend, aufsteigend oder aufrecht, ästig, kurz wurzelhaarig. Blätter am Rücken herablaufend, rundlich eiförmig, stumpf-

lich ausgerandet bis kurz 2 lappig. Unterblätter stets deutlich Geschlechtsorgane in knospenförmigen Blüthenständen an sehr kurzen, auf der Bauchseite entspringenden Aestchen. Fruchtast wurzelhaarig· Kelch länglich eiförmig bis spindelförmig, am Grunde fleischig, 3—5theilig. Haube mit dem Kelch verwachsen.

31. *H. Flotowianus* N. a. E. Zweihäusig. Locker-rasig, gelbgrün oder bräunlich, fettglänzend. Stengel 2—6 cm lang, bräunlich- gelb, ästig, mit kurzen Wurzelhaaren. Blätter am Rücken weit herablaufend, rundlich eiförmig, stumpflich ausgerandet mit stumpfen Lappen. Zellen 5—6eckig, durchscheinend, dünn- wandig. Unterblätter viel kleiner, anliegend, 2—3spaltig, ganz- randig oder ungetheilt und fein gesägt. Männliche Aeste zahl- reich, kurz mit 2spaltigen Deckblättern. Weiblicher Ast sehr kurz, mit 2 Hüllblättern und einem Unterblatt. Kelch fast spindelförmig, an der Mündung 3faltig.

In Brüchen, zwischen Sumpfmoosen.

Ostpreussen: Lyck: im Baraner Forst im Ellernbruch am Gr. Tataren- see (Sanio).

18. Lophocolea N. a. E.

Stengel kriechend oder aufsteigend, spärlich wurzelhaarig. Blätter schräg angeheftet, etwas herablaufend, mehr oder weniger flach aus- gebreitet, durch eine nicht tiefe Bucht 2 lappig. Unterblätter stets vorhanden. Antheridien an kopf- oder ährenförmigen, auf der Bauch- seite des Stengels stehenden kurzen Zweigen, selten auf dem Haupt- stengel in den Blattachseln. Weibliche Geschlechtsorgane meist an der Spitze des Stengels, später durch Sprossung herabgerückt, seltener auf eigenen bauchständigen Zweigen. Hüllblätter gross und meist tief getheilt. Kelch lang, oberhalb scharf 3kantig und an der Mündung mit 3 kammartig gezähnten Lappen. Archegonien sehr zahlreich.

32. *L. bidentata* N. a. E. Zweihäusig. Meist zwischen Gräsern herumschweifend, selten lose zusammenhängende Rasen bildend, bleichgrün. Stengel bis 7 cm lang, niederliegend oder auf- steigend, unregelmässig, zuweilen büschelig verästelt, spärlich wurzelhaarig. Blätter dünnhäutig, durchsichtig, flach ausge- breitet, an der Spitze durch eine halbmondförmige Bucht in 2 ungleiche, pfriemenförmige, spitze Lappen getheilt. Zellen sehr dünnwandig. Unterblätter klein, 2spaltig, jeder Lappen meist noch in 2 Abschnitte getheilt. Männliche Blüthen am oberen Theile des Stengels oder der Zweige, Deckblätter den Stengelblättern sehr ähnlich, aber etwas sackartig ausgehöhlt.

Weibliche Blüthen am Ende des Stengels, später durch Sprossung gabelständig. Hüllblätter den Stengelblättern ziemlich gleich, aber grösser und mehrzähnig. Kelch mit spitz gezähnten Lappen. Kapsel dick, oval, auf 16—24 mm langem, gelblichweissem Stiel. Sporen hellbraun.

In feuchten Gebüschen und an Grabenrändern, wohl überall, selten fruchtbar. Herbst.

Westpreussen: Schwetz! Konitz (Lucas). Danzig! Neustadt! Marienwerder! Rosenberg! Löbau! Stuhm! Elbing (Janzen).

Ostpreussen: Pr. Eylau (Janzen). Lyck (Sanio). Braunsberg (Seydler). Angerburg (Czekaj).

33. *L. latifolia β. cuspidata* Syn. hep. Zweihäusig. In dichten, hellgrünen Polstern. Stengel stärker als bei der vorigen, aufstrebend, unregelmässig oder büschelig verzweigt. Blätter breit, fast quadratisch, durch eine ziemlich spitze Bucht spitz 2 zähnig, nicht flach ausgebreitet. Unterblätter klein, tief 4 theilig gespalten. Weibliche Blüthen an der Spitze des Stengels, Hüllblätter breit, kurz 2 zähnig. Vollständig ausgebildete Kelche habe ich noch nicht gefunden.

Unterscheidet sich von der vorigen durch den kräftigeren Habitus, die breiteren, nicht flach ausgebreiteten Blätter und auch durch den Standort. Man findet sie in dichten Rasen in trockenen Wäldern, an Hohlwegen u. s. w. auf sandigem Boden, während jene an feuchten Stellen umherschweift, nie dichte Rasen, sondern höchstens dünne Ueberzüge bildet.

Westpreussen: Danziger Höhe: bei Zinglershöhe! Mattemblewo! Pelonken! Marienwerder: im Boguscher Wald: bei Honigsfelde!

Ostpreussen: Königsberg (Sanio). Lyck: bei Rothhof (Sanio).

Bemerkungen: Ob das Moos zu *L. latifolia* gehöre, sind die Verfasser der Synopsis hepaticarum selbst zweifelhaft. Ich würde es *L. cuspidata* nennen, wenn dieser Name nicht von Limpricht schon für eine andere Art verwendet wäre.

34. *L. minor* N. a. E. Zweihäusig. In dicht verwebten, gelblich oder hellgrünen Rasen. Viel kleiner als die anderen Arten. Stengel niederliegend oder aufstrebend, büschelig wurzelhaarig, meistens sehr verzweigt. Blätter mehr oder weniger aufstrebend, oval 4eckig, durch eine flache Bucht in 2 gleiche, spitze Zähne getheilt. Keimkörner in randständigen Klümpchen sehr zahlreich, oft fast das ganze Blatt davon zerfressen. Unterblätter klein, tief gabelig getheilt, mit unzertheilten Lappen. Weibliche Blüthe an der Spitze des Stengels, später seitlich gerückt. Hüllblätter den andern ziemlich gleich gestaltet, nur grösser. Kelch mit wenig gezähnten Lappen der Mündung. Sehr selten vollkommene Kelche bildend, und von mir noch nicht mit Sporogonien gefunden.

Anf lockerer Walderde, wenigstens in Westpreussen häufig.

Westpreussen: Konitz (Lucas). Berent! Karthaus! Schwetz! Danzig!
Neustadt! Strasburg! Marienwerder! Rosenberg! Löbau!

Ostpreussen: Lyck (Sanio).

35. *L. cuspidata* Limpr. Einhäusig. In flachen, sattgrünen Rasen.
Stengel stark verzweigt. Blätter eiförmig, nach der Spitze
beiderseits fast gleichmässig verschmälert, durch eine seichte,
weit mondförmige Bucht in 2 pfriemenförmige, meist gerade,
gleich grosse Lappen getheilt. Unterblätter weit abstehend,
2- oder mehrtheilig. Männliche Blüthe auf kurzem Aste,
ährenförmig, Deckblätter sackartig vertieft, querangeheftet.
Weibliche Blüthe auf bauchständigem Zweige, Hüllblätter den
übrigen ziemlich gleich, rinnig vertieft, bis zur Mitte scharf
eingeschnitten. Kelch cylindrisch, 3kantig mit geflügelten
Kanten, die Lappen der Mündung aufrecht, schwach gezähnt.
Kapsel oval, dunkelbraun. Sporen röthlich braun.

Ostpreussen: Lyck: unter Gebüsch bei Karbojin (Sanio).

36. *L. heterophylla* N. a. E. Einhäusig. In weisslich- oder gelblichgrünen Ueberzügen. Stengel kriechend, ästig, büschelig wurzelhaarig. Blätter eiförmig-4eckig, die unteren durch eine seichte
Bucht stumpf 2lappig, die oberen meist nur quer abgestutzt.
Zellen mit schwach verdickten Ecken. Unterblätter fast halb
so gross als die Oberblätter, bis zur Mitte 2theilig, meist
dem Stengel angedrückt. Weibliche Blüthe auf einem kurzen,
ventralen Zweige. Hüllblätter grösser als die Stengelblätter,
flackerig verbogen, an der Spitze 2—5lappig. Kelch aufsteigend,
cylindrisch, oben scharf 3kantig, die Lappen der Mündung
grob gezähnt. Kapsel eiförmig, auf bis 2 cm langem, weissem
Fruchtstiel.

In Wäldern auf humoser Erde und morschem Holz, allgemein verbreitet
Sommer.

Westpreussen: Schwetz! Konitz (Lucas). Berent! Karthaus! Danzig!
Neustadt! Strasburg! Marienwerder! Rosenberg! Löbau! Stuhm! Elbing.
(Janzen).

Ostpreussen: Osterode! Pr. Eylau (Janzen). Königsberg! Lyck (Sanio).
Pillkallen (Abromeit). Braunsberg (Seydler).

19. Sphagnoecetis N. a. E.

Stengel kriechend bis aufsteigend, mit zahlreichen laugen Wurzel-
sprossen. Blätter rundlich, ungetheilt, ganzrandig. Unterblätter
fehlen gewöhnlich am unfruchtbaren Stengel, sind aber stets an den
Fruchtästen und an aufsteigenden kleinblättrigen Trieben mit Keimbrut an der Spitze vorhanden. Männliche und weibliche Blüthen auf

kurzen, bauchständigen Aesten. Antheridien einzeln in den Achseln horizontal angehefteter, kleiner Deckblätter. Weibliche Hüllblätter 2—3lappig. Kelch lang, cylindrisch, ohen 3kantig, an der Mündung gezähnelt. Archegonien zahlreich.

37. *S. communis* N. a. E. Zweihäusig. Vereinzelt wachsend, selten kleine Rasen bildend, lebhaft grün oder röthlich. Stengel 1—2 cm lang, geschlängelt kriechend; Aeste zum Theil wurzelartig in die Erde wachsend, zum Theil aufsteigend, klein, 3 reihig beblättert, an der Spitze gelbe Keimbrut tragend. Stengel- blätter eirund, schräg angeheftet, hohl, durch eine Reihe dick- wandiger Zellen gesäumt. Zellen gleich gross, rund. Unter- blätter fehlen am kriechenden Stengel. Fruchtast kurz mit wenigen Blättern und Unterblättern; Hüllblätter klein, tief ein- geschnitten; Kelch lang und schmal. Kapsel eiförmig, braun, auf 5—6 mm langem, weissem Stiel. Sporen braun.

Am Rande der Waldbrüche auf Torferde und morschem Holz. Hin und wieder.

Westpreussen: Konitz (Lucas). Karthaus! Neustadt: am Wittstock - See Steinkruger See und bei Kölln! Strasburg: bei Eichhorst und Ciborz! Rosen-› berg: bei Katarzinken und Herzogswalde!

Ostpreussen: Osterode: Rother Krug!` Königsberg! Labiau! Lyck: im Milchbuder Forst. Dallnitz, Mroser Wald (Sanio).

20. Blepharostoma Dumort.

Stengel kriechend oder aufsteigend, stark verzweigt, wenig wurzel- faserig, gleichmässig 3 reihig beblättert. Ober- und Unterblätter gleichgestaltig, horizontal angeheftet, fast bis zum Grunde in 3—4 schmale Lappen gespalten. Blüthentheile auf besonderen Aesten. Kelch walzenförmig bis keulenförmig, ohne Kanten.

38. *B. trichophyllum* Dumort. Einhäusig. Bildet kleine, blassgrüne Räschen. Stengel niederliegend oder aufsteigend, unregelmässig verästelt, 10—15 mm lang, haardünn. Blätter in 3—4 lange, nur aus einer Zellreihe bestehende, gerade Lappen gespalten. Fruchtast ziemlich lang. Antheridien unterhalb der Archegonien in den Achseln von Blättern mit etwas breiterer Basis. Weib- liche Hüllblätter nicht ganz bis zum Grunde gespalten; Arche- gonien wenige. Kelch oval bis keulenförmig, mit faltig zu- sammengezogener, gewimperter Mündung. Kapsel eiförmig, braun, auf 10 mm langem, weissem Stiel. Sporen braun.

Auf lockerer Walderde, besonders in Buchenwäldern. Frühjahr.

Westpreussen: Konitz (Lucas). Danzig: bei Jäschkenthal! Mattemblewo! Pelonken! Neustadt: bei Rekau! Putzig: bei Eichberg! Marienwerder: Kröxener Wald! Rosenberg: bei Herzogswalde! Elbing (Janzen).

Ostpreussen: Pr. Eylau: bei Stablack (Janzen). Königsberg! Lyck: Zielaser Wald, Schlosswald (Sanio).

39. *B. setaceum* Dumort. Zweihäusig. Vereinzelt zwischen Torfmoosen oder kleine Räschen bildend, dunkelgrün. Stengel haarfein, 10—15 mm lang, aufsteigend, einfach oder fast fiederästig. Blätter kurz, in 2—4, unten aus 2—4, oben aus einer Zellenreihe bestehende, etwas eingebogene Lappen gespalten. Männliche Blüthen auf kurzen, dachziegelförmig beblätterten Aesten. Weibliche Blüthenäste bauchständig, sehr kurz, mit kleinen Blättern; Hüllblätter gross. Archegonien wenige. Kelch walzenförmig, an der Mündung gezähnt. Kapsel eiförmig, braun, auf 3—5 mm langem, weissem Stiel.

In Torfmooren zwischen Moosen, selten. Sommer.

Westpreussen: Schlochau: im Eisenbrücker Forst (Casp.). Danzig: bei Pelonken (Klinsmann). Neustadt: bei Bieschkowitz!

Ostpreussen: Pillkallen: im Kaksche Ball

21. Cephalozia Dumort.

Sehr zarte Moose. Stengel kriechend oder aufsteigend, zart. Blätter tief 2 lappig. Unterblätter deutlich oder rudimentär, den Oberblättern nicht gleich. Fruchtäste bauchständig, sehr kurz, oder die weiblichen Blüthen auf längerem Hauptspross. Kelch lang, meist prismatisch.

a. Unterblätter deutlich.

40. *C. Starkii* (Limpr.). Zweihäusig. In verworrenen Ueberzügen, selten polsterförmig, meist braun, selten grünlich. Stengel 1—2 cm lang, gabelig getheilt, spärlich wurzelhaarig und Ausläufer treibend. Blätter entfernt gestellt, fast horizontal angeheftet, weit abstehend, etwas rinnenförmig, breiter und länger als der Stengeldurchmesser, durch eine stumpfliche Bucht bis zur Mitte in 2 gespreizte, spitze oder stumpfliche Lappen getheilt, am Dorsalrande häufig mit einem grossen Zahn. Zellen klein, dicht mit Chlorophyll angefüllt. Unterblätter abstehend, pfriemenförmig, auch 2 zähnig. Keimkörner end- oder randständig, gelb bis braun, quergetheilt. Männlicher Blüthenstand kätzchenförmig, am Ende der Hauptäste, Deckblätter dachziegelig anliegend, Antheridien einzeln, kugelig, gelbgrün, kurz gestielt. Weibliche Blüthe gipfelständig am Hauptstamm, oder an verlängerten, aufrechten Aesten, deren Blätter sich gegen das Ende schnell vergrössern und zu einem rosettenartigen Köpfchen zusammendrängen; Hüllblätter breit, rundlich, bis zur Mitte durch eine scharfe Bucht getheilt. Archegonien wenige. Kelch läng-

lich oval, stumpf 5faltig, oben meist wasserhell, an der Mündung
gezähnt.

Auf sandiger Walderde. Herbst.

Westpreussen: Danzig: bei Mattemblewo! Neustadt: bei Piekelken und
Gr. Katz! Marienwerder: bei S e d l i n e n und Bogusch! Strasburg: bei Eichhorst!
Stuhm: bei Montken!

41. *C. Jackii* Limpr. Einhäusig. Bleichgrüne, an den Spitzen röthliche oder auch bräunliche Ueberzüge bildend. Stengel 1 cm
lang und länger, brüchig, niederliegend, schwach wurzelhaarig,
wenig verästelt; Aeste z. Th. nach oben verdickt oder verlängert, kleinblättrig. Blätter oben dachziegelig anliegend,
keilförmig-quadratisch oder gerundet, etwas rinnig, bis zur Mitte
mit einer spitzen Bucht, Lappen 3eckig, spitz. Zellen klein,
durchscheinend. Unterblätter halb so gross, untere linien-
lanzettförmig, obere eilanzettlich, selten an der Spitze gespalten.
Blüthenäste kätzchenförmig, unten männliche, oben weibliche
Geschlechtsorgane tragend. Männliche Deckblätter grösser als
die Stengelblätter, länglichrund, hohl, schwach 2lappig, mehr
oder weniger gezähnt, in deren Achseln einzelne Antheridien.
Kelch doppelt so lang als die Hüllblätter, länglich eiförmig,
4—5kantig, mit weisslicher, gestutzter Mündung. Kapsel
länglichrund.

Auf sandiger Walderde.

Westpreussen: Karthaus: bei B a b e n t h a l ! Neustadt: im Olivaer Forst bei
Schmierau!

b. Unterblätter am Stengel fehlend, nur in den Blüthenständen.

42. *C. divaricata* (Engl. Bot.) Einhäusig. Kleine, grüne oder meist
rothbraune Räschen bildend. Stengel 1 cm lang, verhältnissmässig dick, gabelig getheilt, bräunlich grün; Hauptstamm am
Boden kriechend und dicht wurzelhaarig, Aeste aufgerichtet.
Blätter entfernt gestellt, fast horizontal angeheftet, wenig abstehend, so breit als der Stengeldurchmesser, durch eine spitze,
scharfe Bucht bis zur Mitte in 2 spitze Lappen getheilt.
Zellen klein. Keimkörner am Ende steriler Sprosse in gelben
oder rothbraunen Häufchen, rundlich oval, quergetheilt. Männliche Blüthen am Ende der Hauptäste in rothgelben Kätzchen,
Deckblätter angedrückt dachziegelig, Antheridien einzeln, ziemlich
kurz gestielt, grau. Fruchtäste lang, am Ende durch mehrere
Wirtel grösserer Blätter länglich keulenförmig; Hüllblätter in
2—3 meist durchsichtige Lappen getheilt. Archegonien ziemlich
zahlreich. Kelch länglich mit einigen Längsfalten, quergestutzt,

grün oder purpurn mit weissem Saume, an der Mündung gekerbt.
Kapsel dunkelrothbraun. Sporen braunroth.

Auf feuchtem Boden unter Gebüsch und in Wäldern. Sommer.

Westpreussen: Danzig: Jäschkenthaler Wald! Brentau! Mattemblewo!
Neustadt: bei Wahlendorf (Lützow). Rosenberg: bei Herzogswalde! Löbau:
bei Wischnewo! Stuhm: bei Paleschken! Elbing (Janzen).

Ostpreussen: Lyck (Sanio).

43. *C. elachista* Jack. Einhäusig. Umherschweifend oder zwischen
Torfmoosen sich aufrichtend, hell- oder bleichgrün. Stengel
bleich, sehr weitläufig beblättert und entfernt wurzelhaarig.
Blätter so breit als der Stengeldurchmesser, bis unter die Mitte
durch eine enge und scharfe Bucht in 2 schmale und spitze
Lappen getheilt, manchmal am Aussenrande mit 1 oder 2
Zähnen. Blattzellen rectangulär. Keimkörner am Ende steriler
Sprosse, gelb. Männliche Blüthenstände kätzchenförmig, entweder am Ende der Hauptäste oder an kurzen, bauchständigen
Zweigen, mit meist gezähnelten Blättern. Weibliche Blüthen
entweder gipfelständig an Hauptästen, oder auf kurzen, bauchständigen Fruchtästen; Hüllblätter viel grösser, dornig-säge-
zähnig. Kelch sehr verlängert, cylindrisch, oben prismatisch.

In Torfbrüchen.

Westpreussen: Danzig: bei Pelonken! und bei Matern! Löbau: bei
Wischnewo!

44. *C. catenulata* Lindbg. Einhäusig. In dünnen, braunen Ueberzügen. Stengel niederliegend, bis 1 cm lang, haarfein, ästig,
zerstreut wurzelhaarig. Blätter ziemlich dicht sitzend, aber sich
nicht deckend, hohl bis rinnenförmig, etwas breiter als der
Stengel, rundlich eiförmig, bis zur Mitte durch eine enge, meist
spitze Bucht in 2 fast gerade, spitze Lappen getheilt. Zellen
gross, rundlich, mit viel Chlorophyll. Keimkörner endständig,
wasserhell, nicht quergetheilt. Männliche Blüthenstände am
Ende der Hauptäste oder an bauchständigen kurzen Zweigen,
Deckblätter doppelt so gross als die Stengelblätter; Antheridien
einzeln, kurzgestielt. Fruchtast kürzer als der Kelch, wurzelhaarig; Hüllblätter mehr oder weniger, biswellen stark gezähnt.
Kelch cylindrisch, oben fast prismatisch zusammengezogen, an
der Mündung gezähnelt. Kapsel länglich eiförmig, glänzend
gelbbraun. Sporen bräunlichgelb.

Auf Torfboden in Wäldern.

Westpreussen: Strasburg: im Walde bei Ciborz!

45. *C. bicuspidata* Dumort. Einhäusig. Meist in dünnen, weisslich-
oder hellgrünen, selten etwas gebräunten Ueberzügen oder einzeln umherschweifend. Stengel 5—15 mm lang, kriechend oder

aufsteigend, bleich, reichlich verzweigt, stellenweise wurzelhaarig. Blätter etwas schräg angeheftet, bedeutend breiter als der Stengel, dichter oder entfernter gestellt, länglichrund, durch eine stumpfe, bis zur Mitte reichende Bucht in 2 lanzettliche, gerade, spitze Lappen getheilt. Zellen sehr weit, 5—6eckig, dünnwandig. Männliche Blüthenstände endständig an den Hauptästen, oder an bauchständigen Zweigen; Deckblätter gedrängt, aufrecht, gross, hohl, oft mit einem dorsalen Zahn; Antheridien einzeln, bleich, kurzgestielt. Fruchtast bauchständig, Hüllblätter in der Form veränderlich, 2—5spaltig, mit spitzen, etwas gesägten Lappen. Kelch lang, aufwärts verdünnt, 3kantig, an der Mündung gezähnelt. Kapsel klein, oval, gelbbraun, auf 6—12 mm langem Stiel. Sporen braungelb. Eine vielgestaltige, leicht täuschende Art.

Auf Waldboden und in Brüchen, überall häufig. Frühjahr.

Westpreussen: Schwetz (Hennings). Konitz (Lucas). Karthaus! Danzig! Neustadt! Putzig! Marienwerder! Rosenberg! Löbau! Stuhm! Elbing (Janzen).

Ostpreussen: Königsberg! Lyck (Sanio).

46. *C. connivens* Dumort. Einhäusig. Vereinzelt oder kleine, weisslichgrüne Räschen bildend. Stengel 5—20 mm lang, kriechend, unregelmässig ästig; Aeste kriechend oder aufsteigend. Blätter entfernt gestellt, weit breiter als der Stengel, sehr schräge angeheftet und etwas am Stengel herablaufend, kreisrund, durch eine runde, bis zur Mitte reichende Bucht in 2 spitze, zusammengeneigte Lappen getheilt, so dass das Blatt eine halbmondförmige Gestalt hat. Zellen sehr locker und wasserhell, 5—6eckig, grösser als bei der vorigen. Männlicher Blüthenstand an Hauptästen oder bauchständigen Zweigen, Deckblätter horizontal angeheftet, hohl; Antheridien einzeln, kugelig, kurzgestielt, gelbgrün. Fruchtast bauchständig, kurz, lang wurzelhaarig, Hüllblätter 3—5spaltig, mit schmalen, spitzen Lappen. Kelch länglich eiförmig, oben faltig zusammengezogen, an der Mündung mit langen Wimpern. Kapsel eiförmig, gelbbraun, auf 6—10 mm langem, weissem Stiel.

In Torfbrüchen, wohl allgemein verbreitet. Frühjahr.

Westpreussen: Schwetz! Schlochau (Casp.) Konitz (Lucas). Danzig! Karthaus! Neustadt! Rosenberg! Löbau! Stuhm! Elbing (Janzen).

Ostpreussen: Pr. Eylau (Janzen). Königsberg! Lyck (Sanio).

47. *C. curvifolia* Dumort. Zweihäusig. In dünnen, dicht anliegenden Ueberzügen, weisslichgrün bis röthlich gefärbt. Stengel bis 2 cm lang, kriechend, bleich, ästig und stellenweise wurzel-

haarig. Blätter dicht gestellt, fast horizontal angeheftet und nicht herablaufend, am ausgehöhlten Bauchrande mit einem grossen, eingeschlagenen Blattlappen, bis zur Mitte durch eine rundliche, stumpfe Bucht in 2 pfriemenförmige, etwas gegen einander geneigte und rückwärts gekrümmte, aus einer Zellreihe bestehende Lappen getheilt. Zellen ziemlich gross, wasserhell, rundlich 5—6eckig. Männliche Pflanzen klein, dicht beblättert, mit kürzeren Blattabschnitten; Antheridien sowohl an den Hauptästen in den Achseln gewöhnlicher Blätter, als auch an kurzen, keulenförmigen Zweigen hinter kielig zusammengefalteten Deckblättern, einzeln, gelblich, kurzgestielt. Fruchtast kurz, dicht wurzelhaarig, armblättrig; Hüllblätter gross, angedrückt, mit spitzlanzettlichen, scharfgesägten Lappen; Archegonien spärlich. Kelch doppelt so lang als die Hüllblätter, fast cylindrisch, 3seitig, an der Mündung wimperig gezähnt. Kapsel oval, braun. Sporen braun.

Bemerkungen: Ich fand dieses Moos an Baumrinden unter anderen Moosen, welche Apotheker Wagner bei Königsberg gesammelt hatte, und die Caspary mir zur Bestimmung sandte.

22. Jungermannia L. e. p.

Sehr verschiedengestaltige Moose, die noch in mehrere natürliche Gruppen zerfallen; daher lässt sich schwer ein Gattungscharakter aufstellen. Hauptstengel meist im Boden kriechend. Unterblätter meist vorhanden, wenigstens im Blüthenstande nachzuweisen. Oberblätter bald ungetheilt, bald 2- oder mehrlappig, nie bis zur Basis getheilt. Antheridien in den Achseln wenig veränderter Blätter, Antheridienstiel meist kurz. Weiblicher Blüthenstand immer endständig am Stengel. Hüllblätter 2 oder mehrere, den Stengelblättern mehr oder weniger ungleich. Archegonien zahlreich. Kelchröhren ei- oder birnförmig, meist gegen die Spitze gefaltet, an der verengten Mündung gezähnt, später mehrlappig zerfetzt. Kapsel langgestielt. Schleuderer hinfällig.

A. Barbatae.

Blätter 3—6lappig, selten 2lappig.

48. *J. barbata* Schreb. Zweihäusig. Rasen flach und locker, schön dunkelgrün oder olivengrün. Stengel 2—5 cm lang, braun, unten rund, oben flach, dicht wurzelhaarig, niederliegend, oft gabelig getheilt. Blätter schräge angeheftet, die Mitte des Stengelrückens nicht erreichend, breit, fast quadratisch, der Rand durch

stumpfe Buchten in 3—5, meist gleichgrosse, spitze Zähne gespalten. Zellen sehr regelmässig, Ecken nicht verdickt. Keimkörner am Rande der Blätter in röthlichbraunen Häufchen,
rundlich 3—6eckig. Unterblätter meist im Wurzelfilze verschwindend, breit lanzettförmig, tief 2theilig. Männlicher
Blüthenstand schmal ährenförmig, Deckblätter mit ausgehöhltem
Grunde fast sparrig abstehend; Antheridien zu 2—5 mit Paraphysen gemischt. Weibliche Hüllblätter zu 4, grösser, wellig,
tiefer getheilt als die Stengelblätter Kelch eiförmig, gegen
die Mündung faltig zusammengezogen, kerbig gezähnt. Kapsel
eiförmig, auf 15—20 mm langem, gelblichweissem Stiel. Sporen
braun, dicht warzig.

Auf lockerer Walderde, auch auf Steinen in Wäldern, nicht selten. Sehr
selten fruchtbar.

Westpreussen: Karthaus! Danzig! Neustadt! Putzig! Marienwerder! Rosenberg! Löbau! Elbing!

Ostpreussen: Königsberg! Lablau! Lyck (Sanio).

49. *J. quinquedentata* Web. Zweihäusig. In flachen, schön grünen
Rasen. Stengel 2—5 cm lang, grün, dicht und lang wurzelhaarig. Blätter trocken wellig kraus, rundlich quadratisch, hohl,
von der Spitze schräg zum Rücken ungleich 3—5zähnig und
faltig, der oberste Zahn der grösste; Zähne stumpflich mit
Stachelspitze. Zellen gleichmässig, dünnwandig, in den Ecken
stark verdickt. Unterblätter meist fehlend. Männlicher Blüthenstand ährenförmig, Deckblätter mit einem eingeschlagenen Lappen;
Antheridien zu 2—3, kurz und dick gestielt. Weibliche Hüllblätter breiter, tiefer gespalten, stark gewellt, mit sehr spitzen
Zähnen. Kelch, Kapsel und Sporen wie bei der vorigen.

Auf Walderde.

Ostpreussen: Lyck: bei Rauschendorf (Sanio).

50. *J. Floerkei* Web. et M. Zweihäusig. Rasen flach oder locker,
hell- bis dunkelgrün oder bräunlich. Stengel 3—5 cm lang,
geschlängelt, fast drehrund, aufsteigend oder aufrecht, kurz
wurzelhaarig. Blätter dicht gestellt, fast horizontal angeheftet,
am Grunde hohl bis rinnenförmig, eirund-quadratisch, etwas
faltig, am oberen Rande mit 3, selten mit 4 stumpfen oder
spitzen, eingebogenen Zähnen. Zellen derb, an den Ecken
stark verdickt oder gleichmässig dickwandig. Unterblätter ziemlich gross, ei-pfriemenförmig, 2lappig. Männlicher Blüthenstand schmal ährenförmig, Deckblätter fast den Stengelblättern
gleich; Antheridien zu 2—3, mit kurzen, spärlichen Paraphysen.
Weibliche Hüllblätter 4—7spaltig, stärker gefaltet. Kelch

länglich, längsfaltig, an der Mündung weisslich, feingezähnt.
Kapsel und Sporen wie bei den vorigen.

In Torfmooren.

Ostpreussen: Stallupönen: im Pakledimer Moor!

51. *J. attenuata* Lindenb. Zweihäusig. Locker-rasig, grün oder gebräunt, schmächtiger als die vorigen. Stengel bis 5 cm lang,
dünn, theilweise wurzelhaarig, unter der Spitze mit steifaufrechten,
schlanken, kleinblättrigen Sprossen. Blätter genähert, schräg
angeheftet, oval quadratisch, hohl, am oberen Rande mit 2—3
fast gleichgrossen, kurzen und spitzen Lappen. Zellen ziemlich
klein und derb, mit verdickten Ecken. Keimkörner gipfelständig
auf den Sprossen in braunrothen Häufchen, oder randständig
an den Blattlappen. Unterblätter am Stengel meist fehlend,
nur am Blüthenstande deutlich, eilänglich, 2zähnig. Männlicher Blüthenstand ährenförmig, Blätter horizontal angeheftet,
hohl, fast rinnenförmig, mit eingebogenen Spitzen; Antheridien
zu 1—2, bräunlich, mit wenigen Paraphysen. Weibliche Hüllblätter grösser, ungleich und sehr spitz 4lappig. Kelch
keulenförmig, an der gefalteten Mündung wimperig gezähnt.
Kapsel und Sporen wie bei den vorigen.

In Waldbrüchen auf morschen Baumwurzeln, auch auf mit Humus be-
deckten Steinen, ziemlich selten.

Westpreussen: Karthaus: im Forstbelauf Karthaus! und im Mirchauer
Forst! Neustadt: bei Pretoschin (Lützow).

Ostpreussen: Osterode: im Döhlauer Walde!

52. *J. incisa* Schrad. Zweihäusig. In dichten, krausen, hell- oder
dunkelgrünen Räschen. Stengel kaum über 5 mm lang, dick,
aufsteigend, dicht wurzelhaarig. Blätter faltig kraus, sehr dicht
gestellt, an der Stengelspitze schopfig zusammengedrängt, quadratisch, ungleich 2—5lappig, mit stumpfen Buchten und spitzen
Lappen. Zellen weit, rundlich, dünnwandig, an den Ecken verdickt, mit Chlorophyll angefüllt. Keimkörner an den Blattspitzen, rundlich, quergetheilt. Unterblätter nur zuweilen in
den weiblichen Blüthenständen, lanzettlich. Männliche Blüthen
im dichtgedrängten Schopf; Antheridien einzeln, sehr gross,
gebräunt, ohne Paraphysen. Weibliche Hüllblätter den Stengelblättern ziemlich gleich, aber tiefer gezähnt und stärker gefaltet. Kelch eiförmig, stumpffaltig, mit wimperzähniger Mündung.
Kapsel länglichrund, rothbraun, auf 5—10 mm langem, gelblichweissem Stiel. Sporen braun, feinwarzig.

In Wäldern an feuchten Abhängen und am Rande der Brüche, zerstreut.
Sommer.

Westpreussen: Konitz (Lucas). Karthaus: Forstbelauf Bülow! Danzig: Mattemblewo! und Oliva! Neustadt: am Marchowie-See! und Rambowki-See! Rosenberg: bei Raudnitz! und Herzogswalde! Löbau: bei Wischnewo! Stuhm: bei Ostrow-Lewark! Elbing (Janzen).

Ostpreussen: Königsberg!

B. Bidentatae.

Blätter 2 lappig oder 2 zähnig, nicht rinnig zusammengebogen.

a: Unterblätter nur in den Blüthenständen.

53. *J. intermedia* N. a. E. Einhäusig. In niedrigen, schön grünen Räschen. Stengel niederliegend, wurzelhaarig, 5—6 mm lang, durch aufsteigende. dicht schopfig beblätterte Aeste büschelig verzweigt. Blätter aufwärts grösser werdend, die obersten sehr gedrängt, fast wagerecht ungeheftet, wellig kraus, durch eine meist spitze Bucht ungleich 2 lappig. Zellen ziemlich gross, zartwandig, dicht mit Chlorophyll angefüllt. Keimkörner an den Hüllblättern, gross, purpurn, quergetheilt. Männlicher Blüthenstand unter dem weiblichen, Deckblätter oft 3 lappig, Antheridien meist einzeln, ohne Paraphysen. Weibliche Hüllblätter grösser, abstehend, wellig, spitz und ungleich 3—5 lappig. Kelch dick eiförmig, bis unter die Mitte stumpffaltig, an der Mündung schräge gestutzt, wimperig gezähnt. Kapsel kurz eiförmig, dunkelbraun. Sporen dichtwarzig, braun.

In Wäldern und Gebüschen auf der Erde, verbreitet. Frühjahr.

Westpreussen: Neustadt: bei Kölln! Rosenberg: bei Herzogswalde! Marienwerder: bei Liebenthal! Löbau: bei Wischnewo! Elbing: bei Tolkemit (Janzen).

Ostpreussen: Lyck: in der Dallnitz (Sanio).

54. *J. excisa* Hook. Einhäusig. Kleine hellgrüne oder röthliche Räschen. Stengel 5 mm lang, fest angeheftet, dicht wurzelhaarig, fast einfach. Blätter gedrängt, etwas hohl, rundlich quadratisch, mit stumpfer Bucht und 2 spitzen oder stumpfen meist ungleichen Lappen. Zellen ziemlich weit, sehr zartwandig, nicht verdickt. Männlicher Blüthenstand unter dem weiblichen, Deckblätter wagerecht angeheftet; Antheridien einzeln, ohne Paraphysen. Weibliche Hüllblätter grösser und breiter, spitz und ungleich 3—5 lappig. Kelch rechtwinklig aufrecht, länglich bis walzenförmig, oben stumpffaltig, an der Mündung fein gezähnt. Kapsel rundlich oval, dunkelbraun. Sporen dicht warzig, braun.

In Wäldern auf der Erde, selten.

Westpreussen: Elbing: bei Vogelsang (Janzen).

Ostpreussen: Lyck: im Baraner Forst auf den Tatarenbergen (Sanio).

55. *J. bicrenata* Lindenb. Einhäusig. In gelblichgrünen bis braunen Räschen. Stengel 2—6 mm lang, kriechend, dicht wurzelhaarig. Blätter dicht gedrängt, schräg angeheftet, aufgerichtet, hohl, eiförmig, durch eine schmale Bucht in 2 spitze Lappen getheilt. Zellen ziemlich gross, dickwandig, in den Ecken sehr stark verdickt, so dass, durch die Lupe betrachtet, das Blatt durchsichtig punktirt erscheint. Keimkörner in braunrothen Häufchen an den Blattlappenspitzen, gross, nicht quergetheilt. Männlicher Blüthenstand dicht unter dem weiblichen, Deckblätter dicht dachziegelig, hohl; Antheridien einzeln, ohne Paraphysen. Weibliche Hüllblätter etwas grösser, 2—3 lappig, sägezähnig. Kelch gross, länglich eiförmig, gefaltet, an der Mündung weisshäutig, fein gezähnt. Haube fein punktirt. Kapsel länglich eiförmig, braunroth, auf 4—6 mm langem, weissem Stiel. Sporen rothbraun.

Auf Heiden und an Waldrändern verbreitet. Frühjahr.

Westpreussen: Schwetz! Karthaus! Danzig! Neustadt! Putzig! Strasburg! Marienwerder! Rosenberg! Löbau!

Ostpreussen: Lyck (Sanio).

56. *J. ventricosa* Dicks. Zweihäusig. Bildet flache, lebhaft grüne oder selten etwas gebräunte Rasen. Stengel 1—2¹/₂ cm lang, kriechend, dicht und kurz wurzelhaarig, ästig. Blätter genähert, flach, fast quadratisch, durch eine breite, stumpfe Bucht spitz 2 lappig. Zellen ziemlich gross, dünnwandig, in den Ecken etwas verdickt. Keimkörner in gelben Häufchen an den Spitzen der Blattlappen, quergetheilt. Männlicher Blüthenstand an der Spitze besonderer Pflanzen, ährenförmig, Deckblätter quer angeheftet, breit oval, hohl; Antheridien zu 2—3 mit wenigen Paraphysen. Weibliche Hüllblätter grösser, faltig, 2—4 lappig. Kelch aufgeblasen, eiförmig, stark faltig, Mündung gezähnt. Kapsel eiförmig, rothbraun, auf 8—12 mm langem, gelblichweissem Stiel. Sporen feinwarzig, braun.

Auf sandig-kiesigem Boden, sehr zerstreut. Sommer.

Westpreussen: Karthaus · bei Ostroschken! im Forstbelauf Bülow! und im Mirchauer Forst! Neustadt: bei Kl. Katz! Piekelken! Kölln! Marchowie See! Putzig: bei Grossendorf! Stuhm: bei Ober Rehhof! Elbing: bei Vogelsang!

Ostpreussen: Heiligenbeil (Seydler). Fischhausen: bei Rauschen! Lyck: im Schlosswald (Sanio).

57. *J. porphyroleuca* N. a. E. Rasen lockerer als bei der vorigen, dunkelgrün, mehr oder weniger purpurn angeflogen. Stengel bis 3¹/₂ cm lang, roth, dicht bewurzelt, häufig aufsteigend. Blätter wie bei der vorigen gestaltet, aber weniger flach. Keimkörner selten. Männlicher Blüthenstand wie bei der vorigen.

Kelch länger, fast walzenförmig, faltig. Kapsel gelbbraun, eiförmig. Sporen dichtwarzig, gelbbraun. Der Vorigen zwar sehr ähnlich, man wird aber nie im Zweifel sein, welche von beiden man vor sich hat, auch ist der Standort ein ganz verschiedener.

In Waldbrüchen auf morschem Holz, Torf, auch auf Steinen, zerstreut. Sommer.

Westpreussen: Karthaus: im Forstbelauf Karthaus! und Mirchauer Forst! Stuhm: im Rehhöfer Forst! Rosenberg: bei Raudnitz!

58. *J. alpestris* Schleich. Zweihäusig. In flachen, grünen, ins braune und rothe übergehenden Rasen. Stengel bis 2 cm lang, röthlich bis schwarzbraun, dicht wurzelhaarig. Blätter eirund-quadratisch, durch eine stumpfe Bucht seicht ausgerandet, mit eingebogenen spitzen Lappen. Zellen ziemlich klein, rundlich, mit deutlicher Verdickung der Ecken. Keimkörner habe ich noch nicht gefunden. Männlicher Blüthenstand fast ährenförmig, Deckblätter quer angeheftet, hohl; Antheridien zu 2—3, mit spärlichen Paraphysen. Weibliche Hüllblätter gross, rundlich, 2—3lappig. Kelch länglich, fast glatt, oben stumpffaltig, mit 4zähniger Mündung. Kapsel rundlich eiförmig, rothbraun, auf 1 cm langem, weissem Stiel, Sporen gelbbraun, dicht warzig.

Auf lockerer Walderde, selten. Sommer.

Westpreussen: Karthaus: im Forstbelauf Karthaus! am Nuss-See! im Mirchauer Forst (Lützow).

59. *J. inflata* Huds. Zweihäusig. In grünen bis blaugrünen, fettglänzenden Polstern. Stengel 1—2 cm lang, spärlich und kurz wurzelhaarig, aufsteigend oder fast aufrecht, ästig. Blätter genähert, etwas schräg angeheftet, eiförmig, durch eine stumpfe Bucht bis zum Drittel in 2 stumpfe, abgerundete Lappen getheilt. Zellen ziemlich gross, undeutlich in den Ecken verdickt. Männlicher Blüthenstand auf besonderen Pflanzen, Deckblätter horizontal angeheftet, am Grunde ausgehöhlt; Antheridien einzeln, ohne Paraphysen. Weibliche Hüllblätter etwas kleiner als die Stengelblätter, sonst ihnen gleich. Kelch die Hüllblätter weit überragend, länglich birnförmig, glatt, an der zusammengezogenen Mündung mit 4—5 Zähnen. Kapsel klein, länglich eiförmig, gelbbraun, auf 4—6 mm langem, weissem Stiel.

In Brüchen und am Rande derselben, selten. Sommer.

Westpreussen: Neustadt: bei Steinkrug und Bieschkowitz! Löbau: bei Wischnewo! Elbing: bei Vogelsang (Janzen).

β. *fluitans* N. a. E. Schwimmend in ausgebreiteten, grünen oder bräunlichen Rasen. Stengel bis 10 cm lang, vielfach verästelt, ohne Wurzelhaare. Blätter entfernt gestellt, flach. Immer steril.

In Torfseen schwimmend.

Westpreussen: Berent: im Grenzhöfer- und Mottownleza-See (Casp.). Karthaus: im Mirchauer Forst (Lützow). Neustadt: bei B i e s c h k o w i t z.

b. Mit deutlichen Unterblättern am Stengel.

60. *J. Mülleri* N. a. E. Zweihäusig. In gelblich-grünen, lockeren Rasen. Stengel niederliegend oder aufsteigend, wenig ästig, wurzelhaarig. Blätter schräg angeheftet, rundlich, durch eine flache Bucht spitz und etwas ungleich 2 zähnig. Zellen klein, in den Ecken sehr deutlich verdickt. Unterblätter lanzett-pfriemenförmig, ganz oder vieltheilig. Männlicher Blüthenstand fast ährenförmig; Deckblätter fast 3 lappig; Antheridien zu 2—3 mit wenigen Paraphysen. Weibliche Hüllblätter 3 lappig. Kelch fast cylindrisch, glatt, oben faltig, Mündung mit durchsichtigen Wimpern. Kapsel ziemlich gross, braunroth.

Westpreussen: Neustadt: auf einem morschen Baumstubben im Olivaer Forst bei Schmierau!

C. Integrifoliae.

Blätter ungetheilt, ganzrandig.

a. Ohne Unterblätter.

61. *J. hyalina* Hook. Zweihäusig. Rasen flach, grün oder röthlich angeflogen. Stengel 1 cm lang, kriechend, dicht mit röthlichen bis purpurfarbigen Wurzelhaaren besetzt, gabel- oder büschelästig. Blätter schräg angeheftet, etwas herablaufend, fast kreisrund, etwas ausgeschweift und wellig verbogen. Zellen sehr gross, durchsichtig, an den Ecken sehr verdickt, Randzellen quadratisch, dickwandig. Männliche Pflanzen oft purpurn, Deckblätter bauchig; Antheridien zu 2 ohne Paraphysen. Weibliche Hüllblätter den Stengelblättern gleich, dicht anliegend und am Grunde mit dem Kelch verwachsen. Kelch eiförmig, mit schnabelförmiger, 5 kantig gefalteter Mündung, später 4 lappig. Kapsel kugelrund, rothbraun, auf 15—20 mm langem Stiel. Sporen gelblichbraun.

Auf Wald- und Torferde, ziemlich selten.

Westpreussen: Neustadt: bei Gr. Katz! und am Brzezowki-See! Marienwerder: im L i e b e n t h a l e r W ä l d c h e n! Elbing: bei Vogelsang (Janzen).

Ostpreussen: Lyck: bei Rothhof (Sanio). Stalluponen: im Pakledimer Moor!

62. *J. sphaerocarpa* Hook. Einhäusig. Rasen braungrün. Stengel 1 cm lang, dicht wurzelhaarig, aufrecht oder aufsteigend, ziemlich einfach. Blätter schlaff, schräge angeheftet, etwas herablaufend, oben quer angeheftet, dachziegelig, kreisrund. Zellen gross, an den Ecken deutlich verdickt, alle gleichgestaltig, chlorophyllreich, undurchsichtig. Männlicher Blüthenstand auf

Sprossen unter dem weiblichen, Deckblätter und weibliche Hüllblätter den Stengelblättern gleich; Antheridien zu 2 ohne
Paraphysen. Kelch verkehrt eiförmig, oben 4 kantig, gewölbt
und mit einem Wärzchen, später 4 zähnig. Kapsel gross,
kugelig, braunroth, auf kurzem Stiel. Sporen gross, warzig, braun.

Ostpreussen: Lyck: im Schlosswald (Sanio).

63. *J. crenulata* Sm. Zweihäusig. In flachen, röthlichen, seltener
grünlichen Rasen oder umherschweifend. Stengel 10—15 mm
lang, kriechend, reichlich wurzelhaarig, mit schlanken, kleinblättrigen Zweigen. Blätter schräge angeheftet, fast kreisrund,
dickrandig. Zellen schwach verdickt, Randzellen sehr gross,
quadratisch und sehr dickwandig. Männliche Pflanzen schlanker,
Deckblätter dachziegelig, etwas bauchig; Antheridien zu 1—2
mit wenigen, kurzen Paraphysen. Weibliche Hüllblätter den
Stengelblättern ziemlich gleich, angedrückt. Kelch eiförmig, bis
zum Grunde mit 4 scharfen Kanten. Kapsel kugelrund, dunkelbraun, auf 1 cm langem, gelblichweissem Stiel. Sporen braun.

Auf kiesigem Boden, in Wäldern und an Gräben, zerstreut.

Westpreussen: Danzig: im Olivaer Forst bei Bärenwinkel! Neustadt: am
Marchowie-See! Putzig: bei Grossendorf! Marienwerder: bei Liebenthal! Rosenberg: bei Raudnitz! Löbau: bei Wischnewo! Stuhm: bei Paleschken!

Ostpreussen: Lyck: bei Neuendorf (Sanio).

64. *J. caespiticia* Lindenb. Zweihäusig. In kleinen, sehr niedrigen,
gelbgrünen Räschen. Stengel kaum 5 mm lang, dicht wurzelhaarig, einfach. Blätter gedrängt, schräg angeheftet, fast kreisrund, dachziegelig. Zellen ziemlich gross, dünnwandig, durchsichtig, in den Ecken nicht verdickt. Keimkörner zwischen den
knospenförmigen Gipfelblättern zu einem braungelben Köpfchen
vereinigt. Männliche Pflanze aufsteigend, Deckblätter quer angeheftet, am Grunde bauchig. Weibliche Hüllblätter den Stengelblättern ziemlich gleich. Kelch gross, verkehrt eiförmig, unsymmetrisch, stumpf 4 oder 5 faltig, an der Mündung unregelmässig
gezähnt. Kapsel kugelrund, purpurroth, auf 5 mm hohem, weissem
Stiel. Sporen blassröthlich.

Westpreussen: Danzig: auf einer grossen Torfwiese oberhalb des 6. Hofes
in Pelonken!

65. *J. lanceolata* N. a. E. Einhäusig. Bildet schön grüne oder
bräunlich angeflogene Rasen. Stengel bis 3 cm lang, kriechend,
mit dichten, braunen Wurzelhaaren, unregelmässig verästelt.
Blätter gedrängt, schräg angeheftet, etwas herablaufend, eiförmig
bis länglich eiförmig, etwas gehöhlt. Zellen rundlich, dünnwandig,
chlorophyllreich. Keimkörner in gelblichen Häufchen an der

Spitze von dünnen, mit schuppenförmigen Blättern besetzten Trieben, die aus der Spitze unfruchtbarer Stengel kommen. Antheridien in der Nähe des weiblichen Blüthenstandes in den Achseln unveränderter Stengelblätter. Weibliche Hüllblätter den Stengelblättern gleich, Kelch walzenförmig, etwas gebogen, oben flach niedergedrückt und durch einen kleinen, gewimperten Mündungskegel genabelt. Kapsel eiförmig, braun, auf 10 mm langem, weissem Stiel. Sporen gelbbräunlich.

<small>Auf der Erde unter Gebüsch, selten. Frühjahr.</small>

<small>**Westpreussen:** Karthaus: im Mirchauer Forst (Lützow). Neustadt: am Steinkruger See! Löbau: bei Wischnewo! Nach Weiss auch bei Danzig.</small>

b. Mit Unterblättern am Stengel.

66. *J. Schraderi* Mart. Zweihäusig. Zwischen Moosen herumkriechend, braun, selten grünlich. Stengel bis 5 cm lang, dicht wurzelhaarig, hin- und hergebogen, gabelig getheilt. Blätter schräge angeheftet, kreisrund, etwas hohl. Zellen klein, durchsichtig, an den Ecken wenig verdickt. Unterblätter nur an den jüngeren Trieben, klein, breit pfriemenförmig, anliegend. Männlicher Blüthenstand ährenförmig, Deckblätter zuweilen etwas ausgerandet, etwas sackartig vertieft; Antheridien einzeln mit kurzen Paraphysen. Weibliche Hüllblätter eiförmig, ausgerandet und lappig. Kelch walzenförmig oder keulenförmig, die Hüllblätter weit überragend, oben gefaltet, die Mündung offen, gestutzt, lang gewimpert. Kapsel eiförmig, braun, auf 2 cm langem, weissem Stiel. Sporen klein, dunkelbraun.

<small>In Waldbrüchen, selten.</small>

<small>**Westpreussen:** Rosenberg: bei Herzogswalde! und Raudnitz! Löbau: bei Wischnewo!</small>

67. *J. subapicalis* N. a. E. Zweihäusig. In grossen, dunkelgrünen oder etwas gebräunten Rasen. Stengel bis 5 Centimeter lang, kriechend, gekniet, entfernt kurz wurzelhaarig, mit aufsteigender Spitze, starr, gespreizt ästig. Blätter schräge angeheftet, entfernt gestellt, flach, fast kreisrund, an der Spitze oft eingedrückt. Zellen durch Chlorophyll undurchsichtig, an den Ecken wenig verdickt. Unterblätter 3eckig oder pfriemlich. Männlicher Blüthenstand wie bei der vorigen. Weibliche Hüllblätter den Stengelblättern fast gleich, angepresst. Kelch bald länger als die Hüllblätter, bald sie kaum überragend, eiförmig, oben faltig, Mündung gestutzt und lang gewimpert. Kapsel wie bei der vorigen. Vielleicht nur eine durch den Standort bedingte Form der vorigen.

In Wäldern auf feucht liegenden Steinen, nicht häufig.

Westpreussen: Karthaus: im Mirchauer Forst (Lützow). Neustadt: im Barlominer Wald! bei Pretoschin (Lützow). Putzig: bei Krockow!

68. *J. anomala* Hook. Zweihäusig. Bildet ausgebreitete dunkel- oder braungrüne Rasen, oder einzeln zwischen Moosen. Stengel bis 5 cm lang, niederliegend, lang wurzelhaarig, zwischen andern Moosen aufsteigend, mit langen, locker und klein beblätterten Trieben. Die unteren Blätter dicht stehend, fast kreisrund, die oberen länglich eiförmig, fast gespitzt, alle schräge angeheftet, etwas hohl. Zellen sehr gross, dünnwandig. Unterblätter nur an den aufsteigenden Trieben, breit pfriemenförmig. Keimkörner an der Spitze der unfruchtbaren, kleiner beblätterten Triebe, gelblich. Männlicher Blüthenstand ährenförmig, Deckblätter quer angeheftet, bauchig; Antheridien zu 1—2 mit wenigen Paraphysen. Weibliche Hüllblätter den Stengelblättern ziemlich gleich. Kelch länglich eiförmig, gegen die Mündung zusammengepresst, ungleichzähnig, etwas länger als die Hüllblätter. Kapsel eiförmig, braun, auf 1 cm langem, weissem Stiel. Sporen braun.

In Torfmooren, nicht selten. Sommer.

Westpreussen: Konitz (Lucas). Karthaus! Danzig! Neustadt! Strasburg! Marienwerder! Rosenberg! Löbau! Stuhm! Elbing (Janzen).

Ostpreussen: Lyck (Sanio).

D. Complicatae.

Blätter rinnenförmig zusammengebogen, gleich oder ungleichlappig.

69. *J. exsecta* Schmied. Zweihäusig. In dunkelgrünen oder braungrünen Häufchen. Stengel bis 2 cm lang, meist kürzer, niederliegend, an der Spitze aufsteigend, dicht bewurzelt. Blätter dicht sitzend, schräg angeheftet, rinnig zusammengebogen, der Unterlappen vielmals grösser als der abstehende, zahnartige Oberlappen, eilanzettlich, meist an der Spitze 2zähnig, oft ist das Blatt aber nur gehöhlt und erscheint dann ungleich 3zähnig. Zellen klein, undurchsichtig, in den Ecken stark verdickt. Keimkörner an den Spitzen der Blattzähne, in erst gelblichen, dann bräunlichen Häufchen. Unterblätter fehlen. Männlicher Blüthenstand kurz ährenförmig, Deckblätter dachziegelig, bauchig; Antheridien einzeln oder zu 2 ohne Paraphysen. Weibliche Hüllblätter etwas grösser als die Stengelblätter, 3—5zähnig, Kelch länglich eiförmig, nach oben mit 4—5 Falten, an der Mündung wimperig geschlitzt. Kapsel eiförmig, braun, auf 5—10 mm langem, gelblichweissem Stiel.

In Wäldern und auf Heiden, auf lockerer Erde. Scheint in Westpreussen im Innern der Provinz selten zu sein, im Nordwesten sehr häufig.

Westpreussen: Karthaus: am Nuss-See! Danzig: im Jäschkenthaler Wald! und im Olivaer Forst! Neustadt: bei Kölln! Espenkrug! und Neustadt! Rosenberg: bei Herzogswalde!

Ostpreussen: Stallupönen: im Pakledimer Moor!

23. Diplophyllum Dumort.

Blätter ungleich 2lappig, mit scharfem Kiel zusammengelegt. Unterblätter fehlen. Weiblicher Blüthenstand endständig. Kelch eiförmig, nicht zusammengedrückt. Ein *Diplophyllum* ist eigentlich eine *Scapania* mit dem Kelch einer *Jungermannia*.

70. *D. obtusifolium* Dumort. Einhäusig. In kleinen, hellgrünen, bräunlichen oder purpurn angeflogenen Rasen. Stengel und Aeste bogig aufrecht, bis 1 cm lang, dicht wurzelhaarig. Blätter nach oben grösser werdend, bis unter die Mitte getheilt und zusammengelegt; der untere, beinahe 3 mal grössere Lappen länglich, fast säbelförmig gestaltet, an der Spitze gerundet, ganzrandig oder fein gesägt, der obere kleinere Lappen fast parallel dem Stengel aufliegend, meist etwas gespitzt. Zellen oben klein, rundlich, von der Mitte nach unten grösser, eiförmig. Antheridien unterhalb des weiblichen Blüthenstandes in den Achseln unveränderter Blätter, zu 2—4, ohne Paraphysen. Weibliche Hüllblätter den Stengelblättern gleich. Kelch bis doppelt so lang als die Hüllblätter, aufgeblasen, verkehrt eilänglich, nach der Mündung faltig zusammengezogen, mit kurz gewimperten Zähnen. Kapsel eiförmig, braun, auf 1 cm langem, weissem Stiel.

In Wäldern auf thonigem Boden, im Nordwesten Westpreussens häufiger. Sommer.

Westpreussen: Karthaus: im Forstbelauf Bülow! und Burchardswo! Danzig: im Olivaer Forst bei Pulvermühle! Neustadt: bei Kl. Katz! Sagorsch! Espenkrug! Marienwerder: im Boguscher Wald!

24. Scapania Lindenb.

Stengel gabelig getheilt. Blätter durch eine scharfe Bucht klaffend 2lappig, die meist ungleich grossen Lappen einfach zusammengebogen, meist aber scharf kielig. Unterblätter fehlen. Männlicher Blüthenstand ährenförmig, Antheridien mit Paraphysen gemischt. Weiblicher Blüthenstand endständig, Hüllblätter zu 2, den Stengelblättern fast gleich, Archegonien zahlreich auf dem Blüthenboden. Kelch von oben und unten flach zusammengedrückt, zuerst mit der Spitze eingebogen. Kapsel eiförmig, lang gestielt.

a. Blätter einfach zusammengebogen.

71. S. curta N. a. E. Zweihäusig. Bildet lebhaft dunkel- oder bräunlichgrüne Rasen. Stengel 1—2 cm hoch, aufsteigend, verzweigt, grün oder gelblich, unten wurzelhaarig. Blätter gegen die Spitze grösser, nicht herablaufend, tief ungleichlappig; der untere Lappen grösser, eiförmig, stumpf oder gespitzt, der obere kleinere mehr oder weniger 3eckig, meist zugespitzt, beide gegen die Spitze gezähnelt; das Grössenverhältniss der beiden Lappen sehr wechselnd, oft sind sie beinahe gleich gross. Keimkörner an den Blatträndern steriler Stengel in grüngelben Häufchen. Männlicher Blüthenstand an den Gipfeln kleiner. mit den weiblichen untermischter Pflanzen, Deckblätter fast gleichlappig; Antheridien zu 2—4, mit wenigen Paraphysen. Kelch lang eiförmig, zusammengedrückt, etwas faltig, an der Mündung fein gezähnt, fast gewimpert. Kapsel rundlich eiförmig, auf 1 cm langem, gelblichweissem Stiel. Eine sehr vielgestaltige Art, die leicht Verwechselungen veranlasst.

Auf kiesigem Boden unter Gebüsch, häufig und wohl allgemein verbreitet.
Westpreussen: Schlochau (Lucas). Konitz (Lucas). Karthaus! Danzig! Neustadt! Marienwerder! Rosenberg! Löbau! Elbing (Janzen).
Ostpreussen: Lyck (Sanio).

72. S. rosacea N. a. E. Zweihäusig. In kleinen, mehr oder weniger purpurrothen Häufchen. Stengel kurz, selten 1 cm lang, roth, kriechend mit aufstrebender Spitze, dicht wurzelhaarig. Blätter tief ungleich 2lappig, untere Lappen gerundet und doppelt grösser als der obere etwas abstehende, zugespitzte Lappen, beide meist etwas gezähnt. Männliche Blüthen in purpurrothen, rosettenförmigen Köpfchen; Deckblätter ziemlich gleichlappig. Kelch wie bei der vorigen.

An ähnlichen Stellen wie die vorige, aber selten.
Westpreussen: Karthaus: im Forstbelauf Bülow! Danzig: im Jäschkenthaler Walde! und im Olivaer Forst! Rosenberg: bei Raudnitz! Löbau: bei Wischnewo!

b. Blätter scharf bis flügelig gekielt.

73. S. irrigua N. a. E. Zweihäusig. Meistens in dichten, gelblich- bis braungrünen, fettglänzenden Rasen. Stengel bis 2½ cm lang, gelbgrün bis bräunlich, aufsteigend, stark wurzelhaarig, ziemlich gleichmässig beblättert. Blätter sehr dünnhäutig, etwas herablaufend, tief bis unter die Mitte in 2 ungleiche Lappen gespalten, fast flügelartig gekielt; Lappen fast kreisrund oder etwas gespitzt, am Rande oft etwas ausgeschweift gezähnt, der untere ziemlich in der Ebene des Stengels ausgebreitet, der obere demselben locker aufliegend, etwas konvex, halb so gross, Zellen sehr durchsichtig. Keimkörner gelblich oder röthlich. Antheridien zu 2–4, mit kurzen, kolbenförmigen Paraphysen. Kelch eiförmig, zusammengedrückt, etwas gefaltet, an der Mündung gezähnelt. Kapsel auf 1 cm langem, weissem Stiel.

In Torfbrüchen und an den Ufern der Seen, verbreitet.

Westpreussen: Konitz (Lucas). Berent (Casp.). Neustadt! Marienwerder Rosenberg! Löbau! Stuhm!

Ostpreussen: Osterode! Fischhausen: bei Rauschen!

74. *S. undulata* N. et M. Zweihäusig. In lockeren, dunkelgrünen, braungrünen oder purpurangeflogenen Rasen. Stengel bis 8 cm lang, braunroth, spärlich wurzelhaarig, büschelig ästig. Blätter gegen die Spitze grösser; trocken, kraus; ziemlich horizontal angeheftet, gezähnt oder ganzrandig, bis zur Mitte flügelig gekielt; Lappen rundlich oder mit Spitzchen, der untere doppelt grösser, etwas gewölbt, der obere aufliegend oder etwas abstehend, eben so breit als der untere. Zellen länglich, mit wenig Chlorophyll. Männliche Deckblätter gleichlappig, Antheridien mit wenigen Paraphysen. Weibliche Hüllblätter fast gleichlappig. Kelch lang, zusammengepresst, Mündung unregelmässig gezähnt.

In Wäldern auf Steinen an Seeufern und Bächen, selten.

Westpreussen: Berent: Czarlinen bei Fersenau (Casp.). Karthaus: am Klostersee! Mirchauer Forst! Smolnik Bach (Casp.). Neustadt: am Steinkruger See!

β. rivularis Hüben. Im Wasser fluthend, grün oder braunroth. Stengel bis 10 cm lang, sehr zart, fast ohne Wurzelfasern, sehr weitläufig und klein beblättert.

Westpreussen: Karthaus: in Seen im Mirchauer Forst (Casp.). Neustadt: im Wook-See bei Wahlendorf (Lützow).

75. *S. nemorosa* N. a. E. Zweihäusig. Dichte, olivengrüne bis bräunliche Rasen bildend. Stengel bis 7 cm lang, stark, unten dunkelbraun, mehr oder weniger wurzelhaarig, gabelig getheilt. Blätter nach oben grösser, schräg angeheftet, etwas herablaufend, kielförmig zusammengelegt; der untere Lappen viel grösser, verkehrt eiförmig, konvex, mit niedergebogener Spitze, der obere rundlich, aufliegend, wenig gewölbt, etwas spitz, beide am Rande dicht wimperig gezähnt. Zellen wenig durchscheinend. Keimkörner braun, an den Gipfelblättern. Männliche Deckblätter breit und anliegend, Antheridien zahlreich, mit zahlreichen Paraphysen. Weibliche Hüllblätter den Stengelblättern gleich. Kelch gross, verkehrt eiförmig, flach gedrückt, unterwärts konkav, Mündung wimperig gezähnt. Kapsel eiförmig, auf 10–15 mm langem, gelblichweissem Stiel.

In feuchten Wäldern auf der Erde, an morschen Baumstämmen und Steinen, selten.

Westpreussen: Berent: bei Schöneck (Casp.). Karthaus: im Forstbelauf Karthaus! Bülow! und im Mirchauer Forst! Neustadt: im Barlominer Wald! Nach Weiss auch bei Danzig.

Ostpreussen: Pr. Eylau: im Galehner Bruch (Janzen). Labiau: im Popelner Forst!

β. purpurascens N. a. E. Stengel kriechend, purpurroth, Blätter flacher, grün bis purpurn.

Westpreussen: Neustadt: an morschen Baumstämmen am Rambowki-See!

25. Plagiochila N. et M.

Mit deutlichem Wurzelstock. Hauptstengel kriechend, spärlich wurzelhaarig, Aeste aufsteigend oder niederliegend. Blätter ungetheilt, schräge angeheftet, mit beiden Rändern etwas herablaufend. Unterblätter klein, fadenförmig, bald verschwindend. Männlicher Blüthenstand ährenförmig, Deckblätter klein, sackartig ausgehöhlt, dachziegelig. Weiblicher Blüthenstand endständig; Hüllblätter zu 2 oder 4, den Stengelblättern fast gleich; Archegonien zahlreich. Kelch fast 2 lappig, von oben und unten flach zusammengedrückt, schräg gestutzt. Kapsel lang gestielt.

76. *P. asplenioides* N. et M. Zweihäusig. In lockeren, grünen bis dunkelgrünen und schwärzlichen Rasen. Stengel lang hinkriechend, dunkelbraun; Aeste aufsteigend oder aufrecht, bis über 10 cm lang, unten dunkelbraun, fast ohne Wurzelfasern. Blätter rundlich eiförmig, am Rande scharf gezähnt, selten ganzrandig, der hintere Rand zurückgeschlagen und beide Ränder etwas herablaufend, dadurch gewölbt erscheinend, dicht gestellt. Männliche Pflanzen meist in besonderen Rasen, meist viel kleiner und schmächtiger; der Blüthenstand fällt als gelbliche Aehre leicht in die Augen, häufig wächst der Ast über den Blüthenstand weiter und trägt wieder gewöhnliche Blätter. Kelch viel höher als die Hüllblätter, Mündung wimperig gezähnt. Kapsel eiförmig, dunkel braunroth, auf bis 2 cm hohem, weissem Stiel. In der Grösse ist das Moos sehr verschieden.

In Wäldern und Gebüschen, überall gemein. Frühjahr.

Westpreussen: Tuchel (Brick). Schwetz! Konitz (Lucas). Karthaus! Danzig! Neustadt! Strasburg! Marienwerder! Rosenberg! Lobau! Stuhm! Elbing!

Ostpreussen: Pr. Eylau (Seydler). Braunsberg (Seydler). Königsberg! Labiau! Lyck (Sanio). Angerburg (Czekaj). Darkehmen (Czekaj). Tilsit!

77. *P. interrupta* N. a. E. Einhäusig. Rasen flach, grün. Stengel und Aeste niederliegend, höchstens 2 cm lang, dicht wurzel-

haarig. Blätter horizontal sich deckend, länglichrund, stumpf ausgerandet, ganzrandig. Männliche Blüthen theils auf besonderen Aesten, ährenförmig, theils die Antheridien in den Blattwinkeln unter der weiblichen Blüthe. Kelch wenig über die Hüllblätter vortretend, an der Mündung nicht gezähnt. Kapsel gelbbraun.

Westpreussen: Neustadt: nur einmal zwischen Baumwurzeln in der Waldschlucht hinter Kl. Katz von mir gefunden.

8. Familie. Geocalyceae.

Pflanzen unter- oder oberschlächtig beblättert. Unterblätter immer vorhanden. Männlicher Blüthenstand auf besonderen, an der Bauchseite des Stengels stehenden Zweigen. Weiblicher Blüthenstand auf kurzen, unterirdischen, aus der Achsel eines Unterblattes kommenden Zweigen. Der erwachsene Fruchtzweig ist ein hängender, fleischiger Sack.

26. Geocalyx N. a. E.

Unterschlächtig beblättert. Männliche Blüthen auf dicht schuppenförmig beblätterten Zweigen in den Achseln der Unterblätter. Weibliche Blüthen in den Achseln von Unterblättern, klein und wenigblättrig. Das befruchtete Archegonium versinkt in der Höhlung des sich sackartig erweiternden Fruchtbodens. Kapsel bis zur Basis 4 klappig.

78. *G. graveolens* N. a. E. Einhäusig. Bildet rasige Ueberzüge von reingrüner oder gelbgrüner Farbe. Stengel kriechend, bis 2 cm lang, wenig ästig, dicht wurzelhaarig. Blätter schräg angeheftet, fast horizontal ausgebreitet, dick, etwas fettglänzend, eiförmig 4 eckig, an der Spitze durch eine nicht tiefe, aber scharfe Bucht spitz 2 lappig. Zellen 5—6 eckig, undurchsichtig. Unterblätter klein, eilänglich, bis gegen die Mitte eingeschnitten, mit spitzen Lappen. Männliche Deckblätter klein, spitzlappig; Antheridien einzeln, ohne Paraphysen. Fruchtsack in die Erde eingesenkt, länglichrund, mit wenigen Wurzelhaaren. Kapsel fast cylindrisch, braun, auf gegen 2 cm langem, weissem Stiel. Hat einen terpentinartigen Geruch, wie *Fegatella*.

Westpreussen: Rosenberg: einmal von mir in einem Waldbruch bei Gr. Herzogswalde gefunden.

β. *attenuatus* N. a. E. Klein, aufstrebend, gegen die Spitze kleiner beblättert. Blätter kurz, etwas hohl, dünn und durchscheinend. An der Spitze der oberen Blätter und an der Stengelspitze mit gelben Keimkörnern. Steril.

Westpreussen: Marienwerder: auf lockerer Walderde unter Gebüsche bei Fiedlitz!

Bemerkungen: Scheint mir kaum hierher zu gehören, auch die Verfasser der „Synopsis hepaticarum" waren zweifelhaft.

27. Calypogeia Raddi.

Blätter oberschlächtig. Männliche Blüthen an schuppig kopfförmig beblätterten Zweigen in den Achseln der Unterblätter. Weibliche Blüthen wie bei der vorigen Gattung. Kapseln und die Klappen derselben spiralförmig gedreht.

79. *C. Trichomanis* Corda. Zweihäusig. In flachen, hellgrünen Räschen oder vereinzelt. Stengel bis 3 cm lang, kriechend, unregelmässig verzweigt, dicht wurzelhaarig; Aeste aus der Bauchseite des Stengels entspringend, rankenartig umherschweifend und aufstrebend. Blätter schräg angeheftet; flach ausgebreitet, sich oberschlächtig dachziegelartig deckend, rundlich eiförmig, abgerundet, selten etwas ausgerandet und beinahe 2spitzig. Zellen ziemlich gross, 5—6eckig. Unterblätter breit, bis zur Mitte gespalten. Keimkörner in gelben, kugelförmigen Köpfchen an der Spitze aufrechter, gleichmässig 3reihig kleinbeblätterter Aeste. Fruchtsack breit eiförmig, in den Boden dringend, mit Wurzelhaaren. Kapsel braun, schmal cylindrisch, bis zum Grunde in 4 spiralig gedrehte Klappen aufspringend, auf 2 cm langem, weissem Stiel.

Auf lockerem Waldboden und am Rande der Brüche, nicht selten. Frühjahr.

Westpreussen: Konitz (Lucas). Karthaus! Danzig! Neustadt! Strasburg! Graudenz (Scharlock). Marienwerder! Rosenberg! Lobau! Stuhm! Elbing (Jaenzen).

Ostpreussen: Osterode! Königsberg! Lyck (Sanio). Braunsberg (Seydler). Fischhausen (Seydler).

9. Familie. Lepidozieae.

Stengel unregelmässig oder bis mehrfach fiederästig, aus den Achseln der Unterblätter oft kleinblättrige Ranken treibend. Blätter oberschlächtig, handförmig getheilt oder 3—4zähnig. Unterblätter stets deutlich. Blüthen beider Geschlechter an eigenen, kurzen, in den Achseln der Unterblätter stehenden Zweigen. Kelch lang, oben 3faltig. Kapsel bis zum Grunde 4klappig.

28. Lepidozia N. a. E.

Stengel fiederästig, Aeste oft rankenartig verlängert. Blätter und Unterblätter breit, 4lappig bis 4theilig. Kelch länglich, oben stumpf 3kantig zusammengezogen, an der Mündung klein gezähnt.

80. *L. reptans* N. a. E. Einhäusig. Dicht verwebte, blass-, hellgrüne oder bräunliche Rasen. Stengel bis 3 cm lang, niederliegend, einfach bis doppelt fiederästig, Aeste oft in blattlose,
lange Ausläufer verlängert. Blätter schräge angeheftet, gewölbt, fast quadratisch, handförmig 3—4theilig, mit nicht sehr
spitzen, niedergebogenen Lappen. Zellen 5—6eckig, dünnwandig. Unterblätter den Oberblattern sehr ähnlich, nur etwas
kleiner, und breiter als lang. Männliche Blüthenäste kurz
ährenförmig, Deckblätter dicht dachziegelig, 2—3lappig; Antheridien einzeln, ohne Paraphysen. Weibliche Blüthenäste dicht
wurzelhaarig, Hüllblätter kurz 2—4zähnig. Kelch länglich,
wasserhell, 3kantig, vielmals länger als der Fruchtast. Kapsel
länglich eiförmig, gelbbraun, auf 1 cm langem, weissem Stiel.
  In Wäldern auf lockerer Walderde, morschem Holz und Torf, überall
gemein. Sommer.
  Westpreussen: Schwetz! Konitz (Lucas). Karthaus! Danzig! Neustadt!
Strasburg! Marienwerder! Rosenberg! Löbau! Stuhm! Elbing!
  Ostpreussen: Osterode! Königsberg! Lyck (Sanio). Angerburg (Czekaj).
Braunsberg (Seydler).

29. Mastigobryum N. a. E.

Stengel gabelig verzweigt, aus den Achseln der Unterblätter mit zahlreichen, kleinblättrigen Flagellen. Blätter unsymmetrisch eiförmig, an der
Spitze quergestutzt und 3zähnig. Unterblätter breit, 3—5zähnig. Männlicher Blüthenstand ährenförmig. Kelch einerseits tief gespalten.

81. *M. trilobatum* N. a. E. Zweihäusig. In ausgedehnten, grünen
oder gelbgrünen Polstern. Stengel kräftig, bis 10 cm lang,
breit und dicht beblättert, Flagellen zahlreich, Wurzelhaare
spärlich. Blätter dachziegelig, fast rechtwinklig niedergebogen,
an der querabgestutzten Spitze seicht 3lappig. Zellen abgerundet 6eckig, dünnwandig, an den Ecken stark verdickt,
mit viel Chlorophyll. Unterblätter breit, ungleich 3—5zähnig.
Männlicher Blüthenzweig kurz ährenförmig, Deckblätter anliegend, an der Spitze kerbig gezähnt; Antheridien zu 1 oder 2
ohne Paraphysen. Weiblicher Ast kätzchenförmig, mit kleinen
und schmalen Blättern, Hüllblätter etwas grösser. Kelch lang,
nach oben verdünnt, undeutlich kantig. Kapsel länglich
eiförmig, braun.
  Ostpreussen: Königsberg: einmal in der Wilky gefunden (Sanio).

10. Familie. Ptilidieae.

Stengel fiederig verästelt, oberschlächtig beblättert, mit Unterblättern. Blätter horizontal angeheftet, in Ober- und Unterlappen

(das Blattohr) getheilt, letzterer stets viel kleiner und dem Oberlappen anliegend; alle Blätter, auch die Unterblätter handförmig getheilt, in haarförmige Wimpern aufgelöst. Antheridien in den Achseln
wenig veränderter Blätter. Weibliche Blüthen gipfelständig oder auf
kurzen seitenständigen Zweigen. Kapsel bis zum Grunde 4klappig.
Schleuderer 2spirig.

30. Trichocolea Dumort.

Stengel ohne Wurzelhaare. Blätter fast bis zur Basis handförmig zertheilt, die Lappen vielästig, haarförmig zerschlitzt; Blattohr
und Unterblätter 2theilig und auch zerschlitzt. Antheridien einzeln, auf der Rückseite des Stengels in den Achseln fast unveränderter Blätter. Weiblicher Blüthenstand gipfelständig, Hüllblätter
fehlen, Archegonien zahlreich, mit Haaren untermischt. Kelch fehlt,
nach der Befruchtung umschliesst der hohlwerdende Fruchtboden das
Archegonium keulenartig, und auch die Haube verwächst mit der
inneren Wand desselben.

82. *T. Tomentella* N. a. E. Zweihäusig In grossen, polsterförmigen,
weisslichgrünen Rasen, seltener einzeln zwischen anderen
Moosen. Stengel niederliegend oder aufsteigend, bis 12 cm
lang, 2—3fach fiederästig. Der keulenförmige, fleischige Fruchtboden behaart. Kapsel länglich eiförmig, rothbraun, auf 2—4 cm
langem, gelblichweissem Stiel.

In sumpfigen Wäldern, selten, aber an den Standorten gewöhnlich
massenhaft.

Westpreussen: Flatow: Kujaner Heide (Rosenbohm). Karthaus: im Mirchauer Forst (Lützow). Neustadt: Waldthal hinter Kl. Katz! Strasburg: im
Rudner Forst! Marienwerder: bei Sedlinen !

Ostpreussen: Heilsberg: im Gutstädter Stadtwalde (Seydler).

31 Ptilidium N. a. E.

Stengel niederliegend oder aufsteigend, kurz wurzelhaarig, einfach
oder doppelt fiederästig. Blätter bis unter die Mitte handförmig getheilt, Blattohr 2lappig. Unterblätter fast 3lappig. Antheridien
auf der Rückseite des Stengels oder der Aeste in den Achseln an-
gedrückter, hohler Blätter. Weiblicher Blüthenstand auf seitlichen
Zweigen. Kelch mehrmals länger als die Hüllblätter.

83. *P. ciliare* N. a. E. Zweihäusig. In polsterförmigen, selten
grünen, meist braunen bis purpurbraunen Rasen. Stengel
niederliegend oder aufsteigend, 2—5 cm lang, einfach- oder
doppelt fiederästig. Blätter ziemlich flach abstehend, Lappen
wimperig zertheilt, wie die des anliegenden Blattohrs und der

fast 4 eckigen Unterblätter. Männliche Pflanzen gewöhnlich in besonderen Rasen, viel kleiner und schmächtiger; Antheridien zu 1—2 ohne Paraphysen, in den Achseln dachziegelig auf- liegender, hohler Deckblätter. Weiblicher Blüthenast sehr kurz, mit kleinen Hüllblättern. Kelch aufgeblasen keulenförmig, faltig, an der zusammengezogenen Mündung gewimpert. Kapsel eiförmig, auf bis 1 cm langem, gelblichweissem Stiel.

An Baumstämmen, auf Walderde, auch auf Steinen überall häufig.
Westpreussen: Tuchel (Brick). Schwetz! Konitz (Lucas). Karthaus! Danzig! Neustadt! Strasburg! Marienwerder! Rosenberg! Löbau! Stuhm! Elbing!
Ostpreussen: Königsberg! Lyck (Sanio). Angerburg (Czekaj). Goldap (Abromeit). Mohrungen (Seydler). Braunsberg (Seydler).

β. *ericetorum* N. a. E. Stengel aufsteigend bis aufrecht, bis 10 cm lang, einfach fiederästig. Blätter viel entfernter stehend und locker aufliegend.

Auf sandiger Erde, in Wäldern und auf Heiden.
Westpreussen: Marienwerder: bei Bogusch! und Sedlinen! Rosenberg: bei Raudnitz!
Ostpreussen: Königsberg (Sanio). Lyck (Sanio). Memel: bei Schwarzort!
Bemerkungen: Durch einen abweichenden Habitus sehr auffallend, und vielleicht doch besser als Art zu trennen.

11. Familie. Platyphylleae.

Stengel niedergestreckt, unregelmässig fiederästig. Blätter ober- schlächtig, horizontal angeheftet, in einen grossen eiförmigen Oberlappen und einen kleinen Unterlappen (Blattohr) getheilt, ganzrandig. Ge- schlechtsorgane an Haupt- oder Seitensprossen, oder an eigenen, kurzen, aus der Bauchseite des Stengels entspringenden Zweigen. Kelch fast glockenförmig, von oben und unten mehr oder weniger flach zu- sammengedrückt, oben quer zugestutzt und 2 lippig. Kapsel kurz- gestielt. Schleuderer 2 spirig.

32. Radula Dumort.

Stengel unregelmässig fiederästig, ohne Wurzelhaare. Blätter gross und rund, Blattohr fast quadratisch, längs seiner Basis mit dem Oberlappen zusammenhängend. Unterblätter fehlen. Beiderlei Ge- schlechtsorgane an Haupt- wie an Seitensprossen. Kelch platt zu- sammengedrückt, 2 lippig, Mündung ganzrandig. Kapsel bis zum Grunde 4 klappig.

84. *R. complanata* Dumort. Einhäusig. Flache, strahlig verbreitete, gelbgrüne Rosetten bildend, oder sich der unebenen Unterlage anschmiegend. Stengel kriechend, 2—6 cm lang, Wurzelhaare

nur aus der Mitte der Blattöhrchen Blätter dicht dachziegelig, flach, ganzrandig. Zellen undurchsichtig, rundlich 6eckig, dünnwandig. Keimkörner grünlich, randständig an den Blättern. Antheridien gegen das Ende der Sprosse, einzeln in den Blattachseln und von dem stark konvexen Blattohr ganz eingeschlossen. Weibliche Hüllblätter den Stengelblättern ähnlich, meist scheidenartig zusammengewickelt. Kapsel eiförmig, auf sehr kurzem, den Kelch nur wenig überragendem Stiel.

An Baumstämmen sehr gemein, häufig auch auf Steinen. Sommer.

Westpreussen: Schwetz! Konitz (Lucas). Karthaus! Danzig! Neustadt! Thorn (Nowicki). Strasburg! Marienwerder! Rosenberg! Löbau! Stuhm! Elbing!

Ostpreussen: Osterode! Braunsberg (Seydler). Königsberg! Lyck (Sanio). Angerburg (Czekaj).

33. Madotheca Dumort.

Stengel meist regelmässig gefiedert, nur am Grunde der Unterblätter wurzelhaarig. Blattoberlappen unsymmetrisch, rundlich eiförmig, Blattohr länglich eiförmig, kleiner, mit dem Oberlappen wenig zusammenhängend. Unterblätter gross, ungetheilt. Männlicher Blüthenstand auf eigenen, sehr kurzen Zweigen. Deckblätter dachziegelig, bauchig, 2spaltig; Antheridien einzeln, ohne Paraphysen. Weiblicher Blüthenast seitenständig, viel kürzer als der Kelch. Kelch auf beiden Seiten etwas konvex, an der Mündung zusammengepresst, tief 2lippig, wimperig gezähnt. Kapsel auf sehr kurzem, den Kelch kaum überragendem Stiel, kugelig, bis unter die Mitte 4zähnig aufspringend.

85. *M. platyphylla* Dumort. Zweihäusig. Bildet dicke, dunkel- bis braungrüne, glanzlose Rasen. Stengel bis 12 cm lang, niederliegend oder herabhängend, unregelmässig fiederästig. Blätter genähert, flach ausgebreitet, schief breiteiförmig, stumpf abgerundet, mit etwas zurückgerolltem Rande; Blattohr kaum herablaufend, viel kleiner, eiförmig stumpflich, am Rande zurückgerollt, ganzrandig. Zellen undurchsichtig. Unterblätter angedrückt, lang herablaufend, gerundet quadratisch, am Rande stark zurückgerollt, ganzrandig. Kapsel eiförmig, hellbraun. Sporen gelbgrün, dicht kurzstachelig.

In Wäldern an Baumstämmen und Sträuchen, nicht selten. Sommer.

Westpreussen: Konitz (Lucas). Schwetz! Danzig! Neustadt! Thorn (Nowicki). Graudenz (Rosenbohm). Marienwerder! Rosenberg! Stuhm! Elbing! **Ostpreussen:** Osterode! Pr. Eylau (Janzen). Königsberg!

86. *M. rivularis* N. a. E. Zweihäusig. In flachen, dunkel- bis schwarzgrünen, im frischen Zustande fettglänzenden Rasen

Stengel bis 10 cm lang, unregelmässig gefiedert, an der Spitze meist büschelig verzweigt. Blätter dicht bis locker gestellt, etwas angedrückt, schief breiteiförmig, an der Spitze abgerundet, flach- und ganzrandig; Blattohr lang herablaufend, viel kleiner, schief eiförmig, spitz, am Rande stark zurückgerollt, ganzrandig. Zellen undurchsichtig, dünnwandig. Unterblätter anliegend, lang herablaufend, oval quadratisch, an der gerundeten Spitze zurückgeschlagen, ganzrandig oder gegen die Basis gezähnt.

Auf Steinen in Waldbächen, selten.

Westpreussen: Karthaus: bei B a b e n t h a l! Danzig: im Nawitzer Thal! Neustadt: bei Pretoschin (Lützow) und bei Kl. Katz! Elbing: im Grenzgrund!

12. Familie. Jubuleae.

Stengel niederliegend, selten aufsteigend, fiederig verästelt und oberschlächtig beblättert, Blätter mit Oberlappen, Blattohr und einem mehr oder minder deutlichen Basalzahn. Unterblätter breit. Geschlechtsorgane gipfelständig angelegt, aber durch Sprossung auf kurzen Seitenzweigen. Kelch stielrund und aufgeblasen, oder 3—5 kantig gefaltet, an der Spitze zu einem röhrenförmigen Spitzchen zusammengezogen. Archegonien zu 1—2. Kapsel kurzgestielt, bis unter die Mitte 4 klappig aufspringend. Schleuderer stehenbleibend, einspirig.

34. Frullania Raddi.

Stengel unregelmässig gefiedert, Wurzelhaare nur aus den Blattflächen der Unterblätter entspringend. Blätter horizontal angeheftet, derb; Blattoberlappen gross, rundlich, ganz; Blattohr klein, ausgehöhlt, länglichrund, wenig mit dem Oberlappen zusammenhängend, Unterblätter oval, ausgerandet oder 2 spaltig. Männliche Aeste ährenförmig, Deckblätter gleichlappig, bauchig; Antheridien langgestielt. Weibliche Hüllblätter mit flächenartigem Blattohr, Kelch herz-eiförmig, kantig gefaltet, oben in eine röhrenförmige Spitze zusammengezogen. Kapsel sehr kurz gestielt, fast kugelig, in entleertem Zustande glockenförmig mit aufrecht abstehenden Klappen. Sporen sehr gross, sternförmig warzig.

87. *F. dilatata* N. a. E. Zweihäusig. In flachgedrückten, selten dunkelgrünen, meist dunkelbraunen, glanzlosen Rasen. Stengel 3 cm lang, kriechend, selten an den Spitzen etwas aufsteigend, unregelmässig fiederästig. Blattoberlappen fast kreisrund, ganzrandig, Blattohr durch einen kurzen Stiel mit dem Oberlappen zusammenhängend, halbkugelförmig, hohl, grösser als die Unterblätter. Unterblätter rund, kurz eingeschnitten, ziemlich ent-

6

fernt gestellt, angedrückt, flacbrandig. Zellen gleichförmig, rundlich, undurchsichtig, an den Ecken stark verdickt. Keimkörner randständig, gebräunt. Männlicher Blüthenstand kätzchenförmig. Weibliche Hüllblätter 2—3spaltig, Hüllunterblatt gross, an der Spitze scharf eingeschnitten. Kelch stumpf, durch den röhrigen Theil stachelspitzig, durch Brutzellen warzig erscheinend, an den Kanten mit stumpfen Zähnen. Sporen bräunlich.

An Baumstämmen und Steinen, überall gemein. Herbst.

Westpreussen: Schwetz! Konitz (Lucas). Karthaus! Danzig! Neustadt! Putzig! Strasburg! Marienwerder! Rosenberg! Löbau! Stuhm! Elbing!

Ostpreussen: Osterode! Königsberg! Labiau! Lyck (Sanio). Pillkallen! Heydekrug!

88. *F. Tamarisci* N. a. E. Zweibäusig. Bildet meist grosse, lockere, fettglänzende Rasen, welche gewöhnlich braunroth, selten dunkelgrün sind. Stengel bis 6 cm lang, aufsteigend, selten kriechend, einfach- oder doppeltgefiedert. Blätter kreisrund bis eirund, zuweilen scharf gespitzt, ganzrandig; Blattohr länglich, fast cylindrisch, hohl, durch einen kurzen Stiel mit dem Oberlappen zusammenhängend, kürzer und schmäler als die Unterblätter. Unterblätter sehr genähert, gross, länglich 4eckig, an der Spitze ausgerandet, mit zurückgerolltem Rande. Zellen derb, gewöhnlich gleichförmig. Männlicher Blüthenstand kopfförmig. Weibliche Hüllblätter am Rande gesägt; Hüllunterblatt gleichlang, bis zur Mitte 2theilig, gezähnt. Kelch fast kegelförmig, spitz, glatt. Sporen gelblich.

In Wäldern am Grunde der Bäume, auch auf Walderde, selten höher an den Stämmen der Bäume aufsteigend. Scheint nur in den Küstengegenden vorzukommen.

Westpreussen: Berent: am Dluga See (Casp.). Karthaus: bei Kolano! und Schneidewind! Neustadt: Wald bei der Ziegelei! bei Kl. Katz! und im Gnewauer Forst! Putzig: bei Buchenrode! Weiss giebt sie auch bei Danzig an.

Ostpreussen: Labiau: im Popelner Forst!

35. Lejeunia Libert.

Stengel unregelmässig verzweigt. Blätter schräg angeheftet, Oberlappen grösser, rundlich; Blattohr klein, glatt, an der Basis zum grössten Theil mit dem Oberlappen zusammenhängend. Unterblätter ungetheilt oder tief ausgerandet. Männliche Aeste sehr kurz, Deckblätter bauchig, rinnig, zusammenneigend; Antheridien kugelig, kurz gestielt. Weiblicher Ast sehr kurz, nur Hüllblätter tragend; Archegonien einzeln. Kelch eilänglich, 5kantig mit röhrigem Spitzchen, später 3—5lappig. Kapsel sehr kurz gestielt, bleich, bis unter die Mitte 4klappig, mit zusammenneigenden Klappen. Sporen gross.

89. *L. serpyllifolia* Libert. Einhäusig. In flachen, hell- oder gelblichgrünen Rasen. Stengel bis 3 cm lang, niederliegend, gabelig
getheilt, durch aus der Bauchseite entspringende Zweige fast
fiederig. Blätter genähert, fast flach ausgebreitet, eirund; Blattohr klein. Unterblätter ziemlich entfernt gestellt, fast rund,
bis zur Mitte stumpf 2lappig. Zellen zart, durchscheinend.
Männlicher Blüthenstand mit bauchig aufgeblasenen Deckblättern.
Weibliche Hüllblätter anliegend, ungleich 2lappig.

In Wäldern am Grunde der Baumstämme, besonders aber auf Steinen an
Waldbächen. Sehr verbreitet, aber nicht häufig.

Westpreussen: Karthaus: im Forstbelauf Bülow! Neustadt: bei Sagorsch!
und Kl. Katz! Marienwerder: bei Ruden! und Sedlinen! Rosenberg: bei
Raudnitz! und Herzogswalde! Strasburg: im Rudaer Forst! Löbau: bei
Wischnewo! Elbing: bei Dambitzen (Janzen). Dörbecker Schweiz! und
Tolkemit!

Ostpreussen: Pr. Eylau: Knautener Forst (Janzen). Lyck: im Milchbuder
Forst (Sanio).

---

2. Klasse.

Musci. Laubmoose.

Aus der keimenden Spore entwickelt sich ein vielverzweigter Vorkeim, Protonema, auf dem sich die Geschlechtspflanze entwickelt.
Die Geschlechtspflanze ist stets ein 2- bis vielreihig beblätterter
Stengel, der die Geschlechtsorgane, Antheridien und Archegonien, von
meist eigenthümlich gestalteten Blättern umgeben, trägt. Sehr selten
hat der Stengel dorsiventrale Bildung, bei unsern einheimischen Arten
nie, obgleich der kriechende, mit 2seitig gerichteten oder 1seitig
gewandten Blättern bekleidete Stengel dazu hinneigt. Nach der Befruchtung entwickeln sich bei den meisten Laubmoosen, entsprechend
dem Kelch der Lebermoose, besonders gestaltete Blätter um das
Archegonium, das sogenannte Perichätium. Das Sporogonium erreicht nie, wie bei den Lebermoosen seine Reife in der Haube, sondern sprengt dieselbe bei seiner Ausbildung, je nach den verschiedenen Ordnungen auf verschiedene Weise. Sporen nie mit Schleuderern
untermischt.

1. Ordnung. Sphagnaceae.

Polsterbildende Sumpfmoose, die nur in der Jugend Wurzelhaare
besitzen. Axengebilde aus einem grosszelligen Markstrange, einem
engzelligen, festen Holzkörper, der Rinde der andern Laubmoose ent-

sprechend, und einer Zone aus einer oder mehreren Schichten grosser, dünnwandiger, inhaltloser Zellen, der sogenannten Rinde, bestehend. Der Stengel ist mit regelmässig gestellten Zweigbündeln von meist 3—7, selten bis 13 Zweigen, von denen häufig einige herabhängen, andere bogig abstehn, besetzt; dieselben bilden am Gipfel dicht zusammengedrängt einen Schopf und werden erst durch das Weiterwachsen des Stengels auseinander gerückt. Blätter am Stengel und Aesten meist verschieden gestaltet, alle einschichtig, aus 2 verschiedenen Arten von Zellen gebildet; die einen gross, dünnwandig, farblos, ohne Chlorophyll, meist mit Schraubenbändern und Löchern, die andern schlauchförmig, eng, mit Chlorophyll angefüllt und die grossen Zellen netzförmig umschliessend. Blüthenstände auf den Zweigen; die männlichen kätzchenförmig, die Antheridien rundlich, lang gestielt, immer einzeln neben dachziegeligen Deckblättern; die weiblichen knospenförmig an der Spitze des Zweiges. Nach der Befruchtung bilden sich grosse, breite Perichätialblätter aus, die das Sporogonium bis zur Reife einschliessen. Das Sporogonium besteht aus einer fast kugelrunden, ungestielten Kapsel, die bei ihrer Ausbildung die glatte, dünnhäutige Haube unregelmässig zerreisst, und mit einem dicken, zwiebelförmigen Fuss in den Fruchtboden eingesenkt ist. Die Kapsel enthält ein halbkugelförmiges Mittelsäulchen, das von dem Sporensack mützenförmig bedeckt wird; bei der Reife öffnet sie sich mit einem Deckel, und die Sporen entleeren sich durch die nackte, ringlose Mündung. Gewöhnlich wird bei der Reife die Kapsel durch eine längere oder kürzere, farblose Verlängerung des Blüthenbodens über die Perichätialblätter emporgehoben; dieses sogenannte P s e u d o - p o d i u m hat äusserlich viel Aehnlichkeit mit dem Kapselstiel der Lebermoose, darf aber nicht als ein Analogon desselben angesehen werden, denn es gehört dem Mutterstamme und nicht dem Sporogonium wie jener an.

1. Sphagnum Dill.

Gattungsmerkmale, die der Ordnung.

A. Acutifolia.

Aeste zu 2—5, davon 2—3 abstehend, die übrigen hängend, den Stengel einhüllend. Stengelrinde mehrschichtig, porös; Astrinde mit Retortenzellen. Saum der Stengelblätter nach unten stark verbreitert. Astblätter an der Spitze eingerollt, gezähnt. Chlorophyllzellen der Astblätter im Durchschnitt 3 eckig, die Grundlinie gegen die Blattinnenfläche gerichtet und freiliegend. Blattporen umwallt.

a. deltoidea.

Oberflächenzellen der Stengelrinde ohne Poren nach aussen. Stengelblätter ziemlich gleichschenklich 3eckig. Astblätter gleichmässig von unten nach oben verschmälert, lanzett- bis eilanzettförmig.

1. *S. acutifolium* Ehrh. e. p. Einhäusig. Rasen selten rein grün, meist röthlich bis purpurn. Stengel mit 3—4 schichtiger Rinde; Holzkörper meistens roth, selten grün. Stengelblätter mittelgross, eiförmig zugespitzt, in den Hyalinzellen mit zahlreichen Fasern und Poren, oben schmal, gegen den Grund breit gerandet. Astblätter lanzettlich, an der Spitze 3—5zähnig, sehr schmal gesäumt, mit zahlreichen Fasern, die Aussenfläche mit vielen Poren. Männliche Aeste lang und rund, sich oft über den Blüthenstand hinaus verlängernd, meist roth oder purpurn, aber auch grün. Perichätialblätter länglich mit gezähnter Spitze, in der unteren Hälfte nur aus Chlorophyllzellen bestehend, oben ohne Fasern.

Allgemein verbreitet und in grossen Massen.

Westpreussen: Schwetz! Schlochau (Casp.). Karthaus! Danzig! Neustadt! Putzig! Strasburg! Marienwerder! Rosenberg! Löbau! Stuhm! Elbing!

Ostpreussen: Osterode! Braunsberg (Seydler). Allenstein (Casp.). Heiligenbeil (Seydler). Pr. Eylau (Janzen). Friedland (Janzen). Fischhausen (Sanio) Königsberg (Sanio). Lyck (Sanio). Angerburg (Czekaj). Gumbinnen (Wagenbichler). Pillkallen (Abromeit).

Bemerkungen: Nachdem in den letzten Jahrzehnten 8 Formen von dem alten *S. acutifolium* Ehrh. als Arten abgezweigt worden sind, blieb noch ein Rest zurück, der aber auch noch recht heterogene Formen umschliesst. Ich glaube, es wäre an der Zeit, den alten Namen fallen zu lassen und ihn nur zur Bezeichnung der ganzen Gruppe zu gebrauchen. Mir kommt es wenigstens falsch vor, einen alten Namen zu gebrauchen, wenn der Begriff ein anderer geworden ist.

2. *S. subnitens* Warnst. et Russ. Einhäusig. Rasen bleich, gelblich oder röthlich Stengel mit 2—4schichtiger Rinde; Holzkörper bleich, bräunlich oder röthlich. Stengelblätter ziemlich gross, mit etwas ausgebogenen Seitenrändern und vorgezogenem, gezähneltem Spitzchen, meist faserlos, selten mit zarten Fasern. Astblätter lanzettlich, 3—5zähnig, dicht anliegend, oft mit der oberen Hälfte bogig abstehend, trocken glänzend.

Bis jetzt bei uns nur an vereinzelten Orten gefunden.

Westpreussen: Neustadt: im Brück'schen Moor bei Kasimirs! Elbing (Hohendorf). Ferner: ganz dicht an der westpreussischen Grenze im Wierchotschiner Moor! (Lauenburg i. Pomm.)

Ostpreussen: Lyck (Sanio).

3. *S. quinquefarium* Warnst. Einhäusig. Rasen grün, bleich, röthlich, selten etwas gelblich. Stengel mit 3—4schichtiger

Rinde, deren Oberflächenzellen oft mit ringlosen Löchern; Holzkörper meist bleich. Abstehende Aeste sehr regelmässig 5reihig beblättert. Stengelblätter gleichschenklig 3eckig, im oberen Theile mit grossen Poren und meist mit zarten Fasern. Astblätter lanzettlich, mit ziemlich grossen Poren auf der Aussenfläche.

Scheint bei uns ziemlich selten.

Westpreussen: Berent: am Moorsee, Jagen 251 (Casp.). Marienwerder: im Münsterwalder Forst! Elbing (Hohendorf).

Ostpreussen: Lyck: im Milchbuder Forst (Sanio).

b. tenella.

Oberflächenzellen der Stengelrinde ohne Poren. Stengelblätter zungenförmig, an der Spitze etwas gezähnt, ohne oder mit wenigen Spiralfasern. Astblätter am Grunde eiförmig, von der Mitte an verschmälert und in eine abgerundete 3—5zähnige Spitze gedehnt. Die oberen Blattränder eingerollt, und daher das Blatt spitz erscheinend.

4. *S. Warnstorfii* Russ. Zweihäusig. Rasen meist grün und roth gescheckt, doch auch einfarbig grün oder weisslich. Holzkörper röthlich, grün oder farblos. Rinde 2—4schichtig. Oberflächenzellen ohne Löcher. Stengelblätter zungenförmig, mittelgross, mit faserlosen Hyalinzellen oder wenigen, sehr zarten Spiralfasern. Astblätter aus eiförmigem Grunde in eine schmale Spitze mit eingerolltem Rande gedehnt, häufig sehr deutlich 5reihig gestellt, und zuweilen etwas einseitswendig; die Hyalinzellen an der Blattaussenfläche unterhalb mit wenigen, grossen, oberhalb mit sehr zahlreichen, kleinen, mit breitem, starkem Faserring umgebenen Poren. Männliche Aeste keulig verdickt, später verlängert, roth bis purpurn. Perichätialblätter gross, eilanzettlich, in der unteren Hälfte nur Chlorophyllzellen ohne Fasern.

In Waldbrüchen und sumpfigen Waldwiesen

Westpreussen: Schlochau: am Olschewska-See und Kl. Karlinken-See (Casp.). Danzig: bei Freudenthal! Neustadt: am Wook-See bei Wahlendorf, Morsitz-See bei Werder und bei Polotz (Casp.). Putzig: bei Lissau! Strasburg: am Zwosno-See!

Ostpreussen: Heilsberg: im Gutstädter Forst (Casp.). Lyck: bei Neuendorf, im Zicluser Wald und im Baraner und Milchbuder Forst (Sanio).

5. *S. tenellum* Klinggr. Zweihäusig. In rothen oder grün und roth gescheckten Rasen, selten fast ganz ohne roth. Holzkörper roth oder blass. Rinde 3—4schichtig, ohne äussere Poren. Stengelblätter gross, zungenförmig, an der Spitze oft etwas ge-

wimpert, im obern Theile meist mit zarten Spiralfasern und einzelnen Poren. Astblätter meist etwas einseitswendig, aus eiförmigem Grunde in eine gerundete Spitze gedehnt, Hyalinzellen an der Blattaussenfläche mit nicht sehr zahlreichen, grossen Poren. Männliche Aeste kurz, dick, purpurroth.

In Waldbrüchen, ziemlich selten.

Westpreussen: Schwetz: bei Osche (Hennings). Schlochau: am Kuhaken See (Casp.). Berent: bei Zajunskowo, Luben und Kubilla (Casp.). Karthaus: bei Ostroschken! Mirchauer Forst (Casp.). Neustadt: bei Bieschkowitz! am Gelonka-See, Grabowka-See, Wahlendorf (Casp.), bei Oppalin (Abromeit). Rosenberg: bei Herzogswalde! Elbing (Hohendorf).

Ostpreussen: Friedland: im Zehlaubruch (Janzen). Lyck: im Mroser Walde (Sanio).

β. rubellum Wils. Viel zarter, immer ganz purpurroth. Stengelblätter noch grösser, meist ganz faserlos. Retortenzellen der Astrinde mit stark abgebogenem Halse.

In Hochmooren, selten.

Westpreussen: Elbing: auf den Rehbergen (Preuschoff).

Ostpreussen: Friedland: im Zehlaubruch (Casp.). Labiau: im grossen Moosbruch (Nikolai).

6. *S. fuscum* Klinggr. Zweihäusig. In dichten, braungrünen Rasen. Holzkörper dunkelbraun. Stengelrinde 3—4schichtig, an der Oberfläche ohne Poren. Abstehende Aeste kurz, herabgekrümmt, locker beblättert. Stengelblätter gross, zungenförmig, an der Spitze gerundet und meist etwas gefranzt, ohne Spiralfasern. Astblätter aus hohler, breit eiförmiger Basis in eine schmälere, abgerundete, etwas gezähnte Spitze gedehnt, Hyalinzellen sowohl an der Aussen- als auch an der Innenfläche mit grossen Poren. Männliche Aeste kurz, bräunlich. Perichätialblätter unten nur mit Chlorophyllzellen, breit, mit kurzer Spitze, ohne Fasern.

Ziemlich verbreitet.

Westpreussen: Konitz (Lucas). Danzig: bei Freudenthal! Neustadt: bei Bieschkowitz! Wygodda! und im Pentkowitzer Moor! Strasburg: am Zwosno-See!

Ostpreussen: Pr. Eylau: im Knautener Forst (Janzen). Friedland: im Zehlaubruch (Janzen). Königsberg: in der Wilky, bei Quedenau und Friedrichsstein (Sanio). Labiau: im Moosbruch! Lyck: bei Sybba und im Baraner Forst (Sanio). Oletzko: im Pachowker Forst (Sanio). Gumbinnen: im Sabuzemer Forst (Sanio).

c. porosa.

Oberflächenzellen der Rinde mit Löchern und Poren. Stengelblätter meist nicht viel länger als breit, oder breiter als lang, an der meist breiten Spitze gezähnt oder ausgefranzt, meist ohne Spiralfasern, und mit starker Resorbtion in den Hyalinzellen. Astblätter gleichmässig von unten nach oben verschmälert.

7. *S. Russowii* Warnst. Zweihäusig? In hohen, lockeren Rasen, von weissgrün, hellgrün bis rothgrün gemischt, stets mit etwas roth, wenigstens an den männlichen Blüthenästen. Holzkörper ungefärbt bis roth. Stengelrinde 2—3schichtig, Oberflächenzellen mit kleinen, selten mit grösseren, zart umsäumten Löchern. Stengelblätter gross, aus breiter Basis nach oben ziemlich plötzlich verschmälert, und dann gleichbreit in eine gezähnte oder abgerundete Spitze auslaufend, selten an der Spitze breit abgeschnitten und gefranzt; mit oder ohne Spiralfasern, Saum fast stets roth oder röthlich gefärbt. Astblätter eilanzettlich, mit schmaler, eingerollter, gezähnter Spitze. Männliche Aeste immer roth, oft dunkel purpurn, sich oft verlängernd.

Scheint sehr verbreitet, besonders in sumpfigen Wäldern.

Westpreussen: Karthaus: im Stangenwalder Forst! Forstbelauf Karthaus! und Bülow! Danzig: bei Matern! und Bärenwinkel! Neustadt: im Barlominer Wald! Neustädter Wald! und bei Kölln! Marienwerder: im Boguscher Wald! Stuhm: bei Montken! Elbing: bei Elbing (Hohendorf) und Tolkemit (Preuschoff).

Ostpreussen: Pr. Eylau: bei Perscheln (Janzen). Königsberg: in der Wilky (Sanio). Lyck: im Baraner Forst (Sanio). Braunsberg (Seydler).

8. *S. Girgensohnii* Russ. Zweihäusig. In hohen, lockeren, weissgrünen, gelbgrünen bis braungrünen, niemals mit roth gemischten Rasen. Holzkörper blass oder gelblich. Stengelrinde 3—4schichtig, Oberflächenzellen mit zahlreichen, grossen Löchern. Stengelblätter gross, aus breiter Basis nach oben gleichbreit, selten nach oben verschmälert, an der Spitze breit abgeschnitten und gefranzt, selten nur gezähnt, meist so breit als lang, selten etwas länger; Wände der Hyalinzellen zum grossen Theil resorbirt, öfter mit Löchern, nie mit Spiralfasern; Saum meist gelblich oder bräunlich, nie roth. Astblätter wie bei dem vorigen. Männliche Aeste kurz und dick, ockergelb, selten röthlichgelb. Perichätialblätter in den untern $2/3$ nur aus Chlorophyllzellen bestehend, oben ohne Fasern und Poren.

Scheint bei uns eine der häufigsten Arten zu sein.

Westpreussen: Schwetz! Karthaus! Danzig! Neustadt! Putzig! Marienwerder! Löbau! Stuhm! Elbing!

Ostpreussen: Braunsberg (Seydler). Heilsberg (Seydler). Friedland (Sanio). Fischhausen (Sanio). Königsberg (Sanio). Lyck (Sanio). Goldap (Abromeit). Darkehmen (Czekaj). Pillkallen (Abromeit).

9. *S. fimbriatum* Wils. Einhäusig. In weisslichen, gelbgrünen, selten reingrünen Rasen, von zartem Aussehen, nie mit roth. Holzkörper bleich, ungefärbt. Stengelrinde 3—4schichtig, Oberflächenzellen mit grossen, unberingten Oeffnungen. Stengelblätter gross, fast breiter als lang, nach oben stark verbreitert und

von der abgerundeten Spitze bis zur Mitte der Seitenränder herab gefranzt; die Hyalinzellen meist mit resorbirten Wänden und ohne Spiralfasern. Astblätter breit eilanzettlich mit nur schwach eingerollter, gezähnter Spitze, auf der Rückseite mit zahlreichen grossen Poren. Männliche Aeste länglich, gelbgrün. Perichätialblätter in der unteren Hälfte nur mit Chlorophyllzellen, ohne Spiralfasern.

Weit seltener als das vorige, nur in den Brüchen der Küstenwälder massenhaft.

Westpreussen: Danzig: bei Heubude! Neustadt: bei Espenkrug! und am Okoniewo-See! Putzig: bei Hela! Marienwerder: bei Rachelshof! und im Münsterwalder Forst! Elbing (Hohendorf).

Ostpreussen: Königsberg: in der Wilky (Sanio). Lyck: bei Grabnik (Sanio).

B. Pycnoclada.

Stengelrinde 2—3schichtig, porenlos, Oberflächenzellen nicht durchbrochen, Aeste zu 7—13 in einem Bündel, davon 3—5 abstehend, die übrigen hängend, Astrinde mit Retortenzellen. Stengelblätter klein, 3eckig. Astblätter an der Spitze gezähnt; Chlorophyllzellen im Querschnitt elliptisch, von den Hyalinzellen eingeschlossen oder beiderseits frei. Hyalinzellen mit Papillen.

10. *S. Wulfianum* Girgens. Einhäusig. Bleichgrüne bis purpurbraune, dichte Rasen. Holzkörper dunkel schwarzroth. Astbündel dick, die abstehenden Aeste kurz keulenförmig. Stengelblätter klein 3eckig, meist zurückgeschlagen, mit stumpfer Spitze, ohne Spiralfasern. Astblätter eilänglich, lang und schmal gespitzt, schmal gesäumt, auf der Aussenfläche mit zahlreichen kleinen, stark umwallten Poren. Männliche Aeste meist kurz, roth bis dunkel purpurn. Perichätialblätter ohne Spiralfasern.

Ein bei uns bisher nur ganz vereinzelt gefundenes Moos, das aber in Ostpreussen sicher noch vielfach zu finden sein wird, da es eine nordöstliche Art ist, die weiter westlich noch nicht gefunden wurde.

Westpreussen: Marienwerder: im Boguscher Walde!

Ostpreussen: Lyck: im Baraner Forst (Sanio).

Bemerkungen: Eine sehr charakteristische Art, nach der Tracht den *Acutifoliis* nahestehend, nach dem anatomischen Bau mehr den *Squarrosis*. Russow stellt es zu den letzteren, Schliephake zu den ersteren, Limpricht zu *S. compactum*, das beste Zeichen, dass die Art keine nähere Verwandschaft zu einer dieser Abtheilungen hat, und eine Sonderstellung beansprucht.

C. Squarrosa.

Stengelrinde mehrschichtig, mit kleinen Poren, Oberflächenzellen mit verdünnten Stellen und hier später durchbrochen. Astbündel mit 3—5 Zweigeu, Astrinde mit Retortenzellen. Stengelblätter gross, zungenförmig, oben abgerundet und franzig. Astblätter an der Spitze gezähnt, mehr oder weniger sparrig abstehend; Chlorophyllzellen derselben im Querschnitt entweder paralleltrapezoidisch oder meist triangulär, mit der Grundlinie an der Aussenseite des Blattes, auf beiden Seiten frei; Hyalinzellen mit grossen Poren und Papillen an den Wänden gegen die Chlorophyllzellen.

11. *S. squarrosulum* Lesqu. Zweihäusig? In weisslichen bis grünen Rasen. Stengel zart mit entfernten Astbündeln; Rinde 3 schichtig, Oberflächenzellen jede mit 2 Oeffnungen; Holzkörper ungefärbt. Stengelblätter zungenförmig, oben gefranzt, unten schmal gesäumt, Hyalinzellen ohne Fasern, Wandung derselben stark resorbirt. Astblätter verkehrt eiförmig, plötzlich in eine sparrig abgebogene Spitze verschmälert, mit grossen und zahlreichen Poren, besonders auf der Aussenfläche. Mir nur steril bekannt.

Selten, in Waldbrüchen und auf sumpfigen Waldwiesen.

Westpreussen: Danzig: bei Freudenthal! Marienwerder: bei Rothhof!

Bemerkungen: Verdient nach meiner Ansicht durchaus als Art anerkannt zu werden. Durch seine Zartheit und seinen ungefärbten Holzkörper entfernt es sich eben so sehr von *S. teres*, als es sich dem *S. fimbriatum* nähert. Wenn auch anatomische Unterschiede fehlen, um es von *S. teres* zu trennen, so fehlen doch auch solche zwischen *S. teres* und *S. squarrosum*. Der einzige Unterschied zwischen diesen beiden letzteren Arten ist schliesslich der verschiedene Blüthenstand, und da man in den seltensten Fällen dieselben mit Blüthen findet, so entscheidet schliesslich der mehr oder weniger robuste Habitus, ob man eine aufgefundene Form zu *S. squarrosum* var. *imbricatum* oder zu *S. teres* stellt. Trotzdem möchte ich diese beiden Arten nicht vereinigen.

12. *S. teres* Ångstr. Zweihäusig. Rasen locker, hellgrün ins gelbliche bis bräunlichgrün. Holzkörper braun. Rinde 3—4schichtig. Oberflächenzellen jede mit einer Oeffnung. Stengelblätter gross, gleichbreit zungenförmig, an der abgerundeten Spitze gefranzt, unten schmal gesäumt, die Hyalinzellen ohne Spiralfasern, meist mit stark resorbirten Wandungen. Astblätter eilanzettlich, schmal gesäumt, anliegend oder mit den Spitzen schwach abstehend, auf beiden Seiten mit grossen und zahlreichen Poren. Männliche Zweige bräunlich, später verlängert. Perichätialblätter gross, stumpf gerundet, gefranzt, ohne Spiralfasern.

Häufig, besonders in Waldbrüchen.

Westpreussen: Schlochau (Casp). Berent (Casp.). Karthaus! Danzig! Neustadt! Putzig! Kulm (Casp.). Marienwerder! Rosenberg! Stuhm! Elbing (Hohendorf).

Ostpreussen: Allenstein (Casp.) Heilsberg (Casp.) Königsberg (Sanio). Lyck (Sanio). Heiligenbeil (Seydler).

β. subsquarrosum Russ. Spitzen der Stengelblätter stärker sparrig abgebogen. Zarter, und die Astbündel mehr auseinander gerückt.

Ostpreussen: Osterode!

13. *S. squarrosum* Pers. Einhäusig. Viel robuster als das vorige. In lockeren, hohen Rasen. Holzkörper rothbraun. Rinde meist nur 2 schichtig, Oberflächenzellen selten mit einer Oeffnung. Stengelblätter gross, zungenförmig, an der breit abgerundeten Spitze bis nach den Seiten herunter gefranzt, Hyalinzellen nur am Grunde mit einigen Spiralfasern, Membran meist stark resorbirt. Astblätter breit eiförmig, schmal gesäumt, nach oben plötzlich in eine lanzettliche Spitze mit eingerollten Rändern verschmälert; die Hyalinzellen auf beiden Seiten mit zahlreichen Poren. Männliche Zweige meist sparrig beblättert, sich nicht verlängernd. Perichätialblätter gross, stumpf gerundet, zuweilen mit Franzen.

Kommt in 2 in der Tracht sehr verschiedenen, durch eine Mittelform verbundenen Varietäten vor:

α. spectabile Russ. In sehr hohen, lockeren, bläulichgrünen Rasen. Astblätter sehr stark sparrig abstehend.

Verbreitet, aber selten in grösseren Massen auftretend.

Westpreussen: Karthaus: im Forstbelauf Ostroschken! Schwetz: bei Osche! Danzig: bei Heubude! Freudenthal! und Mattemblewo! Putzig: bei Heisternest! Strasburg: bei Jamielnik! Marienwerder: bei Ruden! und Rachelshof! Rosenberg: bei Herzogswalde! Löbau: bei Wischnewo! Stuhm: bei Heidemühle! und Lindenkrug! Elbing: bei Elbing (Hohendorf) und bei Tolkemit (Preuschoff).

Ostpreussen: Pr. Holland (Seydler). Braunsberg (Seydler). Heiligenbeil (Seydler). Pr. Eylau: im Schultaler Wald (Janzen). Ortelsburg (Schultz). Königsberg: in der Wilky! Lyck: im Milchbuder Forst, Baraner Forst und bei Grabnick (Sanio).

β. subsquarrosum Russ. In etwas kompakteren, blass- bis gelblichgrünen Rasen. Astblätter viel schwächer sparrig abstehend.

Ziemlich verbreitet.

Westpreussen: Karthaus: im Stangenwalder Forst! Danzig: bei Heubude!, Kahlberg (Hohendorf) und Mattemblewo! Neustadt: bei Bieschkowitz (Casp.). Marienwerder: bei Ruden! und Rachelshof! Löbau: bei Wischnewo!

Ostpreussen: Ortelsburg: bei Passenheim (Abromeit).

γ. imbricatum Schimp. In meist noch stärker kompakten, semmelbraunen Rasen. Astblätter anliegend, selten die Spitzen etwas abstehend. Von dem typischen *S. teres* sich im Habitus nur durch den robusten Bau unterscheidend.

Nicht gerade häufig.

Westpreussen: Karthaus: bei Alt Czapel (Casp.). Danzig: bei Heubude! und Freudenthal! Neustadt! Elbing (Hohendorf). Ferner ganz nahe der westpreussischen Grenze im Wierchotschiner Moor! (Lauenburg i. Pomm.).

Ostpreussen: Lyck: bei Neuendorf (Sanio).

D. Laciniata.

Hierher gehört das bei uns noch nicht gefunden, aber wahrscheinlich noch zu findende *S. Lindbergii* Schimp., dem jedenfalls eine Sonderstellung gebührt.

E. Cuspidata.

Astbündel mit 3—5 Zweigen, ausnahmsweise mit einem Zweige. Stengelrinde ohne Poren, Oberflächenzellen nicht durchbrochen, meist chlorophyllhaltig, zuweilen vom Holzkörper kaum differenzirt. Stengelblätter meist mit abwärts stark verbreitertem Saum. Astblätter gegen die gezähnte Spitze eingerollt; trocken stets, wenigstens im Astschopf, wellig verbogen. Chlorophyllzellen meist im Querdurchschnitt 3eckig oder trapezoidisch, mit der Grundlinie stets an der Blattaussenfläche. Poren der Hyalinzellen in der Mehrzahl an der Blattinnenfläche.

14. *S. riparium* Ångstr. e. p. Zweihäusig. In schön dunkelgrünen, nur an sonnigen Stellen blassen Rasen. Stengel ohne gesonderte Rinde, mit rothbraunem, selten bleichem Holzkörper. Der Astschopf an der Spitze sehr gross und dicht, abstehende Aeste lang, bogig herabgekrümmt, sehr locker beblättert, so dass sie wie in der Mitte angeschwollen erscheinen, wenig hängende Zweige, nicht den Stengel einhüllend. Stengelblätter gross, breit gerandet, zungenförmig, mit abgerundeter Spitze und diese durch Resorbtion der Zellmembran meist eingerissen und zerfasert, ohne Spiralfasern. Astblätter breit eilanzettförmig, schmal gesäumt, mit langer, schmaler Spitze; trocken stark gewellt und die Spitze etwas sparrig abstehend. Chlorophyllzellen trapezoidisch, auf beiden Seiten frei. Die Poren der Blätter der abstehenden Aeste klein und zahlreich, die der herabhängenden gross, auch meist zahlreich. Spitzenlöcher auf beiden Blattseiten, die der Blätter der abstehenden Aeste viel kleiner als die der herabhängenden. Männliche Aeste grün. Perichätialblätter unten nur aus Chlorophyllzellen bestehend, ohne Spiralfasern.

In Waldbrüchen, sehr zerstreut, aber wohl überall vorkommend.

Westpreussen: Karthaus: bei Dombrowo! im Mirchauer Forst (Casp.). Neustadt: am Lang-Okoniewo-See! bei Wahlendorf (Lützow). Stuhm : im Rehhöfer Forst! und bei Montken! Graudenz: bei Kalmusen (Fritsch). Elbing: im Forstbelauf Hochwald (Preuschoff).

Ostpreussen: Allenstein : am Kalbas-See (Casp.) Ortelsburg (Schultz). Pr. Eylau: am Schwarzen See (Janzen). Lyck: bei Grabnik und in der Dallnitz (Sanio). Gumbinnen (Wagenbichler). Memel: bei Schwarzort!

Bemerkungen: Nur mit Widerstreben, um mich dem jetzt herrschenden Gebrauch zu fügen, wende ich den Namen an, setze aber ein „ex parte" dazu. Denn ich bin überzeugt, dass Angström diese Art nicht gut von kräftigen Formen von *S. recurvum*, auch wohl von *S. obtusum* unterschieden habe. Wenigstens hat er verschiedenes unter diesem Namen ausgegeben. Das in der Rabenhorst'schen „Bryotheca" unter No. 707 ausgegebene Moos ist, wenigstens in meinem Exemplar *S. recurvum amblyphyllum* Russ. Ich würde den Namen *S. speciosum* Russ. vorziehen, da er zu keinem Zweifel Anlass giebt.

15. S. *fallax* Klinggr. In dunkelgrünen, untergetauchten Rasen. Stengel sehr lang und dünn, ohne gesonderte Rinde; Holzkörper bräunlich bis dunkelbraun. Der Astschopf gross und gedrängt, wie bei *S. riparium*. Die Astbündel entfernt gestellt, die abstehenden Aeste lang, dünn, bogig herabgekrümmt, häugende Aeste wenige. Stengelblätter gross, schmal, gleichschenklig 3eckig, Grundlinie zur Höhe wie 1 : 2 und darüber, schmal gesäumt, in den oberen $2/3$ mit zahlreichen Spiralfasern. Astblätter lanzettförmig, dicht anliegend, trocken stark gewellt; Chlorophyllzellen trapezoidisch; Poren besonders auf der Blattinnenfläche. Mir nur steril bekannt.

Bisher noch selten aufgefunden.

Westpreussen: Karthaus: am Schwarzen See (Casp.). Danzig: bei Pelonken (Scharlock). Stuhm: bei Montken!

Ostpreussen: Braunsberg: bei Kalthof (Seydler).

Bemerkungen: Bryologen, welche auf Aehnlichkeiten hin Bastarde zu erkennen glauben, würde ich vorschlagen, dieses Moos *S. riparium* × *laxifolium* zu nennen, denn es zeigt in der That mit diesen beiden, so sehr verschiedenen Arten, sowohl in der Tracht, als in den anatomischen Merkmalen viele Aehnlichkeiten.

16. S. *laxifolium* C. Müll. Zweihäusig. In weichen, grünen, gelblichen oder bleichen Rasen. Stengel mit bleichem Holzkörper und 2—3 schichtiger Rinde. Stengelblätter schmal, gleichschenklig 3eckig, Grundlinie zur Höhe wie 1 : 1,5 bis 1 : 2,5; breit gesäumt, die obere Hälfte, oft auch das ganze Blatt bis zum Grunde, mit Spiralfasern. Astblätter lanzettlich bis pfriemenförmig, breit gesäumt, trocken wellig; Chlorophyllzellen im Querschnitt trapezoidisch; Poren sehr zahlreich an der Blattinnenfläche, zart umsäumt, sehr sparsam an der Aussenfläche. Männliche Aeste dünn, gelblich grün. Perichätialblätter mit Spiralfasern.

Ueberall häufig, das Wasser tiefer Brüche oft ganz erfüllend.

Westpreussen: Dt. Krone (Casp.). Schlochau (Casp.). Konitz (Lucas). Pr. Stargard (Hohnfeldt). Berent (Casp.). Karthaus (Casp.). Danzig! Neustadt! Putzig (Lemke). Marienwerder! Stuhm! Elbing (Hohendorf).

Ostpreussen: Lyck (Sanio). Angerburg (Czekaj). Gumbinnen (Wagenbichler). Heiligenbeil (Seydler).

β. *falcatum* Russ. Aeste meist sichelförmig nach einer Seite gekrümmt, Blätter sehr lang und schmal lanzettlich, mehr oder
weniger sichelförmig einseitswendig.

Seltener, mehr am Rande der Brüche.

Westpreussen: Karthaus: Forstbelauf Ostroschken! Neustadt: im Wert-
heimer Moor! Elbing: im Torfbruch in den Rehbergen (Preuschoff).
Ostpreussen: Friedland: im Zehlaubruch (Janzen). Labiau: im grossen
Moosbruch!

γ. *plumosum* Schimp. Im Wasser schwimmend, schön grün. Stengel
sehr lang, schlaff, Astbündel sehr weitläufig gestellt, alle Aeste
abstehend. Astblätter sehr lang und schmal, bis pfriemenförmig, im obern Theil nur aus grünen Zellen bestehend, gerade,
trocken nur schwach gewellt. Stengelblätter schmäler gerandet,
mit sehr zahlreichen Spiralfasern.

In Torfgruben, überall nicht selten.

Westpreussen: Karthaus (Casp.). Konitz (Kumm). Pr. Stargard (Ilse).
Neustadt! Kulm (Rosenbohm). Marienwerder! Löbau! Elbing (Hohendorf).
Ostpreussen: Heilsberg (Seydler). Königsberg (Sanio). Lyck (Sanio).

δ. *monocladon* Klinggr. Im Wasser schwimmend, gelblichgrün. Stengel
ziemlich lang, nicht mit Astbündeln, sondern mit einzelnen
Aesten. Vielleicht eine Jugendform.

Westpreussen: Neustadt: im Karpionki-See bei Wahlendorf (Lützow).

Bemerkungen: Nachdem jetzt das alte *S. cuspidatum* Ehrh. in so viele
Arten und Unterarten zerlegt, ist es wohl an der Zeit, den Namen aufzugeben
und für diese Art den Müller'schen Namen anzuwenden, der zu keinem
Missverständniss Veranlassung geben kann. Dem Ruhme Ehrhart's als
Bryologen wird es wohl keinen Abbruch thun, wenn eine Pflanze weniger
seinen Autornamen führt.

17. *S. Dusenii* Russ. Zweihäusig. Grün oder blass, sowohl in
sehr kräftigen als auch in zarten Formen vorkommend. Stengel
mit bleichem Holzkörper und 2—3 schichtiger Rinde. Stengelblätter breit, gleichschenklig 3 eckig, Höhe die Grundlinie
wenig übertreffend, meist mit abgerundeter Spitze, im oberen
Drittel oft mit Membranlücken und Spiralfasern. Astblätter
breit oder auch schmal lanzettlich, trocken schwach wellig;
Poren fast nur auf der Aussenfläche, scharf gesäumt. Querschnitt der Chlorophyllzellen trapezoidisch, dieselben auf beiden
Seiten freiliegend.

Bisher bei uns noch selten gefunden.

Westpreussen: Schlochau: bei Ottoshöhe (Casp) Neustadt: am Borowo
See (Casp.).
Ostpreussen: Lyck: bei Neuendorf und Maleschewo (Sanio).

18. *S. obtusum* Warnst. et Russ. 1889. Zweihäusig. Schmutzig-
oder gelbgrüne Rasen. Stengel meist kräftig, meist mit bleichem,
selten etwas gebräuntem Holzkörper und bald mehr, bald

weniger deutlicher, oft gar nicht entwickelter Rinde. Stengelblätter breit, gleichschenklig 3 eckig, oft an der Spitze durch Resorbtion etwas gefranzt, spiralfaserlos. Astblätter meist breit
lanzettlich, trocken deutlich gewellt; Poren auf beiden Blattseiten,
sehr klein und zart gesäumt; Querschnitt der Chlorophyllzellen
3 eckig, dieselben auf der Innenfläche von den Hyalinzellen
ganz verdeckt.

Scheint ziemlich verbreitet, wird aber leicht mit *S. riparium* und grossen
Formen von *S. recurvum* verwechselt.

Westpreussen: Dt. Krone: bei Neumühl (Casp.). Flatow: bei Vandsburg
(Casp.). Schlochau: am Kuhhaken-See, im Forstbelauf Peterswalde, bei Kl.
Lappin, im Elsenbrücker Forst, am See bei Kalden, am See bei Prechlau
(Casp.). Schwetz: bei Neuenburg! Berent: bei Philippi (Casp.). Danzig: bei
Heubude und Matern! Neustadt: bei Bojahn! Marienwerder: im Rehhöfer
Forst! Stuhm: bei Montken! Ferner ganz nahe der westpreussischen
Grenze im Wierchotschiner Moor! (Lauenburg i. Pomm.)

Ostpreussen: Allenstein: bei Pörschken und am Koswek-See (Casp.),
Oletzko: im Puschkowker Forst (Sanio). Lyck (Sanio).

19. *S. recurvum* P. d. B.

Ob unter diesem Namen die jetzt damit bezeichneten Formen wirklich
gemeint sind, wird sich wohl schwerlich entscheiden lassen, er ist aber
jetzt allgemein im Gebrauch und daher wohl zweckmässiger Weise beizu-
behalten. Die Art zerfällt nach Russow in drei Unterarten, die sich später
wohl der Anerkennung als Arten zu erfreuen haben werden.

Subsp. *mucronatum* Russ. Zweihäusig. Stengel mit bleichem Holzkörper, Rinde fast immer deutlich ausgebildet. Stengelblätter
mittelgross, ein gleichschenkliges Dreieck mit ziemlich gleicher
Grundlinie und Höhe, Ränder gegen die Spitze eingeschlagen,
wodurch ein scheinbar aufgesetztes Spitzchen entsteht, meist
spiralfaserlos, doch zuweilen im oberen Drittel mit Fasern.
Astblätter breit lanzettlich bis breit eilanzettlich, trocken gewellt, Poren bald in geringer, bald in ziemlich grosser Zahl,
besonders auf der Innenfläche, auf der Aussenfläche umwallt,
Spitzenlöcher 3 eckig, meist klein und 1 seitig, bis mittelgross, und zwar in den Blättern der herabhängenden Aeste
nicht viel grösser als in den Blättern der abstehenden. Querschnitt der Chlorophyllzellen 3 eckig, dieselben auf der Innenseite bedeckt. Perichätialblätter gespitzt, ohne Spiralfasern,
Männliche Aeste kurz, gelb.

Sehr verbreitet in nassen Torfbrüchen.

Westpreussen: Schlochau (Casp.). Karthaus! Danzig! Neustadt! Putzig
(Casp.). Marienwerder! Stuhm! Elbing (Hohendorf und Preuschoff).

Ostpreussen: Allenstein (Casp.). Lyck (Sanio).

Subsp. *amblyphyllum* Russ. Zweihäusig. Stengel mit bleichem
Holzkörper. Rinde undeutlich oder fehlend. Stengelblätter

mittelgross bis gross, gleichschenklig 3 eckig, an der Spitze
abgerundet, fast stets ringfaserlos. Astblätter eilanzettlich,
trocken gewellt, Poren auf der Innenfläche zahlreich, Spitzen-
löcher 3 eckig, mittelgross, an den Blättern der herabhängenden
Aeste auf beiden Seiten und viel grösser. Querschnitt der
Chlorophyllzellen 3 eckig, dieselben auf der Innenseite bedeckt.
In nassen Brüchen grosse Massen bildend, verbreitet.
Westpreussen: Schlochau (Casp.). Karthaus! Danzig! Neustadt! Thorn
(Casp.). Elbing!
Ostpreussen: Lyck (Sanio). Heydekrug!

Subsp. *angustifolium* Russ. Zweihäusig. Stengel mit bleichem
Holzkörper, Rinde kaum oder gar nicht abgesetzt. Stengelblätter klein, gleichseitig 3 eckig, oft ist die Grundlinie länger
als die Seiten, an der Spitze abgerundet, mit nach unten stark
verbreitertem Saum, sehr selten mit Fasern. Astblätter lanzettlich bis schmal lanzettlich; trocken, besonders bei den schmal-
blättrigen, kleineren Formen, nur im Schopf gewellt; Poren
meist zahlreich an der Innenfläche und nicht beringt, an der
Aussenfläche weniger, klein und stark umwallt; Spitzenlöcher
meist gross, 3 eckig, 1- und 2 seitig, an den Blättern der hän-
genden Aeste viel grösser und fast immer 2 seitig. Chlorophyllzellen im Querschnitt 3 eckig, an der Innenseite bedeckt. Hierzu
gehört auch meine ehemalige Varietät *tenue*.
An trockeneren Stellen in den Brüchen, auch in feuchten Wäldern, verbreitet.
Westpreussen: Schlochau (Casp.). Karthaus! Danzig! Neustadt! Graudenz (Casp.). Marienwerder! Rosenberg! Löbau!
Ostpreussen: Allenstein (Casp.). Friedland (Sanio). Lyck (Sanio).

F. Tenerrima.

Stengelrinde ohne Poren, Oberflächenzellen nicht durchbrochen.
Retortenzellen der Astrinde mit stark nach aussen gebogenem Halse.
Stengelblätter mit nach unten stark verbreitertem Saum. Astblätter
gegen die gezähnte Spitze eingerollt, trocken nicht wellig. Chlorophyllzellen der Astblätter im Querschnitt 3 eckig, mit der Grundlinie
an der Aussenfläche, an der Innenfläche bedeckt.
20. *S. molluscum* Bruch. Zweihäusig. Rasen sehr weich, bleich
gelbgrün. Stengel zart, mit gelblichem Holzkörper und 2—5-
schichtiger Rinde. Retortenzellen der Astrinde mit orange um-
säumter Oeffnung. Astbündel mit 2—3 Aesten, die meisten
abstehend. Stengelblätter gross, eilänglich, an der verschmä-
lerten Spitze gezähnt, breit gesäumt, in der oberen Hälfte mit
Löchern, Poren und Spiralfasern. Astblätter abstehend bis

schwach einseitswendig, eiförmig bis länglich eiförmig, hohl, an
den Rändern stark umgerollt, an der Spitze gezähnt, schmal
gesäumt; Poren zahlreich an der Innenfläche, wenige an der
Aussenfläche, Zellecken mit oft sehr resorbirter Membran.
Männliche Aeste klein, orange. Perichätialblätter breit eiförmig,
breit gesäumt, mit zahlreichen Spiralfasern und Poren.

Sehr selten, fast nur in Hochmooren.

Westpreussen: Karthaus: im Torfbruch bei Kossi!

Ostpreussen: Friedland: im Zehlaubruch (Sanio), Heydekrug: bei Ibenhorst!

Bemerkungen: Durch den anatomischen Bau der Stengelrinde und der
Blätter den Cuspidaten nahestehend, durch die Form der Blätter und die
Tracht aber ganz an die Subsecunden erinnernd. Das Hin- und Herschieben
der Art durch die Autoren beweist schon, dass sie mit keiner andern Gruppe
in unmittelbarer Verwandtschaft steht, und an ihrer Selbstständigkeit nicht zu
zweifeln ist.

G. Subsecunda.

Stengelrinde mit kleinen Poren. Oberflächenzellen meist durchbrochen. Stengelblätter meist an der Basis am breitesten. Astblätter
eiförmig bis breit eilanzettlich, breit gesäumt, oft 1 seitig verbogen.
Chlorophyllzellen in der Mitte zwischen den Hyalinzellen, beiderseits frei.

a. heterophylla.

Stengelblätter klein, von den Astblättern sehr verschieden.

21. *S. subsecundum* N. a. E. Zweihäusig. Rasen locker, braun,
braungrün. gelbgrün, selten reingrün. Stengel mit braunem
Holzkörper und 1 schichtiger Rinde. Abstehende Aeste verhältnissmässig kurz, etwas nach unten gekrümmt. Stengelblätter
klein, 3 eckig, mit abgerundeter Spitze und kleinen Oehrchen,
ganz oben mit Spiralfasern und Löchern, Saum am Grunde
stark verbreitert, Astblätter locker abstehend, oft etwas einseitswendig, eiförmig, sehr hohl, kurz zugespitzt, mit oben eingerollten Rändern, sehr dicht spiralfaserig und an der Aussenfläche mit sehr zahlreichen, kleinen Poren. Männlicher Ast
braungrün. Perichätialblätter eilänglich, mit abgerundeter Spitze,
breit gesäumt, ohne Spiralfasern.

Allgemein verbreitet, an den Standorten meist in grossen Massen.

Westpreussen: Schwetz (Hennings). Danzig! Neustadt! Marienwerder!
Rosenberg! Lobau! Stuhm! Elbing (Hohendorf).

Ostpreussen: Friedland (Sanio). Labiau! Lyck (Sanio). Pillkallen! Tilsit!
Heydekrug!

22. *S. contortum* Schultz = *S. laricinum* Spruce. Zweihäusig. In
gelbbräunlichgrünen, häufiger schmutziggrünen, lockeren Rasen.
Stengel mit rothbraunem Holzkörper und 2—3 schichtiger Rinde.

Abstehende Aeste länger und stärker gekrümmt als bei dem vorigen, oft gedreht. Stengelblätter klein, 3eckig zungenförmig, abwärts breit gesäumt, oben schwach spiralfaserig. Astblätter eilänglich, länger gespitzt, mehr oder weniger einseitswendig; Poren sehr zahlreich auf der Aussenfläche, sehr klein und beringt, in Reihen stehend, auf der Innenfläche fehlend. Perichätialblätter länglich, zugespitzt, breit gesäumt, selten mit Spiralfasern und kleinen Poren.

Bis jetzt bei uns noch sehr selten gefunden.

Westpreussen: Kulm: am kleinen See bei Zalesie (Casp.).

Ostpreussen: Lyck: am Kl. Tatarensee (Sanio).

b. hemiisophylla.

Stengelblätter gross, den Astblättern ähnlich.

23. *S. rufescens* Br. germ. $=$ *S. contortum* Auct. rec. Zweihäusig. In schmutzig braungrünen bis schwarzgrünen Rasen. Stengel mit rothbraunem Holzkörper und 1 schichtiger Rinde. Abstehende Aeste meist sehr gekrümmt und gedreht. Stengelblätter gross, oval zungenförmig, bis zur Basis schmal und gleichbreit gesäumt, an der abgestutzten Spitze gezähnt, meist mit starken Blattohren, sehr stark spiralfaserig und beiderseits mit zahlreichen kleinen Poren. Astblätter gross, decken sich meist dachziegelig, eilänglich, sehr schmal gesäumt; an der Aussenfläche zahlreiche, in Reihen stehende, sehr kleine Poren, auf der Innenfläche weniger und zerstreut. Perichätialblätter gross, eiförmig, abgerundet, tief herunter mit Spiralfasern, schmal gesäumt.

Bisher noch nicht oft gefunden.

Westpreussen: Dt. Krone (Casp.). Neustadt: am Lang-Okoniewo-See! und Marznik-See! Elbing (Hohendorf).

Ostpreussen: Lyck: im Kozakowi Wald, Milchbuder Forst, Baraner Forst, am Grabnik See und bei Neuendorf (Sanio).

24. *S. obesum* Wils. Zweihäusig. Rasen schwimmend, olivengrün bis braungrün. Stengel mit bleichem Holzkörper und einschichtiger Rinde mit nicht durchbrochenen Oberflächenzellen. Aeste kurz, durch die grossen Blätter wie geschwollen erscheinend, herabgebogen, nicht gedreht. Stengelblätter gross, länglich 3eckig, an der abgerundeten Spitze etwas franzig, schmal gesäumt, mit zahlreichen Spiralfasern. Astblätter breit eiförmig, locker gestellt, fast flach, ziemlich breit gesäumt, Spitze mehrzähnig; Poren auf beiden Blattflächen spärlich, meist nur in den Zellecken.

Im Wasser der Seen und Brüche, hin und wieder.

Westpreussen: Neustadt: im Lang-Okoniewo See! und im See bei Bieschkowitz!

Ostpreussen: Lyck: bei Niederschwetzken, Karbojin, Neuendorf, Grabnik und im Kl. Selment See (Sanio).

β. *plumosum* Warnst. **Astblätter lang eilanzettlich, im Wasser fiederig abstehend.**

Westpreussen: Schlochau: im Eisenbrücker Forst (Casp.). Neustadt: bei Bieschkowitz (Casp.).

Ostpreussen: Osterode: im Schwarzen See bei Grunort (Winter).

25. *S. crassicladum* Warnst.

Diese neue Art wurde von Warnstorf unter Sphagnen aus England entdeckt und unter Moosen, die ich hier gesammelt, wiedererkannt. Ich gebe die ausführliche Beschreibung Warnstorf's („Botanisches Centralblatt" 1889 No. 45):

„In ockerfarbigen ins braune gehenden, untergetauchten Rasen. Rinde des Stengels 1 schichtig, Zellen sehr dünnwandig, auf einer Seite des Stengelumfanges viel weiter, porenlos; Holzkörper bleich, gelblich oder gebräunt. Stengelblätter gross, breit oval zungenförmig, wenig hohl, an der abgerundeten Spitze etwas ausgefasert, an den Rändern gleichbreit gesäumt, Saum 3—5 Zellenreihen breit. Hyalinzellen bis zum Blattgrunde mit Fasern, auf der Innenseite in den oberen $2/3$ mit zahlreichen kleinen, stark beringten Poren in Reihen an den Commissuren; aussen fast nur mit kleinen Löchern in den oberen, resp. oberen und unteren, vereinzelt auch in den seitlichen Zellecken, Zellen über der Basis beiderseits nur mit Spitzenlöchern und vereinzelten, schräglaufenden Querwänden. Aeste meist zu dreien in einem Büschel; die beiden abstehenden Aeste dick und lang, kurz zugespitzt, die Schopfäste kurz und stumpf, rund und dicht anliegend beblättert. Blätter sehr gross, breit rundlich bis länglich eiförmig, fast flach und an den Rändern nicht umgerollt; Spitze breit gestutzt und 7—9 zähnig; Saum 3—5 Zellenreihen breit; trocken matt glänzend und öfter an den Seitenrändern zart wellig. Hyalinzellen mit zahlreichen nach innen meniskusartig vorspringenden Faserbändern, Fasern auf der Blattinnenseite in den obern $2/3$—$3/4$ am Grunde durch Querfasern verbunden, welche kleine, in Reihen stehende Poren einschliessen; auf der Aussenseite in der oberen Hälfte die Fasern z. Th. durch zarte, öfter unvollkommene Querfasern verbunden, welche nur seltener eine Pore einschliessen, daher in der apikalen Blatthälfte vorzugsweise sich nur Poren in den oberen, resp. oberen und unteren Zell-

7*

ecken finden; in der basalen Hälfte, besonders in der Nähe der Ränder mit zahlreichen, in mitunter unterbrochenen Reihen an den Commissuren stehenden beringten Löchern. Chlorophyllzellen im Querschnitt rechteckig bis trapezisch, mit sanft nach aussen gebogenen Innenwänden, beiderseits freiliegend, Lumen gross, länglich oval. Hyalinzellen auf beiden Blattseiten schwach konvex. — Das Uebrige unbekannt.

Westpreussen: Neustadt: fluthend im Lang-Okoniewo-See!

26. *S. platyphyllum* Warnst. Zweihäusig. Rasen sehr locker, schmutzig braungrün bis schwarzgrün. Stengel mit meist bräunlichem Holzkörper und 2—3 schichtiger Rinde. Oberflächenzellen durchbrochen. Stengelblätter gross, oval bis zungenförmig, hohl, an der abgerundeten Spitze schwach franzig, schmal gesäumt, fast bis zur Basis mit Spiralfasern, ausser in der oberen Hälfte mit zahlreichen, kleinen Poren. Astblätter locker gestellt, gross, trocken faltig, rundlich eiförmig, sehr hohl, abgerundet, an der Spitze schwach gezähnt, schmal gesäumt; Poren sehr klein, nur an der Aussenfläche, meist sparsam.

Noch selten gefunden.

Westpreussen: Schlochau: am See von Woltersdorf (Casp.).

Ostpreussen: Pr. Eylau: bei Wildenhof (Janzen).

H. Mollia.

Stengelrindenzellen mit kleinen Poren, Oberflächenzellen nicht durchbrochen. Stengelblätter gross, aus schmälerem Grunde nach der Mitte verbreitert. Astblätter sehr hohl, ungesäumt. Chlorophyllzellen im Querschnitt 3 eckig, mit der Grundlinie an der Blattinnenseite, an der Aussenseite bedeckt.

27. *S. molle* Sulliv. Einhäusig. Meist niedrig und dichtrasig, weich, gelblichgrün. Stengel mit bleichem Holzkörper und 2—3 schichtiger Rinde. Astbündel zu 3—4, von denen 1—2 abstehen. Stengelblätter gross, aus schmalerer Basis breit eilanzettlich, mit verlängerter, gezähnter Spitze, schmal gesäumt, in den oberen $2/3$ stark faserig; Poren wie in den Astblättern. Astblätter ziemlich gross, eilanzettlich, ungesäumt, ziemlich breit gestutzt und gezähnt; Poren an der Aussenfläche sehr zahlreich, schmal, an der Innenfläche nur in der Nähe der Aussenränder, gross und rund. Männliche Aeste kurz und dick, violett. Perichätialblätter gross, eilanzettlich, mit längerer gezähnter Spitze, sehr schmal gesäumt, an der Spitze zuweilen mit einigen Fasern.

Eine westliche Art, die im nordwestlichen Deutschland häufig, gegen Osten sparsamer wird, und bei uns den bis jetzt bekannten nordöstlichsten Fundort auf dem Continent hat.

Westpreussen: Neustadt: auf dem Wertheimer Moor bei Kölln!

Bemerkungen: Dem anatomischen Bau nach steht diese Art den Acutifolien nahe, doch in der Tracht mehr dem *S. compactum*. Jedenfalls nimmt sie eine Sonderstellung ein. Ob das *S. molle* Sull. wirklich dieselbe Art ist wie *S. molluscoides* C. Müll., scheint mir doch noch fraglich, da beide Autoren gegen deren Identität protestirt haben.

J. Rigida.

Stengelrindenzellen spärlich mit kleinen Poren, Oberflächenzellen kaum durchbrochen. In der Astrinde keine besonderen Retortenzellen ausgebildet, sondern jede Zelle mit einem grossen Loch. Stengelblätter klein, 3eckig. Astblätter eingerollt. Chlorophyllzellen von den Hyalinzellen rings eingeschlossen.

28. *S. compactum* D C. Einhäusig. Rasen starr, aus blaugrün ins gelblichgrün bis ins bräunliche übergehend, meist gescheckt. Stengel meist straff aufrecht, mit dunkelbraunem Holzkörper und 2—3 schichtiger Rinde. Abstehende Aeste meist aufrecht abstehend. Stengelblätter sehr klein, 3eckig, mit abgerundeter, meist franziger Spitze, nach unten sehr breit gesäumt, ohne Fasern und Poren. Astblätter aufrecht abstehend, eilänglich, hohl, mit eingerollten Rändern, schmal gesäumt, Spitze breit gestutzt und grob gezähnt; Poren auf der Blattaussenfläche zahlreich, gross, rund, auf der Innenfläche sparsamer, schmäler. Männliche Aeste nicht kätzchenförmig, braun. Perichätialblätter den Astblättern in Hinsicht der Fasern und Poren sehr ähnlich, doch lang zugespitzt.

Sehr zerstreut und meist nur sparsam, auf trockeneren Stellen der Moore und auf nassen Heiden.

Westpreussen: Schlochau: bei Bischofswalde (Casp.). Konitz (Lucas). Danzig: bei Heubude! Weichselmünde! und Matern! Neustadt: im Wertheimer Moor! und Steinkruger Moor! Putzig: im Bilawa-Bruch! bei Mielkenhof (Casp.). Marienwerder: Boguscher Wald!

Ostpreussen: Königsberg: in der Wilky, im Juditter Wald und bei Steinbeck (Sanio). Lyck (Sanio). Tilsit! Memel: bei Blimatzen (Knoblauch).

K. Cymbifolia.

Stengelrinde sehr entwickelt, immer mit grossen Poren und an der Oberfläche mehrmals durchbrochen, mit stärker oder schwächer entwickelten Spiralfasern. Astrinde ohne Retortenzellen, aber immer mit starken Spiralfasern. Stengelblätter gross, zungenförmig, oben abgerundet und gefranzt. Astblätter, breit eiförmig, hohl, kappenförmig abgerundet, nicht mit gezähnter Spitze, nicht gesäumt.

29. *S. cymbifolium* Ehrb. Zweihäusig. Rasen gross, weich, locker,
aber auch dicht und kompakt, weisslich oder blaugrün, seltener
bräunlich, und am seltensten oben etwas röthlich. Stengel
sehr kräftig, mit selten bleichem, meist mehr oder weniger
braunem Holzkörper und 3—4schichtiger Rinde, Oberflächenzellen lang, mit Spiralfasern und 4—9 Löchern. Astbündel zu
4 oder 5, die abstehenden Aeste an den kompakten Wuchs-
formen kurz und ziemlich gerade, an den lockereren meist
herabgebogen und lang zugespitzt. Stengelblätter gross, zungenförmig, an der oft kappenförmigen Spitze durch Resorbtion gefranzt, in der oberen Hälfte ohne, oder auch mit mehr oder
weniger zahlreichen Spiralfasern. Astblätter locker anliegend,
sehr hohl, die Ränder gegen die Spitze eingebogen; Poren an
der Aussenfläche gross, an der Innenfläche nur im mittleren
Blatttheile. Chlorophyllzellen im Querschnitt schmal 3 seitig
oval, immer an der Innenfläche, oft auch beiderseits frei. Perichätialblätter sehr gross, den Stengelblättern sehr ähnlich.
Männliche Aeste kurz und dick, grün oder bräunlich. Sporen
ockergelb.

Kommt in 2 Hauptformen vor, die sich auffallend durch die Farbe, gar
nicht durch den Wuchs, denn es kommen bei beiden lockere und kompakte
Formen vor, unterscheiden:

α. *pallescens* Warnst. Rasen weisslich, seltener ins gelblichgrüne
und noch seltener ins bräunliche gehend. Holzkörper ziemlich
hell. Stengelblätter meist ohne oder nur mit wenigen Spiralfasern. Astblätter mit gleichmässig gerundetem Rande.

Allgemein verbreitet.

Westpreussen: Tuchel (Brick). Konitz (Lucas). Karthaus! Danzig!
Neustadt! Putzig! Marienwerder! Rosenberg! Löbau! Stuhm! Elbing!
Ostpreussen: Friedland (Sanio). Königsberg (Sanio). Lyck (Sanio). Gum-
binnen (Wagenbichler). Braunsberg (Seydler).

β. *glaucescens* Warnst. Rasen grün, meist mehr oder weniger ins
bläulichgrüne gehend, sehr selten etwas röthlich. Holzkörper
dunkler braun. Stengelblätter wohl kaum ohne, oft mit zahl-
zeichen Spiralfasern. Astblätter nicht gleichmässig gerundet,
sondern von der Mitte an stärker verschmälert.

Allgemein verbreitet.

Westpreussen: Karthaus! Danzig! Neustadt! Marienwerder! Rosen-
berg! Löbau! Stuhm! Elbing (Preuschoff).
Ostpreussen: Königsberg (Sanio). Fischhausen (Sanio). Heiligenbeil
(Seydler). Lyck (Sanio).

form. squarrosulum N. a. E. = *S. glaucum* Klinggr. olim. Rasen
entschieden blaugrün, in der Farbe ganz an *S. squarrosum α.*

spectabile Russ. erinnernd. Astblätter von der Mitte an entschieden zungenförmig verschmälert und sparrig zurückgekrümmt. Geht durch Zwischenformen unmerklich in die Hauptform über.

Wohl allgemein verbreitet.

Westpreussen: Schlochau (Casp.). Danzig! Neustadt! Putzig! Marienwerder! Stuhm! Elbing (Preuschoff).

Ostpreussen: Pr. Eylau (Janzen). Königsberg (Sanio). Lyck (Sanio).

30. *S. medium* Limpr. Zweihäusig. Rasen meist kompakter als bei dem vorigen, doch kommen auch sehr lockere vor, bleichgrün, röthlich bis purpurroth, seltener bräunlich. Stengel mit rothem oder braunem Holzkörper und 4—5 schichtiger Rinde, deren Oberflächenzellen mit 1 oder 2 Löchern und mit wenigen und schwachen Fasern, so dass sie oft gänzlich zu fehlen scheinen. Stengelblätter wie bei dem vorigen, meist mit wenigen Fasern. Astblätter kürzer und breiter, rings an den Wänden eingebogen; Poren meist an der Aussenfläche, Chlorophyllzellen im Querschnitt elliptisch, rings von den Hyalinzellen völlig eingeschlossen. Männliche Aeste kurz und dick, meist purpurroth, doch auch grün. Perichätialblätter mit verlängerter abgerundeter Spitze, in der oberen Hälfte mit Fasern und wenigen Poren, oben rings gefranzt. Sporen braun.

Allgemein verbreitet.

Westpreussen: Flatow (Casp.). Schwetz! Berent! Karthaus! Danzig! Neustadt! Marienwerder! Elbing!

Ostpreussen: Friedland (Janzen). Heiligenbeil (Seydler). Lyck (Sanio). Angerburg (Czekaj).

β. *purpurascens* Schimp. In kompakten, purpurrothen Rasen. Holzkörper purpurroth Stengelblätter meist mit mehr Fasern.

Verbreitet.

Westpreussen: Berent (Casp.). Karthaus! Danzig! Neustadt! Strasburg! Kulm (Casp.). Marienwerder! Stuhm!

Ostpreussen: Allenstein (Casp.). Ortelsburg (Abromeit). Pr. Eylau (Seydler). Labiau! Lyck (Sanio). Angerburg (Czekaj).

Bemerkungen: Mir scheint *S. medium* eine sehr gut unterschiedene Art zu sein, denn wenn auch, wie Russow bemerkt, die Chlorophyllzellen nicht immer centrirt sind und von den Hyalinzellen nicht immer vollständig eingeschlossen werden, so sind doch die schwach entwickelten Spiralfasern der Rindenzellen und die wenigen Löcher derselben immer ein sicheres Merkmal, um *S. medium* von *S. cymbifolium* zu unterscheiden. Dagegen kann ich *S. papillosum* Lindbg. nicht als Art, nicht einmal als Varietät, anerkennen. Es finden sich papillöse Formen von *S. cymbifolium, pallescens* und *glaucescens,* ja auch von *S. medium* mit vollständig centrirten Chlorophyllzellen und fast fehlenden Spiralfasern der Rinde. Auf ein einzelnes Merkmal, auch wenn es ein sogenanntes anatomisches ist, kann man doch nicht eine Art begründen, noch dazu, wenn die dasselbe zeigenden Individuen im Uebrigen zwischen verschiedenen verwandten Formen schwanken.

S. imbricatum Hornsch. ist bei uns noch nicht gefunden, aber wohl mit Sicherheit zu erwarten, da es in allen Nachbarprovinzen gefunden worden ist.

2. Ordnung. Andreaeaceae.

Rasenbildende Felsenmoose, deren Protonema sowohl fädig, als auch lappig verzweigt ist. Stengel gabelig verzweigt, leicht zerbrechlich, reich beblättert, drehrund, ohne Leitbündel in der Axe; Zellen gleichartig, dickwandig, mit Tüpfelbildung. Wurzelhaare am Grunde oft bandartig verbreitert. Blätter zerbrechlich, mit oder ohne Mittelrippe; Blattzellen klein, dickwandig, oft papillös. Beiderlei Blüthenstände gipfelständig, knospenförmig, gewöhnlich durch spätere Sprossung seitlich gerückt. Antheridien wenige, länglich mit kurzem Stiel, untermischt mit langen Paraphysen. Archegonien sparsam, mit kurzen Paraphysen. Perichätialblätter gross, scheidenförmig zusammengerollt. Sporogonium eilänglich, ohne Stiel, mittelst eines kegelförmigen Fusses in das Scheidchen eingesenkt; bei seiner Ausdehnung in die Länge hebt es die Haube, sie am Grunde abreissend, auf seiner Spitze in die Höhe, zuweilen durchbricht es dieselbe aber auch an der Spitze, gleich den Lebermoosen; bei seiner Reife wird es samt dem Scheidchen durch eine Verlängerung des Fruchtbodens, ein sogenanntes Pseudopodium, wie bei den Sphagnen über die Perichätialblätter emporgehoben. Die reife Kapsel öffnet sich unter dem ungetheilten Scheitel durch 4—6 Längsspalten fast bis zum Grunde, die dadurch entstehenden Klappen biegen sich bei trockener Luft reifeartig heraus, und lassen die Sporen austreten, angefeuchtet strecken sie sich sofort wieder und schliessen die Spalten; der Sporensack umgiebt glockenförmig das 4 kantige Mittelsäulchen und reicht bis zum Grunde der Kapsel.

2. Andreaea Ehrh.

Gattungsmerkmale, die der Ordnung.

31. *A. petrophila* Ehrb. Einhäusig. Rasen braunroth bis schwarzbraun. Stengel 1—2 cm lang. Blätter eilänglich, meist unsymmetrisch und 1seitig verbogen, rippenlos, am Rande kerbig, auf der Unterseite mit grossen Papillen.

Auf freiliegenden Urgesteinen. Scheint in dem Gebiet recht verbreitet, aber natürlich nur dort zu finden, wo erratische Geschiebe noch zahlreich vorkommen.

Westpreussen: Karthaus: bei Schönberg! Neu Czapel! Warzenau! Nowahutta (Lützow). Neustadt: bei Kölln! Steinkrug! Jellenschehütte! Pretoschin (Lützow), Werder (Lützow). Löbau: bei Grabau!

Ostpreussen: Lyck: am Grantzker Walde (Sanio). Oletzko: auf dem Seesker Berge (Ohlert).

32. *A. rupestris* Roth. Einhäusig. Räschen schwärzlich. Stengel bis 15 mm hoch. Blätter meist einseitswendig, aus eiförmiger Basis breit linealisch-pfriemenförmig, spitz, mit Rippe. Zellen ohne Papillen.

Wie die vorige, aber viel seltener.

Westpreussen: Karthaus: bei Schönberg! Neustadt: bei Steinkrug!

3. Ordnung. Archidiaceae.

Sehr kleine Erdmoose, deren Geschlechtspflanze durchaus den Typus der echten Bryineen hat, deren Sporogonium aber durch seine Entwickelung sie weit von diesen trennt, und welche daher eine eigene Ordnung bilden müssen. Das Sporogonium besteht nämlich aus einer ungestielten Kapsel, die mit einem halbkugeligen Fuss im Scheidchen eingebettet ist, und zerreisst bei seiner Ausbildung die Haube unregelmässig. Der Sporensack erfüllt den ganzen Raum der Kapsel, ohne Mittelsäulchen, und enthält nur wenige, 16—28, sehr grosse Sporen.

Archidium phascoides Brid. Die einzige deutsche Art, in der Tracht sehr dem *Pleuridium alternifolium* gleichend.

In unseren Provinzen noch nicht gefunden, da aber in den Nachbarfloren vorhanden, wohl mit Sicherheit auch bei uns zu erwarten. Auf feuchtem, sandig lehmigem Boden zu suchen. Vom Spätherbst bis Frühjahr mit reifen Sporogonien.

4. Ordnung. Bryineae.

Das Sporogonium sprengt früh die Haube von dem Scheidchen ab und trägt sie auf seiner Spitze; es ist immer an ihm ein in das Scheidchen eingesenkter kegelförmiger Fuss, ein kürzerer oder längerer Stiel, die Seta, und eine Kapsel zu unterscheiden. Die Kapsel ist meist durch einen mehr oder minder deutlichen Hals mit dem Stiel verbunden, im Innern mit einem den Sporensack durchsetzenden Mittelsäulchen; der Sporensack ist durch einen Intercellularraum von der Kapselwand geschieden. Bei der Reife öffnet sich die Kapsel meist durch einen horizontalen Deckel, seltener zerreisst sie unregelmässig, oder wird erst durch Fäulniss zerstört.

1. Unterordnung. Cleistocarpae.

Das einzige gemeinschaftliche Merkmal dieser Abtheilung ist das Fehlen eines sich ablösenden Deckels. Eine durchaus künstliche

Gruppe, deren einzelne Familien nichts als diese negative Eigenschaft mit einander gemein haben, im Uebrigen aber sich enge an verschiedene akrokarpische Familien anschliessen; die Ephemeraceen an die Funariaceen, die Phascaceen an die Pottiaceen und die Bruchiaceen an die Weisiaceen. Wie sehr das zutrifft, ist schon daraus zu ersehen, dass einzelne Glieder von verschiedenen Bryologen zu diesen Familien gestellt worden sind, z. B. *Systegium* von Schimper zu den Weisiaceen, *Mildeella* von Milde geradezu zu *Pottia*. Nur aus praktischen Gründen behalte ich diese künstliche Gruppe bei.

Bemerkungen: Es sind alles sehr kleine Erdmoose, und eben diese Kleinheit hat es veranlasst, dass bisher so wenige derselben bei uns gefunden sind. Künftige Forscher, die mit jungen und scharfen Augen begabt sind, haben hier noch manches zu entdecken.

1. Familie. Ephemeraceae.

Einjährige, meist sehr kleine Moose. Stengel sehr kurz, meist einfach. Kapsel meist sehr kurz gestielt; Mittelsäulchen meist früh mehr oder weniger resorbirt. Haube kegelförmig, kegelglockenförmig oder kapuzenförmig. Blattzellnetz locker, rhombisch.

3. Ephemerum Hampe.

Beiderlei Geschlechtspflanzen auf demselben ausdauernden Vorkeim, also 1 häusig zu nennen. Stämmchen sehr kurz, mit wenigen, schmalen Blättern. Männliche Pflänzchen sehr klein und nur aus dem Blüthenknöspchen bestehend; Antheridien mit wenigen Paraphysen. Kapsel fast kugelrund mit kleinem Spitzchen; Mittelsäulchen innerhalb des Sporensacks resorbirt; Sporensack bleibend. Sporen sehr gross aber wenige, etwa 50. Seta sehr kurz. Haube kegelförmig, meist etwas gelappt.

33. *E. serratum* Hampe. Der Vorkeim bildet smaragdgrüne Ueberzüge, in die die Pflänzchen eingebettet sind. Stengel noch nicht 1 mm hoch. Blätter aufrecht abstehend, die oberen viel grösser, linealisch-lanzettlich, zugespitzt, rippenlos, am Rande mit unregelmässigen, groben Zähnen. Die männliche Blüthe mit wenigen Antheridien und ohne Paraphysen. Kapsel fast kugelig, rothbraun mit kurzem geradem Spitzchen; Stiel sehr kurz.

An feuchten Ackerrändern, bisher noch wenig gefunden, aber wohl nur seiner Kleinheit wegen übersehen. Herbst und erstes Frühjahr.

Westpreussen: Löbau: bei Wischnewo! Stuhm: bei Paleschken! Nach Weiss auch bei Danzig.

Ostpreussen: Pr. Eylau: bei Dulzen (Janzen).

4. Physcomitrella Schimp.

Vorkeim früh verschwindend. Stengel niedrig und meist einfach. Blätter breit. Männliche Blüthe auf der Spitze des ersten Sprosses, durch das Fortwachsen eines zweiten, weiblichen Sprosses zur Seite gedrängt. Kapsel kugelig oder eiförmig, mit mehr oder weniger deutlichem Hals und stumpfer Spitze; Mittelsäulchen sehr dick, später wird es samt dem Sporensack gänzlich resorbirt; Stiel kurz oder etwas länger. Haube kegel-mützenförmig, meist am Grunde gelappt.

34. *P. patens* Schimp. Einhäusig. Kleine, flache, saftiggrüne Räschen bildend. Stengel 2—5 mm hoch, meist einfach. Untere Blätter kleiner, rippenlos, obere rosettenartig abstehend, verkehrt eiförmig, zugespitzt, am Rande stumpf gezähnt, Rippe vor der Spitze verschwindend. Antheridien klein, gelb, zu 8—12, mit wenigen, fadenförmigen oder an der Spitze keuligen Paraphysen. Kapsel kugelig, ohne Hals; Stiel sehr kurz oder etwas länger. Haube etwas aufgeblasen.

Auf Schlamm, an Grabenufern und an Flüssen, an den Standorten oft in grosser Menge. Herbst.

Westpreussen: Marienwerder: bei Gorken! Rospitz! Kurzebrack! Gr. Nebrau! Stuhm: bei Paleschken! Nach Weiss auch bei Danzig.

2. Familie. Phascaceae.

Meist sehr kurzstenglige Moose, die in Heerden oder lockeren Rasen wachsen. Stengel meist einfach, selten gabelig oder büschelig verzweigt. Blätter weich, breit eiförmig oder eilanzettlich, meist mit austreuder Rippe. Zellen meist parenchymatisch. Sporogonium mit kurzem, geradem oder etwas gekrümmtem Stiel; Kapsel kugelig oder eiförmig, ohne Hals. Haube kaputzenförmig oder mützenförmig.

5. Sphaerangium Schimp.

Fast stammlose, knospenförmige, in Heerden wachsende Moose. Untere Blätter klein, rippenlos, obere breit eiförmig, kielig, durch die auslaufende Rippe zugespitzt, an der Spitze ausgeschweift gezähnt. Zellen rhomboidisch. Kapsel kugelrund, Säulchen und Sporensack normal, Stiel sehr kurz. Haube sehr klein, mützenförmig.

35. *S. muticum* Schimp. Zweihäusig. In kleinen, bräunlichen Häufchen. Stengel kaum 2 mm hoch. Blätter knospenförmig zusammengeschlossen, hohl, an der Spitze der Rand zurückgebogen und gezähnt, Rippe austretend. Männliche Blüthen auf sehr kleinen Pflänzchen, die in der Nähe der weiblichen stehen;

Antheridien wenige mit vereinzelten, fadenförmigen Paraphysen.
Kapsel mit stumpfem Wärzchen, braunroth, auf geradem Stiel.
Auf lehmigen Aeckern, noch wenig gefunden. Herbst.
Westpreussen: Tuchel: bei Fuchswinkel (Grebe). Marienwerder: bei
Bäckermühle! Rosenberg: bei Gr. Herzogswalde! Löbau: bei Wischnewo!
Stuhm: bei Kl. Watkowitz! Nach Weiss auch bei Danzig.

36. *S. triquetrum* Schimp. Zweihäusig. Der vorigen Art sehr ähnlich,
aber noch kleiner. Blätter scharf gekielt und dadurch der
ganzen Pflanze ein 3kantiges Aussehen gebend, oben fast kapuzenförmig, mit fast ganz zurückgeschlagenem, gezähntem Rande;
Rippe in eine zurückgebogene Stachelspitze auslaufend. Kapsel
kugelig, ohne Warze, auf gekrümmtem Stiel wagerecht stehend.
Sehr selten.
Westpreussen: Konitz: am Friedenthaler See (Grebe).

6. Phascum Schreb.

Pflänzchen klein. Stengel aufrecht, kurz, einfach oder gabelig bis
büschelig getheilt. Blätter eilanzettlich bis lanzettlich, mit kräftiger,
austretender Rippe, ganzrandig. Blattzellen parenchymatisch, beiderseits warzig papillös. Kapsel kugelig bis eiförmig, länger oder kürzer,
stumpf gespitzt, kurzgestielt. Haube kapuzenförmig, die Kapsel bis
zur Hälfte deckend.

37. *P. cuspidatum* Schreb. Einhäusig. Pflänzchen meist heerdenweise, meist grün. Stengel bis 8 mm hoch, aber meist viel
kürzer, meist gabelig oder büschelig verzweigt. Blätter trocken
verbogen, Schopfblätter zusammenschliessend, länglich lanzettlich, zugespitzt, hohl, Rand zurückgebogen; Rippe kräftig,
kürzer oder länger austretend. Männliche Blüthe in den unteren
Schopfblättern, Antheridien zu 5—7 zwischen 2 Deckblättchen, untermischt mit Paraphysen mit angeschwollener Endzelle. Kapsel von den Hüllblättern meist ganz eingeschlossen,
eikugelig, stumpf gespitzt, mattbraun; Stiel sehr kurz, etwas
gekrümmt. Haube gelb, lose dem Scheitel aufsitzend. Sporen
ockerfarben.
Auf lehmigen Aeckern und an Grabenufern. Häufig. Frühjahr.
Westpreussen: Konitz (Lucas). Danzig! Marienwerder! Rosenberg!
Löbau! Stuhm! Elbing (Janzen).
Ostpreussen: Pr. Eylau (Janzen). Königsberg (Sanio). Lyck (Sanio).

38. *P. piliferum* Schreb. Einhäusig. Dem vorigen sehr ähnlich,
unterscheidet sich aber leicht, indem es meist kleiner, hellgrün,
bräunlich oder röthlich ist. Die Blätter schmäler, kürzer gespitzt, mit sehr kräftiger, als gelbes oder durchsichtiges Haar
hervortretender Rippe. Kapsel braunroth, zwischen den Hüll-

blättern von oben sichtbar, oder seitlich hervortretend. Haube
der Kapsel fest anliegend. Sporen röthlichbraun.

An trockenen, kiesigen Stellen, besonders unter Gebüsch. Eben so häufig
als das vorige. Frühjahr.

Westpreussen: Danzig! Marienwerder! Rosenberg! Löbau! Elbing (Janzen).

Ostpreussen: Lyck (Sanio).

39. *P. curvicollum* Ehrh. Einhäusig. Heerdenweise, röthlich braun.
Stengel bis 2 mm lang, meist gabelig getheilt. Blätter lang
lanzettlich zugespitzt, mit austretender Rippe, beiderseits mit
zahlreichen Papillen. Antheridien nackt, ohne Deckblätter am
Stämmchen, zu 3—6 mit wenigen Paraphysen. Kapseln zu
2—3 in einem Perichätium, auf gebogenen, kurzen Stielen seitlich hervortretend, länglich eiförmig, mit schiefer Spitze, fast
geschnäbelt, braunroth. Haube kapuzenförmig, geschnäbelt, bis
unter die Kapselmitte reichend. Sporen bleichgelb.

Sehr selten. Frühjahr,

Westpreussen: Marienwerder: am Weichselufer gegenüber Kurzebrack!
sehr sparsam. Nach Weiss auch bei Danzig.

Ostpreussen: Königsberg: auf dem Tragheimer Kirchhof (Lautsch).

7. Mildeella Limpr.

In allen vegetativen Merkmalen mit *Phascum* übereinstimmend;
das Sporogonium aber mit deutlich angelegtem, wenn auch nicht sich
von der Kapsel trennendem Deckel, und mit der Anlage eines
Peristoms.

40. *M. bryoides* Limpr. Einhäusig. In gelblichgrünen bis bräunlichen Rasen. Stengel bis 10 mm hoch, aufrecht, später oft
niederliegend, meist gabelig getheilt. Blätter eilänglich bis
lanzettlich, abstehend, am Rande zurückgerollt, beiderseits
papillös, mit kräftiger, als Stachel oder Haar austretender Rippe.
Männlicher Zweig als ein kleines Knöspchen unten am Hauptstengel; Antheridien wenige, mit wenigen Paraphysen. Kapsel
elliptisch, kurzhalsig, mit sich nicht ablösendem, schief kegel-
förmigem Deckelchen, kastanienbraun, Stiel 1—3 mm lang, die
Kapsel kaum über die Hüllblätter emporhebend. Haube kapuzenförmig, bis zur Kapselmitte reichend, glatt. Sporen dunkelbraun.

Ziemlich selten, auf sandiger und lehmiger Erde. Frühjahr.

Westpreussen: Marienwerder: bei Liebenthal! und Kurzebrack!

Ostpreussen: Braunsberg (Hübner).

8. Systegium Schimp.

Pflänzchen klein. Stengel vielfach sprossend. Blätter schmal,
mit kräftiger Rippe, gekielt, trocken meist gekräuselt. Zellen rund-

lich quadratisch, klein, beiderseits papillös. Kapsel kugelig, mit angedeutetem, sich nicht lösendem Deckel, kurzgestielt. Haube kapuzenförmig, glatt.

Würde ich nach der Tracht zu den Bruchiaceen bringen, denn es schliesst sich mit diesen zunächst den Weisiaceen an, nur die papillösen Zellen veranlassen mich, es hier stehen zu lassen.

41. *S. crispum* Schimp. Einhäusig. In lockeren, dunkelgrünen Räschen. Stengel kurz, höchstens 8—10 mm hoch, meist büschelig getheilt. Blätter schopfig, lang, aus breiterem Grunde lanzettlich - linealisch, gekielt, trocken gekräuselt; Rippe als Spitze austretend. Männlicher Zweig unten am Stengel stehend, mit wenigen Antheridien und fadenförmigen Paraphysen. Kapseln einzeln im Perichätium, sehr kurz gestielt. Sporen braun.

Unter Gebüsch im Grase, bisher nur selten gefunden. Frühjahr.

Westpreussen: Löbau: bei Wischnewo! Stuhm: bei Paleschken! Marienburg: bei Tannsee (Preuschoff).

3. Familie. Bruchiaceae.

Kleine, schmalblättrige, in Räschen oder heerdenweise auftretende Moose. Stengel meist mit reichlicher Sprossenbildung und oft mit Centralstrang. Zellen der Blätter mehr oder weniger verlängert rectangulär, stets glatt. Paraphysen fadenförmig. Kapsel stets ohne Andeutung eines Deckels. Haube klein und glatt.

9. Pleuridium Brid.

Stengel schlank, mit Wurzelhaaren und meist mit Centralstrang, meist mit flagellenartigen sterilen Sprossen. Kapsel mit sehr kurzem, geradem Stiel, meist eiförmig, kurz gespitzt, ohne Hals. Haube kapuzenförmig, meist lange auf der Kapsel haftend.

42. *P. nitidum* Rabenh. Zwitterig. Heerdenweise oder in kleinen, schön grünen Räschen. Stengel aufrecht, bis 5 mm hoch, einfach, häufig unter der weiblichen Blüthe einen Zweig treibend, und diese dadurch scheinbar seitlich gestellt. Blätter gleichmässig vom Grunde aus, nicht schopfig, schmal lanzettlich, lang zugespitzt, hohl, gegen die Spitze schwach gezähnt, aufrecht abstehend, trocken stark verbogen; Blattrippe zart, vor der Spitze verschwindend. Antheridien innerhalb der weiblichen Hüllblätter. Kapsel sehr kurz gestielt, eiförmig, mit stumpfem, meist etwas schiefem Spitzchen. Sporen dunkel ockerfarben.

An torfigen Grabenufern, bisher nur selten gefunden. Sommer.

Westpreussen: Konitz (Lucas). Löbau: bei Wischnewo!

Ostpreussen: Pr. Eylau (Janzen).

43. *Pl. subulatum* Rabenh. Einhäusig. In kleinen, hellgrünen Räschen. Stengel bis 3 mm lang, einfach oder unter der Spitze sprossend, unten kleinblättrig, oben mit grösseren Schopfblättern. Schopfblätter lanzettlich-pfriemenförmig, an der Spitze gezähnt; Blattrippe breit und flach, undeutlich begrenzt, die Pfriemenspitze fast ausfüllend. Antheridien einzeln in den Achseln der Schopfblätter unter der weiblichen Blüthe. Kapsel eiförmig mit kurzem Spitzchen, sehr kurz gestielt und ganz im Perichätium verborgen. Sporen ockerfarben.

Unter Gebüsch und an Waldrändern, viel seltener als das folgende. Mai. **Westpreussen:** Marienwerder: bei Liebenthal! Rosenberg: bei Gr. Herzogswalde! und Hansdorf! Löbau: bei Wischnewo! Nach Weiss auch bei Danzig.
Ostpreussen: Königsberg (Sanio). Lyck (Sanio). Pr. Eylau: bei Warschkeiten (Janzen).

44. *P. alternifolium* Brid. Einhäusig. In kleinen, hellgrünen Räschen. Stengel selten einfach, wenige mm lang, meist durch kleinblättrige Sprosse bis zu 1 cm verlängert. Untere Blätter klein, Schopfblätter oft einseitswendig, aus eilanzettlicher Basis lang pfriemenförmig, an der Spitze schwach gezähnelt; Blattrippen unten breit und flach, gut begrenzt, oben den Pfriementheil ausfüllend und unterseits mit Zähnchen. Männliche Blüthen knospenförmig in den Achseln der Schopfblätter; Antheridien wenige, mit vereinzelten Paraphysen. Kapsel eiförmig mit geradem Spitzchen, kurz gestielt. Sporen ockerfarbig, warzig stachelig.

Auf Brachäckern und unter Gebüsch, häufig. Mai. **Westpreussen:** Konitz (Lucas). Marienwerder! Rosenberg! Löbau! Stuhm! Elbing (Janzen). **Ostpreussen:** Pr. Eylau (Janzen). Königsberg (Sanio). Lyck (Sanio).

2. Unterordnung. Stegocarpae.

Die Kapsel öffnet sich durch das Abfallen eines Deckels, und besitzt meistens ein Peristom.

1. Tribus. Acrocarpae.

Weibliche Blüthe gipfelständig an Hauptschossen, das Sporogonium erscheint später durch Innovationen oft seitenständig. Nur wenige Gattungen und Arten haben wirklich seitenständige, d. h. auf kurzen, seitlichen Fruchtästen stehende, weibliche Blüthen, können aber wegen ihrer nahen Verwandtschaft mit ächten Acrocarpen nicht von diesen getrennt werden. Männliche Blüthen gipfel- oder seitenständig. Stengel einfach, gabelig, büschelig, nie fiederförmig verzweigt.

4. Familie. Weisiaceae.

Meist niedrige, selten hochstenglige oder wurzelfilzige Moose. Stengel meist mit Centralstrang. Blätter allseits abstehend, trocken meist kraus, lang lanzettlich, kielig; Blattrippe meist kräftig. Zellen parenchymatisch, sehr dicht mit kleinen, einfachen Papillen besetzt. Blüthen gipfelständig, knospenförmig; Paraphysen fadenförmig. Scheidchen cylindrisch. Kapsel aufrecht und regelmässig, selten etwas gekrümmt, kurzhalsig, weder gestreift noch kropfig; Spaltöffnungen stets im Halstheile; Ring sich meistens nicht lösend; Peristom fehlend, rudimentär oder ausgebildet, einfach, 16 zähnig; Zähne trocken aufrecht, meist ungetheilt; Deckel meist langgeschnäbelt. Haube kapuzenförmig, glatt.

10. Hymenostomum R. Br.

Kleine Erdmoose. Stengel im Querschnitt rund, mit Centralstrang. Blätter trocken gekräuselt. Perichätialblätter den Schopfblättern ähnlich, nur etwas scheidig. Kapsel aufrecht, selten etwas geneigt; Deckel kegelig, mit pfriemenförmigem Schnabel; Peristom fehlt, statt dessen bleibt die Kapselmündung durch eine Querhaut, die erst später durch das Einschrumpfen des Mittelsäulchens zerreisst, geschlossen. Haube lang geschnäbelt, bis zur Kapselmitte reichend.

45. *H. microstomum* R. Br. Einhäusig. In kleinen, gelblichgrünen bis bräunlichgrünen Räschen. Stengel bis 5 mm hoch. Blätter linien-lanzettförmig, gekrümmt, mit stark eingebogenen Rändern und starker, als Spitzchen vortretender Rippe. Männliche Blüthe gipfelständig, später durch Sprossung seitenständig, knospenförmig. Kapsel die Perichätialblätter wenig überragend, auf kurzem, gelblichem, trocken rechts gedrehtem Stiel, länglich eiförmig, aufrecht, sehr engmündig, rothbraun.

Unter Gebüsch im Grase, wohl verbreitet, aber noch wenig gesammelt. Frühjahr.

Westpreussen: Tuchel: bei Pilla (Grebe). Konitz (Lucas). Rosenberg: bei Gr. Herzogswalde! Löbau: bei Wischnewo! Stuhm: bei Paleschken!

Ostpreussen: Lyck: Schlosswald und bei Karbojin (Sanio).

11. Weisia Hedw.

Kleine Erdmoose. Obere Blätter schopfig zusammengedrängt, grösser, allseits abstehend, trocken gekräuselt. Perichätialblätter von den Schopfblättern wenig verschieden. Kapsel aufrecht und regelmässig, selten etwas geneigt; Kapselmund klein, mit 16 einfachen, lanzettförmigen Zähnen; zuweilen das Peristom unvollkommen ausgebildet.

46. *W. viridula* Hedw. **Einhäusig.** In lockeren, grünen Räschen. Stengel bis 5 mm hoch, meist einfach. Blätter abstehend, trocken kraus, aus lanzettlicher Basis lineal - pfriemenförmig, rinnig, Rand stark eingerollt. Rippe mit kurzer Spitze austretend. Männliche Blüthen gipfelständig, Antheridien und Paraphysen zahlreich. Perichätialblätter etwas scheidig. Kapsel auf bis 8 mm langem, gelblichem, trocken rechts gedrehtem Stiel über das Perichätium emporgehoben, eiförmig bis länglich eiförmig. Peristom mehr oder weniger ausgebildet, röthlich. Deckel gewölbt, lang und schief geschnäbelt.

In Wäldern und unter Gebüsch, sehr zerstreut. Frühjahr.

Westpreussen: Schwetz: bei Lubochin! Danzig: bei Mattemblewo! Neustadt: bei Zoppot! Marienwerder: bei Fiedlitz! Rosenberg: bei Gr. Herzogswalde! Löbau: bei Wischnewo!

Ostpreussen: Pr. Eylau: bei Botehnen (Janzen). Lyck: im Schlosswald und bei Karbojin (Sanio).

12. Dicranoweisia Lindbg.

Mittelgrosse Fels- oder Holzbewohner. Rasen- oder polsterförmig wachsend. Stengel büschelig verzweigt, fast nur am Grunde wurzelhaarig, im Querschnitt kreisrund, mit Centralstrang. Blätter trocken meist kraus, aus herablaufendem Grunde lanzettlich, rinnig, hohl, kielig, ganzrandig, mit grösseren, quadratischen, gebräunten Blattflügelzellen. Männliche Blüthen gipfelständig, später durch Sprossung herabgerückt, knospenförmig, Antheridien und Paraphysen zahlreich. Perichätialblätter scheidenartig zusammengewickelt. Kapsel aufrecht, regelmässig, kurzhalsig. Ring differenzirt oder nicht. Peristom aus 16 ungetheilten oder an der Spitze 2spaltigen Zähnen. Deckel geschnäbelt, halb so lang als die Urne. Haube bis zur Kapselmitte reichend.

47. *D. cirrhata* Lindbg. **Einhäusig.** Lockerrasig, lichtgrün bis gelblich. Stengel bis 2 cm hoch, gabelig getheilt, schwach wurzelhaarig. Blätter geschlängelt abstehend, trocken stark durcheinander gekräuselt, linealisch-lanzettlich, an den Rändern zurückgeschlagen, Rippe vor der Spitze verschwindend. Perichätialblätter bis über die Mitte scheidig, zugespitzt. Stiel bis 12 mm lang, bleichgelb; trocken unten links, oben rechts gedreht. Kapsel cylindrisch, gelbbräunlich mit röthlicher Mündung. Ring abrollbar, aus einer Reihe grosser Zellen gebildet. Peristomzähne schmal lanzettlich, purpurfarbig, mit ungetheilter Spitze.

Nur sehr selten gefunden.

Westpreussen: Tuchel: auf Baumwurzeln bei Golombeck (Grebe). Schwetz auf erratischen Blöcken bei Osche (Hennings). Neustadt: am Morsitz-See

(Lützow). Rosenberg: auf alten Strohdächern bei Julienhof! Nach Weiss auch bei Danzig.

Ostpreussen: Königsberg: bei Kleinheide (Ebel). Memel: an Fichtenzweigen bei Schwarzort!

48. *D. crispula* Lindbg. Einhäusig. Rasen polsterförmig, gelbgrün bis schwarzgrün. Stengel 2 cm hoch. Blätter allseitig abstehend, verbogen, trocken kraus, aus eilänglicher Basis sehr lang rinnenpfriemenförmig, Blattrand aufrecht, Blattrippe mit der Spitze endigend, Blattflügelzellen scharf von den übrigen abgegrenzt. Perichätialblätter stumpf, bis zur Spitze scheidig. Stiel bis 12 mm lang, röthlich; trocken unten links, oben rechts gedreht. Kapsel länglich, lichtbraun, dünnhäutig. Ring nicht abrollbar. Peristomzähne schmal, dolchförmig.

Westpreussen: Karthaus: bei Schönberg! auf einem erratischen Block ein einziges fruchtbares Räschen.

Ostpreussen: Pr. Eylau: auf einem Stein bei Dulzen ein männliches Räschen (Janzen).

5. Familie. Rhabdoweisiaceae.

Felsenmoose, in dichten Rasen wachsend, aus den Achseln der unteren Blätter wurzelfilzig. Stengel meist 3kantig, gabelig und büschelig getheilt. Blätter lang und schmal, kielig, trocken gekräuselt; Blattrippe meist kräftig; Blattzellen paremchymatisch, meist stark mamillös aufgetrieben. Männliche Blüthe knospenförmig. Perichätialblätter meist in der unteren Hälfte scheidig. Kapsel durch Innovationen scheinbar seitlich, aufrecht, regelmässig oder etwas geneigt und symmetrisch. Ring selten ausgebildet. Peristom einfach, 16zähnig; Zähne meist dicht genähert und am Grunde verschmolzen, selten ungetheilt, meist tief in 2 Schenkel gespalten. Deckel aus gewölbter Basis schief geschnäbelt. Haube kapuzenförmig.

13. Cynodontium Schimp.

Polster unten durch feinen Wurzelfilz verwebt. Stengel 3kantig. Blätter trocken gedreht und gekräuselt; Blattrippe kräftig; Blattzellen mehr oder minder durch spitze Mamillen rauh. Kapsel meist schwach geneigt und symmetrisch, mit Längsstreifen und später mit mehr oder weniger deutlichen Furchen. Ring selten ausgebildet. Haube kapuzenförmig, bis zum Kapselgrunde reichend.

49. *C. strumiferum* de Not. Einhäusig. Flachrasig, gelbgrün. Stengel bis einige cm hoch, stumpf 3kantig, aus den Achseln der unteren Blätter braunfilzig. Blätter lanzettlich-linealisch, lang pfriemenförmig, scharf kielig, Rand bis zur Blattmitte umgebogen,

oberwärts gezähnt, Blattrippe vor der Spitze endigend. Männliche Blüthen knospenförmig, gestielt, mit zwei lanzettlichen Deckblättern. Perichätialblätter nur am Grunde scheidig. Stiel 15 mm lang, später röthlich; trocken unten rechts, oben links gedreht. Kapsel eilänglich, geneigt, symmetrisch, hochrückig mit kropfigem Halse, entleert tief gefurcht. Peristomzähne roth, dicht genähert, an der Basis zusammenfliessend, bis zur Mitte 2 spaltig, Schenkel oberwärts bleich und papillös. Ring sich ablösend, aus 3 Zellenreihen bestehend. Deckel schief geschnäbelt, am Rande unregelmässig gekerbt.

Ostpreussen: Labiau: bei Scharschantinen! auf einem erratischen Block einmal ein fruchtbares Räschen gefunden.

14. Dichodontium Schimp.

Stengel 3kantig, unten rothfilzig. Blätter allseits sparrig abstehend. Blattzellen rundlich quadratisch, beiderseits mamillös. Blattrippe kräftig. Kapsel selten fast aufrecht, meist fast horizontal, symmetrisch, ohne Kropf, glatt. Ring fehlt. Peristomzähne am Grunde verschmolzen, bis unter die Mitte 2 und 3 spaltig. Deckel geschnäbelt. Haube kapuzenförmig, früh abfallend.

50. *D. pellucidum* Schimp. Zweihäusig. In lockeren, weichen, schön grünen bis bräunlichen, am Grunde rothbraunfilzen Rasen. Stengel bis 5 cm lang, mit 1—2 schichtiger, aus dickwandigen, gelblichen, aussen mamillösen Zellen bestehender Rinde. Blätter allseitig sparrig abstehend, trocken an den Stengel angedrückt und gedreht, aus etwas scheidiger Basis lanzettlich-zungenförmig, spitz; Blattrand unten etwas wellig, gegen die Spitze gesägt; Rippe kräftig, vor der Spitze verschwindend. Männliche Blüthen auf gesonderten Rasen, endständig, fast köpfchenförmig; Deckblätter aus breitscheidiger, gelbrother Basis plötzlich linealisch-pfriemenförmig, abstehend; Antheridien und Paraphysen zahlreich, goldgelb. Perichätialblätter von den Hüll- und Stengelblättern kaum verschieden. Stiel 1 cm lang, aufrecht, bleichgelb, zuletzt rothbraun. Kapsel hochrückig-eiförmig, symmetrisch, fast horizontal stehend, mit kaum merklichem Hals, derbhäutig, braun. Deckel aus konischer Basis lang und schief geschnäbelt. Peristomzähne aussen purpurn, innen gelb.

Auf Steinen an Bächen, bei uns bisher nur steril gefunden.

Westpreussen: Neustadt: am Waldbach hinter Kl. Katz! und am Schmelzbach oberhalb Sagorsch! Wurde früher irrthümlich für Ostpreussen angegeben.

6. Familie. Dicranaceae.

Zum Theil kleine, meist aber kräftige und sehr kräftige, auf den verschiedenartigsten Unterlagen wachsende, rasen- und polsterbildende Moose. Stengel gabelig getheilt, oft dicht wurzelfilzig. Blätter meist dicht gestellt, oft einseitswendig und sichelförmig, meist aus halbstengelumfassender Basis pfriemen- bis borstenförmig, glänzend. Blattrippe stets vorhanden, zuweilen unterseits gesägt, seltener gefurcht bis geflügelt. Blattzellen am Grunde lang gestreckt, meist mit grossen, oft mehrschichtigen Blattflügelzellen. Männliche Blüthen knospenförmig, mit fadenförmigen Paraphysen. Perichätialblätter meist scheidig zusammengewickelt. Stiel stets verhältnissmässig lang. Scheidchen meist cylindrisch. Kapsel meist geneigt, symmetrisch, kurzhalsig, zuweilen kropfig; Luftraum ohne Spannfäden; Spaltöffnungen im Halstheile oder ganz fehlend. Ring selten ausgebildet. Peristom einfach, 16 zähnig; Zähne genähert, an der Basis meist mit einander verschmolzen, bis zur Mitte, selten bis zum Grunde pfriemlich-zweischenklig. Haube kapuzenförmig, zuweilen aufgeblasen, glatt.

15. Dicranella Schimp.

Kleine, rasenbildende Erdmoose. Stengel meist ohne Wurzelfilz. Blätter aus scheidiger Basis pfriemenförmig und sparrig abstehend, oder aus eiförmigem Grunde pfriemenförmig, straff aufrecht bis sichelförmig einseitswendig. Blattrippe meist kräftig. Blattzellen lang rectangulär, stets ohne Tüpfel und ohne Blattflügelzellen. Perichätialblätter von den Stengelblättern wenig verschieden. Kapsel meist geneigt, symmetrisch, kurzhalsig, entleert meist gefurcht. Peristomzähne verhätnissmässig lang, trocken eingebogen. Deckel aus kugeliger Basis schief geschnäbelt. Ring fehlt meistens. Haube klein, kapuzenförmig, am Grunde ganzrandig.

51. *D. Schreberi* Schimp. Zweihäusig. In hellgrünen, niedrigen Rasen. Stengel bis 12 mm hoch, durch Sprossungen getheilt. Blätter aus halbstengelumfassender Basis schmal lanzettlichpfriemenförmig, flachrinnig, nach allen Seiten sparrig abstehend, wellig verbogen, gegen die Spitze scharf gesägt, trocken kraus. Rippe schwach, vor der Spitze endend. Männliche Pflanzen 1 jährig und klein. Stiel 10 mm lang, aufrecht, purpurroth. Kapsel eiförmig, geneigt, hochrückig, sehr kurzhalsig, nach Abfall des Deckels in sich gekrümmt. Deckel kegelförmig, mit langem, schiefem, stumpfem Schnabel, halb so lang als die Urne. Ring fehlt. Peristom purpurroth.

An Grabenufern und feuchten Abhängen, zerstreut. Herbst.

Westpreussen: Konitz (Lucas). Danzig: bei Pelonken! Marienwerder: bei Liebenthal! Rosenberg: bei G r. H e r z o g s w a l d e! und Granten! Elbing: bei Tolkemit!

Ostpreussen: Königsberg: in der Wilky (Elkan).

52. *D. crispa* Schimp. Einhäusig. In lockeren, hellgrünen Räschen, heerdenweise und vereinzelt. Stengel bis 10 mm hoch, 3kantig, aufrecht und hin- und hergebogen. Blätter aus scheidiger, wellig-verbogener Basis lang haar-pfriemenförmig, an der Spitze gezähnelt, sparrig abstehend, trocken sehr gekräuselt, Rippe dünn, die Spitze ausfüllend. Männliche Blüthe am Grunde des Stengels, röthlichgelb, mit zahlreichen Antheridien und Paraphysen. Stiel 10—15 mm lang, aufrecht, dünn, röthlich, trocken rechts gedreht. Kapsel eiförmig, aufrecht, regelmässig, kurzhalsig, mit dunkleren Längsstreifen, trocken gefurcht und kreiselförmig. Deckel aus gewölbter Basis schief geschnäbelt, so lang oder länger als die Urne. Ring stückweise sich ablösend. Peristom sehr lang, rothbraun.

An Grabenufern und in Waldschluchten, zerstreut und selten. Herbst.

Westpreussen: Danzig: im Olivaer Forst bei Mattemblewo! und Pulvermühle! Neustadt: bei Espenkrug! Rosenberg: bei G r. H e r z o g s w a l d e! Elbing: im Pfarrwalde (Hohendorf).

53. *D. rufescens* Schimp. Zweihäusig. In kleinen, leicht auseinanderfallenden, röthlichbraunen Häufchen. Stengel wenige mm hoch, aufsteigend, einfach, rund. Blätter linien-lanzettförmig, an der Spitze entfernt gezähnt, meist einseitig sichelförmig gebogen, trocken nicht gekräuselt; Rippe dünn, kurz vor der Spitze verschwindend. Männliche Blüthen auf besonderen Räschen. Stiel 2—5 mm lang, aufrecht, purpurroth, trocken links gedreht, Kapsel eiförmig, aufrecht, etwas ungleich, purpurroth, trocken unter der Mündung verengt, fast kreiselförmig, schwach gefaltet. Deckel kegelförmig, schief, halb so lang als die Urne. Ring fehlt. Peristom gross, roth.

An Grabenufern und feuchten Abhängen, nicht häufig. Frühjahr.

Westpreussen: Danzig: bei Mattemblewo! und Freudenthal! Rosenberg: bei R a u d n i t z! Elbing: im Pfarrwald (Hohendorf).

Ostpreussen: Pr. Eylau: bei Warschkeiten (Janzen). Lyck (Sanio).

54. *D. varia* Schimp. Zweihäusig. In dunkelgrünen, trocken gelblichgrünen, oft grosse Strecken überziehenden Rasen. Stengel 5—15 mm lang, aufrecht oder aufsteigend, selten getheilt, 3eckig. Blätter aus schmal lanzettlicher Basis verschmälert pfriemenförmig, rinnig, ganzrandig, etwas einseitswendig sichelförmig, trocken nicht gekräuselt. Rippe kräftig, auslaufend.

Männliche Pflanzen untermischt mit den weiblichen, Blüthen
an mehrjährigen Stengeln oft mehrere über einander. Perichätialblätter fast scheidig. Stiel bis über 10 mm hoch, purpurroth,
trocken rechts gedreht. Kapsel etwas übergebogen, eiförmig,
kurzhalsig, rothbraun, trocken gekrümmt und unter der Mündung etwas eingeschnürt, glatt. Deckel kegelförmig, kurz geschnäbelt, halb so lang als die Urne. Ring fehlt. Peristom
purpurroth.

An Grabenufern, auf feuchten Waldblössen u. s. w. nicht selten. Spätherbst.

Westpreussen: Tuchel (Grebe). Schwetz (Hennings). Schlochau (Grebe).
Konitz (Lucas). Pr. Stargard (Hohnfeld). Karthaus! Danzig! Neustadt!
Marienwerder! Rosenberg! Löbau! Stuhm! Elbing (Hohendorf).

Ostpreussen: Pr. Eylau (Janzen). Königsberg! Lyck (Sanio). Ragnit
(Abromeit).

55. *D. subulata* Schimp. Zweihäusig. In lockeren, grünen, glänzenden Räschen. Stengel bis 15 mm und darüber hoch, aufrecht,
3 kantig. Blätter aufrecht abstehend, mehr oder weniger einseitswendig sichelförmig gekrümmt, aus halbscheidiger, länglicher
Basis verlängert rinnen-pfriemenförmig, ganz-randig; Rippe breit.
Perichätialblätter scheidig, plötzlich lang pfriemenförmig. Stiel
bis 15 mm lang, roth; trocken unten rechts, oben links gedreht.
Kapsel geneigt, hochbrückig-eiförmig, braun mit schwachen
dunkleren Längsstreifen, entdeckelt weitmündig, schwach gefurcht, Deckel kegelförmig, mit krummem, feinem Schnabel, so
lang oder länger als die Urne. Ring 2reihig, sich ablösend.
Peristom gelbbraun.

In Wäldern an Abhängen, bisher nur aus den Gegenden näher der Küste.
Herbst.

Westpreussen: Karthaus: bei Kossl! und Babenthal! Danzig: bei Mattemblewo! Elbing: im Pfarrwald (Hohendorf) und Vogelsang (Janzen).

β. *curvata* Schimp. Gewöhnlich etwas grösser und kräftiger. Blätter
länger, stärker sichelförmig verbogen und an der Spitze etwas
gezähnt. Kapsel fast aufrecht, weniger hochrückig, stärker gestreift, trocken stärker gefurcht. Oft mit der Stammform gemischt und wohl kaum scharf von ihr zu unterscheiden.

Westpreussen: Danzig: bei Mattemblewo! Putzig: bei Nadolle!

56. *D. cerviculata* Schimp. Zweihäusig. In ausgedehnten, dichten,
gelbgrünen Rasen. Stengel bis 15 mm hoch, aufrecht, rund.
Blätter aus halbscheidiger Basis rinnig-pfriemenförmig, schwach
gezähnelt, mehr oder weniger einseitswendig, trocken nicht oder
wenig gekräuselt; Rippe sehr breit. Männliche Blüthen an besonderen Rasen. Stiel 10—15 mm lang, gelbgrün, unten rechts,

oben links gedreht. Kapsel geneigt, dick eiförmig, kurzhalsig mit Kropf, kleinmündig, ungestreift, erst gelblich, dann bräunlich, trocken längsfaltig. Deckel schief geschnäbelt, so lang oder länger als die Urne. Ring fehlt. Peristom gelbbraun.

Auf Torfboden, überall häufig. Sommer.

Westpreussen: Tuchel (Grebe). Schwetz! Konitz (Lucas). Pr. Stargard (Ilse). Karthaus! Danzig! Neustadt! Putzig! Strasburg! Marienwerder! Rosenberg! Löbau! Stuhm! Elbing (Janzen).

Ostpreussen: Braunsberg (Seydler). Heiligenbeil (Seydler). Pr. Eylau (Janzen). Königsberg! Lyck (Sanio). Memel!

57. *D. heteromalla* Schimp. Zweihäusig. In ziemlich dichten, schön grünen, glänzenden Rasen. Stengel bis über 2 cm hoch, rund, aufrecht. Blätter aus lanzettlicher, am Rande oft gezähnter Basis lang rinnen-pfriemenförmig, an der Spitze scharf gezähnt, sichelförmig einseitswendig verbogen; Rippe breit, bis zur Spitze gehend und diese ausfüllend. Männliche Pflanzen meist mit den weiblichen gemischt. Perichätialblätter aus langscheidiger Basis kurz pfriemenförmig. Stiel bis 2 cm lang, gelbgrün, hin- und hergeschlängelt; trocken unten rechts, oben links gedreht. Kapsel aus engem Halse eiförmig, geneigt, gelbroth, glänzend, entdeckelt schiefmündig, gefurcht. Deckel aus kegelig gewölbter Basis schief geschnäbelt, so lang als die Urne. Peristom braunroth.

In Wäldern, meist sehr häufig. Herbst.

Westpreussen: Schwetz (Hennings). Konitz (Lucas). Karthaus! Danzig! Neustadt! Strasburg! Marienwerder! Rosenberg! Löbau! Stuhm! Elbing (Janzen).

Ostpreussen: Pr. Eylau (Janzen). Braunsberg (Seydler). Königsberg! Lyck (Sanio).

β. *sericea* H. Müll. Rasen sehr locker, seidenglänzend. Stengel bis 3 cm hoch. Blätter wenig einseitswendig, fast am ganzen Rande stark gezähnt.

Westpreussen: Neustadt: an festen Sandwänden in Schluchten unter Hoch-Redlau!

γ. *interrupta* Br. eur. Rasen ziemlich dicht, dunkelgrün. Stengel bis über 3 cm hoch, verästelt, die Aeste die Kapsel erreichend, unterbrochen einseitswendig beblättert.

Westpreussen: Danzig: an der Königshöhe bei Jäschkenthal!

58. *D. hybrida* Sanio. Geschlechtspflanze der der *D. heteromalla* gleichend, Sporogonium dem von *D. cerviculata*, nur grösser. Hier liegt vielleicht die Bildung eines Bastardsporogoniums vor.

Ostpreussen: Fischhausen: an einem torfigen Grabenufer in der Kapornschen Heide in Gesellschaft der oben genannnten Arten bei Vierbrüderskrug (Sanio).

16. Dicranum Hedw.

Kräftige Moose in mehr oder weniger dichten Rasen. Stengel meist aufrecht, im Querschnitt rundlich 3kantig. Blätter aus lanzettlicher Basis verlängert pfriemenförmig, rinnig bis röhrig-hohl, meist sichelförmig einseitswendig. Rippe stark, meist auslaufend, unterseits meist konvex und mehrreihig gefurcht, zuweilen mit Längslamellen. Blattflügelzellen differenzirt, in der Mitte des Blattes die Zellen meist lang bis linear, meist getüpfelt. Perichätialblätter scheidig zusammengewickelt. Stiel stets aufrecht, zuweilen mehrere in einem Perichätium. Scheidchen cylindrisch. Kapsel entweder aufrecht, regelmässig cylindrisch, oder geneigt, etwas gebogen, immer kurzhalsig. Deckel lang geschnäbelt. Ring vorhanden oder fehlend. Peristomzähne bis zur Mitte 2schenklig; trocken aufrecht mit eingekrümmten Spitzen. Haube kapuzenförmig, am Grunde glatt.

A. Eudicranum.

Blattzellen meist getüpfelt. Kapsel geneigt und gekrümmt. Nächst den Polytrichen zu den grössten und kräftigsten unter den Acrocarpen gehörend.

59. *D. spurium* Hedw. Zweihäusig. Rasen locker, ausgedehnt, gelb- oder braungrün, unten dicht rostfilzig. Stengel 2—6 cm hoch, aufrecht, nach oben schopfig beblättert. Blätter abstehend, trocken einwärts gebogen, mit gedrehter Spitze, stark querwellig, aus hohler, eilänglicher Basis lineal-lanzettlich zugespitzt, am Rande bis zur Mitte gesägt, an der Unterseite gegen die Spitze durch spitz-mamillöse Zellen rauh. Rippe kräftig, unter der Spitze verschwindend. Blattflügelzellen doppelschichtig, die mittleren Blattzellen linear und getüpfelt, gegen die Spitze klein und unregelmässig, quadratisch und 3eckig. Männliche Blüthen auf kleinen, knospenförmigen, im Wurzelfilz des Stengels nistenden Pflänzchen. Perichätialblätter langscheidig, an der Spitze schwach ausgerandet und stachelspitzig. Stiel einzeln, bis 3 cm lang, dünn, gelblich, trocken links gedreht. Kapsel aus schwach-kropfiger Basis bogig geneigt, fast walzenförmig, grünlichbraun, gestreift, entleert längsfaltig, unter der Mündung verengt. Deckel mit abwärts gebogenem Schnabel, am Rande crenulirt, so lang als die Urne. Ring 1reihig, sich ablösend. Peristom rothgelb. Sporen bräunlichgrün, papillös.

In Kiefernwäldern, bis jetzt erst im äussersten Westen und im äussersten Osten der Provinzen gefunden.

Westpreussen: Dt. Krone: im Klotzow (Retzdorf). Tuchel: bei Schwiedt (Grebe).

Ostpreussen: Darkehmen: Erlenbruch bei Nicklausen (Kühn).

60. *D. Bergeri* Bland. Zweihäusig. Dichtrasig, gelbgrün bis braun- und schwarzgrün, stark verfilzt. Stengel bis 20 cm lang, aufrecht, braunfilzig, büschelig beblättert. Blätter aufrecht abstehend, meist etwas einseitswendig, trocken anliegend, mit gedrehter Spitze, querwellig, breit lanzettlich mit stumpflicher Spitze, meist bis zur Mitte gesägt; Rippe unter der Spitze verschwindend, glatt, zuweilen am Ende unterseits gezähnt. Blattflügelzellen 2 schichtig, die andern Zellen bis gegen die Mitte linealisch, oberwärts unregelmässig, quadratisch, 3 eckig, länglich durcheinander, alle getüpfelt und nicht papillös. Männliche Blüthen wie bei dem vorigen. Perichätialblätter langscheidig, tief ausgerandet, mit pfriemlicher Spitze. Stiel bis 5 cm lang, einzeln, dünn und zart, gelblichgrün, trocken links gedreht, Kapsel eiwalzenförmig, etwas gekrümmt, geneigt bis fast aufrecht, olivenfarbig, gestreift, entleert unter der Mündung nicht verengt, schwach gefurcht. Ring 1 reihig. Deckel aus kegelförmig gewölbter Basis geschnäbelt, am Rande gekerbt, fast so lang als die Urne. Peristom lang, zerbrechlich, gelbbräunlich.

In Torfmooren und Waldbrüchen verbreitet. Sommer.

Westpreussen: Schwetz! Schlochau (Grebe). Danzig! Neustadt! Marienwerder! Rosenberg! Löbau! Stuhm!

Ostpreussen: Osterode! Pr. Eylau (Janzen). Friedland (Janzen). Königsberg (Sanio). Lyck (Sanio). Oletzko (Sanio).

61. *D. undulatum* Ehrh. Zweihäusig. Meist noch kräftiger als das vorige, in grossen, hell- bis gelblichgrünen, lockeren Rasen. Stengel bis 20 cm lang, stark, dicht braun- oder weissfilzig. Blätter abstehend und oft etwas einseitswendig, stark querwellig, lanzettlich, lang pfriemlich zugespitzt, bis unter die Mitte scharf gesägt; Rippe schmal, vor der Spitze verschwindend, an der Unterseite 2—4 flügelig. Blattflügelzellen 2 schichtig, die übrigen Zellen alle langlineal und getüpfelt. Männliche Blüthen wie bei den vorigen. Perichätialblätter an der abgerundeten Spitze kurz pfriemlich. Stiele zu 2—6 aus einem Perichätium, bis 5 cm lang, dünn, gelblichgrün; trocken unten rechts, oben links gedreht. Kapsel walzenförmig, gekrümmt, übergeneigt, olivenfarbig, trocken mässig gefurcht. Deckel aus breitgewölbter Basis geschnäbelt, am Rande glatt, so lang als die Urne. Ring fehlt. Peristom roth.

In feuchten Wäldern und am Rande der Waldbrüche häufig. Nur im Nordwesten, schon bei Danzig seltener; scheint im grössten Theil des Putziger Kreises zu fehlen. Sommer.

Westpreussen: Schwetz! Konitz (Lucas). Pr. Stargard (Ilse). Karthaus! Danzig! Putzig: bei Heisternest! und Hela! Thorn (Nowicki). Strasburg! Graudenz (Peil). Marienwerder! Rosenberg! Löbau! Stuhm!

Ostpreussen: Osterode! Braunsberg (Seydler). Heiligenbeil (Seydler). Heilsberg (Rosenbohm). Ortelsburg (Schultz). Pr. Eylau (Janzen). Friedland (Janzen). Fischhausen (Sanio). Königsberg! Labiau (Casp.). Lyck (Sanio). Pillkallen (Abromeit). Memel (Knoblauch).

62. *D. palustre* Br. eur. Zweihäusig. Locker-rasig, gelbgrün bis gelbbräunlich. Stengel über 10 cm lang, ziemlich dünn, mit braunem oder weissem Wurzelfilz. Blätter aufrecht abstehend, mehr oder weniger einseitswendig, lanzettlich, mehr oder weniger querwellig, gegen die Spitze scharf gesägt; Rippe schmal, weit unter der Spitze verschwindend, unterseits gegen die Spitze zuweilen 2reihig gezähnelt. Blattflügelzellen 2schichtig, die übrigen Zellen alle langlineal und getüpfelt. Männliche Blüthen wie bei den vorigen. Perichätialblätter langscheidig, an der abgerundeten, grobgezähnten Spitze kurz pfriemlich. Stiele einzeln, seltener zu 2, bis 5 cm lang, dünn, oben gelbgrün, unten röthlich, trocken links gedreht. Kapsel länglich walzenförmig, wenig gekrümmt, hellbraun, undeutlich gestreift, trocken gefurcht, unter der Mündung verengt. Deckel aus gewölbter Basis geschnäbelt, so lang als die Urne, am Rande glatt. Ring fehlt. Peristom gelbroth. Haube lang, zuweilen den Stiel oben umfassend.

In Brüchen und sumpfigen Wiesen, nicht selten, selten fruchtbar. Sommer.

Westpreussen: Danzig! Neustadt! Putzig! Strasburg (Hielscher). Marienwerder! Rosenberg! Löbau! Stuhm!

Ostpreussen: Braunsberg! Fischhausen (Sanio). Mohrungen (Seydler). Königsberg (Sanio). Lyck (Sanio). Angerburg (Czekaj). Darkehmen (Czekaj). Stallupönen! Tilsit! Heydekrug! Memel (Knoblauch). Braunsberg (Seydler). Heiligenbeil (Seydler).

63. *D. majus* Sm. Zweihäusig. Locker-rasig, schön grün, glänzend. Stengel bis über 10 cm lang, meist aufsteigend, mit weissem Wurzelfilz. Blätter aus ovaler Basis sehr lang pfriemenförmig, ausgezeichnet sichelförmig einseitswendig, von der Mitte aufwärts scharf gezähnt, an der Spitze fast dornzähnig; Rippe austretend, unterseits durch mehrere Reihen spitz-mamillöser Zellen gefurchtgezähnt. Blattflügelzellen mehrschichtig, nicht gebräunt, alle übrigen Zellen langlinealisch und stark getüpfelt. Männliche Blüthen auf schlankeren Pflanzen, oder auch als Knöspchen im Wurzelfilz nistend. Perichätialblätter langscheidig, an der stumpfen, grob gezähnten Spitze durch die austretende Rippe kurzspitzig. Stiele bis 4 cm lang, dünn, grünlichgelb, geschlängelt, selten einzeln, meist zu mehreren, trocken rechts

gedreht. Kapsel fast wagerecht geneigt, eilänglich, hochrückig, grünlichbraun, ungestreift; trocken schwach längsfurchig und unter der Mündung verengt. Deckel aus konischer Basis lang geschnäbelt, so lang als die Urne, am Rande glatt. Ring fehlt. Peristom rothbraun.

In schattigen Wäldern. Im Innern der Provinzen selten, häufig im Nordwesten. Sommer.

Westpreussen: Karthaus: im Mirchauer Forst! und Forstbelauf Bülow! Danzig: Olivaer Forst! und bei Pelonken! Neustadt: bei Neustadt! Rekau! Kölln! Pretoschin (Lützow). Putzig: bei Zawada! und Krockow! Graudenz: im Stadtwalde (Scharlock).

Ostpreussen: Pr. Eylau: im Knautener Walde (Janzen). Lyck: im Kozakowy Walde (Sanio).

64. *D. scoparium* Hedw. Zweihäusig. Locker oder dichtrasig, gelblich-, dunkel- bis bräunlichgrün. Stengel bis über 10 cm lang, aufrecht oder aufsteigend, dünn, stärker oder schwächer wurzelfilzig. Blätter aus lanzettlichem Grunde mehr oder weniger lang pfriemenförmig, mehr oder weniger scharf gegen die Spitze gesägt, mehr oder weniger sichelförmig einseitswendig oder gerade, aufrecht abstehend, trocken zusammengelegt ihre Richtung behaltend; Rippe die Spitze erreichend oder dicht unter ihr aufhörend, unterseits mit 2 oder mehr gesägten Lamellen. Blattflügelzellen 2 schichtig, gebräunt, die übrigen Zellen meist linearlänglich, dicht getüpfelt. Männliche Blüthe gipfelständig auf schlankeren, niedrigeren Pflanzen, oder auch als Knöspchen im Wurzelfilz nistend. Perichätialblätter langscheidig, an der abgerundeten Spitze mit pfriemlichem Spitzchen. Stiel bis 5 cm lang, in der unteren Hälfte roth, ziemlich stark, einzeln, sehr selten ausnahmsweise zu 2, trocken links gedreht. Kapsel walzenförmig, geneigt gekrümmt, braun, weder gestreift noch gefurcht. Deckel aus kegelförmiger Basis lang geschnäbelt, so lang als die Urne, Rand glatt. Ring fehlt. Peristom purpurroth. Haube bis zum Grunde der Kapsel reichend.

Bemerkungen: Eins der gemeinsten Moose in allen Wäldern, tritt aber in so verschiedener Tracht auf, dass ich glaube, es werde bei eingehender Erforschung doch zur Aufstellung verschiedener Arten kommen, trotzdem der anatomische Bau bei allen Formen ein sehr übereinstimmender ist. Dass die Formen nicht blos durch den Standort bedingt werden, beweist der Umstand, dass an ganz gleichen Standorten ganz verschiedenartige Formen neben einander wachsen. Ich unterscheide vorläufig 8 bei uns vorkommende Varietäten, von denen ich nicht alle mit den Varietäten der Autoren in Uebereinstimmung bringen kann, da sich ohne Originalexemplare oder Abbildungen kein sicheres Urtheil bilden lässt.

α. *curvulum* Brid. Gewöhnlich gross, mit aufsteigendem Stengel.

Blätter sehr lang, mit schmaler, scharf gesägter Spitze, stark und gleichmässig sichelförmig einseitswendig gebogen. Sehr an *D. majus* erinnernd und bei oberflächlicher Betrachtung sogar leicht damit zu verwechseln.

Eine der selteneren Formen.

Westpreussen: Karthaus: Forstbelauf Ostroschken! Danzig: bei Pelonken! und Mattemblewo! Neustadt: bei Kl. Katz! Thorn (Nowicki). Marienwerder: bei Rachelshof! Elbing: im Grenzgrund!

Ostpreussen: Pr. Eylau: im Warschkeiter Walde (Janzen). Lyck: im Milchbuder Forst (Sanio). Braunsberg (Seydler).

β. *compactum* m. In hohen, durch sehr starken, braunen Wurzelfilz zusammengehaltenen Polstern. Blätter alle sichelförmig einseitswendig, mit ziemlich breiter, stark gezähnter und etwas abgerundeter Spitze. Zellen der Blattspitze fast rhombisch.

An feuchten Waldplätzen zwischen Steinen, selten.

Westpreussen: Karthaus: an Waldquellen bei Kolano!

Ostpreussen: Lyck: im Baraner Forst (Sanio).

γ. *interruptum* m. = *recurvatum* Schimp.? In dichten, wenig verfilzten Polstern, Stengel meist gabelig getheilt, unterbrochen beblättert. Blätter ziemlich lang, mit grob gesägter Spitze, mehr oder weniger sichelförmig einseitswendig.

Zerstreut, an den Standorten oft die vorherrschende Form.

Westpreussen: Marienwerder: bei Sedlinen! Neudörfchen! und Kröxen! Karthaus: bei Kolano!

Ostpreussen: Ortelsburg (Abromeit). Fischhausen: in der Kapornschen Heide (Sanio). Königsberg: in der Wilky, bei Trutenau, Grünbaum, Kleinheide und Steinbeck (Sanio). Lyck: im Baraner Forst (Sanio). Darkehmen: im Laninker Forst (Czekaj). Mohrungen (Seydler).

δ. *medium* m. In wenig verfilzten Polstern. Stengel gleichmässig beblättert. Blätter mittelmässig lang, mit grobgesägter Spitze, mehr oder weniger, oft sehr wenig sichelförmig verbogen.

Scheint mir die gewöhnlichste Form zu sein.

Westpreussen: Karthaus! Danzig! Neustadt! Rosenberg! Löbau!

Ostpreussen: Lyck (Sanio).

ε. *subintegrum* m. In wenig verfilzten Polstern. Stengel gleichmässig beblättert. Blätter allseitig abstehend, selten etwas sichelförmig gekrümmt, mit breiter, fast ungezähnter Spitze oder einzelnen groben Sägezähnen. Zellen der Blattspitze lang.

Nicht gerade häufig.

Westpreussen: Danzig: bei Heubude! und Pelonken! Neustadt: bei Wahlendorf (Lützow).

Ostpreussen: Lyck (Sanio).

ζ. *paludosum* Schimp. In hohen, kräftigen, ziemlich stark verfilzten Polstern. Stengel gleichmässig beblättert. Blätter wenig abstehend und selten etwas einseitswendig, an der grobgesägten Spitze etwas wellig gekräuselt.

An sumpfigen Stellen. Wird leicht mit *D. palustre* verwechselt.

Westpreussen: Dt. Krone: im Klotzow! Neustadt: bei Espenkrug! und Gr. Ottalsin! Marienwerder: bei Ruden! und Sedlinen!

Ostpreussen: Lyck: im Grabnicker Walde (Sanio).

η. *orthophyllum* Brid. In aufrechten, dicht verfilzten, hohen, gelb-grünen Polstern. Blätter aufrecht dem Stengel anliegend, nicht gebogen, mit langen, stark grobgesägten Spitzen.

An feuchten Stellen, zerstreut.

Westpreussen: Putzig: bei Karwen! Heisternest! und Hela! Marienwerder: bei Rachelshof! und Sedlinen! Löbau: bei Wischnewo!

Ostpreussen: Friedland: im Zehlaubruch (Sanio). Königsberg: in der Wilky (Sanio). Lyck: Im Mroser Walde und Zielaser Walde (Sanio).

ϑ. *turfosum* Milde. In niedrigen, aufrechten, hellgrünen Polstern. Blätter allseitig abstehend, nicht verbogen, verhältnissmässig kurz, mit ziemlich breiter, grobgesägter Spitze.

In Wäldern an feuchten Stellen und am Rande der Brüche.

Westpreussen: Danzig: bei Heubude! und Matern! Elbing: im Grenzgrund!

Ostpreussen: Pr. Eylau: Warschkeiter Forst (Janzen). Königsberg: bei Neudamm (Sanio). Lyck: im Baraner Forst, Sybba und Dallnitz (Sanio).

65. *D. tectorum* Warnst. et Klingg. In lockeren, dunkelgrünen, ganz unverfilzten Polstern. Stengel 10 mm und länger, ganz ohne Wurzelfilz, nur hin und wieder eine Wurzelfaser. Blätter aufrecht anliegend, verhältnissmässig breit, mit breiter, wie abgestutzter, fast ungezähnter Spitze oder einzelnen Sägezähnen. Zellen der Blattspitze quadratisch. Blüthen und Sporogonien unbekannt.

Westpreussen: Wurde von Probst Preuschoff auf alten Strohdächern im Elbinger Kreise in Neuendorf bei Tolkemit aufgefunden und mir mitgetheilt.

Bemerkungen: Ob das Moos mit *D. scoparium* var. *tectorum* H. Muller identisch ist, weiss ich nicht, da ich weder Originalexemplare gesehen, noch irgend eine Beschreibung gefunden habe. Jedenfalls ist es eine sehr gut unterschiedene Art.

B. Orthodicranum.

Blattzellen meist nicht getüpfelt. Blätter mehr oder weniger gekräuselt. Kapsel aufrecht und regelmässig, selten etwas gekrümmt. Mittelgrosse Moose.

66. *D. montanum* Hedw. Zweihäusig. In runden, weichen. gelb-grünen Polstern. Stengel aufrecht, bis 3 cm lang, dicht braunfilzig. Blätter abstehend, kaum einseitswendig, trocken kraus und durcheinander gedreht, aus lanzettlichem Grunde rinnig-pfriemenförmig, oberwärts unregelmässig gezähnt; Rippe flach, mit der Spitze verschwindend. Blattflügelzellen 1schichtig, die übrigen Zellen quadratisch, nach oben länglicher, schwach mamillös. Männliche Pflanzen in denselben Rasen; Blüthen

gipfelständig. Perichätialblätter langscheidig, oben pfriemenförmig. Stiel 15 mm lang, zart, gelblich, trocken rechts gedreht. Kapsel länglich walzenförmig, aufrecht, gelbgrau, an
der Mündung röthlich, undeutlich gestreift, trocken gefurcht.
Deckel aus kegelförmiger Basis lang geschnäbelt, fast so lang
als die Urne, am Rande kerbig. Ring 2 reihig. Peristom gelbroth.

In Wäldern an Baumstämmen, besonders alten Kiefern und Birken, doch
auch auf Steinen. Häufig, aber selten fruchtbar. Sommer.

Westpreussen: Tuchel (Grebe). Schlochau (Grebe). Konitz (Lucas).
Karthaus! Danzig! Neustadt! Strasburg! Marienwerder! Rosenberg! Löbau!
Ostpreussen: Osterode! Mohrungen (Seydler). Heilsberg (Seydler).
Pr. Eylau (Janzen). Friedland (Sanio). Königsberg (Sanio). Lyck (Sanio).
Angerburg (Czekaj). Darkehmen (Czekaj).

67. *D. flagellare* Hedw. Zweihäusig. In dichten, meist dunkelgrünen Polstern. Stengel bis 4 cm lang, aufrecht, dicht mit
braunem Wurzelfilz. Blätter mehr oder weniger einseitswendig,
trocken schwach gekräuselt, aus lanzettlichem Grunde pfriemenförmig, gegen die Spitze, auch an der Rippe scharf gesägt;
Rippe unten breit, gegen die Spitze verschwindend. Blattflügelzellen 1 schichtig, die übrigen Zellen ziemlich unregelmässig, quadratisch, rectangulär und 3 eckig gemischt. Männliche Pflanzen in denselben Polstern. Perichätialblätter langscheidig, kurz pfriemenförmig gespitzt. Stiel 2 cm lang, grünlichgelb, trocken rechts gedreht. Kapsel länglich walzenförmig,
olivengrün, trocken gefurcht. Deckel aus kegelförmiger, rother
Basis mit langem, pfriemlichem Schnabel, etwas kürzer als die
Urne, am Rande gekerbt. Ring 2 reihig. Peristom gelbroth. —
An unfruchtbaren Polstern entwickeln sich häufig lange, steif
aufrechte, mit kleinen schuppenförmigen Blättern besetzte Triebe,
welche später abfallen.

In feuchten Wäldern, am Grunde der Baumstämme und am Rande der
Brüche. Nicht selten. Sommer.

Westpreussen: Tuchel (Grebe). Schwetz! Schlochau (Grebe). Konitz
(Lucas). Karthaus! Danzig! Neustadt! Strasburg! Marienwerder! Rosen-
berg! Löbau! Elbing!
Ostpreussen: Osterode! Pr. Eylau (Janzen). Braunsberg (Seydler).
Friedland (Sanio). Fischhausen (Sanio). Königsberg! Lyck (Sanio). Anger-
burg (Czekaj).

68. *D. fulvum* Hook. Zweihäusig. Locker-rasig, dunkelgrün bis
braungrün. Stengel bis 4 cm lang, kräftig, aufsteigend, unten
weiss- oder gelbfilzig. Blätter lang, allseitig abstehend oder
einseitswendig sichelförmig, trocken an der Spitze gekräuselt,
aus lanzettlicher Basis sehr lang pfriemenförmig, Rand und
Rippe weit herab gesägt; Rippe sehr breit, lang auslaufend

Blattflügelzellen 1schichtig, übrige Zellen klein, quadratisch, schwach papillös. Männliche Pflanzen in besonderen Rasen oder den weiblichen untermischt, Blüthen gipfelständig. Perichätialblätter aus hochscheidiger Basis lang pfriemenförmig. Stiel 2 cm lang, dick, gelb, trocken rechts gedreht. Kapsel schmal walzenförmig, braun, breitstreifig, trocken faltig gefurcht. Deckel geschnäbelt, halb so lang als die Urne. Ring 3reibig. Peristom purpurroth.

In Wäldern auf Steinen, sehr selten.

Westpreussen: Karthaus: im Mirchauer Forst (Lützow).

Ostpreussen: Fischhausen: in der Kapornschen Heide (Sanio). Lyck: im Baraner Forst (Sanio).

69. *D. viride* Lindbg. Zweihäusig. Polsterförmig, dunkelgrün. Stengel bis 4 cm hoch, kräftig, stark rostfilzig. Blätter sehr brüchig, aufrecht abstehend, trocken locker anliegend, an den Stengelspitzen zuweilen etwas einseitswendig, aus lanzettlicher Basis lang rinnig-pfriemenförmig, ganzrandig; Rippe breit, flach, lang auslaufend. Blattflügelzellen 1schichtig, die übrigen quadratisch, reich an Chlorophyll. Männliche Blüthen unbekannt. Perichätialblätter hochscheidig, mit kurzer Pfriemenspitze. Stiel über 2 cm lang, gelb. Kapsel klein, aufrecht, länglich und etwas gekrümmt, gelbbräunlich, ungestreift. Deckel etwas schief geschnäbelt, gelb, halb so lang als die Urne. Peristom roth.

In feuchten Wäldern auf Steinen und an Baumstämmen, selten. Bei uns bisher nur steril.

Westpreussen: Karthaus: im Forstbelauf Bülow! Löbau: bei Wischnewo! Elbing: bei Vogelsang!

Ostpreussen: Osterode: im Döhlauer Walde! und Hasenberger Walde! Lyck: im Malleschewer, Rauschendorfer und Grabnicker Walde (Sanio).

70. *D. longifolium* Ehrh. Zweihäusig. In lockeren, weissgrünen bis dunkelgrünen, etwas glänzenden, nur am Grunde durch Wurzelfilz verbundenen Rasen. Stengel bis 4 cm lang. Blätter aus lanzettlicher Basis sehr lang feinpfriemenförmig, meist ausgezeichnet sichelförmig einseitswendig, trocken nicht gekräuselt, am Rande weit herab scharf gesägt. Blattflügelzellen braun, übrige Zellen rectangulär und getüpfelt. Männliche Pflanzen mit den weiblichen gemischt, Blüthen am Stengel durch Weitersprossen desselben meist mehrere über einander. Perichätialblätter hochscheidig, kurz pfriemlich gespitzt. Stiel 15 mm lang, zart, gelb, trocken rechts gedreht. Kapsel länglich eiförmig bis walzenförmig, olivengrün, ungestreift, glatt. Deckel aus kegelförmiger Basis geschnäbelt, fast so lang als die Urne. Ring fehlt. Peristom purpurroth.

In Wäldern auf erratischen Blocken, zu unseren häufigeren felsbewohnenden Moosen gehörend. Sommer.

Westpreussen: Karthaus: bei Schneidewind! und auf dem Thurmberge! Neustadt: bei Okoniewo! Kölln! Piekelken! und Pretoschin (Lützow). Putzig: bei Rekau! Löbau: bei Wischnewo! Elbing: in den Rehbergen! **Ostpreussen:** Osterode: im Hasenberger Wald! Pr. Eylau (Janzen). Königsberg: bei Bladau und Kleinheide (Sanio). Lyck: im Kozakowi Wald, Malleschewer Wald, Milchbuder Forst, Rauschendorfer Wald und auf dem Scheidlisker Berge (Sanio).

17. Campylopus Brid.

Mittelgrosse bis kleine, in dichten Rasen auf Erde und Torf wachsende Moose. Stengel meist filzig, mit Centralstrang. Blätter aufrecht abstehend. steif; Rippe sehr breit und flach, unterseits vielfurchig bis lamellös. Blüthen 2häusig, gipfelständig. Stiel schwanenhalsartig herabgebogen. Kapsel meist regelmässig, länglich eiförmig, undeutlich gestreift, trocken tief gefurcht. Deckel aus kegelförmiger Basis geschnäbelt. Ring sich ablösend. Peristom bis zur Mitte 2schenklig. Haube kapuzenförmig, am Grunde gefranzt.

71. *C. turfaceus* Br. eur. In kleinen, schön grünen Räschen. Stengel bis 4 cm hoch, meistens viel niedriger, nur am Grunde mit braunröthlichem Wurzelfilz. Blätter aus breitlanzettlicher Basis lang borstenförmig, nur an der Spitze gezähnt, steif abstehend, zuweilen etwas einseitswendig; Rippe sehr breit, die borstenförmige Spitze ganz ausfüllend. Blattflügelzellen sich von den anderen nicht unterscheidend. Stiel bis 15 mm lang, schwanenhalsartig herabgebogen, so dass sich die Kapsel in den Schopfblättern verbirgt, trocken sich in die Höhe richtend. Kapsel länglich eiförmig, olivengrün, etwas gestreift, trocken stark gefurcht. Deckel aus kegelförmiger Basis geschnäbelt, röthlich, so lang als die Urne. Ring breit. Peristom rothgelb. Haube bis zur Kapselmitte reichend, mit zierlichen Franzen.

In Waldbrüchen und am Rande der Torfmoore, ziemlich selten. Im ersten Frühjahr.

Westpreussen: Schwetz: im Bankauer Walde (Hennings). Karthaus: im Forstbelauf Ostroschken! Danzig: bei Heubude! Neustadt: bei Gr. Katz! Marienwerder: bei Rachelshof! Rosenberg: bei Gr. Herzogswalde! Elbing: in den Rehbergen (Janzen). **Ostpreussen:** Lyck: in der Dallnitz und im Baraner Forst (Sanio). Stalluponen: im Pakledimer Moor!

18. Dicranodontium Br. eur.

In der Tracht und Lebensweise der vorigen Gattung ähnliche Moose. Stengel 3—5kantig. Blätter aus lanzettlicher Ba-is lang

pfriemenförmig, röhrig hohl. Blüthen 2häusig, gipfelständig. Stiel
bogig herabgekrümmt. Kapsel regelmässig, länglich, nicht gestreift.
Ring fehlt. Peristomzähne schmal, bis zum Grunde in 2 fadenförmige Schenkel getheilt. Haube kapuzenförmig, bis zum Grunde
der Kapsel reichend, ohne Wimpern und Franzen.

72. *D. longirostre* Schimp. In hellgrünen, glänzenden Rasen. Stengel
einige cm hoch, röthlich, mit hellrostfarbenem Wurzelfilz.
Blätter allseits abstehend, oft sichelförmig einseitswendig, leicht
abfallend, aus lanzettlicher Basis lang pfriemenförmig, am
Rande und an der Unterseite der Rippe fast bis zur Mitte
herab fein gesägt; Rippe breit und flach, den oberen Theil fast
ganz ausfüllend. Blattflügelzellen gross, wasserhell, die übrigen
rectangulär und Chlorophyll führend. Männliche Blüthen
knospenförmig, Antheridien gross, mit langen Paraphysen.
Perichätialblätter kurzscheidig, lang pfriemenförmig. Stiel 1 cm
lang, dick, gelb, herabgebogen, später geschlängelt aufrecht; trocken
unten rechts, oben links gedreht. Kapsel länglich, hellbraun,
glatt. Deckel kegelig, geschnäbelt, halb so lang als die Urne.
In Torfmooren und Waldbrüchen, sehr zerstreut und selten fruchtbar.
Westpreussen: Tuchel: am Okonin-See (Grebe). Konitz: bei Buschmühle
(Lucas). Neustadt: am Marchowie-See! Strasburg: bei Ciborz! und am Dre-
wenzufer bei Strasburg (Hielscher). Rosenberg: bei Gr. Herzogswalde!
Ra:dnitz! Stenkendorf!
Ostpreussen: Friedland: im Zehlaubruch (Sanio). Königsberg: bei Trutenau
(Sanio). Lyck: in der Dallnitz, Baraner Forst, Milchbuder Forst, Mroser Wald,
Zielaser Wald (Sanio). Pillkallen: im Kaksche Bal!

19. Trematodon Michx.

Niedrige, in Heerden wachsende Erd- und Torfmoose. Stengel
rund. Blätter ohne Blattflügelzellen, ganzrandig. Blattzellen locker,
5 und 6eckig. ohne Tüpfel. Blüthen gipfelständig, knospenförmig.
Stiel aufrecht. Kapsel mit langem, engem Hals. Ring vorhanden.
Spaltöffnungen am Halse zahlreich. Peristomzähne am Grunde in
einen niedrigen Cylinder verschmolzen, entweder ungetheilt und durchlöchert, oder bis zum Grunde fadenförmig 2schenklig. Haube
kapuzenförmig, aufgeblasen, am Grunde glatt.

73. *T. ambiguus* Hornsch. Einhäusig. Räschen gelblich- oder
bräunlichgrün. Stengel bis 10 mm hoch, aufrecht, verzweigt,
unten schwach braunfilzig. Blätter aus anliegender, eilänglicher
Basis verlängert lanzett-pfriemenförmig, abstehend, zuweilen
etwas einseitswendig; Rippe breit, den Pfriementheil ausfüllend.
Männliche Blüthen auf Seitenästen gipfelständig, mit zahlreichen

9

Antheridien und fadenförmigen Paraphysen. Perichätialblätter aus länglichem Grunde kurz pfriemenförmig. Stiel bis 3 cm lang, gelb, geschlängelt aufrecht, trocken rechts gedreht. Kapsel länglich, Hals länger als die Urne, fast kropfig, fast bogig herabgekrümmt. Ring 3reihig. Deckel aus kegeliger Basis schief geschnäbelt, so lang als die Urne. Peristom braunroth, die Zähne bis zur Basis in 2 ungleiche, fadenförmige Schenkel getheilt. Sporen ockerfarben, warzig papillös.

An Rändern von Torfmooren, selten. Sommer.

Westpreussen: Löbau: im grossen Bruch bei Waldeck!

Ostpreussen: Pillkallen: im Schorellener Forst!

7. Familie. Leucobryaceae.

Feuchtigkeit liebende, in dicken, schwammigen Polstern wachsende Erdmoose. Stengel holzig, ohne Centralstrang und ohne Wurzelfasern. Blätter mehrreihig, dicht gestellt, gleichgross, ohne Rippe und ohne Blattflügelzellen. Das Blatt besteht aus 3—8 Zellschichten, von denen ein Theil chlorophyllführend, der andere leer ist. Die innerste Schicht besteht aus kleinen, schlauchförmigen, grünen Zellen, die anderen aus grossen, leeren Zellen, deren Innenwände durch Löcher in Verbindung stehen. Blüthen knospenförmig, gipfelständig. Sporogonium wie bei *Dicranum*, aber die Kapsel ohne Spaltöffnungen.

20. Leucobryum Hampe.

Gattungsmerkmale, die der Familie.

74. *L. glaucum* Hampe. Zweihäusig. Rasen breit polsterförmig, flach oder halbkugelig, trocken fast weiss, feucht weisslichgrün. Stengel 3—15 cm hoch, schwärzlich, gabelig getheilt, sehr brüchig, dicht beblättert; wenig, blasser Wurzelfilz aus älteren Blättern und Blattspitzen. Blätter aufrecht abstehend bis schwach einseitswendig, eilanzettförmig, stumpf, hohl, oben fast röhrig. Männliche Pflanzen meist in besonderen, niedrigen Rasen mit sternförmig ausgebreiteten Schopfblättern; Antheridien kurz gestielt, Paraphysen kurz, fadenförmig. Perichätialblätter halbscheidig, lang zugespitzt. Stiele einzeln, selten zu 2 aus einem Perichätium, 10—15 mm lang, aufrecht, purpurroth; trocken unten rechts, oben links gedreht. Kapsel aus schwach kropfigem Halse geneigt, eilänglich, gekrümmt, kastanienbraun, mit 8 vorspringenden Längsstreifen, trocken stark gefurcht. Deckel aus breit kegeligem Grunde pfriemenförmig, so lang

oder länger als die Urne. Ring fehlt. Peristomzähne bis zur Mitte in 2 lanzettpfriemliche Schenkel getheilt, braunroth. Haube kapuzenförmig, aufgeblasen, fast bis zum Grunde der Kapsel reichend.

An feuchten Stellen in Wäldern, überall gemein, aber ziemlich selten fruchtbar. Spätherbst.

Westpreussen: Tuchel (Brick). Schwetz! Konitz (Lucas). Karthaus! Danzig! Neustadt! Thorn (Nowicki). Strasburg! Marienwerder! Rosenberg! Löbau! Stuhm! Elbing!

Ostpreussen: Braunsberg (Seydler). Heiligenbeil (Casp.). Ortelsburg (Schultz). Pr. Eylau (Janzen). Königsberg! Labiau! Lyck (Sanio). Darkehmen (Kühn). Tilsit!

8. Familie. Fissidentaceae.

Rasenbildende Erd-, Fels- und Wassermoose. Stengel im Querschnitt stets oval, Verzweigung unregelmässig. Blätter genau 2zeilig, halbstengelumfassend, mit einem vertikalen, die eigentliche Blattfläche zuweilen an Grösse übertreffenden Fortsatz, der sich auf der Rückenfläche derselben als Dorsalflügel herunterzieht. Blattzellen parenchymatisch, gleichmässig rundlich sechseckig, chlorophyllreich. Blüthen knospenförmig, entweder gipfelständig oder auf kürzeren Seitenzweigen. Antheridien walzenförmig, kurzgestielt, Paraphysen spärlich und kurz. Kapsel aufrecht oder geneigt, regelmässig oder symmetrisch, nicht gestreift und nicht gefurcht. Peristom einfach, 16zähnig. Haube klein, glatt, entweder konisch oder kapuzenförmig.

21. Fissidens Hedw.

Stengel mit Centralstrang. Fortsatz des Blattes so lang oder wenig länger als die Blattfläche. Peristom vollständig entwickelt; Zähne 2schenklig, trocken knieförmig einwärts gebogen. Kapsel mit Spaltöffnungen.

a. Sporogonium gipfelständig.

75. *F. bryoides* Hedw. Einhäusig. Heerdenweise, schön grün. Stengel höchstens 10 mm hoch, meist viel niedriger, aufsteigend oder niedergebogen, oft mit Sprossen am Grunde. Blattfortsatz zungen-lanzettförmig, meist mit Stachelspitze, so lang oder wenig länger als das Blatt, Dorsalflügel den Blattgrund erreichend Blattsaum meist vor der Spitze erlöschend; Rippe austretend. Männliche Blüthen als kleine, gestielte Knospen in den Blattachseln, Antheridien zu 4—6 ohne Paraphysen. Stiel bis 10 mm lang, roth. Kapsel aufrecht oder etwas geneigt, kurzhalsig, oft beinahe regelmässig, bräunlichgrün, trocken unter der Mündung

verengt. Deckel kegelförmig, schief geschnäbelt, halb so lang als die Urne, röthlich. Ring 2 reihig, gelblich. Peristom purpurn. Haube klein, kapuzenförmig.

Unter Gebüsch, nicht selten. Winter.

Westpreussen: Konitz (Lucas). Danzig: bei Mattemblewo! Marienwerder! Rosenberg: bei Gr. Herzogswalde! Löbau: bei Wischnewo! Stuhm: bei Paleschken! Marienburg: bei Tannsee (Preuschoff). Elbing (Janzen).

Ostpreussen: Pr. Eylau (Janzen). Königsberg: in der Wilky und bei Friedrichstein (Sanio). Lyck: bei Karbojin, im Schlosswald und Milchbuder Forst (Sanio).

76. *F. incurvus* Schwägr. Zweihäusig. Heerdenweise, meist etwas röthlich angeflogen. Grösse wie bei dem vorigen. Stengel niedergebogen, ohne Sprosse am Grunde, röthlich. Blattfortsatz lang und schmal, messerförmig, so lang oder wenig länger als das Blatt, scharf zugespitzt mit Stachelspitze, Dorsalflügel den Blattgrund erreichend; Blattsaum gelb, den ganzen Fortsatz bis zur Spitze umgebend; Rippe röthlich, austretend. Männliche Blüthen auf besonderen Stämmchen endständig, knospenförmig. Stiel aus geknieter Basis gegen 10 mm lang, röthlich. Kapsel geneigt bis horizontal, länglich, hochrückig, trocken unter der Mündung nicht verengt. Deckel kegelförmig, schief gespitzt, halb so lang als die Urne. Ring 2 reihig, gelblich. Peristom roth. Haube klein, kapuzenförmig.

Wie das Vorige, aber etwas seltener.

Westpreussen: Löbau: bei Wischnewo! Stuhm: bei Paleschken! Elbing: bei Vogelsang (Kalmuss).

Ostpreussen: Pr. Eylau: bei Schmoditten (Janzen). Lyck: im Schlosswald (Sanio).

77. *F. pusillus* Wils. Zweihäusig. Heerdenweise, grün. Stengel sehr kurz, mit wenigen Blattpaaren. Blattfortsatz meist einseitswendig, schmal lanzettlich, scharf zugespitzt, länger als das Blatt, Dorsalflügel kaum den Blattgrund erreichend; Rippe und Saum vor der Spitze verschwindend. Männliche Pflänzchen sehr klein, Blüthen knospenförmig. Stiel 2—3 mm lang, gelblich. Kapsel aufrecht und regelmässig, oder geneigt, oval, trocken unter der Mündung verengt. Deckel kegelig, gerade oder schief geschnäbelt, kürzer als die Urne, roth. Ring 2 reihig. Peristom gelbroth. Haube klein, kapuzenförmig.

Sehr selten.

Westpreussen: Neustadt: auf einem Stein im Steinkruger See!

Ostpreussen: Pr. Eylau: auf einem feucht liegenden Ziegelstein bei Heinriettenhof (Janzen).

78. *F. Bloxami* Wils. Zweihäusig. Heerdenweise, gelbgrün. Stengel sehr niedrig mit wenigen Blattpaaren. Blattfortsatz länger als

das Blatt, Dorsalflügel nicht bis zum Grunde reichend, alle ungesäumt, Blattränder durch mamillöse Zellen gekerbt; Rippe dick, gelblich, mit der Spitze endend. Männliche Pflanzen knospenförmig, winzig. Stiel bis 5 mm lang, gelbröthlich. Kapsel aufrecht und regelmässig, länglich eiförmig, trocken unter der Mündung stark verengt. Deckel kurz geschnäbelt, röthlich. Ring 2reibig. Peristom roth. Haube kapuzenförmig.

Sehr selten.

Westpreussen: Elbing (Janzen).

Ostpreussen: Königsberg: am Landgraben (Sanio).

79. *F. osmundoides* Hedw. Zweihäusig. In dichten, lebhaft grünen Rasen. Stengel 1—4 cm hoch, unten rothfilzig. Blätter vielpaarig, Fortsatz zungenförmig, stumpflich mit Stachelspitzchen kürzer als das Blatt, Dorsalflügel breit, an der Basis abgerundet; alle Ränder ungesäumt, durch vortretende Zellen gekerbt; Rippe unter der Spitze erlöschend. Männliche Pflanzen schlanker. Stiel 10—15 mm lang, roth. Kapsel aufrecht oder geneigt, eiförmig bis länglich, regelmässig oder symmetrisch, trocken weitmündig. Deckel aus wenig gewölbter Basis gerade oder schief geschnäbelt, fast so lang als die Urne. Ring schmal, 1reihig. Peristom purpurroth. Haube kegel-mützenförmig. am Grunde mehrlappig, wenig unter den Deckel reichend.

Auf Torfmooren, zerstreut. Herbst.

Westpreussen: Tuchel· am Bering See (Grebe). Schlochau: im Düstern Spring (Grebe). Neustadt: bei Kielau! und am Wittstock See! Rosenberg: bei Gr. Herzogswalde! und Raudnitz! Löbau: bei Wischnewo!

Ostpreussen: Mohrungen (Kalmuss). Königsberg (Sanio). Lyck: im Milchbuder Forst, Baraner Forst, Grabnikor Wald und Zielaser Wald (Sanio). Stallupönen: im Pakledimer Moor!

b. Sporogonium seitenständig.

80. *F. adiantoides* Hedw. Zweihäusig. In lockeren, dunkelgrünen Rasen. Stengel bis 10 cm lang, aufsteigend, unten rothfilzig, aus den Achseln der mittleren Blätter sprossend. Blätter vielpaarig, trocken einseitswendig, Fortsatz lanzettlich zugespitzt, mit breitem, hellem Streif um den Rand, Dorsalflügel breit, bis zum Grunde reichend; Ränder nicht gesäumt, spitz gezähnt; Rippe vor der Spitze verschwindend. Männliche Blüthen knospenförmig, in den Blattachseln. Weibliche Blüthe als Knöspchen in den Achseln der mittleren Stengelblätter. Perichätialblätter scheidig, mit schmalem Fortsatz und Dorsalflügel. Stiel 1—2 cm lang, roth. Kapsel geneigt, länglich eiförmig, etwas gebogen. dunkelbraun. Deckel aus gewölbter Basis schief geschnäbelt.

so lang als die Urne. Ring schmal, 1 reihig. Peristom purpurroth. Haube kapuzenförmig, $1/_3$ der Kapsel deckend.

In Torfbrüchen und feuchten Wäldern, nirgend selten. Spätherbst.

Westpreussen: Karthaus! Danzig! Neustadt! Thorn (Nowicki). Marienwerder! Rosenberg! Löbau! Stuhm! Elbing!

Ostpreussen: Königsberg (Sanio). Lyck (Sanio). Angerburg (Czekaj).

81. *F. decipiens* Not. Zweihäusig. Rasen dichter, bräunlichgrün. Stengel bis 5 cm lang. Blattfortsatz etwas länger als das Blatt, mit breitem, gelblichem Streif um den Rand, fast gleichbreit, zugespitzt, Rand grob und ungleich gezähnt; Rippe gegen die Spitze erlöschend. Blüthen knospenförmig in den Achseln der Blätter unter der Mitte des Stengels. Stiel 1 cm lang, roth. Kapsel kleiner als bei vorigem. Deckel roth gerandet, schief geschnäbelt, so lang als die Urne. Peristom purpurroth. Haube kapuzenförmig, $1/_3$ der Kapsel deckend.

Auf feuchtliegenden Steinen, selten.

Westpreussen: Neustadt: bei Schmelz!

Ostpreussen: Lyck, bei Rauschendorf und im Malleschöfer Walde (Sanio).

82. *F. taxifolius* Hedw. Einhäusig. Räschen locker, dunkelgrün. Stengel 1—2 cm hoch, am Grunde büschelästig. Blätter vielpaarig; Blattfortsatz kürzer als das Blatt, stumpflich, durch die auslaufende Rippe stachelspitzig, mit schmalem, hellem Streif um den Rand; Dorsalflügel ziemlich breit; alle Blattränder ungesäumt, gesägt. Männliche Blüthen knospenförmig, am Grunde des Stengels; weibliche tief unten am Stengel. Stiel 10—15 mm lang, etwas hin und hergebogen, gelbroth. Kapsel fast horizontal, länglich, weitmündig. Deckel aus gewölbter Basis schief geschnäbelt, so lang als die Urne. Ring schmal, 1 reihig. Peristom purpurroth. Haube kapuzenförmig, die halbe Kapsel deckend.

Auf Lehmboden unter Gebüsch, verbreitet. Herbst.

Westpreussen: Schwetz! Danzig! Marienwerder! Rosenberg! Löbau! Stuhm! Marienburg (Preuschoff). Elbing!

Ostpreussen: Lyck (Sanio).

22. Conomitrium Mont.

Stengel ohne Centralstrang. Blattfortsatz mehrmals länger als das Blatt. Blüthen achselständig. Kapsel ohne Spaltöffnungen. Peristom unvollständig entwickelt. Haube kegelförmig, ungetheilt.

83. *C. Julianum* Mont. Einhäusig. Im Wasser fluthend, dunkelgrün. Stengel bis 5 und mehr cm lang, fadenförmig, mit sich ablösenden Seitenzweigen. Blätter locker gestellt, sehr lang, linealisch, stumpflich, ganzrandig, ungesäumt, Fortsatz 2- bis 3mal so

lang als das Blatt, Dorsalflügel nicht bis zum Grunde reichend; Rippe ziemlich weit vor der Spitze verschwindend. Männliche Blüthen knospenförmig in den Blattachseln. Weiblicher Blüthenast lang, mit schuppenförmigen Blättern und zwei Hüllblättern. Stiel kaum 1 mm lang, gelb, bei der Reife über dem Scheidchen abbrechend. Kapsel klein, regelmässig, länglich eiförmig, entdeckelt becherförmig, weitmündig. Deckel kegelförmig, länger als die Urne. Haube kegelförmig, kürzer als der Deckel.

In Seen, bisher nur im nordwestlichen Gebiet.

Westpreussen: Karthaus: im Niemino See bei Liszniewo (Casp.). Neustadt: im Espenkruger und Steinkruger See (Lützow).

9. Familie. Distichiaceae.

Stengel im Querschnitt oval, genau 2 zeilig beblättert. Blätter aus anliegender, scheidiger Basis sehr lang rinnen-pfriemenförmig. Blattzellen im Scheidentheil fast linear, im Pfriementheil quadratisch und mamillös. Blüthen endständig. Kapsel glatt. Peristom einfach, 16 zähnig, Zähne bis zum Grunde 2 schenklig, oft aber die Schenkel verbunden bleibend und nur unterbrochene Längsspalten zeigend, schräg gestreift. Haube kapuzenförmig.

23. Distichium Br. eur.

Gattungsmerkmale, die der Familie.

84. *D. capillaceum* Br. eur. Einhäusig. Rasen dicht, grün, seidenglänzend. Stengel bis 6 cm lang, aufrecht, mit langen, schlanken Sprossen, hoch herauf mit rostbraunem Wurzelfilz. Blätter mit halbstengelumfassender, weisser Scheide, Pfriementheil durch die mamillösen Zellen rauh, nur an der äussersten Spitze etwas gezähnt; Rippe breit. Männliche Blüthen knospenförmig auf Trieben am Grunde des Stengels, oder nackte Antheridien in den Blattachseln unter der weiblichen Blüthe. Stiel 1—2 cm lang, dünn, roth; trocken unten rechts, oben links gedreht. Kapsel aufrecht, regelmässig, selten etwas gekrümmt, fast walzenförmig, braun, entleert glänzend. Deckel klein, stumpf kegelig. Ring 3 reihig. Peristom gelbroth.

In Wäldern an sandig-kalkigen Abhängen. im Innern des Gebiets wohl selten, häufiger im Nordwesten. Sommer.

Westpreussen: Tuchel (Grebe). Karthaus: am Brodno See! und bei Kolano! Putzig: bei Rixhöft! Graudenz: bei Graudenz (Scharlock).

85. *D. inclinatum* Br. eur. Einhäusig. In kleinen, dunkelgrünen Räschen. Stengel 2 cm hoch, nur am Grunde wurzelfilzig. Blätter kürzer und schmäler als beim vorigen und weniger

rauh. Blüthenstand wie bei vorigem. Stiel 1—2 cm lang, rottrocken unten rechts, oben links gedreht. Kapsel stark geneih bis horizontal, eiförmig, hochrückig, entleert glänzend kastanien; braun. Deckel klein, kegelig. Peristom blutroth. Ring 3reihig.

Auf Torfboden, sehr selten Sommer.

Westpreussen: Neustadt: an Bülten im Gdinger Moor!

10. Familie. Leptotrichaceae.

Mittelgrosse bis ziemlich kleine Erdmoose. Stengel im Querschnitt 3kantig oder rundlich 5kantig, mehrreihig beblättert. Blätter aus lanzettlicher Basis meist lang pfriemenförmig. Blattzellen glatt, auch oberwärts meist verlängert rectangulär. Blüthen gipfelständig, knospenförmig. Kapsel meist aufrecht, meist glatt. Peristom einfach, 16zähnig, Zähne bis zur Basis in 2 fadenförmige, papillose Schenkel getheilt, nicht gesäumt. Haube kapuzenförmig.

24. Leptotrichum Hampe.

Rasen meist niedrig, mehr oder weniger glänzend. Stengel dünn. Blätter aus breitem, nicht scheidigem Grunde meist lang rinnigpfriemenförmig, aufrecht abstehend bis einseitswendig, trocken straff oder wenig verbogen; Rippe breit und flach. Kapsel aufrecht oder wenig geneigt, regelmässig oder schwach gekrümmt, kurzhalsig, engmündig.

86. *L. tortile* Hampe. Zweihäusig. In kleinen, gelbgrünen, lockeren Rasen. Stengel bis 10 mm hoch, aufrecht, gabelig getheilt. Blätter allseitig abstehend, meist etwas einseitswendig verbogen; trocken aufgerichtet und etwas gewunden; aus kurzer, breiter Basis lanzett-pfriemenförmig, am Rande leicht umgebogen, an der Spitze scharf gezähnt; Rippe auslaufend. Männliche Pflanzen mit den weiblichen gemischt. Perichätialblätter aus halbscheidigem Grunde pfriemenförmig. Stiel 10—15 mm lang, straff, unten röthlich, oben gelblich; unten rechts, oben unter der Kapsel einmal links gedreht. Kapsel aufrecht oder selten schwach gekrümmt, walzenförmig, hellbraun. Deckel $1/3$ so lang als die Urne, schief kegelig, stumpf, Deckelzellen in rechtsaufsteigenden Schrägereihen. Ring 1- und 2reihig. Peristom roth, Zähne feucht steif aufrecht, trocken etwas links gedreht. Haube bis unter die Mitte der Kapsel reichend.

Auf sandig kiesigem Boden, an Abhängen und an Hohlwegen in Wäldern. Sehr verbreitet. Spätherbst.

Westpreussen: Koritz (Lucas). Karthaus! Danzig! Neustadt! Strasburg! Marienwerder! Rosenberg! Lobau! Stuhm! Elbing (Janzen).

Ostpreussen: Pr. Eylau (Janzen). Königsberg (Sanio). Lyck (Sanio).

β. *pusillum* Hampe. Kleiner. Blätter aufrecht abstehend, kürzer. Rippe nicht auslaufend. Perichätialblätter höher scheidig. Stiel kürzer. Kapsel länglich eiförmig. Deckel verhältnissmässig länger. Haube bis zum Kapselgrunde reichend.

Westpreussen: Rosenberg: bei Gr. Herzogswalde! Lobau: bei Wischnewo!

Ostpreussen: Königsberg (Sanio).

γ. *majus* m. Sehr ausgezeichnet durch seine bedeutendere Grösse.

Bemerkungen: Gleicht fast ganz einem Moose, welches ich aus Westfalen von H. Müller als *L. caginans* Sull. erhalten habe. Originalexemplare von Sullivant überzeugten mich aber, dass es diese Art nicht sein kann. Sehr auffallend unterscheidet sich mein Moos auch durch die frühe Sporenreife, schon im August, und ist sehr der weiteren Beobachtung und Untersuchung zu empfehlen.

Westpreussen: Karthaus: im Forstbelauf Bulow!

87. *L. homomallum* Hampe. Zweihäusig. In lockeren, reingrünen Rasen. Stengel bis 15 mm hoch, meist gabelig getheilt. Blätter allseitig abstehend, oberwärts meist einseitswendig, aus kurzer, eiförmiger Basis sehr lang flachrinnig-pfriemenförmig, ganzrandig, Rand nicht umgebogen; Rippe breit, den oberen Pfriementheil ausfüllend. Männliche Pflanzen mit den weiblichen gemischt. Perichätialblätter aus scheidigem Grunde sehr lang pfriemenförmig. Stiel 1—2 cm lang, bis unter die Kapsel purpurroth; trocken unten rechts, oben links gedreht. Kapsel aufrecht, eilänglich, selten etwas gekrümmt, braun. Deckel klein, $1/4$ der Urne lang, schief kegelig. Ring 2reibig. Peristom röthlichbraun. Haube nicht bis zur Mitte der Kapsel reichend.

In Wäldern an Hohlwegen, bis jetzt nur an wenigen Orten gefunden. Herbst.

Westpreussen: Danzig: im Jäschkenthaler Walde! und im Olivaer Forst bei Pulvermühle! und in der Kesselkaule! Neustadt: bei Piekelken! Elbing: bei Vogelsang (Janzen).

88. *L. flexicaule* Hampe. Zweihäusig. Rasen dicht, rostroth verfilzt, gelblich- oder bräunlichgrün. Stengel 4—5 cm hoch, aufrecht, gleichhoch ästig, bis oben mit Wurzelfilz. Blätter allseits aufrecht abstehend oder etwas einseitswendig, aus lanzettlichem Grunde lang und spitz-pfriemenförmig, flachrinnig, am Rande nicht umgeschlagen, an der Spitze gezähnt; Rippe sehr breit und flach, auslaufend. Männliche Pflanzen mit den weiblichen gemischt. Perichätialblätter bis zur Mitte scheidig. Stiel 2 cm lang, purpurroth, oben gelblich; trocken unten rechts, oben links gedreht. Kapsel aufrecht oder etwas geneigt, eilänglich, rothbraun. Deckel

kegelförmig, schief, fast geschnäbelt, halb so lang als die Urne.
Ring 3reihig. Haube bis unter die Mitte der Kapsel reichend.

Ostpreussen: Tilsit: nur steril von mir gefunden auf dem Rombinus!

89. *L. pallidum* Hampe. Einhäusig. In hellgrünen oder gelblichen
Räschen. Stengel kaum 5 mm hoch, meist einfach. Blätter
aufrecht abstehend oder etwas einseitswendig, trocken steif aufrecht, aus eiförmiger Basis sehr lang und fein, rinnig-pfriemenförmig, am Rande rings bis zur Mitte gesägt, Blattrand nicht
umgebogen; Rippe sehr breit, austretend. Männliche Blüthen
knospenförmig, in den Achseln der Schopfblätter. Perichätialblätter mit halbscheidiger Basis. Stiel bis 4 cm lang, glänzend
gelb; trocken unten rechts, oben links gedreht. Kapsel aufrecht,
länglich eiförmig, eng- und schiefmündig, hellbraun mit 4 dunkeln,
breiten Längsstreifen, trocken geneigt und längsfaltig. Deckel
schief kegelförmig, die Zellreihen schräg nach rechts aufsteigend.
Ring 1—2reihig. Peristom röthlich, trocken etwas links gewunden. Haube bis zur Mitte der Kapsel reichend.

In trockenen Wäldern auf kahlen Plätzen, selten. Sommer.

Westpreussen: Tuchel: bei Pilla (Grebe). Löbau: bei Wischnewo!
Nach Weiss auch Danzig: bei Ottomin.

25. **Trichodon** Schimp.

Stengel sehr niedrig. Blätter aus halbscheidigem Grunde sparrig
abstehend, lang und schmalpfriemenförmig, trocken gekräuselt. Kapsel
sehr schmal walzenförmig, gekrümmt. Peristomzähne mit fadenförmigen, trocken oben hakenförmig eingekrümmten Schenkeln.

90. *T. cylindricus* Schimp. Zweihäusig. Heerdenweise, hellgrün.
Stengel wenige mm lang, sehr dünn, aufsteigend. Blätter aus
anliegender, halbscheidiger Basis lang rinnig-pfriemenförmig,
sparrig abstehend, verbogen, trocken gekräuselt, Ränder nicht
zurückgerollt; Rippe flach, den oberen Pfriementheil ausfüllend,
unterseits gezähnt. Männliche Blüthen gipfelständig, knospenförmig. Perichätialblätter den übrigen sehr ähnlich. Stiel bis
über 2 cm lang, sehr dünn, gelblich; unten rechts, oben links
gedreht. Kapsel schmal walzenförmig, etwas gekrümmt, gelbröthlich, glatt, im Alter fast horizontal stehend. Deckel schief-
kegelig, $1/4$ so lang als die Urne. Ring 3reihig. Peristom
gelbroth. Haube bis zur Kapselmitte reichend.

In Wäldern in feuchten Schluchten, sehr selten. Frühjahr.

Westpreussen: Danzig: bei Mattemblewo in der Schlucht an der Chaussee
nach Goldkrug!

Ostpreussen: Pr. Eylau: im Warschkeiter Forst (Janzen). Lyck: im
Schlosswald (Sanio).

11. Familie. Ceratodontaceae.

Mittelgrosse Moose. Stengel 3—5kantig, mehrreihig beblättert. Blätter eilanzettlich, spitz, nicht scheidig und nicht pfriemenförmig; Rippe stark. Blattzellen rundlich-quadratisch, dickwandig, glatt. Blüthen gipfelständig, männliche fast kopfförmig, vielblättrig. Perichätialblätter scheidig zusammengewickelt. Kapsel symmetrisch, mit Längsstreifen und Längsfurchen. Peristom einfach, 16zähnig, Zähne 2schenklig, gesäumt, trocken oben hakig eingekrümmt. Haube kapuzenförmig.

26. Ceratodon Brid.

Gattungsmerkmale. die der Familie.

91. *C. purpureus* Brid. Zweihäusig. In verbreiterten Rasen oder in Polstern, schmutzig grün bis braun. Stengel bis 3 cm und darüber lang, aufrecht oder aufsteigend, dünn, gabelästig, unten schwach wurzelhaarig. Blätter abstehend. trocken locker anliegend, länglich-lanzettlich, gekielt. mit zurückgerolltem Rande, an der Spitze schwach gezähnt; Rippe mit der Spitze verschwindend oder kurz austretend. Blattzellen quadratisch, dickwandig, glatt, chlorophyllreich. Perichätialblätter gross, scheidig zusammengerollt. mit kürzerer oder längerer Spitze. Stiel $1\frac{1}{2}$ bis 3 cm lang, meist purpurroth, aber auch gelblich; trocken unten rechts, oben links gedreht. Kapsel geneigt bis horizontal, schief, länglicheiförmig, kurzhalsig, glänzend röthlichbraun, mit 4 dunkeln Längsstreifen, trocken 4—8faltig, mit wulstigem Kropf gegen den Stiel abgesetzt. Deckel kegelförmig. viel kürzer als die Urne, am Rande kerbig. Ring 2—3reihig. Peristom purpurroth, gelb gesäumt. Haube bis zur Kapselmitte reichend. Frühjahr.

Westpreussen: Dt. Krone! Tuchel (Brick). Schwetz! Schlochau! Konitz (Lucas). Pr. Stargard! Berent! Karthaus! Danzig! Neustadt! Putzig! Thorn (Nowicki). Strasburg! Graudenz! Marienwerder! Rosenberg! Lobau! Stuhm! Elbing!

Ostpreussen: Osterode! Braunsberg (Seydler). Heiligenbeil (Seydler). Heilsberg (Seydler). Pr. Eylau (Janzen). Friedland (Sanio) Fischhausen! Königsberg! Labiau! Lyck (Sanio). Stallupönen! Pillkallen! Ragnit! Tilsit! Heydekrug! Memel!

Bemerkungen: Ueberall das gemeinste Moos, auf jedem Substrat vorkommend, ausgenommen Wasser und glatte Rinden; daher sehr vielgestaltig und sehr einer eingehenderen Beobachtung und Untersuchung zu empfehlen. Sicher würden sich dabei konstante Merkmale verschiedener Formen herausstellen.

12. Familie. Pottiaceae.

Kleine und mittelgrosse Erd-, Felsen- und Rindenmoose. Stengel gabelig oder büschelig verästelt. Blätter mehrreihig, ei-spatelförmig bis lanzettlich-linealisch; Rippe kräftig, meist auslaufend. Blattzellen parenchymatisch, unten meist durchscheinend, oben chlorophyllreich und meist warzig papillös. Blüthen mit wenigen Ausnahmen gipfelständig. Paraphysen fadenförmig, selten mit etwas angeschwollener Endzelle. Kapsel regelmässig, aufrecht, selten etwas geneigt, zuweilen schwach gekrümmt, von kugelig bis walzenförmig, kurzhalsig. Deckel meist geschnäbelt. Mittelsäulchen dünn. Peristom einfach, selten fehlend, 16 zähnig, oder aus 32 fadenförmigen Zähnen bestehend, die als die Schenkel von 16 zu betrachten sind. Haube fast ausnahmslos kapuzenförmig, meist glatt, selten papillös.

27. Pterygoneuron Jur.

Kleine Erdmoose. Stengel meist einfach, mit rundem Querschnitt. Blätter hohl, aus schmalem Grunde verkehrt eiförmig; Rippe als wasserhelles Haar auslaufend, auf der Innenseite über der Mitte mit 2 bis mehr Längslamellen. Kapsel kurzgestielt, regelmässig, ohne Hals. Deckel geschnäbelt, mit schräg nach rechts verlaufenden Zellreihen. Peristom meist fehlend. Haube mützen- oder kapuzenförmig.

92. *P. subsessile* Jur. Einhäusig. In kleinen, graugrünen Häufchen. Stengel wenige mm hoch, einfach oder gabelig getheilt. Blätter verkehrt eiförmig, hohl, mit gegen die Spitze schwach gezähnten Rändern; Rippe in ein längeres oder kürzeres, weisses Haar auslaufend, mit 2 etwas gezähnten Längslamellen. Blattzellen unten rectangulär und wasserhell, oben grün, dickwandig und unterseits papillös. Antheridien achselständig in den Schopfblättern, Paraphysen fadenförmig. Stiel sehr kurz, meist gerade. Kapsel fast kugelförmig, zwischen den Perichätialblättern versteckt, rothbraun. Deckel aus flachgewölbter Basis lang geschnäbelt. Ring und Peristom fehlen. Haube mützenförmig, mehrfach geschlitzt.

Ostpreussen: Königsberg: an einem Grabenufer bei Brandenburg (Hübner).

93. *P. cavifolium* Jur. Einhäusig. In hellgrünen Räschen. Stengel bis 4 mm hoch, einfach oder gabelästig. Blätter sich dachziegelartig deckend, verkehrt eiförmig, hohl, ganzrandig; Rippe als weisses Haar auslaufend, mit 4 und mehr Längslamellen, welche auf den Seiten Aussprossungen tragen. Blattzellen unten

rectangulär, durchsichtig, oben quadratisch, grün, nicht papillös.
Männliche Blüthen am Fusse des Stengels, mit 1—2 rippen-
losen Deckblättchen, Paraphysen keulig. Stiel bis 5 mm lang,
bräunlich. Kapsel eiförmig, kastanienbraun, trocken runzelig.
Deckel flach gewölbt, mit pfriemlichem, gebogenem Schnabel.
Ring und Peristom fehlen. Haube kapuzenförmig, bis zur
Mitte der Kapsel reichend.

Auf kalkig-thonigem Boden, nicht häufig, aber an den Standorten zahlreich. Frühjahr.

Westpreussen: Konitz: bei Sandkrug (Lucas). Karthaus: bei Ostroschken
(Klatt). Danzig: auf der Königshöhe bei Jäschkenthal! Marienwerder: bei
Ziegelscheune! und Liebenthal! Stuhm: bei Paleschken! und Christburg
(Kalmuss).

Ostpreussen: Lyck (Sanio).

28. Pottia Ehrh.

Kleine Erdmoose. Stengel niedrig, im Querschnitt rund. Blätter
eilänglich bis spatelförmig, gekielt; Rippe ohne Lamellen, meist auslaufend. Blattzellen unten lang rectangulär. durchscheinend, oben
4—6seitig, beiderseits warzig, selten glatt. Kapsel aufrecht und
regelmässig, mehr oder minder eiförmig. Deckel meist schief geschnäbelt. Ring vorhanden oder fehlend. Peristom oft fehlend oder
unvollkommen entwickelt, bestehend aus 16 flachen, längsdurch-
brochenen Zähnen. Haube kapuzenförmig.

94. *P. minutula* Br. eur. Einhäusig. Heerdenweise, bräunlichgrün. Stengel sehr kurz, wenige mm lang. Blätter abstehend,
länglich lanzettlich, ganzrandig; Rippe als kleines Spitzchen
austretend. Blattzellen warzig-mamillös. Antheridien ohne
Paraphysen und Deckblättchen, in den Achseln der oberen
Blätter. Stiel bis 5 mm lang, röthlich, trocken rechts gedreht.
Kapsel aufrecht, kurz eiförmig, lichtbraun, entleert weitmündig.
Deckel stumpf kegelförmig. Ring und Peristom fehlen. Haube
an der Spitze schwach papillös.

Auf Brachäckern und an Grabenufern, selten. Winter.

Westpreussen: Marienwerder: bei Mareese! Rosenberg: bei Gramten! und
Gr. Herzogswalde!

95. *P. truncata* Lindbg. Einhäusig. Heerdenweise oder in kleinen,
grünen Räschen. Stengel bis 5 mm hoch, einfach oder ästig.
Blätter aufrecht abstehend, eiförmig bis spatelförmig, ganzrandig,
selten undeutlich gezähnt; Rippe als kurze Stachelspitze austretend. Blattzellen am Grunde rectangulär, durchsichtig. oben
6eckig, grün, kaum warzig. Männliche Blüthen knospenförmig,
achselständig, ohne Paraphysen. Stiel bis 8 mm lang, roth,

trocken rechts gedreht. Kapsel aufrecht, verkehrt eiförmig, braun, entdeckelt weitmündig. Deckel aus flach gewölbter Basis schief geschnäbelt, halb so lang als die Urne. Ring sich nicht ablösend. Peristom fehlt. Haube zuweilen am Grunde mehrfach geschlitzt, glatt, bis zur Basis der Kapsel reichend.

Auf Aeckern und an Wiesenrändern, in den meisten Gegenden häufig, in anderen seltener. Winter.

Westpreussen: Konitz (Lucas). Karthaus! Danzig! Marienwerder! Rosenberg! Löbau! Stuhm! Elbing (Janzen).

Ostpreussen: Pr. Eylau (Janzen). Königsberg! Lyck (Sanio).

96. *P. intermedia* Fürnr. Einhäusig. Der vorigen sehr ähnlich, aber in allen Theilen grösser. Stengel bis 12—15 mm hoch. Kapsel verkehrt eilänglich bis fast walzenförmig, braun, entdeckelt nicht weitmündig, trocken runzelig. Deckel fast von der Länge der Urne. Haube die halbe Kapsel deckend, am Grunde nicht geschlitzt.

Wie die vorige. Winter und Frühjahr.'

Westpreussen: Schwetz (Hennings). Danzig! Marienwerder! Rosenberg! Löbau! Stuhm! Elbing!

Ostpreussen: Pr. Eylau (Janzen). Königsberg (Sanio). Lyck (Sanio).

97. *P. lanceolata* C. Müll. Einhäusig. In lockeren, grünen Räschen. Stengel bis 6 mm hoch. Blätter aufrecht abstehend, länglich spatelförmig, zugespitzt; Rand bis gegen die schwach gezähnte Spitze stark umgerollt; Rippe als gelbgrünes oder braunes, gebogenes Spitzchen austretend. Obere Blattzellen schwach warzig. Männliche Blüthen knospenförmig in den Achseln der oberen Blätter, ohne Paraphysen. Stiel bis 10 mm lang, roth; trocken unten rechts, oben links gedreht. Kapsel aufrecht, eilänglich bis fast walzenförmig, braun, an der Mündung etwas verengt. Deckel aus kegeliger Basis kurz und schief geschnäbelt; Zellreihen schräge nach rechts aufsteigend. Ring sich unvollständig lösend. Peristom vorhanden, Zähne bleich röthlich, breit, in der Mitte durchbrochen und an der Spitze 2—3theilig. Haube meist glatt, bis zur Kapselmitte reichend.

Aehnlich wachsend wie die vorigen, aber bei uns selten. Frühjahr.

Westpreussen: Danzig: bei Danzig (Klinsmann). Marienwerder: am Ufer der Weichsel gegenüber Kurzebrack!

Ostpreussen: Königsberg: bei Lapsau (Sanio).

* *P. Heimii* Br. eur. Polygam. In lockeren, bleichgrünen bis bräunlichgrünen Rasen. Stengel 1—2 cm hoch. Untere Blätter breit lanzettlich, obere schopfig ausgebreitet, länglich lanzettlich, lang zugespitzt, gegen die Spitze sägezähnig, Rippe roth, meist mit der Spitze endend. Obere Blattzellen warzig mamillös.

Männliche, weibliche und Zwitterblüthen gipfelständig, Paraphysen fast keulenförmig. Stiel bis 10 mm lang, purpurroth; trocken am Grunde rechts, höher links gedreht. Kapsel aufrecht, länglich, mit deutlichem Halse, kastanienbraun, an der Mündung nicht erweitert. Deckel flach gewölbt, schief geschnäbelt, von halber Urnenlänge, nach der Entdeckelung noch von dem sich streckenden Säulchen getragen. Ring unvollkommen sich ablösend. Peristom fehlt, selten angedeutet. Haube kapuzenförmig, glatt.

Bemerkungen: Diese seltenere Art führt Weiss als von ihm im Danziger Kreise bei Kahlbude gefunden an. Ich habe dort sehr eifrig danach gesucht, aber nichts gefunden. Das wäre nun durchaus kein Grund, an ihrem dortigen Vorkommen zu zweifeln, aber es ist sehr unwahrscheinlich, dass dieses salzliebende Moos an einer Oertlichkeit vorkommen sollte, wo nicht eine einzige Salzpflanze zu finden ist, weit eher wäre es in der Nähe des Strandes zu erwarten. Weiss' Angabe beruht wahrscheinlich auf einem Irrthum.

29. Didymodon Hedw.

Mittelgrosse Erd- und Felsenmoose. Blätter meist aus breiter Basis lanzettförmig, gekielt, am Rande stets umgerollt; Blattrippe kräftig. Blattzellen klein, rundlich quadratisch. Paraphysen fadenförmig. Kapsel aufrecht, länglich bis walzenförmig, kurzhalsig, ungestreift. Deckel kegelig und geschnäbelt. Ring fehlt. Peristom 16 zähnig, Zähne flach und schmal, ungetheilt oder längsdurchbrochen oder bis zur Basis fast fadenförmig 2 schenklig, doch die Schenkel paarweise genähert. Haube kapuzenförmig, glatt, hinfällig.

98. *D. rubellus* Br. eur. Zwitterig. In lockeren, braungrünen Rasen. Stengel bis 2 cm hoch, im Querschnitt rund, verzweigt, mit wenig Wurzelfilz. Blätter unten rothbraun, oben gelblichgrün, aus breitem, fast halbscheidigem, röthlichem Grunde linienlanzettförmig, gekielt, mit eingerollten Rändern, sparrig abstehend, trocken gekräuselt; Rippe vor der Spitze verschwindend. Blattzellen unten lang und durchsichtig, oben 6 seitig, dichtwarzig. Zwitterblüthen knospenförmig, gipfelständig, mit gelbbräunlichen, fadenförmigen Paraphysen. Stiel bis 15 mm und darüber lang, purpurroth, trocken rechts gedreht. Kapsel eilänglich bis walzenförmig, nach der Mündung etwas verschmälert, röthlichbraun. Deckel schief kegelig, $1/3$ so lang als die Urne, Zellen in geraden Reihen. Peristomzähne gelblich oder röthlich, sehr hinfällig.

An Hohlwegen auf der Erde, zwischen Baumwurzeln, auch auf Steinen. Scheint allgemein verbreitet. Sommer.

99. *D. luridus* Hornsch. Zweihäusig. In braungrünen Räschen. Stengel 1 cm und darüber hoch. Blätter aufrecht abstehend, eilanzettlich, spitz, Rand bis gegen die Spitze zurückgerollt, ganzrandig; Rippe kräftig, in der Spitze endend. Blattzellen überall dickwandig, rundlich quadratisch, nicht warzig. Männliche Blüthen gipfelständig, knospenförmig. Stiel 1 cm lang, roth, trocken rechts gedreht. Kapsel aufrecht, länglich bis walzenförmig, lichtbraun. Deckel spitz und schief kegelig, kurz, Zellreihen gerade verlaufend. Peristom hinfällig, Zähne blassröthlich, lanzettlich-linealisch, ganz oder getheilt.

Westpreussen: Graudenz: an den Mauern der Schlossruine Rehden (Lützow), steril.

100. *D. rigidulus* Hedw. Zweihäusig. In dichten, schmutzig braungrünen Rasen. Stengel bis 3 cm hoch, rund. Blätter aufrecht abstehend, trocken eingebogen und gedreht, aus breitem Grunde lanzettlich, lang stumpflich zugespitzt, ganzrandig, Rand eingerollt; Rippe kräftig, mit der Spitze erlöschend, selten austretend. Blattzellen am Grunde rectangulär, durchscheinend, höher oben quadratisch, derbwandig, mehr oder minder papillös. Männliche Blüthen gipfelständig, knospenförmig. Stiel 10 mm lang, roth, trocken rechts gedreht. Kapsel aufrecht walzenförmig, rothbraun. Deckel kurz kegelig, zugespitzt, Zellreihen steil nach rechts gedreht. Peristomzähne gelbroth, bis fast zum Grunde in fadenförmige Schenkel getheilt.

Westpreussen: Marienwerder: an den Steinen einer kleinen Brücke bei Sandhübel! steril.

30. Trichostomum Hedw.

Mittelgrosse Erd- und Felsenmoose. Stengel aufrecht, meist gabelig getheilt, rund. Blätter trocken meist kraus, Schopfblätter grösser, meist lang und schmal; Rippe kräftig, selten austretend. Blattzellen oben klein und rundlich, beiderseits papillös, an der Basis rectangulär und meist durchsichtig. Blüthen gipfelständig. Stiel aufrecht und lang. Kapsel aufrecht, selten etwas geneigt, regelmässig. Deckel kegelig, geschnäbelt. Ring unvollständig ausgebildet. Peristom 16 zähnig, Zähne meist aufrecht und papillös, bis zur Basis in 2 fadenförmige, nicht knotige Schenkel getheilt. Haube kapuzenförmig, glatt.

101. *T. cylindricum* C. Müll. Zweihäusig. Rasen locker, weich, gelbgrün oder dunkelgrün. Stengel bis 2 cm hoch. Blätter

unten lanzettlich, entfernt gestellt, Schopfblätter bedeutend grösser, aus aufrechter Basis geschlängelt abstehend, trocken gekräuselt und brüchig, schmal lanzettlich-linealisch, zugespitzt; Rand flach, schwach wellig und fein gekerbt, an der Spitze mit einzelnen Zähnchen; Rippe mit der Spitze endend oder kurz austretend. Blattzellen am Grunde wasserhell, oben grün und stark warzig. Stiel 1—2 cm lang, unten röthlich, oben gelb, trocken rechts gedreht. Kapsel aufrecht, schmal walzenförmig, gerade oder etwas gekrümmt, hellbraun, entleert längsfurchig. Deckel aus kegelförmiger Basis pfriemenförmig, halb so lang als die Urne. Peristom gelbroth.

In Wäldern auf Steinen, sehr selten und bis jetzt bei uns nur steril.

Westpreussen: Karthaus: im Mirchauer Forst (Lützow).

Ostpreussen: Angerburg: im Stadtwalde (Czekaj).

31. Tortella C. Müll.

Kräftige Erd- und Felsenmoose. Stengel aufrecht, gabelästig, mit rostbraunem Wurzelfilz, dicht und oben schopfig beblättert. Blätter aus weissglänzender Basis weit abstehend, trocken sehr kraus, lang lanzettlich-linealisch, am Rande wellig, meist ganzrandig. Rippe kräftig, austretend. Zellen der Blattbasis und des sich hinaufziehenden Randsaumes durchsichtig, lang, zartwandig, obere Zellen rundlich-quadratisch, chlorophyllreich, auf beiden Seiten warzig-papillös. Blüthen knospenförmig, gipfelständig, Paraphysen fadenförmig. Perichätialblätter wenig verschieden. Kapsel aufrecht oder geneigt, ei-länglich bis walzenförmig, kurzhalsig. Peristom mit sehr niedriger basaler Röhre, die 32 fadenförmigen Peristomzähne frei, papillös, 1- bis mehrmals linksgewunden. Haube kapuzenförmig, lang geschnäbelt, glatt.

102. *T. tortuosa* Limpr. Zweihäusig. In dichten, polsterförmigen, gelbgrünen bis dunkelgrünen Rasen. Stengel bis 5 cm lang und länger, ohne Centralstraug, gabeltheilig, mit dichtem, rostfarbenem Wurzelfilz. Blätter gedrängt, geschlängelt abstehend, trocken eingekrümmt und sehr kraus, lanzettlich-linealisch, allmählig schmal zugespitzt, kielig hohl, flachrandig, warzig kerbig; Rippe gelb und sehr kräftig. Perichätialblätter halbscheidig, anliegend. Stiel 2—3 cm lang, unten roth, oben gelblich, trocken rechts gedreht. Kapsel aufrecht, eilänglich bis walzenförmig, grünlichgelb. Deckel kegelförmig, roth, halb so lang als die Urne. Ring fehlt. Peristomzähne roth, 3 mal links gewunden.

In Wäldern auf Steinen, bisher selten und nur steril gefunden.

Westpreussen: Tuchel: bei Golombeck (Grebe). Karthaus: bei Kolano!

32. Barbula Hedw.

Mittelgrosse, in Rasen wachsende Erdmoose. Stengel gabelästig. Blätter eilänglich bis verlängert lanzettlich-linealisch, trocken nicht kraus, Rand zurückgerollt, selten flach; Rippe kräftig. Blatt, mit Ausnahme des Blattgrundes, beiderseits meist dicht papillös. Blüthen gipfelständig, knospenförmig, Paraphysen fadenförmig. Stiel lang und gerade. Kapsel aufrecht, eilänglich bis walzenförmig, selten etwas gekrümmt. Deckel kegelförmig, geschnäbelt. Peristom mit niedriger basaler Röhre, die 32 fadenförmigen Peristomzähne 1—4 mal links gewunden. Haube kapuzenförmig, lang geschnäbelt.

103. *B. unguiculata* Hedw. Zweihäusig. In lockeren oder dichten, hellgrünen Rasen. Stengel bis 2 cm und darüber hoch, aufrecht, gabelästig, nur am Grunde mit Wurzelhaaren. Blätter aufrecht abstehend, trocken niemals gekrümmt, aus eiförmiger Basis länglich lanzettförmig, mit stumpfer Spitze, schwach kielig, Rand bis oberhalb der Blattmitte umgerollt; Rippe kräftig, als kurzes Stachelspitzchen vortretend. Zellen des Blattgrundes verlängert, durchscheinend, die oberen rundlich quadratisch, dickwandig, papillös. Männliche Pflanzen mit den weiblichen gemischt, schlanker. Perichätialblätter wenig verschieden von den anderen. Stiel 1—2 cm lang, unten purpurroth, oben gelblich, trocken rechts gedreht. Kapsel vom länglich eiförmigen bis zum walzenförmigen Umriss wechselnd, selten etwas gekrümmt. Deckel kegel-pfriemenförmig, etwas gekrümmt, über halb so lang als die Urne, röthlich. Ring fehlt. Peristomzähne purpurroth, 3—4 mal links gewunden, Haube 1/3 der Kapsel deckend.

Auf thonigem und sandigem Boden, überall gemein. Sehr vielgestaltig und daher wohl nur als Collectivspecies zu betrachten, die sich bei eingehenderer Untersuchung wohl noch spalten dürfte. Winter.

Westpreussen: Tuchel (Grebe). Schwetz! Konitz (Lucas). Karthaus! Danzig! Neustadt! Marienwerder! Rosenberg! Löbau! Stuhm! Elbing (Janzen). **Ostpreussen:** Osterode! Pr. Eylau (Janzen). Königsberg! Lyck (Sanio). Ragnit (Abromeit).

104. *B. fallax* Hedw. Zweihäusig. Lockere, dunkelgrüne bis braune Rasen bildend. Stengel bis 2 cm und höher, einfach oder gabelästig, nur am Grunde bewurzelt. Blätter zurückgekrümmt abstehend, trocken aufgerichtet und gegeneinander gekrümmt, aus breiter Basis linien-lanzettförmig und allmählig zugespitzt, gekielt, mit zurückgerolltem Rande; Rippe kräftig, in der Spitze endend, nicht austretend. Zellen am Blattgrunde kurz rectangulär, durchsichtig, die übrigen rundlich, dickwandig,

beiderseits papillös. Männliche Pflanzen schlanker, häufig in besonderen Rasen. Perichätialblätter aus halbscheidigem Grunde lanzettlich-linealisch und zurückgebogen. Stiel 1½ cm lang, purpurroth, trocken rechts gedreht Kapsel walzenförmig, an der Mündung verschmälert, selten etwas gekrümmt. Deckel kegel-pfriemenförmig, gerade oder etwas gekrümmt, roth, so lang als die Urne. Ring fehlt. Peristomzähne 3—4mal links gewunden, gelbbraun, papillös und früh abfallend. Haube ⅓ der Kapsel deckend.

Wie die vorige, ebenso gemein und ebenso vielgestaltig, daher auch wohl eine Collectivspecies. Winter.

Westpreussen: Tuchel (Grebe). Pr. Stargard (Hohnfeldt). Danzig! Konitz (Lucas). Neustadt! Strasburg! Marienwerder! Rosenberg! Löbau! Stuhm! Elbing!

Ostpreussen: Pr. Eylau (Janzen). Königsberg! Lyck (Sanio).

105. *B. brevifolia* Schultz. Zweihäusig. In sehr dichten, ebenen, braungrünen Rasen. Stengel bis 1½ cm hoch, aufrecht, schlank, gleichhoch beästet. Blätter viel kürzer als bei der vorigen, sparrig zurückgekrümmt. Perichätialblätter weit kürzer gescheidet. Stiel unten purpurn, oben gelblich. Kapsel klein.

Noch wenig beobachtet, wahrscheinlich verbreitet, in feuchten Ausstichen. Herbst. Halte ich der so eigenthümlichen Tracht und der früheren Fruchtreife wegen für eine gut von der vorigen unterschiedene Art, die sehr der genaueren Untersuchung werth ist.

Westpreussen: Karthaus: bei Gr. Czapielken!

Ostpreussen: Lyck: bei Imionken (Sanio).

106. *B. Hornschuchiana* Schultz. Zweihäusig. In lebhaft- bis bräunlichgrünen, lockeren, leicht zerfallenden Rasen. Stengel bis 1½ cm hoch, gabelig oder büschelig getheilt. Untere Blätter klein, obere grösser, aufrecht abstehend und wenig zurückgebogen, trocken einwärts gedreht, lanzettförmig, scharf stachelspitzig, gekielt, Blattrand umgerollt; Rippe unten dünner, als Stachelspitze austretend. Alle Blattzellen grün, rundlichquadratisch, schwach papillös. Perichätialblätter grösser, aus halbscheidigem Grunde lanzettlich, flachrandig. Stiel bis 1 cm lang, unten roth, oben gelb, trocken rechts gedreht. Kapsel aufrecht, schmal eilänglich und etwas gekrümmt, braun. Deckel roth, geschnäbelt, länger als die halbe Urne. Ring 1- und 2reihig. Peristomzähne 2 mal links gewunden, gelbröthlich. Haube die Hälfte der Kapsel deckend, bräunlich.

In feuchten Ausstichen, bisher sehr selten. Herbst.

Westpreussen: Karthaus: bei Kahlbude! Elbing: auf Flössholz (Janzen).

Ostpreussen: Pr. Eylau: Berg bei Warschkeiten (Janzen).

107. *B. gracilis* Schwägr. Zweihäusig. In dunkelgrünen bis röthlich-braunen Rasen. Stengel bis 2 cm hoch, dünn, mit rother Rinde, gleichmässig beblättert. Blätter aufrecht abstehend, trocken anliegend, aus eiförmigem Grunde gleichmässig verschmälert, gekielt, mit umgerolltem Rande; Rippe kräftig, als dicke Spitze austretend. Alle Zellen dickwandig und glatt. Männliche Pflanzen meist in besonderen Rasen. Perichätialblätter aus halbscheidigem, durchscheinendem Grunde ziemlich lang zugespitzt, mit langer Granne. Stiel bis 1 cm lang, roth, trocken rechts gedreht. Kapsel aufrecht, eilänglich, braun. Deckel schief geschnäbelt, fast so lang als die Urne. Ring sich nicht lösend. Peristom gelbroth, Zähne einmal links gewunden, papillös. Haube bis fast zur Kapselmitte reichend.

Auf Heiden auf kiesigem Boden, selten. Winter.

Westpreussen: Karthaus: am Nuss-See!

Ostpreussen: Lyck (Sanio).

108. *B. convoluta* Hedw. Zweihäusig. In dichten, unten bräunlichen, oben gelbgrünen Rasen. Stengel bis 1 cm hoch, aufrecht, gabelig getheilt, unten mit Wurzelhaaren. Blätter aufrecht abstehend, trocken einwärts gebogen und schwach gedreht, länglich lanzettförmig, kurz gespitzt, oben fast zungenförmig, mit schwach gekerbtem Rande, scharf gekielt; Rippe unter der Spitze endend, am Rücken rauh. Blattzellen rundlich-quadratisch, undurchsichtig, beiderseits dicht papillös, gegen den Grund verlängert, durchscheinend. Männliche Pflanzen viel niedriger. Perichätialblätter grösser, röhrig-scheidig, tutenartig zusammengerollt. Stiel bis 2 cm lang, gelb; trocken unten rechts, oben links gedreht. Kapsel aufrecht oder schwach geneigt, eiwalzenförmig, röthlich, trocken schwärzlichbraun. Deckel kegelförmig, schief geschnäbelt, halb so lang als die Urne. Ring 4reihig, sich abrollend. Zähne des Peristoms braunroth, papillös, 3mal links gewunden. Haube bis zur Kapselmitte reichend.

Auf Torfboden, besonders kalkhaltigem, aber auch auf Sand. Zerstreut. Sommer.

Westpreussen: Thorn: bei Thorn (Nowicki). Strasburg: bei Lautenburg! Marienwerder: bei Gr. Wessel! und Eichwald! Löbau: bei Wischnewo!

Ostpreussen: Lyck: in der Dallnitz, Baraner Forst, Schlosswald, Rothes Bruch, bei Przewoda und Neuendorf (Sanio).

33. Aloina Kindbg.

Kleine Erdmoose. Stengel sehr kurz, meist einfach. Blätter starr und dick; Rippe sehr breit und flach, in der oberen Blatthälfte mit gegliederten, gabelig getheilten, grünen Zellfäden. Blüthen gipfelständig, knospenförmig, mit langen Paraphysen. Kapsel meist aufrecht, kurzhalsig. Ring vorhanden. Peristom mit niedriger Basalröhre, die 32 Zähne links gewunden. Haube langgeschnäbelt, glatt.

109. *A. rigida* Kindbg. Zweihäusig. In kleinen, dunkelgrünen Heerden. Stengel sehr kurz, wenigblättrig. Blätter aus aufrechtem Grunde abstehend, trocken gekrümmt zusammenneigend, länglich linienförmig, stumpf oder spitz, an der Spitze meist kappenförmig. Die männlichen Pflänzchen sehr klein, Paraphysen fadenförmig. Stiel bis 1 cm lang, rothbraun; unten rechts, oben links gedreht. Kapsel aufrecht, eilänglich, braun. Deckel schief geschnäbelt, halb so lang als die Urne. Ring 2—3reihig, sich abrollend. Peristomzähne röthlich, 2—3mal links gewunden. Haube die halbe Kapsel deckend.

An sandigen Abhängen, bisher sehr selten gefunden. Winter.

Westpreussen: Schwetz: an den Anhöhen des Schwarzwassers (Hennings). Löbau: bei Wischnewo! Nach Weiss bei Danzig, an einer Mauer in Langfuhr. Wird wohl eine Verwechselung sein, da das Moos kein Steinbewohner ist

34. Tortula Hedw.

Kleine Felsenmoose. Stengel kurz. Blätter eilänglich bis zungenförmig, trocken nie gekräuselt; Rippe kräftig, häufig als wasserhelles Haar auslaufend. Blüthen gipfelständig, knospenförmig, nur die männlichen zuweilen achselständig. Perichätialblätter wenig verschieden. Kapsel aufrecht, eilänglich bis walzenförmig, kurzhalsig. Deckel geschnäbelt. Peristom mit kurzer Basalröhre, die 32 Zähne 1- bis mehrmals links gewunden.

110. *T. muralis* Hedw. Einhäusig. In bläulichgrünen, grauschimmernden Polstern oder Räschen. Stengel bis 6 mm hoch, einfach oder gabelig getheilt, unten wurzelfilzig. Blätter aufrecht abstehend, trocken einwärts gebogen, anliegend und etwas gedreht, zungen-spatelförmig, stumpf, Rand oberwärts breit und straff umgerollt; durch verdickte Zellreihen gesäumt; Rippe sehr kräftig, als sehr langes, glattes, durchsichtiges Haar auslaufend. Blattzellen am Grunde verlängert, durchsichtig, oben rundlich-quadratisch, beiderseits papillös. Männliche Blüthen gipfelständig, fast scheibenförmig, oder seitenständig und knospenförmig. Stiel bis 2 cm lang, unten röthlich oben gelblich; trocken unten rechts, oben links gedreht. Kapsel aufrecht, länglich walzenförmig, etwas gekrümmt, braun. Deckel kegelförmig, $1/3$ so lang als die Urne. Ring 2reihig. Peristomzähne röthlich, 2—3mal links gewunden. Haube bis zur Hälfte der Kapsel reichend.

Auf Mauern, Steinen und Ziegeldächern, überall. Frühjahr.
Westpreussen: Schwetz! Konitz (Lucas). Danzig! Neustadt! Marienwerder!
Rosenberg! Löbau! Stuhm! Marienburg (Janzen). Elbing!
Ostpreussen: Pr. Eylau (Janzen). Braunsberg (Seydler). Königsberg!
Lyck (Sanio).

111. *T. aestiva* P. d. Beauv. Zweihäusig. In grünen, flachen Rasen.
Der vorigen sehr ähnlich, aber Blätter länger und schmäler,
linealisch-lanzettlich, Rand weniger umgerollt, breiter gesäumt;
Rippe schwächer, mit der Spitze endend oder als kurzer, gelber
Stachel auslaufend. Kapsel walzenförmig. Deckel pfriemenförmig, schief, halb so lang als die Urne. Peristomzähne nur
1 mal links gewunden. Haube ⅓ so lang als die Kapsel.

Wie die vorige und häufig mit ihr in Gesellschaft, wahrscheinlich überall,
aber bis jetzt zu wenig beachtet.

Westpreussen: Konitz (Lucas). Marienwerder! Löbau! Stuhm!

35. Syntrichia Brid.

Mittelgrosse bis grosse Erd-, Rinden- und Felsenmoose. Stengel
unten braunfilzig. Blätter breit, trocken nicht gekräuselt; Rippe
kräftig, oft als Haar auslaufend. Blattzellen meist warzig papillös.
Männliche Blüthen gipfelständig, selten seitenständig, knospenförmig.
Perichätialblätter nicht verschieden. Kapsel mehr oder weniger
walzenförmig, kurzhalsig. Peristom mit sehr hoher, getäfelter Basalröhre, die 32 Zähne mehrmals links gewunden. Haube kapuzenförmig.

112. *S. subulata* Web. et M. Einhäusig. Rasenförmig oder polsterförmig, schön grün. Stengel bis 1 cm und darüber hoch, gabelig
getheilt, am Grunde dicht bewurzelt. Blätter unten anliegend,
oben rosettenartig ausgebreitet, trocken gedreht und einwärts
gebogen, eiförmig oder ei-spatelförmig, hohl, flachrandig, selten
an der Spitze undeutlich gezähnt, gelblich gesäumt; Rippe
kräftig, als kurzes Spitzchen austretend. Blattzellen am Grunde
rectangulär und durchsichtig, oben quadratisch bis 6 seitig,
beiderseits papillös. Männliche Blüthen knospenförmig, unter
der weiblichen, mit fast keulenförmigen Paraphysen. Stiel bis
2 cm lang, gelbroth; trocken nur ganz unten rechts, oben links
gedreht. Kapsel aufrecht, lang walzenförmig, gekrümmt, braun.
Deckel kegelförmig, stumpf, ⅓ so lang als die Urne. Ring
2 reibig. Peristom bis ⅔ der Länge röhrenförmig, rautenförmig
getäfelt, blassroth; Zähne purpurroth, beinahe 2 mal links gewunden. Haube lang, etwas bauchig, bräunlich.

Auf Waldboden an Baumwurzeln, selbst an bemoosten Baumstämmen,
überall häufig. Sommer.

Westpreussen: Tuchel (Brick). Schwetz! Pr. Stargard (Ilse). Karthaus!
Danzig! Neustadt! Konitz (Lucas). Strasburg! Marienwerder! Rosenberg!
Löbau! Stuhm! Elbing!
Ostpreussen: Osterode! Pr. Eylau (Janzen). Königsberg! Lyck (Sanio).
Memel (Knoblauch). Braunsberg (Seydler). Heilsberg (Seydler).

113. *S. latifolia* Bruch. Zweihäusig. In lockeren, schmutziggrünen
Rasen. Stengel bis 8 mm lang, gabelig getheilt. Blätter abstehend, fast flach ausgebreitet; trocken locker anliegend, gefaltet, etwas gedreht, verkehrt eilänglich, oben spatelförmig,
breit abgerundet, selten kurz gespitzt; Rippe kräftig, mit der
Spitze endend, nie austretend. Blattzellen am Grunde lang,
durchsichtig, oben rundlich-6 eckig, beiderseits papillös. Männliche Blüthen unbekannt. Stiel bis 8 mm lang, gelbroth; trocken
ganz unten rechts, oben links gedreht. Kapsel aufrecht, länglich
walzenförmig, gerade oder wenig gekrümmt, braun. Deckel
lang kegelig, spitz, halb so lang als die Urne. Ring 2 oder
3 reihig. Peristom bleichroth, Röhre so lang wie die Zähne.
Zähne beinahe 2 mal links gewunden.
Nur erst 1 mal steril gefunden, gewiss nur übersehen.
Ostpreussen: Königsberg: bei Steinbeck (Sanio).

114. *S. papillosa* (Wils). Nur mit sterilen weiblichen Blüthen bekannt. In niedrigen, leicht zerfallenden, braungrünen Räschen.
Stengel bis 5 mm hoch, einfach, wenig wurzelhaarig. Blätter
aufrecht abstehend, trocken gefaltet, anliegend, einwärts gekrümmt, verkehrt eiförmig, breit spatelförmig, kurz zugespitzt,
sehr hohl; Rand flach, oberwärts umgebogen; Rippe breit, als
kurzes, wasserhelles Haar austretend; auf der Oberseite mit eiförmigen, mehrzelligen, grünen Brutkörpern besetzt, unterseits
mit langen Papillen. Zellen rundlich 6 eckig, chlorophyllreich,
nur unterseits mit Papillen.
An Alleebäumen wohl überall, bisher beobachtet:
Westpreussen: Konitz (Lucas). Danzig! Neustadt (Lützow). Marienwerder!
Ostpreussen: Königsberg (Sanio). Lyck (Sanio).

115. *S. laevipila* Schultz. Einhäusig. In lockeren, polsterförmigen,
schmutziggrünen Rasen. Stengel bis 2 cm hoch, gabelig getheilt,
unterhalb wurzelfilzig. Blätter aufrecht abstehend, schwach zurückgekrümmt, trocken gefaltet, verbogen und gedreht, ei-spatelförmig, zugespitzt oder abgerundet; Rippe braun, am Rücken
glatt, in ein langes, schwachgezähntes oder fast glattes, oberwärts weisses Haar auslaufend. Blattzellen am Grunde lang,
durchsichtig, oben quadratisch, oberseits papillös. Männliche
Blüthen knospenförmig, in den Achseln der unteren Blätter.
Stiel bis 15 mm hoch, gelbroth; am Grunde rechts, oben links

gewunden. Kapsel aufrecht, länglich walzenförmig, braun. Deckel kegel-pfriemenförmig, stumpf, $1/3$ so lang als die Urne. Ring 2reihig. Peristom mit hoher, rautig getäfelter Röhre, Zähne 3—4mal links gewunden. Haube bräunlich, bis zur Hälfte der Urne reichend.

An Baumstämmen, besonders Pyramidenpappeln, selten fruchtbar und daher von der sehr ähnlichen, viel häufigeren folgenden nicht gehörig unterschieden. Sommer.

Westpreussen: Danzig: bei Oliva! Neustadt: bei Koliebken (c. fr)! und Sagorsch (c. fr.)! Marienwerder! Rosenberg: bei Raudnitz! Löbau! Elbing: bei Elbing (c. fr.) (Janzen).

Ostpreussen: Pr. Eylau: bei Heinriettenhof (Janzen).

116. *S. pulvinata* Jur. Zweihäusig. In dichten, polsterförmigen, schmutziggrünen Rasen. Stengel bis 2 cm hoch, am Grunde wurzelfilzig. Blätter abstehend, schwach zurückgekrümmt, trocken locker anliegend und gefaltet, spatelförmig, abgerundet oder ausgerandet, schwach gekielt, mit flachem Rande; Rippe, braunroth, in ein wenig gezähntes, wasserhelles Haar auslaufend, am Rücken rauh. Zellen am Blattgrund quadratisch, mit wenig Chlorophyll, oben rundlich quadratisch, beiderseits papillös. Männliche Blüthen gipfelständig, knospenförmig. Stiel bis 15 mm lang, roth; nur am Grunde rechts, oben links gedreht Kapsel aufrecht, länglich, schwach gekrümmt, braun. Deckel kegelförmig, spitz, halb so lang als die Urne. Ring 2reihig. Peristom mit hoher, schwach getäfelter Röhre, Zähne 1mal links gewunden. Haube bis unter die Mitte der Kapsel reichend.

An Baumstämmen, alten Bretterzäunen, auch auf Steinen; überall häufig, aber bei uns bisher nur steril gefunden.

Westpreussen: Konitz (Lucas). Danzig! Neustadt! Putzig! Marienwerder! Rosenberg! Stuhm!

Ostpreussen: Königsberg (Sanio). Lyck (Sanio).

117. *S. montana* N. a. E. Zweihäusig. Rasen polsterförmig, braungrün. Stengel bis 4 cm hoch, unten stark wurzelfilzig. Blätter aufrecht abstehend, schwach zurückgebogen, trocken dicht anliegend, gefaltet, schwach gedreht, spatelförmig, abgerundet oder ausgerandet, gekielt, Rand unterhalb eingerollt, oberhalb flach; Rippe braun, in ein langes, wasserhelles, gesägtes Haar auslaufend, am Rücken rauh. Blattzellen am Grunde länglich 6seitig, durchsichtig, oben sehr klein und beiderseits papillös. Männliche Blüthen gipfelständig, knospenförmig. Stiel bis 15mm lang, roth; trocken am Grunde rechts, oben links gedreht. Kapsel aufrecht, länglich walzenförmig, leicht gekrümmt, braun. Deckel kegelförmig, spitz, über halb so lang als die Urne.

Ring 2reihig. Peristom mit hoher, bleicher, schwach getäfelter Röhre, Zähne 1mal links gewunden. Haube bis zum Grunde der Kapsel reichend, braun.

Auf Steinen, bisher sehr selten. Sommer.

Westpreussen: Karthaus: an einer Steinmauer in Mirchau!

118. *S. ruralis* Brid. Zweihäusig. In ausgebreiteten, lockeren, gelblich- bis bräunlichgrünen Rasen. Stengel bis 5 cm hoch und höher, aufrecht oder aufsteigend, gabelig getheilt, am Grunde mit Wurzelfilz. Blätter aus aufrechter Basis sparrig zurückgekrümmt, trocken locker anliegend, gefaltet, mit abstehender Spitze, ei-spatelförmig, mit gerundeter oder ausgerandeter Spitze, stark gekielt, Rand bis gegen die Spitze zurückgerollt, gekerbt; Rippe stark, braun, als ein langes, dornig-gezähntes, weisses Haar austretend, am Rücken stachelig, Blattzellen am Grunde länglich, durchsichtig, oben rundlich 6eckig, beiderseits stark papillös. Männliche Blüthen gipfelständig, knospenförmig, mit keulenförmigen Paraphysen. Stiel 2 cm lang, roth; trocken am Grunde rechts, oben links gedreht. Kapsel aufrecht, eiwalzenförmig, etwas gekrümmt, braun. Deckel kegelförmig, etwas gekrümmt, halb so lang als die Urne, roth. Ring zweireihig. Peristom mit hoher, rautenförmig getäfelter, blassröthlicher Röhre; Zähne roth, papillös, 2mal links gewunden. Haube ein Drittel der Kapsel deckend, braun.

Auf Sandboden, am Grunde der Baumstämme, auf Steinen und besonders auf alten Strohdächern, oft den Hauptbestandtheil der Moosdecke derselben bildend, überall sehr gemein. Sommer.

Westpreussen: Tuchel (Brick). Schwetz! Konitz (Lucas). Berent! Karthaus! Danzig! Neustadt! Thorn! Strasburg! Marienwerder! Rosenberg! Löbau! Stuhm! Elbing!

Ostpreussen: Osterode! Pr. Eylau (Janzen). Fischhausen (Sanio). Königsberg! Lyck (Sanio). Braunsberg (Seydler).

13. Familie. Grimmiaceae.

Mittelgrosse Felsenmoose von dunkler Farbe. Stengel meist nur am Grunde wurzelnd. Blätter mehrreihig, meist lanzettlich, meist haartragend, selten einseitswendig; Rippe immer vorhanden. Blüthen meist gipfelständig, die weiblichen sehr selten seitenständig. Perichätialblätter mehr oder weniger scheidig. Stiel oft schwanenhalsartig gebogen. Kapsel meist regelmässig, kugelig, oval bis walzenförmig, mit wenig entwickeltem Halse. Mittelsäulchen meist dünn. Peristom sehr selten fehlend, einfach, 16zähnig, roth oder orange, flach, ungetheilt, rissig durchbrochen, 2- bis mehrspaltig, seltener bis gegen die Basis in 2—3 fadenförmige Schenkel getheilt. Haube meist klein, kegel-, mützen- oder kapuzenförmig.

36. Schistidium Br. eur.

Stengel gabelig oder büschelig getheilt. Blätter dichtstehend, die oberen meist in ein durchsichtiges Haar verlängert; Rippe meist mit der Spitze endend. Blattzellen dickwandig, meist etwas buchtig, klein, rundlich-quadratisch. Blüthen gipfelständig, knospenförmig, meist ohne Paraphysen. Perichätialblätter meist grösser. Stiel viel kürzer als die Kapsel. Scheidchen kurz und dick. Kapsel von den Perichätialblättern eingeschlossen, fast kugelig oder eiförmig. Deckel stets mit dem Säulchen abfallend, breit gewölbt, mit Warze oder kurz und schief geschnäbelt. Peristomzähne breit, flach, oft durchlöchert oder rissig, trocken fast strahlenförmig ausgebreitet. Haube sehr klein, mützenförmig, selten kapuzenförmig, am Grunde gelappt, nie länger als der Deckel.

119. *S. apocarpum* Br. eur. Einhäusig. In breiten, kissenförmigen, schmutzig- oder olivengrünen Rasen. Stengel 2—3 cm hoch, aufrecht oder aufsteigend, gabelästig, spärlich am Grunde wurzelnd, unten schwarzbraun, oben röthlich. Blätter aus aufrechter Basis abstehend, trocken anliegend, aus breiter Basis länglich lanzettlich, ganzrandig, mit gezähntem, am Grunde breitem, seitlich herablaufendem, weissem Haar, am Rande stark umgerollt; Rippe kräftig, oberseits mit Längsfurche, bis zur Spitze reichend. Männliche Blüthen gipfelständig, knospenförmig. Perichätialblätter viel grösser, mit unten verlängerten, durchscheinenden Zellen. Stiel sehr kurz. Kapsel kurz eiförmig, röthlichbraun, entleert weitmündig, Deckel gewölbt, mit kurzem, schiefem Schnabel. Ring fehlt. Peristom purpurroth, mit mehr oder weniger durchlöcherten, rissigen oder gespaltenen Zähnen. Haube mützenförmig, am Grunde gelappt.

Eins der häufigsten Moose der erratischen Blöcke, zuweilen auch auf Dachziegeln. Frühjahr.

Westpreussen: Schwetz! Konitz (Lucas). Karthaus! Danzig! Neustadt! Thorn (Nowicki). Strasburg! Rosenberg! Löbau! Stuhm! Elbing (Janzen). **Ostpreussen:** Pr. Eylau (Janzen). Königsberg! Lablau! Lyck (Sanio).

120. *S. gracile* Limpr. Einhäusig. Rasen gelbgrün oder rothbraun. Stengel 5 cm lang und länger, aufsteigend, gabelästig, schlank, am Grunde nackt. Blätter locker gestellt, aufrecht abstehend, etwas einseitswendig, trocken anliegend, aus breit lanzettlicher Basis in ein kurzes, gezähntes Haar auslaufend, gekielt, die Blattränder bis gegen die Spitze stark eingerollt; Rippe auslaufend, am Rücken rauh. Blattzellen stark buchtig verdickt.

Männliche Blüthen gipfelständig, knospenförmig, durch Sprossung
später in einer Gabelung. Perichätialblätter gross und breit,
meist einseitswendig. Stiel sehr kurz. Kapsel klein, länglich,
röthlichbraun, entdeckelt wenig verändert. Deckel aus hochgewölbter Basis schief geschnäbelt. Ring fehlt. Peristomzähne
schmal lanzettlich, trocken zusammenneigend, rothgelb. Haube
klein, mützenförmig, mehrlappig.

Auf erratischen Blöcken, wahrscheinlich verbreitet, aber nicht genügend
beachtet.

Westpreussen: Rosenberg: bei Raudnitz!

Ostpreussen: Pr. Eylau: bei Warschkeiten (Janzen). Königsberg: bei
Löwenhagen (Sanio). Lyck (Sanio). Angerburg: im Papioller Thal (Czekaj).

121. *S. rivulare* (Brid.). Einhäusig. Locker-rasig, dunkelgrün bis
schwarzgrün. Stengel bis 6 cm und länger, büschelig ästig, oft
fluthend, unten nackt, oben dicht beblättert. Blätter aufrecht
abstehend, eilanzettlich, mit breiter, abgerundeter, meist gezähnter, haarloser Spitze, Ränder bis zur Spitze zurückgerollt;
Rippe kräftig, vor der Spitze verschwindend. Männliche
Blüthen gipfelständig, später durch Sprossung in einer Gabelung. Perichätialblätter wenig grösser, innerste schmäler und
durchsichtig. Stiel kurz. Kapsel verkehrt eiförmig, entleert
weitmündig, kreiselförmig. Deckel gewölbt, kurzschnäblig.
Ring fehlt. Peristomzähne lang und breit, purpurroth, trocken
zurückgeschlagen. Haube klein, kegelförmig.

Auf erratischen Blöcken an Bächen und Seeufern. Frühjahr.

Westpreussen: Neustadt: am Ufer des Morsitz-Sees bei Wahlendorf
(Lützow). Löbau: bei Wischnewo!

Ostpreussen: Lyck: bei Grabnik (Sanio).

122. *S. maritimum* Br. eur. Einhäusig. Polster dicht, gelblich bis
schwarzgrün. Stengel 1 cm hoch, aufrecht, unten rothwurzelig.
Blätter aufrecht abstehend, trocken bogig eingekrümmt, etwas
gekräuselt, aus wenig breitem Grunde lanzettlich, mit herablaufenden Ecken, hohl, wenig gekielt, ganzrandig, Rand bis
gegen die Spitze eingerollt; Rippe meist als papillöse Spitze
austretend, am Rücken rauh. Blattzellen klein und dickwandig,
rundlich-quadratisch, nicht papillös. Männliche Blüthe gipfelständig, durch Sprossung herabgerückt. Perichätialblätter breiter,
bis zur Mitte umgerollt. Stiel wenig kürzer als die Kapsel,
aufwärts dicker. Kapsel verkehrt eiförmig, röthlichbraun, entleert fast kreiselförmig. Deckel niedrig gewölbt, mit langem,
schiefem Schnabel. Ring fehlt. Peristom gelbroth, Zähne mit
Löchern. Haube klein, kapuzenförmig.

Auf Steinen in der Nähe der Küste. Sehr selten.

Ostpreussen: Fischhausen: bei Gr. Katzkeim (Sanio).

37. Grimmia Ehrh.

In Polstern oder Rasen wachsende Felsenmoose von dunkler Farbe. Stengel gabelig oder büschelig verästelt. Blätter unten oft klein, schuppenförmig, nach oben grösser werdend, schopfig, aufrecht abstehend, trocken zuweilen spiralig um den Stengel gedreht, meist in ein weisses Haar auslaufend; Rippe stark. Blattzellen meist verdickt, oben rundlich-quadratisch. Blüthen gipfelständig, knospenförmig. Perichätialblätter mehr oder minder scheidig und lockerzellig. Stiel meist länger als die Kapsel, meist die Hüllblätter weit überragend, gerade oder gekrümmt, trocken stets links gedreht. Kapsel aufrecht, geneigt bis hängend, eiförmig bis walzenförmig, glatt oder mit Rippen. Deckel ohne das Säulchen abfallend, oft geschnäbelt. Ring vorhanden oder fehlend. Peristom roth, mit meist ungetheilten, zuweilen durchbrochenen oder an der Spitze gespaltenen Zähnen. Haube früh abfallend, mützenförmig und am Grunde gelappt oder kapuzenförmig, langgeschnäbelt, glatt.

123. *G. leucophaea* Grev. Zweihäusig. In unregelmässigen, schwärzlichgrauen Rasen. Stengel 1 cm hoch, aufrecht, einfach, nur am Grunde wurzelhaarig. Blätter aufrecht abstehend, unten sehr klein und ohne Haar, oben länglich eiförmig, mit breiter Spitze in ein langes, gezähntes, weisses Haar übergehend, hohl, flachrandig; Rippe breit und flach. Blattzellen überall gleich. Perichätialblätter gross, aufrecht, halbscheidig, mit längerem Haar. Stiel 2 mm hoch, gerade, gelblich. Kapsel aufrecht, eiförmig, röthlichbraun, engmündig, glatt. Deckel kegelig, geschnäbelt, 1/3 so lang als die Urne. Ring 3reihig, sich abrollend. Peristom purpurroth, trocken horizontal abstehend. Zähne breit, bis unter die Mitte 2- bis mehrspaltig. Haube mützenförmig, gelappt, 1/3 der Kapsel deckend.

Auf erratischen Blöcken, selten.

Ostpreussen: Lyck: bei Baitkowo, Chrosciellen und Reuschendorf (Sanio).

124. *G. commutata* Hüben. Zweihäusig. In breiten, lockeren, dunkelgrünen bis schwärzlich-grauen Rasen. Stengel bis 3 cm lang, aufrecht, unten nackt und klein beblättert. Blätter unten haarlos, oben aufrecht abstehend, trocken locker anliegend, aus eiförmigem Grunde schmal lanzettlich, in ein mittelmässig langes, gezähntes, weisses Haar auslaufend, hohl; Rippe kräftig. Blattzellen bis gegen den Grund quadratisch, etwas buchtig verdickt, am Grunde verlängert, gelblich. Perichätialblätter langscheidig, mit längerem Haar. Stiel 4 mm lang, gerade, röthlich. Kapsel aufrecht, oval, engmündig, glatt, röthlichbraun. Deckel aus

convexer Basis schief geschnäbelt, halb so lang als die Urne.
Ring 3reihig, stückweise sich ablösend. Peristom purpurroth,
trocken aufrecht abstehend, Zähne bis zur Mitte 2- und 3spaltig.
Haube kapuzenförmig, bis zur Kapselmitte reichend.

Auf erratischen Blöcken, sehr selten.

Ostpreussen: Lyck: in der Dallnitz und bei Monken (Sanio).

125. *G. ovata* Web. et M. Einhäusig. In verbreiterten, schwarzgrünen Rasen. Stengel 1—2 cm lang, aufrecht, gabelig getheilt,
nur an der Basis wurzelhaarig. Obere Blätter aufrecht abstehend, trocken locker anliegend, aus länglichem Grunde
lanzettlich, zugespitzt, mit einem kurzen, fast glatten Haar,
oberwärts gekielt; Rippe kräftig. Blattzellen dickwandig und
buchtig, oben rundlich-quadratisch, am Grunde in der Mitte
verlängert, gelblich, gegen den Rand durchsichtig. Männliche
Blüthen auf eigenen Zweigen gipfelständig. Perichätialblätter
langscheidig, mit längerem Haar und lockerem Zellnetz. Stiel
3 mm lang, gerade, gelb. Kapsel länglich eiförmig, engmündig,
bräunlich, glatt, trocken mit Längsrunzeln. Deckel geschnäbelt,
1/3 so lang als die Urne, roth. Ring 3reihig. Peristom purpurroth, Zähne schmal, wenig durchbrochen, zuweilen 2—3spaltig,
trocken aufrecht. Haube mützenförmig, am Grunde mehrfach
geschlitzt, 1/3 der Kapsel deckend.

Auf erratischen Blöcken, selten. Herbst.

Westpreussen: Löbau: auf Viehweiden bei Grabau!

Ostpreussen: Lyck: auf den Schedlisker Bergen (Sanio).

126. *G. pulvinata* Sm. Einhäusig. In dichten, halbkugelförmigen,
graugrünen Polstern. Stengel 12—15 mm lang, nur unten
wurzelnd. Blätter aufrecht abstehend, trocken locker anliegend,
länglich lanzettförmig, an der stumpfen Spitze plötzlich in ein
langes, feingesägtes, weisses Haar auslaufend, die Ränder bis
über die Blattmitte umgerollt; Rippe bis zur Haarspitze reichend.
Blattzellen stark verdickt, oben rundlich-quadratisch, unten
grösser, gelblich. Männliche Blüthen durch Sprossung am
Grunde des Stengels. Perichätialblätter langscheidig, mit
längerem Haar. Stiel 5 mm lang, schwanenhalsartig herabgekrümmt; trocken unten rechts, oben links gedreht. Kapsel
eiförmig, mit deutlichen Längsrippen, braun, trocken stark gefurcht. Deckel flach gewölbt, mit geradem oder schiefem
Schnabel, 2/3 so lang als die Urne. Ring breit, sich abrollend.
Peristom purpurroth, Zähne sich trocken ausbreitend. Haube
schief mützenförmig, am Grunde mehrfach geschlitzt.

Auf erratischen Blöcken, aber auch auf Ziegelmauern und Ziegeldächern, allgemein verbreitet. Frühjahr.

Westpreussen: Tuchel (Grebe). Schwetz! Konitz (Lucas). Berent! Karthaus! Danzig! Neustadt! Strasburg! Marienwerder! Rosenberg! Löbau! Stuhm! Elbing!

Ostpreussen: Osterode! Pr. Eylau (Janzen). **Königsberg!** Lyck (Sanio).

127. *G. Mühlenbeckii* Schimp. Zweihäusig. Rasen unregelmässig, flach, dunkelgrün. Stengel bis 2 cm lang, nur am Grunde wurzelnd. Blätter aufrecht abstehend, trocken aufrecht anliegend, länglich lanzettlich, mit gezähnter Spitze in ein langes, rauhes Haar auslaufend, Blattrand nur an einer Seite bis gegen die Spitze umgerollt; Rippe kräftig, am Rücken kantig. Blattzellen dickwandig und buchtig. Männliche Blüthen gipfelständig. Perichätialblätter scheidig, sich allmählig verschmälernd. Stiel 4 mm lang, herabgekrümmt, gelblich, trocken aufrecht, links gedreht. Kapsel eiförmig, mit undeutlichen Längsrippen, braun. Deckel kurz geschnäbelt, $1/3$ so lang als die Urne, roth. Ring schmal, sich nicht abrollend. Peristom purpurroth, trocken aufrecht. Haube mützenförmig, am Grunde gelappt.

Auf erratischen Blöcken, zerstreut. Frühjahr.

Westpreussen: Konitz (Lucas). Karthaus! Neustadt: bei Gr. Katz! Löbau: bei Wischnewo! und Grabau!

Ostpreussen: Pr. Eylau: Warschkeiter Forst (Janzen). Königsberg (Sanio). Lyck: Reuschendorfer Wald, Schidlisker Berge, Milchbuder Forst, Dallnitz, Grabnik (Sanio).

128. *G. trichophylla* Grev. Zweihäusig. In lockeren, flachen, grünen bis schwarzgrünen Rasen. Stengel bis 2 cm lang, am Grunde wurzelnd. Blätter aufrecht abstehend, trocken gekrümmt und etwas gedreht, lanzettlich, allmählig in eine weisse, fast glatte Haarspitze verschmälert, Rand nur an einer Seite umgebogen; Rippe kräftig, bis zur Haarspitze reichend. Männliche Blüthen gipfelständig. Perichätialblätter langscheidig, oben lanzettlich pfriemenförmig. Stiel 5 mm lang, herabgebogen, gelbgrün, trocken aufstrebend, links gedreht. Kapsel länglich eiförmig, deutlich längsrippig, hellbraun, rothmündig. Deckel kegelförmig, gerade geschnäbelt, bis halb so lang als die Urne, gelbroth. Ring breit. Peristom gelbroth, trocken aufrecht abstehend. Haube mützenförmig, am Grunde mehrfach gelappt.

Auf erratischen Blöcken, zerstreut. Frühjahr.

Westpreussen: Konitz (Lucas). Berent: am Garczin-See! Schwetz: bei Groddeck! Karthaus: bei Schönberg! Neustadt: bei Boszanken! Strasburg: bei Wlewsk!

Ostpreussen: Königsberg: bei Steinbeck (Sanio). Lyck: bei Reuschendorf (Sanio).

38. Dryptodon Brid.

In lockeren Rasen wachsende Felsenmoose. Stengel gabelig getheilt, gleichmässig beblättert, nur am Grunde wurzelnd. Blätter haarlos oder mit kurzem Haar; Rippe stark und breit. Blattzellen alle buchtig. Stiel meist gekrümmt, links gedreht. Kapsel glatt, mit Spaltöffnungen am Grunde. Peristomzähne bis unter die Mitte herab unregelmässig 2- oder 3 schenklig, trocken bogig nach innen neigend. Haube mützenförmig.

129. *D. patens* Brid. Zweihäusig. Rasen locker, bräunlichgrün. Stengel 5 cm und länger, aufsteigend, unten später nackt, nur am Grunde wurzelnd. Blätter aufrecht abstehend, trocken anliegend und schwach gedreht, aus etwas herablaufender Basis verlängert lanzettlich, an der Spitze gezähnt, haarlos, die Blattränder an der Basis umgerollt; Rippe kräftig, am Rücken mit Längslamellen, unter der Spitze verschwindend. Alle Blattzellen stark buchtig, oben rundlich-quadratisch, an der Basis linear. Perichätialblätter wenig verschieden, die inneren klein. Stiel bis 5 mm lang, herabgebogen, gelblich, trocken links gedreht. Kapsel hängend oder geneigt, oval, glatt, braun, rothmündig, trocken mit Längsrunzeln. Deckel gerade oder schief geschnäbelt, gelbroth, $1/3$ so lang als die Urne. Ring breit, sich abrollend. Peristom purpurroth, Zähne sehr lang, bis tief unter die Mitte 2- und 3 schenklig. Haube mützenförmig, am Grunde gelappt, kurz.

Auf erratischen Blöcken, sehr selten.

Ostpreussen: Lyck: bei S c h o e n f e l d (S a n i o).

130. *D. Hartmani* Limpr. Zweihäusig. In lockeren, hellgrünen oder schmutzig-grünen Rasen. Stengel bis 10 cm lang, aufsteigend, unten später nackt, nur am Grunde wurzelnd. Blätter aufrecht abstehend, selten etwas einseitswendig, trocken locker anliegend, aus länglichem, herablaufendem Grunde verlängert lanzettlich, lang zugespitzt, die oberen mit grobgezähnter Haarspitze, oben scharf gekielt; Blattrand auf einer Seite bis gegen die Spitze umgeschlagen; Rippe stark, bis zur Spitze reichend. Alle Blattzellen verdickt und getüpfelt, ziemlich gleich gross, rundlich-quadratisch. Perichätialblätter kaum verschieden. Stiel 4 mm lang, schwach gekrümmt, später geschlängelt aufrecht. Kapsel länglich, glatt, braun, rothmündig. Deckel kegelig, geschnäbelt, halb so lang als die Urne. Ring fehlt. Peristom gelbroth, Zähne lanzettlich-linealisch, ungetheilt oder an der Spitze wenig durchbrochen. Haube mützenförmig, am Grunde mehrlappig.

Auf erratischen Blöcken, sehr zerstreut. Bisher bei uns nur steril.
Westpreussen: Neustadt: bei Kl. Katz! Okoniewo! Pretoschin (Lützow) Kaminitza Thal (Lützow).
Ostpreussen: Königsberg: bei Kleinheide und Steinbeck (Sanio). Lyck: im Milchbuder Forst (Sanio).

β. *epilosus* Milde. Blätter ganz ohne Haarspitze.
Ostpreussen: Königsberg: bei Kleinheide (Sanio).

39. Racomitrium Brid.

Grössere, auf Felsen, selten auf sterilem Boden wachsende Moose. Stengel selten gabelig verzweigt, meist mit zahlreichen, verkürzten Seitenästen, nur an der Basis wurzelnd. Blätter mit und ohne Haar; Rippe meist kräftig und flach. Alle Blattzellen mit gebuchteten Wänden, gegen die Basis oder im ganzen Blatte linealisch. Männliche Blüthen knospenförmig, mit wenigen Paraphysen, sowohl gipfelständig als auch auf kurzen Seitenästen. Weibliche Blüthen gipfelständig am Hauptstamm, später oft durch Sprossung scheinbar seitenständig. Scheidchen meist walzenförmig mit zerschlitzter Ochrea. Stiel ziemlich lang, aufrecht. Kapsel aufrecht, länglich bis fast walzenförmig, engmündig, glatt, am Grunde mit Spaltöffnungen. Deckel kegelig-pfriemenförmig. Ring breit, sich abrollend. Peristom besteht aus 16, am Grunde verschmolzenen, meist bis zum Grunde in 2 fadenförmige, knotige Schenkel gespaltenen, sehr langen, trocken aufrechten oder etwas gedrehten Zähnen. Haube mützenförmig, am pfriemenförmigen Schnabel meist warzig rauh.

131. *R. aciculare* Brid. Zweihäusig. In lockeren, dunkelgrünen bis schwarzgrünen Rasen. Stengel bis 5 cm lang, dick, aufrecht, gabelig getheilt. Blätter allseits aufrecht abstehend oder etwas einseitswendig, trocken dicht am Stengel anliegend, aus eiförmiger, faltiger Basis zungenförmig hohl, an der abgerundeten Spitze grob gezähnt, Ränder unten zurückgerollt; Rippe schmal. vor der Spitze verschwindend. Blattzellen buchtig, beiderseits mit niedrigen Papillen, oben quadratisch, am Grunde linealisch. Perichätialblätter kürzer, fast scheidig. Stiel bis 10 mm lang, gerade, gelblich, später schwärzlich, trocken rechts gedreht. Kapsel eiwalzenförmig mit deutlichem Halse, röthlichbraun. Deckel aus gewölbter Basis pfriemenförmig, gerade, über halb so lang als die Urne. Peristom roth. Haube an der Spitze etwas rauh.

Auf öfter überfluteten erratischen Blöcken, an Seen und Bachufern; an den Standorten oft in grosser Menge. Frühling.
Westpreussen: Karthaus: bei Kalbszagel! und im Mirchauer Forst (Lützow). Neustadt: am Steinkruger See! bei Jellenschemühle! bei Pretoschin (Lützow).

132. *R. protensum* A. Braun. Zweihäusig. Rasen locker, niedergestreckt, gelblich- bis bräunlichgrün. Stengel bis 8 cm lang
und länger, dünn, niederliegend, gabelig bis büschelig verzweigt.
Blätter allseitig aufrecht abstehend, selten etwas einseitswendig,
trocken angedrückt, aus länglicher Basis linealisch-lanzettlich,
mit stumpfer, ganzrandiger Spitze, hohl, Ränder bis über die
Mitte zurückgeschlagen; Rippe vor der Spitze verschwindend.
Blattzellen beiderseits papillös, oben quadratisch, am Grunde
linealisch. Perichätialblätter faltig-scheidig. Stiel bis 8 mm
lang, gelb, am Grunde röthlich, trocken rechts gedreht. Kapsel
eiwalzenförmig, hellbraun. Deckel aus kegelförmiger Basis
pfriemenförmig, gerade, gelbroth, mehr als halb so lang als die
Urne. Peristom gelbroth. Haube nur an der Spitze etwas rauh.
Auf erratischen Blöcken an Bächen, bisher nur steril.
Westpreussen: Karthaus: im Mirchauer Forst (Lützow).

133. *R. sudeticum* Br. eur. Zweihäusig. Flach, locker-rasig, schmutzig-
bis schwärzlichgrün. Stengel bis 10 cm lang und länger, aus
niederliegendem Grunde aufsteigend, unten nackt. Blätter aufrecht abstehend, trocken anliegend und etwas gedreht, zuweilen
etwas einseitswendig, aus lanzettlichem Grunde allmählig lang
zugespitzt, oben gekielt und flachrandig, an der Spitze gezähnt,
meist mit kurzer, gezähnter Haarspitze, Blattrand am Grunde
auf einer Seite zurückgeschlagen. Alle Blattzellen mehr oder
minder buchtig, oben rundlich-quadratisch, an der Basis linealisch. Perichätialblätter kurzscheidig, linealisch verschmälert.
Stiel 2—3 mm lang, gerade, gelblich, trocken rechts gedreht.
Kapsel aufrecht, oval, glatt, lichtbraun, rothmündig. Deckel
gerade geschnäbelt, am Rande gekerbt, ²/₃ so lang als die Urne.
Ring breit. Peristomzähne purpurroth, dicht papillös. Haube
mit fast glattem Schnabel.
Auf erratischen Blöcken, sehr selten, bisher nur steril
Westpreussen: Karthaus: bei Schönberg!

134. *R. fasciculare* Brid. Zweihäusig. In flachen, bräunlich- oder
schwärzlichgrünen Rasen. Stengel bis 10 cm lang, kriechend
und aufsteigend, dicht mit kurzen Seitenästen besetzt. Blätter
etwas zurückgekrümmt abstehend, selten etwas einseitswendig,
trocken gekrümmt und angedrückt, aus eiförmiger Basis lanzettlich-linealisch, mit schmaler, stumpflicher Spitze, gekielt und
gefaltet, Ränder umgerollt. Alle Blattzellen lang und stark
buchtig verdickt, beiderseits papillös. Perichätialblätter kürzer,
scheidig. Stiel 10 mm lang, gerade, röthlich; trocken unten
rechts, unter der Kapsel links gedreht. Kapsel eiwalzenförmig,

11

mit deutlichem Halse, braun, rothmündig. Deckel aus kegelförmiger Basis pfriemenförmig, gerade, über halb so lang als die Urne. Ring breit. Peristom purpurroth. Haube überall rauh.

Auf erratischen Blöcken. Scheint verbreitet, aber bisher nur steril gefunden.

Westpreussen: Karthaus: bei Warzenau! und Schönberg! im Mirchauer Forst (Lützow). Neustadt: bei Kölln! Löbau: bei Wischnewo! Elbing: am Seeteich (Hübner).

Ostpreussen: Königsberg (Sanio). Labiau! Lyck (Sanio).

135. *R. heterostichum* Brid. Zweihäusig. In lockeren, graugrünen Polstern. Stengel bis 4 cm lang, niederliegend bis aufrecht, spärlich mit verkürzten Seitenästen. Blätter aufrecht abstehend, selten etwas einseitswendig, trocken locker anliegend, aus länglicher Basis lanzettförmig, kielig; in ein unten breites, oben schmales, schwach gezähntes, weisses Haar verlängert, Blattrand bis zur Spitze umgerollt; Rippe flach, unter dem Haar verschwindend. Blattzellen oben quadratisch, unten linealisch. Perichätialblätter kürzer, scheidig und faltig. Stiel bis 10 mm lang, gerade, gelblich, am Grunde bräunlich, trocken rechts gedreht. Kapsel fast walzenförmig, braun. Deckel aus kegelförmiger Basis pfriemenförmig, oft etwas schief geschnäbelt. Ring breit. Peristom gelbroth. Haube an der Schnabelspitze etwas rauh.

Auf erratischen Blöcken eins der häufigsten Moose. Frühjahr.

Westpreussen: Schwetz (Hennings). Konitz (Lucas). Berent (Casp.) Karthaus! Neustadt! Strasburg! Rosenberg! Löbau! Stuhm!

Ostpreussen: Pr. Eylau (Janzen). Friedland (Sanio): Osterode! Fischhausen (Sanio). Königsberg! Labiau! Lyck (Sanio).

136. *R. microcarpum* Brid. Zweihäusig. In breiten, flachen, gelbbraunen bis schwärzlichgrünen Polstern. Stengel bis 4 cm lang, kriechend bis aufsteigend, gabelig getheilt und mit verkürzten Seitenästchen. Blätter dicht stehend, zurückgekrümmt oder etwas einseitswendig, trocken locker anliegend, lanzettförmig, in einer weissen, gezähnten Spitze endigend, Blattrand bis zur Spitze umgerollt; Rippe flach. Blattzellen alle lang und buchtig, unten linealisch. Männliche Pflanzen in besonderen Rasen, Blüthen zahlreich auf den kurzen Seitenästen. Perichätialblätter hochscheidig, kurz zugespitzt. Stiel 4 mm lang, etwas gekrümmt, trocken rechts gedreht. Kapsel klein, eiwalzenförmig, an der Mündung verengt, gelblich. Deckel aus kegeliger Basis schief geschnäbelt, röthlich, halb so lang als die Urne. Peristom gelbroth. Haube bräunlich, lang geschnäbelt, an der Spitze etwas rauh, am Grunde mehrfach geschlitzt.

Auf erratischen Blöcken, ziemlich selten. Herbst.

Westpreussen: Karthaus: Forstbelauf Bülow! Neustadt: im Kaminitza-Thal (Lützow). Löbau: bei W i s c h n e w o!

137. *R. canescens* Brid. **Zweihäusig.** In grossen, unzusammenhängenden, graugrünen Rasen. Stengel bis 7 cm und länger, niederliegend, aufsteigend bis aufrecht, mit verkürzten Seitenzweigen. Blätter fast sparrig abstehend, trocken locker anliegend, aus breiter Basis lanzettförmig, gefaltet, in ein längeres oder kürzeres, schwach gezähntes, weisses Haar auslaufend, Ränder bis zur Spitze umgerollt; Rippe undeutlich, bis in das Haar eintretend, Blattzellen stark buchtig, beiderseits mit langen Papillen, oben quadratisch, nach unten verlängert und am Grunde linear. Männliche Blüthen an den Haupt- und Seitenästen gipfelständig. Perichätialblätter scheidig, lang zugespitzt. Stiel bis 2 cm lang, glatt, röthlichgelb, trocken links gedreht. Kapsel eiförmig, engmündig, braun mit schwachen Längsstreifen. Deckel pfriemenförmig, so lang als die Urne. Ring breit, Peristomzähne purpurroth, sehr lang, bis zum Grunde in 2 fadenförmige Schenkel getheilt. Haube an der Spitze stark warzig, am Grunde mehrfach geschlitzt.

Auf Sandboden und Heiden, selten auf Steinen, überall gemein. Winter.

Westpreussen: Dt. Krone (Ruhmer). Tuchel (Brick). Schwetz! Konitz (Lucas). Berent (Casp.). Karthaus! Danzig! Neustadt! Marienwerder! Rosenberg! Löbau! Stuhm! Elbing!

Ostpreussen: Osterode! Ortelsburg (Schultz). Pr. Eylau! (Janzen). Königsberg! Lyck (Sanio). Heiligenbeil (Seydler).

β. *ericoides* Br. eur. **Rasen mehr gelblichgrün, mit sehr zahlreichen verkürzten Zweigen.**

An feuchteren Stellen, überall wo die gewöhnliche Form wächst.

γ. *epilosum* H. Müll. **Rasen hellgrün, Blätter ganz haarlos.**

Westpreussen: Neustadt: auf erratischen Blöcken im Kaminitzathal (Lützow).

138. *R. lanuginosum* Brid. **Zweihäusig.** In grossen, schwellenden, graugrünen bis schwärzlichgrünen Rasen. Stengel bis 10 cm lang, niederliegend und aufsteigend, mit zahlreichen verkürzten Seitenästchen. Blätter lang, flackerig abstehend, oft etwas einseitswendig, trocken locker anliegend, aus lanzettlichem Grunde lang zugespitzt und mit einer wimperig gezähnten Spitze in ein langes, gewimpertes, weisses Haar auslaufend, Blattränder am Grunde umgerollt; Rippe deutlich. Alle Blattzellen stark buchtig, oben rectangulär, unten linealisch, Blatteckenzellen quadratisch, wasserhell. Männliche Blüthen auf den Seitenästchen, Perichätialblätter scheidig, von der Mitte an ver-

schmälert. Stiel bis 8 mm lang, roth, warzig, trocken links
gedreht. Kapsel länglich eiförmig, gegen die Mündung verengt, glatt, braun. Deckel pfriemenförmig, gerade, $^2/_3$ so lang
als die Urne. Peristom gelbroth, bis zum Grunde in 2 fadenförmige Schenkel getheilt. Haube an der Spitze etwas rauh.
Auf erratischen Blocken, ziemlich selten. Frühjahr.

Westpreussen: Pr. Stargard: bei Neumühl! Karthaus: bei Kossowo!
Tokar (Lützow) und Mirchauer Forst (Lützow). Neustadt: bei Steinkrug!
und Pretoschin (Lützow).

Ostpreussen: Osterode: bei Hasenberg! Labiau: bei Scharschantinen!
Lyck (Sanio).

14. Familie. Hedwigiaceae.

Polsterförmige Felsenmoose. Stengel unregelmässig verästelt,
nur am Grunde spärlich wurzelnd, in den Blattachseln mit para-
physenartigen Haaren. Blätter 8reihig, rippenlos, immer mit Papillen.
Blüthen endständig, knospenförmig. Kapsel aufrecht, regelmässig,
ohne Ring und Peristom.

40. Hedwigia Ehrh.

Kapsel verkehrt eiförmig, auf sehr kurzem Stiel, in den Perichätialblättern verborgen. Deckel flach gewölbt. Haube kegel-
mützenförmig.

139. *H. ciliata* Ehrh. Einhäusig. In breiten, lockeren, gelbgrünen
bis dunkelgrünen, trocken weisslichen Polstern. Stengel bis
8 cm lang, unregelmässig getheilt, aufsteigend oder aufrecht.
Blätter abstehend, oft etwas einseitswendig, trocken dicht dachziegelig anliegend, eilanzettförmig, in ein gezähntes, weisses,
längeres oder kürzeres Haar auslaufend, hohl, am Rande zurückgerollt. Männliche Blüthen in kleinen, axillären Knospen
unterhalb der weiblichen. Perichätialblätter grösser und breiter,
oben an den Rändern mit geschlängelten, knotigen Wimpern.
Stiel weniger als 1 mm lang, mit weit in das Stengelgewebe
herabreichendem Fuss. Scheidchen kurz, mit langen, gelben
Haaren besetzt. Kapsel aufrecht, auf dickem Halse fast kugelig,
durch die unter den Perichätien sich verlängernden Stengel
seitenständig erscheinend. Deckel breit, flach gewölbt, mit kleinem
Wärzchen, roth. Haube klein, nur der Spitze des Deckels aufsitzend.

Die Varietäten *leucophaea* und *viridis* unterscheiden sich nur
durch das längere oder kürzere Haar, und sind Erzeugnisse
des sonnigen oder schattigen Standortes.

Auf erratischen Blöcken eins der häufigsten Moose. Frühjahr.

Westpreussen : Schwetz! Schlochau (Grebe). Konitz (Lucas). Karthaus! Danzig! Neustadt! Thorn (Nowicki). Strasburg! Marienwerder! Rosenberg! Löbau! Stuhm! Elbing!

Ostpreussen: Osterode! Mohrungen (Kalmuss). Braunsberg (Seydler). Heiligenbeil (Seydler). Pr. Eylau (Janzen). Königsberg! Labiau! Lyck (Sanio). Angerburg (Czekaj).

15. Familie. Orthotrichaceae.

Polsterförmig wachsende Rinden- und Felsenmoose. Stengel aufrecht oder aufsteigend, durch Innovationen verästelt, meist am Grunde durch braunrothe Wurzelhaare verfilzt, im Querschnitt kantig. Blätter meist aus herablaufender Basis lanzettlich, gekielt, ganzrandig und am Rande meist umgerollt; Rippe mit, oder kurz vor der Spitze verschwindend. Blattzellen oben rundlich 6eckig, reich mit Chlorophyll, dickwandig, gegen die Basis hin verlängert, alle beiderseits meist papillös. Männliche Blüthen knospenförmig, an den Gipfeln oder eigenen Seitensprossen, so dass sie scheinbar axillär stehen, mit oder ohne kurze Paraphysen. Weibliche Blüthen stets gipfelständig. Perichätialblätter wenig verschieden. Scheidchen kegelig bis cylindrisch, mit deutlicher Ochrea. Stiel aufrecht, gelb, trocken links gedreht. Kapsel aufrecht und regelmässig, mit deutlichem Halse, selten glatt, meist mit 8 oder 16 Längstreifen und dann trocken gefurcht. Deckel aus kegeliger oder gewölbter Basis länger oder kürzer gerade geschnäbelt, Ring sich nicht ablösend. Peristom sehr selten fehlend, einfach oder meist doppelt; das äussere besteht aus 16 flachen, lanzettförmigen, niemals rothen, paarweiss genäherten Zähnen, die trocken aufrecht, ausgebreitet bis zurückgeschlagen erscheinen; das innere aus 8—16 zarten Wimpern, die mit den Zähnen alterniren. Haube kegel-glockenförmig, mit Längsfalten und häufig behaart.

41. Ulota Mohr.

Stengel meist aufrecht, zuweilen kriechend. Blätter trocken, immer mehr oder weniger kraus und gedreht. Stiel stets länger als die Perichätialblätter, nach oben dicker in den Hals verlaufend. Scheidchen länglich mit goldgelben Haaren. Kapsel mit 8 Längsstreifen, entleert mit 8 tiefen Furchen. Peristom meist doppelt. Haube kegel-glockenförmig, schwach gefaltet, am Grunde tief geschlitzt, meist dicht mit goldgelben, gewundenen, langen Haaren besetzt.

140. *U. Ludwigii* Brid. Einhäusig. In lockeren, unregelmässig begrenzten, dunkelgrünen Polstern. Stengel bis 15 mm lang, am Rande des Polsters kriechend, in der Mitte aufsteigend, spär-

lich mit Wurzelhaaren. Blätter aufrecht abstehend, trocken
schwach gekräuselt, aus breitem Grunde lineal-lanzettförmig,
gekielt, flachrandig; Rippe mit der Spitze endend. Blattzellen
mit niedrigen Papillen. Männliche Blüthen meist ohne Paraphysen Stiel bis 8 mm lang, gelblich. Ochrea fehlend.
Kapsel durch den langen Hals keulig-birnförmig, hellbraun,
dünnhäutig, nur unter der stark verengten Mündung kurz
8streifig; trocken nur hier kurz faltig zusammengezogen,
sonst glatt. Deckel aus gewölbter Basis kurz geschnäbelt.
Peristom doppelt, im äusseren die Zähne paarweise verbunden,
das innere sehr hinfällig. Haube kürzer als die Kapsel, bis
zum Grunde dicht mit langen Haaren besetzt.

An Waldbäumen, nicht häufig. August.

Westpreussen: Konitz (Lucas). Karthaus: bei Babenthal! Neustadt: Forstbelauf Rekau! Danzig: Nawitzer Thal! Rosenberg: bei Raudnitz! Löbau:
bei Wischnewo! Elbing: bei Vogelsang (Janzen).

Ostpreussen: Königsberg (Sanio). Lyck: im Milchbuder Forst und Mal-
leschöver Wald (Sanio).

141. *U. Bruchii* Hornsch. Einhäusig. In ziemlich hohen, gewölbten,
dunkel- bis gelblichgrünen Polstern. Stengel bis 3 cm lang,
aufsteigend, gabelig getheilt, am Grunde wurzelnd. Blätter
flackerig abstehend, trocken gedreht und schwach gekräuselt,
aus breiter, hohler Basis linealisch-lanzettlich, spitz, gekielt,
Ränder etwas zurückgeschlagen; Rippe mit der Spitze endend.
Blattzellen schwach papillös, oben rundlich, gegen den Grund
verlängert. Männliche Blüthen scheinbar seitenständig, mit
wenigen Paraphysen. Scheidchen mit langen Haaren, Ochrea
anliegend. Stiel 5 mm hoch. Kapsel mit langem Halse,
keulenförmig, engmündig, derbhäutig, trocken schmal spindelförmig, gegen die Mündung allmählig verengt, tief gefurcht.
Deckel aus gewölbter Basis geschnäbelt. Peristom doppelt,
äusseres 8 paarig verbundene Zähne, weisslich, inneres 8 fadenförmige, 1 zellenreihige Wimpern. Haube die ganze Kapsel
einhüllend, sehr stark behaart, tief geschlitzt.

An Waldbäumen, seltener auf Steinen. Verbreitet. August.

Westpreussen: Karthaus: Forstbelauf Bülow! und Mirchauer Forst
(Lützow). Danzig: Olivaer Forst! Neustadt: bei Kölln! Rosenberg: bei
Raudnitz! Löbau: bei Wischnewo! Elbing: bei Vogelsang!

Ostpreussen: Fischhausen (Sanio). Königsberg (Sanio). Labiau! Lyck
(Sanio). Angerburg (Czekaj).

142. *U. crispa* Brid. Einhäusig. Lockere, kreisrunde, gelblichgrüne
Polster bildend. Stengel bis 2 cm lang, aufrecht oder aufsteigend. Blätter flackerig abstehend, trocken stark gekräuselt,

aus breiter, hohler Basis lineal-lanzettlich, gekielt, flachrandig;
Rippe stark, unter der Spitze endend. Blattzellen mässig
papillös. Männliche Blüthen durch Sprossung scheinbar seitlich, mit wenigen Paraphysen. Scheidchen nackt oder mit
wenigen Haaren. Stiel 5 mm lang, gelblich. Kapsel langhalsig,
keulenförmig, derbhäutig, trocken unter der Mündung etwas
zusammengeschnürt, verlängert keulenförmig, stark gefaltet.
Deckel aus gewölbter Basis mit einem kurzen, spitzen Schnabel.
Peristom doppelt, äusseres 8 Paare verbundene, weissliche
Zähne, inneres 8 fadenförmige Wimpern, hin und wieder mit
seitlichen Anhängseln. Haube über die Hälfte der Kapsel
deckend, gelbbraun, dicht behaart, am Grunde mehrfach tief
geschlitzt.

An Waldbäumen nicht selten. August.

Westpreussen: Tuchel (Grebe). Schwetz (Hennings). Konitz (Lucas).
Berent (Casp.). Karthaus! Danzig! Neustadt! Putzig (Casp.). Rosenberg!
Lobau! Elbing!

Ostpreussen: Pr. Eylau (Janzen). Friedland (Sanio). Fischhausen (Abromeit). Königsberg! Lyck (Sanio). Mohrungen (Seydler). Pr. Holland (Seydler).

143. *U. intermedia* Schimp. Einhäusig. In kleinen, gelblichgrünen
Polstern. Stengel bis 15 mm lang, aufsteigend bis aufrecht.
Blätter flackerig abstehend, trocken stark gekräuselt, aus breitem
Grunde schmal lineal-lanzettlich, mit etwas umgebogenen
Rändern. Blattzellen ziemlich stark papillös. Scheidchen
nackt oder mit wenigen Haaren. Stiel 4 mm lang. Kapsel
hell grünlichgelb, fein gestreift; trocken urnenförmig, zart ge-
furcht, unter der Mündung nicht verengt. Deckel aus gewölbter
Basis mit einem mässig langen Schnabel. Peristom doppelt,
Zähne des äusseren paarig verbunden, inneres 16 Wimpern,
abwechselnd länger und kürzer. Haube mässig behaart, die
Kapsel ganz einhüllend.

An Waldbäumen, nur erst einmal gefunden, aber wohl nur übersehen. Juli

Westpreussen: Neustadt: im Forstbelauf Rekau!

144. *U. crispula* Bruch. Einhäusig. In kleinen, gelblichgrünen
Polstern. Stengel 10 mm lang, aufrecht oder aufsteigend.
Blätter flackerig abstehend, trocken sehr kraus, aus breiter
Basis linear-lanzettlich, kürzer als bei den anderen Arten.
Blattzellen wenig papillös. Stiel 2 mm lang. Kapsel mit
kürzerem Hals, fein gestreift; trocken urnenförmig, schwach
gefaltet. Deckel aus gewölbter Basis mit kurzem Schnabel.
Peristom wie bei *U. crispa*. Haube stark behaart, die Kapsel
einhüllend.

An Waldbäumen, zuweilen auch auf Steinen. Verbreitet, aber nicht häufig. Mai, Juni.

Westpreussen: Konitz (Lucas). Karthaus: Forstbelauf Bülow! Danzig: Sobbowitzer Forst (Lemke). Putzig: Darsluber Forst (Casp.). Rosenberg: bei Raudnitz! Löbau: bei Wischnewo!

Ostpreussen: Osterode: bei Hasenberg! Königsberg: bei Kleinheide, Löwenhagen und Trutenau (Sanio). Fischhausen: bei Krantz (Sanio). Labiau! Lyck: im Milchbuder Forst (Sanio). Angerburg: im Stadtwald (Czekaj)

42. Orthotrichum Hedw.

Stengel aufrecht oder aufsteigend. Blätter eilanzettlich oder lang lanzettlich-linealisch, trocken mehr oder weniger anliegend, selten schwach gekräuselt. Blattzellen meist beiderseits mit Papillen, selten glatt. Blüthen meist mit kurzen, spärlichen Paraphysen. Stiel meist kürzer als die Hüllblätter. Ochrea stets deutlich. Kapsel eiförmig bis walzenförmig, meist mit 8 oder 16 Streifen, sehr selten glatt, mit deutlichem Halse. Peristom meist doppelt, selten einfach, noch seltener fehlend. Haube glockenförmig mit Längsfalten, nackt oder behaart.

A. Calyptoporus Lindbg.

Spaltöffnungen der Kapselwand kryptopor.

145. *O. anomalum* Hedw. Einhäusig. In dichten, rundlichen, grünlichbraunen Polstern. Stengel bis 2 cm lang, aufrecht, büschelästig. Blätter abstehend, die oberen sparrig, trocken steif anliegend, lanzettlich, spitz, gekielt, Ränder bis gegen die Spitze umgerollt; Rippe unter der Spitze verschwindend. Blattzellen beiderseits dicht mit Papillen besetzt. Männliche Blüthen durch Sprossung am Grunde des fruchtbaren Stengels. Scheidchen mit einzelnen Haaren. Stiel bis 5 mm lang, über die Hüllblätter emporragend. Kapsel eiwalzenförmig, röthlichbraun, mit 16, abwechselnd kürzeren und längeren Streifen; entleert verlängert krugförmig, weitmündig, über der Mitte verengt, 16 rippig. Deckel kegelförmig mit stumpfer Spitze, gelb mit orangem Rande. Peristom einfach, 16 weissliche, trocken aufrechte Zähne. Haube kegel-glockenförmig, gelbbräunlich, mit wenigen, papillösen Haaren, fast die ganze Kapsel umschliessend.

Auf erratischen Blöcken häufig, aber öfters auch auf Ziegeln und selbst auf Bretterzäunen. Mai.

Westpreussen: Berent! Karthaus! Danzig! Konitz (Lucas). Marienwerder! Rosenberg! Löbau! Elbing!

Ostpreussen: Pr. Eylau (Janzen). Königsberg! Lyck (Sanio).

146. *O. saxatile* Schimp. Einhäusig. Dem vorigen sehr ähnlich, aber der Blattrand weit weniger zurückgerollt. Blattzellen

weniger papillös. Scheidchen nackt. Kapsel abwechselnd mit 8 langen und 8 sehr kurzen, oft fast fehlenden Streifen, entleert 8 rippig. Deckel roth gerandet, kürzer geschnäbelt. Peristom doppelt, die 16 Zähne des äusseren lange paarweise verbunden bleibend, inneres 8 Wimpern. Haube mit wenigen, kurzen Haaren.

Auf erratischen Blöcken, seltener als das vorige. Frühjahr.

Westpreussen: Schwetz: bei Lubochin! und Groddeck! Karthaus: bei Kahlbude! Danzig (Klatt). Rosenberg: bei Raudnitz!

Ostpreussen: Pr. Eylau (Janzen). Lyck: bei Grabnik (Sanio).

147. *O. nudum* Dicks. Einhäusig. Bildet lockere, runde, schmutzig-grüne Polster. Stengel bis 2 cm lang, aufrecht oder aufsteigend. Blätter abstehend, trocken anliegend, lanzettlich, gekielt, am Grunde mit 2 Längsfalten; Rippe vor der Spitze verschwindend. Blattzellen bis zum Grunde ziemlich gleichartig. Männliche Blüthen durch Sprossung scheinbar seitenständig, mit zahlreichen Antheridien und ziemlich langen, goldgelben Paraphysen. Perichätialblätter grösser, am Grunde fast scheidig. Scheidchen sehr kurz, nackt. Stiel bis 2 mm lang, die Kapsel über die Hüllblätter hebend. Kapsel dick birnförmig, dünnhäutig, gelblich, mit 8 längeren und 8 kürzeren, abwechselnden Streifen; entleert in der Urnenmitte zusammengezogen. Deckel aus flach gewölbter, roth gerandeter Basis mit ziemlich kurzem Schnabel. Peristom doppelt, äusseres 16 gesonderte Zähne, trocken aufrecht, goldgelb, inneres 8 oder 16 fadenförmige, sehr kurze Wimpern. Haube weit glockenförmig, über die halbe Kapsel deckend, gelblichweiss, nackt oder mit wenigen Haaren.

Auf an Bach- und Seeufern liegenden, erratischen Blöcken, verbreitet. Frühjahr.

Westpreussen: Berent: am Garczin-See! Karthaus: bei Kahlbude! am Brodno-See! Klodno-See! und Patulli-See! Neustadt: bei Wahlendorf (Lützow). Elbing: bei Vogelsang!

Ostpreussen: Königsberg: bei Neuhausen (Sanio). Lyck: bei Przewoda (Sanio). Goldap: bei Rogainen (Crüger).

148. *O. cupulatum* Hoffm. Einhäusig. In bräunlichen Polstern. Stengel 2 cm lang, aufrecht oder aufsteigend. Blätter abstehend, trocken locker anliegend, länglich lanzettlich, gekielt, Ränder fast bis zur Spitze umgerollt; Rippe vor der Spitze endend. Blattzellen sehr dicht papillös, oben rundlich, unten länglich und durchscheinend. Perichätialblätter kleiner als beim vorigen. Scheidchen kurz und nackt. Stiel 1 mm lang. Kapsel kaum die Hüllblätter überragend, dick eiförmig, gelb, mit abwechselnd

8 längeren und 8 kürzeren Streifen; entleert urnenförmig, 16-
rippig. Deckel flach gewölbt, mit kurzem, stumpflichem Schnabel,
orange gerandet. Peristom einfach, 16 spitze, gelbe, trocken
aufrecht abstehende Zähne. Haube weit glockenförmig, gelbbräunlich, schwach mit kurzen Haaren besetzt, mehr als die
halbe Kapsel deckend.

Auf erratischen Blöcken, selten. Frühjahr.

Westpreussen: Löbau: bei Wischnewo!

Ostpreussen: Lyck: auf der Domäneninsel (Sanio).

149. *O. diaphanum* Schrad. Einhäusig. In dichten, runden, grauschimmernden Polstern. Stengel bis 1 cm lang, büschelig ästig.
Blätter abstehend, trocken locker dachziegelig anliegend, eilanzettförmig in ein schmales, gesägtes, wasserhelles Haar auslaufend, mit eingerollten Rändern; Rippe schwach, vor dem
Haare verschwindend. Zellen schwach papillös. Männliche
Blüthen oft mehrere über einander an demselben Spross, mit
zahlreichen Antheridien und spärlichen kurzen Paraphysen.
Scheidchen kurz, nackt. Stiel kaum 1 mm lang. Kapsel fast
ganz in den Hüllblättern eingeschlossen, länglich eiförmig,
gelblich, dünnhäutig, undeutlich 8streifig; entleert walzenförmig,
8furchig. Deckel kegelförmig, orange gesäumt. Peristom doppelt,
das äussere besteht aus 16 weisslichen, schmalen, spitzen, trocken
zurückgekrümmten Zähnen, das innere aus 16 fadenförmigen,
gleichlangen Wimpern. Haube glockenförmig, gelb, nackt, selten
mit einzelnen Haaren, ⅔ der Kapsel deckend.

An Bäumen, Bretterzäunen, Mauern und Steinen, nicht gerade häufig.
Frühjahr.

Westpreussen: Konitz (Lucas). Danzig: bei Langfuhr! Neustadt: bei
Sagorsch! Marienwerder! Rosenberg: bei Gr. Herzogswalde! Stuhm: bei
Paleschken! Marienburg: bei Altfelde (Janzen). Elbing (Janzen).

Ostpreussen: Pr. Eylau (Janzen). Königsberg! Lyck (Sanio).

150. *O. pallens* Bruch. Einhäusig. Bildet kleine, unregelmässige,
gelblichgrüne Räschen. Stengel bis 1 cm lang, aufsteigend.
Blätter abstehend, trocken dachziegelig anliegend, aus eiläng-
lichem Grunde lanzettförmig, die unteren spitz, die oberen
stumpf, gekielt, mit zurückgerolltem Rande; Rippe unter der
Spitze endend. Blattzellen dicht mit Papillen besetzt, unten
verlängert und durchsichtig. Männliche Blüthen oft mehrere
übereinander an demselben Spross, ohne Paraphysen. Scheidchen
kurz, nackt. Stiel sehr kurz. Kapsel langhalsig, die Hüllblätter halb überragend, länglich eiförmig, dünnhäutig, bleichgelb, mit 8 breiten Streifen, trocken schwach gerippt, unter der
Mündung etwas verengt. Deckel kurz kegelförmig, roth ge-

randet. Peristom doppelt, äusseres 8 Paarzähne, röthlichgelb trocken zurückgeschlagen, inneres 16, abwechselnd längere und kürzere, fadenförmige, unten breitere Wimpern. Oft fehlen die kürzeren Wimpern, und dann durchweg an demselben Rasen. Haube kegelig-glockenförmig, scharf faltig, an den Kanten etwas höckerig, hellgelb, nackt, $^2/_3$ der Kapsel deckend.

An Sträuchen und Baumzweigen, selten. Juli.

Westpreussen: Löbau: bei Wischnewo!

Ostpreussen: Memel: bei Schwarzort!

151. *O. stramineum* Hornsch. Einhäusig. In lockeren, runden, grünen Polstern. Stengel bis 2 cm lang, büschelig verästelt, unten mit braunem Wurzelfilz. Blätter abstehend, trocken anliegend, schmal lanzettlich, zugespitzt, gekielt, mit breit zurückgerolltem Rande; Rippe vor der Spitze endend. Blattzellen mit vielen kleinen Papillen, unterwärts verlängert und durchscheinend. Männliche Blüthen durch Sprossung am Grunde des Fruchtsprosses, mit zahlreichen, langen Paraphysen. Perichätialblätter beiderseits mit Längsfalten. Scheidchen eiförmig, mit langen, gelben Haaren besetzt. Stiel kaum $^1/_2$ mm lang, Kapsel etwas die Hüllblätter überragend, eilänglich, kurzhalsig, derbhäutig, gelb mit 8 breiten, orangen Streifen; entdeckelt unter der Mündung eingeschnürt, stark 8rippig. Deckel flach gewölbt mit kurzem Schnabel, gleichfarbig. Peristom doppelt, äusseres 8 Paarzähne, trocken zurückgeschlagen, rothgelb, an der Spitze unregelmässig durchbrochen, inneres 8 unten breite, oben fadenförmige Wimpern. (Soll gewöhnlich 16 ungleich lange Wimpern haben, ich habe es bei uns nie so gefunden). Haube glockenförmig, strohgelb, wenig beharrt, die halbe Kapsel deckend.

An Waldbäumen, besonders jungen Buchen, seltener auf Steinen. Verbreitet und, wie es scheint, nicht selten. Juli.

Westpreussen: Schwetz (Hennings). Karthaus! Danzig! Neustadt! Marienwerder! Rosenberg! Löbau!

Ostpreussen: Osterode! Königsberg (Sanio). Lyck (Sanio).

152. *O. patens* Bruch. Einhäusig. In lockeren, kreisrunden, hellgrünen Räschen. Stengel bis 15 mm lang. Blätter fast sparrig abstehend, trocken locker anliegend, aus breiter Basis schmal lanzettlich, lang und scharf zugespitzt, gekielt, Ränder schwach umgerollt; Rippe in der Spitze endend. Blattzellen mit niedrigen Papillen, chlorophyllreich, unten verlängert und durchscheinend. Männliche Blüthen am Grunde des Fruchtsprosses. Scheidchen walzenförmig, mit ziemlich langen, glatten Haaren. Stiel $^1/_2$ mm lang. Kapsel halb zwischen den Hüllblättern verborgen, breit

eiförmig, dünnhäutig, gelblich, mit 8 schmalen Streifen, entdeckelt bauchig erweitert, urnenförmig. Deckel aus flach gewölbter Basis mit kurzem, dickem Schnabel, schmal roth gerandet. Peristom doppelt, äusseres 8 gestutzte Paarzähne, gelblich, trocken zurückgeschlagen, inneres 8 weisse Wimpern. Haube breit glockenförmig, gelb, schwach behaart, 2/3 der Kapsel deckend.

An Waldbäumen, besonders Erlen. Ziemlich selten. Mai, Juni.

Westpreussen: Marienwerder: bei Rachelshof! Rosenberg: bei Raudnitz! Löbau: bei Wischnewo! Stuhm! Elbing (Janzen).

Ostpreussen: Osterode: bei Hasenberg! Pr. Eylau: Warschkeiter Forst (Janzen). Fischhausen: bei Krautz (Sanio). Königsberg: in der Wilky!

153. *O. pumilum* Sw. **Einhäusig.** In kleinen, runden, grünen oder gelblich-grünen Polstern. Stengel selten bis 1 cm lang. mit rothbraunen Wurzelhaaren. Blätter aufrecht abstehend, trocken anliegend, lanzettförmig, scharf zugespitzt, gekielt mit umgerollten Rändern; Rippe vor der Spitze endend. Blattzellen schwach papillös, am Grunde verlängert und durchscheinend. Männliche Blüthen an besonderen Sprossen, oft mehrere über einander, mit spärlichen Paraphysen. Scheidchen länglich, nackt. Stiel kaum 1/2 mm lang. Kapsel zur Hälfte die Hüllblätter überragend, länglich eiförmig, mit ziemlich langem Halse, mit 8 breiten Streifen, entdeckelt schmal urnenförmig. gefaltet. Deckel breit kegelig, mit kurzem, dickem Schnabel. Peristom doppelt, äusseres 8 blassgelbliche, trocken zurückgeschlagene Paarzähne, inneres 8, am Grunde breite Wimpern. Haube schmal glockenförmig, gelb, nackt.

An Feldbäumen, auch an Bretterzäunen. häufig. Mai.

Westpreussen: Konitz (Lucas). Danzig! Marienwerder! Rosenberg! Löbau! Stuhm! Elbing!

Ostpreussen: Pr. Eylau (Janzen). Königsberg! Lyck (Sanio).

154. *O. Schimperi* Hamm. = *O. fallax* Schimp. Syn. **Einhäusig.** In kleinen, dichten, kreisrunden, schmutziggrünen Polstern. Stengel bis 6 mm lang, aufrecht, büschelästig, braunroth wurzelhaarig. Blätter abstehend, trocken anliegend, lanzettlich, breit zugespitzt, stumpflich oder mit Stachelspitzchen, gekielt, mit umgerollten Rändern; Rippe vor der Spitze verschwindend. Blattzellen chlorophyllreich, mit niedrigen Papillen, am Grunde verlängert und durchscheinend. Männliche Blüthen wie beim vorigen, ohne Paraphysen. Scheidchen länglich, nackt. Stiel sehr kurz, Ochrea länger, den Hals der Kapsel umschliessend. Kapsel fast ganz von den Hüllblättern eingeschlossen, mit kurzem Halse eiförmig, breit 8streifig; entdeckelt bräunlichgelb, urnenförmig, 8rippig. Deckel flach gewölbt, mit kurzem Schnabel. Peristom doppelt, äusseres bräunlichgelb, die 8 Paarzähne trocken zurückgeschlagen, inneres 8, aus breiter Basis pfriemenförmige Wimpern. Haube breit glockenförmig, weisslichgelb, nackt.

An Feldbäumen, besonders Pappeln, auch an Bretterzäunen. Seltener als das vorige. April, Mai.

Westpreussen: Konitz (Lucas). Danzig: bei Langfuhr! Neustadt: bei Sagorsch! Marienwerder: bei Kurzebrack! und Tiefenau! Rosenberg: bei Raudnitz! Lobau: bei Wischnewo! Stuhm: bei Paleschken! Elbing (Hohendorf).

Ostpreussen: Königsberg: auf den Hufen (Sanio).

155. *O. tenellum* Bruch. Einhäusig. In kleinen, ziemlich dichten, grünen Räschen. Stengel bis 1 cm lang. Blätter abstehend, trocken locker anliegend, eilanzettlich, zu einer breiten, stumpfen, gezähnten Spitze zusammengezogen, Rand breit umgerollt; Rippe vor der Spitze endend. Blattzellen mit langen Papillen, am Grunde verlängert und durchscheinend. Männliche Blüthen am Grunde des Fruchtsprosses, mit zahlreichen, langen Paraphysen. Scheidchen länglich, nackt. Stiel 1/2 mm lang. Kapsel zur Hälfte die Hüllblätter überragend, länglich walzenförmig, langhalsig, 8streifig; entdeckelt verlängert und unter der Mündung verengt, 8furchig. Deckel kegelförmig, mit stumpfem Schnabel, orange gesäumt. Peristom doppelt, äusseres 8 blassgelbe, trocken zurückgeschlagene Paarzähne, inneres 8 ziemlich breite Wimpern. Haube lang, kegel-glockenförmig, gelb, spärlich behaart.

An Feldbäumen, bisher nur einmal gefunden, also sehr selten. Mai.

Westpreussen: Lobau: an wilden Birnbäumen bei Wischnewo!

B. Gymnoporus Lindbg.

Spaltöffnungen der Kapselwand phaneropor.

156. *O. fastigiatum* Bruch. Einhäusig. In dichten, dunkelgrünen Polstern. Stengel bis 2 cm lang, ästig, am Grunde rothbraun bewurzelt. Blätter aufrecht abstehend, trocken anliegend, eilanzettförmig, zugespitzt, gekielt, am Grunde faltig, Rand umgerollt; Rippe in der Spitze endend. Blattzellen dicht papillös, am Grunde sehr verlängert und schwach durchscheinend. Männliche Blüthen in den Achseln der Blätter, ohne Paraphysen. Scheidchen länglich, nackt. Stiel sehr kurz. Kapsel fast in den Hüllblättern eingeschlossen, eibirnförmig, langhalsig, breit 8streifig; trocken bauchig, 8faltig. Deckel fast kegelförmig, ziemlich lang geschnäbelt, roth gesäumt. Peristom doppelt,

äusseres 8 bleichgelbliche, trocken zurückgeschlagene, an der Spitze unregelmässig durchbrochene Paarzähne, inneres 8 ziemlich breite Wimpern. Haube lang, kegelglockenförmig, gelblichgrün, unter der Spitze mit mehr oder weniger papillösen Haaren. An Feldbäumen überall eine der häufigsten Arten. Mai, Juni. **Westpreussen:** Konitz (Lucas). Danzig! Neustadt! Marienwerder! Rosenberg! Löbau! Stuhm! Elbing! **Ostpreussen:** Osterode! Pr. Eylau (Janzen). Königsberg (Sanio). Lyck (Sanio). Heiligenbeil (Seydler).

157. *O affine* Schrad. Einhäusig. In lockeren, dunkel- bis gelblichgrünen Polstern. Stengel bis 3 cm lang, büschelästig, aufrecht oder aufsteigend. Blätter abstehend bis zurückgekrümmt, trocken locker anliegend, lanzettförmig, scharf gespitzt, gekielt, Ränder umgerollt; Rippe an der Spitze endend. Blattzellen dicht papillös. Männliche Blüthen in den Achseln der Blätter, ohne Paraphysen. Perichätialblätter am Grunde längsfaltig. Scheidchen kegelförmig, nackt. Stiel 1 mm lang. Kapsel die Hüllblätter halb überragend, langhalsig, eiwalzenförmig, dünnhäutig, schmal 8streifig; trocken walzenförmig, unter der Mündung etwas verengt, 8rippig. Deckel hochgewölbt, mit mässig langem Schnabel, rothrandig. Peristom doppelt, äusseres 8 weissliche, trocken zurückgeschlagene Paarzähne, inneres 8 schmale, lange Wimpern. Haube lang kegel-glockenförmig, gelbgrün, stärker oder schwächer mit papillösen Haaren besetzt, fast die Kapsel einschliessend. An Feld- und Waldbäumen, auch auf Steinen. Ueberall häufig. Juni, Juli. **Westpreussen:** Tuchel (Grebe). Konitz (Lucas). Karthaus! Danzig! Neustadt! Thorn! Marienwerder! Rosenberg! Löbau! Stuhm! Elbing! **Ostpreussen:** Pr. Eylau (Janzen). Fischhausen (Sanio). Königsberg (Sanio). Lyck (Sanio). Angerburg (Czekaj). Heiligenbeil (Seydler).

158. *O. rupestre* Schleich. Einhäusig. In dichten, bräunlich- bis schwärzlichgrünen Polstern. Stengel 3 cm und länger, aufsteigend. Blätter aufrecht abstehend, trocken anliegend, schmal lanzettlich, kurz zugespitzt, gekielt, oberwärts zusammengelegt, am Grunde schwach längsfaltig, Rand wenig zurückgerollt; Rippe kräftig, dicht unter der Spitze endend. Blattzellen papillös, gegen den Grund verlängert und durchscheinend, in den Blattecken quadratisch. Männliche Blüthen in den Blattachseln, mit gelben Paraphysen. Scheidchen lang, nackt oder mit einzelnen Haaren. Stiel 1 mm lang. Kapsel die Hüllblätter fast zur Hälfte überragend, eiförmig, langhalsig, dünnhäutig, mit 8 schmalen, gegen den Grund schwindenden Streifen; entdeckelt verlängert urnenförmig, stumpf 8faltig. Deckel flach gewölbt, mit dickem Schnabel, roth gesäumt. Peristom

doppelt, äusseres 8 gelbe, oben leiterförmig durchbrochene Paarzähne, die sich bald in 16 Einzelzähne theilen und trocken
aufrecht abstehen, inneres 8 ziemlich breite Wimpern. Haube
glockenförmig, gelbbraun, mit langen, gelben, papillösen Haaren
dicht besetzt.

Auf erratischen Blöcken, selten. Juni.

Westpreussen: Löbau: bei Wischnewo!

Ostpreussen: Lyck: am Malkiehn-See (Sanio).

β. *rupincola* Hüben. Rasen dichter, niedriger. Kapseln kleiner,
länger gestielt, mehr hervorragend. Haube schwächer behaart.

Ostpreussen: Lablau: auf erratischen Blöcken!

159. *O. Sturmii* Hornsch. Einhäusig. In dichten, rundlichen, braun-
bis schwarzgrünen Polstern. Stengel 2 cm lang, aufsteigend.
Blätter weit abstehend, trocken locker anliegend, lanzettförmig,
lang zugespitzt, schwach gekielt, am Grunde mit Längsfalten,
Rand unten zurückgerollt; Rippe kräftig, in der Spitze endend.
Blattzellen dicht papillös. Männliche Blüthen achselständig,
mit langen, gelbbraunen Paraphysen. Scheidchen lang, nackt
oder mit einzelnen Haaren. Stiel 1/2 mm lang. Kapsel fast
ganz in den Hüllblättern eingeschlossen, verkehrt eiförmig, kurzhalsig, gelb, undeutlich 8streifig, trocken urnenförmig, nur an
der Mündung 8faltig. Deckel gewölbt, mit kurzem Schnabel,
rothrandig. Peristom doppelt, äusseres aus 16 blassgelben
Einzelzähnen bestehend, trocken aufrecht, inneres 8 sehr kurze
Wimpern, die aber meistens fehlen. Haube breit glockenförmig,
gelbbraun, dicht mit langen, papillösen Haaren besetzt.

Auf erratischen Blöcken, selten. Juli.

Westpreussen: Strasburg: bei Wlewsk! Marienwerder: bei Garnseedorf!
Rosenberg: bei Gr. Herzogswalde!

160. *O. speciosum* N. a. E. In lockeren, grünen oder gelbgrünen
Rasen. Stengel bis 4 cm lang, gabelig verästelt, am Grunde
mit braunem Wurzelfilz, aufrecht oder aufsteigend. Blätter
abstehend zurückgekrümmt, trocken locker anliegend, lanzettlich,
lang zugespitzt, gekielt, oberwärts zusammengelegt, Ränder
stark zurückgerollt; Rippe dünn, vor der Spitze endend. Blattzellen dicht papillös. Männliche Blüthen achselständig, ohne
oder mit einzelnen Paraphysen. Scheidchen lang, nackt. Stiel
2 mm lang. Kapsel meist ganz über die Hüllblätter emporgehoben, langhalsig, eiwalzenförmig, blassgelb, dünnhäutig, undeutlich 8streifig; entdeckelt lang spindelförmig, schwach 8faltig
oder glatt. Deckel hochgewölbt, mit mittelmässigem Schnabel,
rothgesäumt. Peristom doppelt, äusseres weisslich, aus 8, trocken

zurückgeschlagenen Paarzähnen bestehend, inneres 8 lange, breite Wimpern. Haube lang kegel-glockenförmig, gelb, mit langen, gelben, gewundenen, papillösen Haaren dicht besetzt. — Die Haube ist auch zuweilen bei auf Steinen wachsenden Rasen nur schwach behaart, oder fast nackt.

An Feld- und Waldbäumen, auch auf erratischen Blöcken, überall häufig. Juni, Juli.

Westpreussen: Tuchel (Grebe). Schwetz! Konitz (Lucas). Pr. Stargard (Hohnfeld). Karthaus! Danzig! Neustadt! Thorn! Marienwerder! Rosenberg! Löbau! Stuhm! Elbing!

Ostpreussen: Osterode! Pr. Eylau (Janzen). Fischhausen (Sanio). Konigsberg! Labiau! Lyck (Sanio). Angerburg (Czekaj). Darkehmen (Czekaj). Pillkallen (Abromeit). Ragnit (Abromeit). Braunsberg (Seydler). Heiligenbeil (Seydler).

161. *O. leiocarpum* Br. eur. Einhäusig. In sehr lockeren, dunkelgrünen Polstern. Stengel bis 4 cm lang, gabelig verästelt, aufrecht oder meist bogig aufsteigend, am Grunde rothwurzelig. Blätter gekrümmt abstehend, trocken locker anliegend, lanzettförmig, zugespitzt, gekielt, Ränder fast der ganzen Länge nach umgerollt; Rippe unter der Spitze endend. Blattzellen papillös, nach unten linear, an den Rändern quadratisch. Männliche Blüthen durch Sprossung seitenständig, mit vielen Antheridien und gelblichen Paraphysen. Perichätialblätter grösser, mit faltigem Grunde. Scheidchen länglich, mit vereinzelten Haaren. Stiel ½ mm lang. Kapsel in den Hüllblättern eingesenkt, nur mit der Spitze hervorragend, länglich eiförmig, mit kurzem Halse, gänzlich ungestreift, dünnhäutig; entdeckelt urnenförmig, glatt. Deckel hochgewölbt, geschnäbelt, rothrandig. Peristom doppelt, äusseres 16 röthlichgelbe, trocken zurückgekrümmte Zähne, inneres 16 eben so lange und breite, am Rande buchtig gezähnte Wimpern. Haube glockenförmig, gelblich, mit kurzen, papillösen Haaren.

An Feld- und Waldbäumen, wohl überall, aber nicht häufig. April, Mai.

Westpreussen: Schwetz: bei Laskowitz (Hennings). Karthaus: im Forstbelauf Bülow! Danzig: bei Langfuhr! Neustadt: bei Sagorsch! Marienwerder! Rosenberg: bei Raudnitz! Löbau: bei Wischnewo! Elbing: bei Vogelsang (Janzen).

Ostpreussen: Osterode: bei Hasenberg! Pr. Eylau: bei Wildenhof (Janzen). Königsberg (Sanio). Lyck (Sanio).

162. *O. Lyellii* Hook. et T. Zweihäusig. In grossen, lockeren, oft herabhängenden, braungrünen Polstern. Stengel bis 6 cm lang, gabelästig, meist bogig aufsteigend, am Grunde wurzelnd. Blätter sparrig abstehend; trocken, locker und etwas gedreht anliegend; schmal lanzettlich, lang zugespitzt, flachrandig, faltig oder wellig;

Rippe vor der Spitze endend. Blattfläche und Rippe beiderseits
mit fädigen und kolbigen, oft verästelten, gegliederten, braunen
Brutkörpern. Blattzellen dicht mit langen Papillen besetzt.
Männliche Blüthen gipfelständig, mit zahlreichen Antheridien
und Paraphysen. Perichätialblätter grösser. Scheidchen länglich, mit wenigen Haaren. Stiel 1 mm lang. Kapsel in den
Hüllblättern eingeschlossen, länglich eiförmig, langhalsig, derbhäutig, 8streifig, trocken 8rippig. Deckel flach gewölbt, mit
mässig langem Schnabel, orange gesäumt. Peristom doppelt,
äusseres 16 weissliche, trocken bogig zurückgekrümmte Zähne,
inneres 16 lange, ziemlich breite, rothgelbe Wimpern. Haube
kegelförmig, spärlich mit glatten Haaren besetzt, fast die ganze
Kapsel einschliessend.

An Feld- und Waldbäumen, nicht selten, aber sehr selten fruchtbar und
daher meist übersehen. Juli, August.

Westpreussen: Karthaus: im Forstbelauf Bülow! und im Mirchauer Forst
(Lützow). Danzig: bei Jäschkenthal! Neustadt: bei Kölln! Piekelken! und
Wahlendorf (Lützow). Rosenberg: bei Raudnitz!

Ostpreussen: Osterode: bei Hasenberg! Königsberg (Sanio). Lyck (Sanio)

163. *O. obtusifolium* Schrad. Zweihäusig. In kleinen, lockeren, bräunlich oder hellgrünen Räschen. Stengel bis 15 mm lang, einfach,
selten getheilt, aufrecht. Blätter locker abstehend, trocken dachziegelig anliegend, eilänglich, abgerundet, hohl, am Rande nur
schwach eingebogen; Rippe schwach, vor der Spitze verschwindend. An der Blattfläche braune, spindelförmige, mehrzellige Brutkörper. Blattzellen mit stumpfen Papillen, am
Grunde durchscheinend. Männliche Blüthen gipfelständig an
eigenen Räschen, mit zahlreichen Antheridien und spärlichen
Paraphysen. Perichätialblätter breit, scheidig zusammengerollt,
längsfaltig. Scheidchen dick und kurz, nackt. Stiel sehr kurz.
Kapsel völlig zwischen den Hüllblättern, eiförmig, langhalsig,
gelblich mit 8 orangefarbenen Streifen, rothmündig; trocken verlängert und 8rippig. Deckel kegelförmig. Peristom doppelt,
äusseres 8 gelbrothe, trocken zurückgeschlagene Paarzähne,
inneres 8 lange, ziemlich breite Wimpern. Haube breit glockenförmig, braunroth, papillös, nackt, bis zur Mitte der Kapsel
reichend.

An Feldbäumen, überall häufig. Mai, Juni.

Westpreussen: Tuchel (Grebe). Schwetz! Konitz (Lucas). Danzig! Neustadt!
Thorn! Marienwerder! Rosenberg! Löbau! Stuhm! Marienburg (Janzen). Elbing!

Ostpreussen: Pr. Eylau (Janzen). Königsberg! Lyck (Sanio).

164. *O. gymnostomum* Bruch. Zweihäusig. In der Tracht und Grösse
dem vorigen ganz ähnlich, aber die Blätter mehr länglich. Rand

bis zur Spitze stark eingebogen. Kapsel fast walzenförmig, mit
kurzem Halse, mit schmäleren, rothen Streifen; trocken schmal,
8rippig. Deckel kegelförmig, länger. Peristom fehlt gänzlich.
Haube klein, kegelförmig, kaum die Hälfte der Kapsel deckend,
bleich, mit einigen papillösen Haaren.

Westpreussen: Neustadt: bei Pretoschin, Wahlendorf, Kaminitza, Linde
und im Olivaer Forst am Oberforstmeister-Weg (Lützow). Löbau: bei
Wischnewo!

Bemerkungen. Ein Moos, das bisher nur an *Populus tremula* gefunden
worden ist. Wahrscheinlich viel häufiger als man gewöhnlich glaubt, und
nur wegen seiner grossen Aehnlichkeit mit dem vorigen leicht zu übersehen.
Die Sporenreife ist sehr früh, schon im April und Anfang Mai.

16. Familie. Encalyptaceae.

In Rasen wachsende Erd- und Felsenmoose. Stengel aufrecht,
gabelig verästelt, dicht beblättert, braunfilzig, im Querschnitt 3—5-
eckig. Blätter mehrreihig; trocken gedreht und kielig gefaltet; zungenförmig, ganzrandig, mit starker Rippe. Blattzellen im grösseren,
oberen Blatttheile fast regelmässig 6eckig, chlorophyllreich, beiderseits dicht papillös, im unteren viel grösser, rhombisch und ohne
Chlorophyll, durchsichtig. Stiel lang, gerade. Scheidchen mit Ochrea.
Kapsel aufrecht, regelmässig, dünnhäutig. Deckel gerade, sehr lang.
Ring vorhanden. Peristom fehlend, einfach oder doppelt. Haube
sehr gross, bis unter die Kapsel herabreichend, walzig-glockenförmig,
glatt, lang geschnäbelt.

43. Encalypta Schreb.

Gattungsmerkmale, die der Familie.

165. *E. vulgaris* Hoffm. Einhäusig. In kleinen, bläulich bis gelblichgrünen Räschen. Stengel bis 1 cm lang, einfach oder gabelig
getheilt. Blätter abstehend, trocken eingekrümmt und gedreht,
länglich zungenförmig, gespitzt, flachrandig; Rippe breit, gelb,
vor der Spitze endend, selten etwas austretend. Zellen des
Blattgrundes bräunlich, durchsichtig. Männliche Blüthen achselständig, mit wenigen Antheridien und goldgelben, fadenförmigen
Paraphysen. Perichätialblätter aus breitem Grunde lanzettlich
verschmälert. Scheidchen gekrümmt, oben etwas verbreitert,
Stiel bis 8 mm lang, steif aufrecht, roth; trocken oben rechts
gedreht. Kapsel fast walzenförmig, gelbgrün, ohne Streifen,
rothmündig; trocken etwas faltig, mit kurzem, faltigem Halse.
Deckel aus kegelförmiger, roth geränderter Basis lang pfriemenförmig geschnäbelt, halb so lang als die Urne. Ring 2reihig,

sich stückweise lösend. Peristom fehlt. Haube bis unter die Kapsel reichend, am Schnabel etwas gezähnelt, am Grunde ganzrandig oder unregelmässig lappig.

Auf lehmigem und kiesigem Boden unter Gebüsch, wohl überall nicht selten. April, Mai.

Westpreussen: Konitz (Lucas). Karthaus! Danzig! Neustadt! Strasburg! Marienwerder! Rosenberg! Löbau! Stuhm! Elbing (Janzen).

Ostpreussen: Pr. Eylau (Janzen). Königsberg (Sanio). Lyck (Sanio).

166. *E. ciliata* Hoffm. Einhäusig. In kleinen, blaugrünen Rasen, Stengel bis 3 cm lang, einfach oder gabelig getheilt, aufrecht, mit gelbbraunen Wurzelhaaren. Blätter aufrecht abstehend, trocken einwärts gekrümmt und gedreht, kielig gefaltet, zungenförmig mit kurzem Spitzchen, Ränder etwas zurückgeschlagen; Rippe kräftig, gelb, auslaufend oder unter der Spitze endend. Zellen des Blattgrundes gelblich, durchsichtig. Männliche Blüthen achselständig, mit zahlreichen Antheridien und gelben, keulenförmigen Paraphysen. Scheidchen walzenförmig mit langer Ochrea. Stiel 10 mm lang, gelb; trocken unten rechts, oben links gedreht. Kapsel walzenförmig, gelblich, ohne Streifen, trocken nicht gefaltet. Deckel aus kegelförmiger Basis stumpf geschnäbelt. Ring sich nicht ablösend. Peristom einfach, aus 16 schmal lanzettlichen, rothen Zähnen bestehend. Haube bis unter die Kapsel herabreichend, hellgelb, glatt, am Grunde mit schmal lanzettlichen, bleibenden Franzen.

Westpreussen: Löbau: im Walde bei Wischnewo! nur einmal wenige Exemplare gefunden. — Ausserdem erhielt ich es von Schaube aus dem Mühlenthal bei Bromberg.

167. *E. streptocarpa* Hedw. Zweihäusig. In grossen, lockeren, bläulichbis bräunlichgrünen Rasen. Stengel bis 5 cm lang, kräftig, gabelig getheilt, am Grunde mit dichtem Wurzelfilz bekleidet, in den Achseln der oberen Blätter mit braunen, lang walzenförmigen Brutkörpern. Blätter aufrecht abstehend, trocken einwärts gekrümmt, gedreht und gefaltet, länglich zungenförmig, stumpf mit kurzem Spitzchen, kielig hohl, an den Rändern schwach wellig; Rippe sehr kräftig, mit der Spitze endend, am Rücken unten warzig, oben gezähnt. Männliche Blüthen auf schlanken Pflanzen gipfelständig, dick knospenförmig, mit zahlreichen Antheridien und langen, keulenförmigen Paraphysen. Perichätialblätter aus länglicher Basis schmal lanzettförmig. Scheidchen walzenförmig, schwach gebogen, mit deutlicher Ochrea. Stiel bis 2 cm lang, purpurn, warzig; trocken unten rechts, oben links gedreht. Kapsel walzenförmig, gelblich, gegen

12*

die Mündung verschmälert, mit 8 spiralig linkswendigen, röthlichen Streifen, trocken so gewunden. Deckel aus kegelförmiger Basis in einen stumpfen, an der Spitze etwas keuligen Schnabel gedehnt. Ring 2reibig, sich abrollend. Peristom doppelt, äusseres aus 16 langen, fadenförmigen, rothen Zähnen bestehend, inneres eine gelbliche, längsfaltige Basilarmembran mit 16 oder mehr fadenförmigen Wimpern. Haube sehr lang, tief unter die Kapsel reichend, bräunlich, am Grunde unregelmässig gezähnt.

In Wäldern an Abhängen auf lockerer Walderde. Scheint sehr verbreitet zu sein und kommt an den Standorten meist in Menge vor, aber bisher bei uns immer nur steril. Sommer.

Westpreussen: Karthaus: im Forstbelauf Ostroschken! am Ronti See! und am Gr. Brodno See! Danzig: auf dem Karlsberg bei Oliva! Neustadt: bei Zoppot! und Kl. Katz! Putzig: bei Rixhöft! Marienwerder: bei Schadau! Rachelshof! und Fiedlitz! Löbau: bei Wischnewo! Schlochau (Grebe).

Ostpreussen: Lyck: im Schlosswald und Baraner Forst (Sanio). Tilsit: auf dem Rombinus!

17. Familie. Tetraphidaceae.

Rasenbildende Erd- und Felsenmoose. Stengel mehrreihig beblättert. Blattzellen parenchymatisch, dickwandig, glatt. Blüthen gipfelständig, knospenförmig. Stiel gerade, lang. Kapsel aufrecht, regelmässig, ohne Streifen. Deckel kegelförmig, nur aus der Epidermis gebildet, das Peristom bildet sich aus dem Kapselgewebe, das den Deckel ausfüllt, besteht aus 4 langen, dicken Zähnen, deren Innenschicht später verschrumpft. Mittelsäulchen bis zur Kapselmündung reichend. Haube kegelförmig, längsfaltig.

44. Tetraphis Hedw.

Blattrippe vollständig. Haube nur den oberen Theil der Kapsel deckend.

168. *T. pellucida* Hedw. Einhäusig. In dichten, schön grünen, schimmernden Rasen. Stengel 3 cm hoch, zart, durch Innovationen ästig, durch rostfarbenen Wurzelfilz verwebt, unten mit kleinen, schuppenartigen Blättern. Obere Blätter aufrecht abstehend, eilanzettförmig, spitz, ganzrandig; Rippe vor der Spitze endend. Zellen rundlich 6seitig. Männliche Blüthen knospenförmig, mit zahlreichen, langen, fadenförmigen Paraphysen. Perichätialblätter viel länger als die übrigen. Scheidchen lang walzenförmig, nackt. Stiel bis 2 cm lang, aufrecht, röthlich; trocken unten rechts, oben links gedreht. Kapsel walzenförmig, an der rothen

Mündung etwas verengt. Deckel kegelförmig, $1/3$ so lang als die Urne, 1 seitig geschlitzt. Ring fehlt. Peristom braun. Haube kegelförmig, nur bis kurz unter den Deckel reichend, gefaltet, weisslich, an den Kanten bräunlich. — An längeren Sprossen kommen noch besondere Brutkörperbildungen vor: nämlich durch 4 breite, rundliche Blätter wird eine becherartige Hülle gebildet, welche zahlreiche, linsenförmige, gestielte Brutscheiben, mit Paraphysen untermischt, enthält.

In Wäldern auf lockerer Walderde und morschem Holze. Ueberall sehr häufig. Juni.

Westpreussen: Tuchel (Grebe). Schwetz! Schiochau (Grebe). Konitz (Lucas). Karthaus! Danzig! Neustadt! Strasburg! Marienwerder! Rosenberg! Löbau! Stuhm! Elbing!

Ostpreussen: Pr. Eylau (Janzen). Königsberg! Lyck (Sanio). Angerburg (Czekaj). Mohrungen (Seydler). Pr. Holland (Seydler). Braunsberg (Seydler). Heiligenbeil (Seydler).

18. Familie. Splachnaceae.

In lockeren Rasen, meist auf modernden, vegetabilischen oder thierischen Stoffen wachsende Moose. Stengel 5—8 reihig beblättert. Blätter weich und schlaff, mit sehr lockerem, parenchymatischem, rechteckigem bis 6 seitigem Zellnetz. Männliche Blüthen kopfförmig, mit langen, keulenförmigen Paraphysen. Weibliche Blüthen meist ohne Paraphysen. Scheidchen meist mit Ochrea. Stiel aufrecht, trocken gedreht. Kapsel aufrecht, regelmässig, meist mit grosser, farbiger Apophysis. Deckel gewölbt, selten kegelförmig. Ring meist fehlend. Mittelsäulchen nach oben verdickt. Peristom einfach, aus 16 flachen, paarigen oder doppelpaarigen Zähnen bestehend. Haube klein und glatt, kapuzen- oder kegelförmig.

45. Splachnum L.

Einhäusig. Männliche Blüthe auf schlankem Spross endständig, kopfförmig, fast scheibenförmig, Hüllblätter sich sternförmig ausbreitend. Stiel lang und dünn, nach der Sporenreife noch länger wachsend. Scheidchen mit deutlicher Ochrea. Kapsel klein, länglich eiförmig, mit viel grösserer, durch Farbe und Textur verschiedener Apophysis, die sich nach der Reife noch vergrössert und dann blasig aufgetrieben ist. Ring fehlt. Peristom aus 16 paarweise genäherten, am Grunde verbundenen Zähnen bestehend; feucht kuppelartig die Mündung deckend, trocken zurückgeschlagen der äusseren Kapselwand anliegend. Haube kegelförmig.

169. *S. ampullaceum* L. In lockeren, hellgrünen Rasen. Stengel 2 cm hoch, aufrecht, mehr oder minder getheilt; unten kleiner, oben grösser beblättert. Obere Blätter eilanzettlich, lang zugespitzt, gegen die Spitze meist grob gesägt; Rippe stark, an der Spitze verschwindend. Männliche Blüthen an der Spitze langer, klein beblätterter Zweige stehend, Hüllblätter an der Spitze gezähnt. Stiel steif aufrecht, 5 cm und länger, trocken links gewunden. Kapsel eiwalzenförmig, der grossen, flaschenförmigen Apophysis aufsitzend; Apophysis und Stiel nach der Reife schön purpurroth. Deckel gewölbt kegelförmig. Peristom orange.

Auf feuchten Viehweiden, auf verrottetem Rindviehdünger; sehr verbreitet und an den Standorten oft sehr zahlreich. Juli, August.

Westpreussen: Schwetz: bei Osche! Schlochau (Grebe). Pr. Stargard: bei Wilhelmswalde (Ilse). Karthaus: bei Wilhelmshöhe! Danzig: bei Heubude (Bail). Rosenberg: bei Raudnitz! Stuhm: bei Ostrow-Lewark (Klatt).

Ostpreussen: Pr. Holland: bei Schoenmoor (Kachler). Braunsberg: Hohes Holz (Seydler). Heiligenbeil: bei Zinten (Hensche). Sensburg: im Puppner Forst (Schultz). Königsberg: bei Friedrichstein (Gereke). Fischhausen: bei Rauschen (Bujak). Ragnit!

19. Familie. Funariaceae.

In Heerden oder Rasen wachsende Erdmoose, deren Stengel nach der Reife des Sporogoniums abstirbt, aber aus dem unterirdischen Protonema sich wieder erzeugt. Stengel stets niedrig, zuerst eine männliche Blüthe am Gipfel tragend, dann unter derselben 1 oder 2 Innovationen treibend, welche die weibliche Blüthe tragen; daher steht die männliche Blüthe später am Grunde des Stengels. Die unteren Blätter klein, die oberen gross, schopfig zusammengedrängt, mit parenchymatischem, lockerem Zellnetz. Männliche Blüthen scheibenförmig, mit keuligen Paraphysen; weibliche ohne Paraphysen. Perichätialblätter nicht verschieden. Scheidchen meist lang mit undeutlicher Ochrea. Kapsel entweder aufrecht und regelmässig, oder übergebogen und unsymmetrisch. Peristom fehlend, einfach oder doppelt. Haube langgeschnäbelt, in der Jugend blasig aufgetrieben.

46. Physcomitrium Brid.

Kapsel auf aufrechtem Stiel, regelmässig, rund, mit längerem oder kürzerem Halse, dadurch birnförmig erscheinend. Deckel mit geraden Zellreihen. Peristom fehlt. Haube in der Jugend blasig aufgetrieben, nachher mützenförmig, unten mehrfach geschlitzt, die halbe Kapsel deckend.

170. *P. sphaericum* Brid. Einhäusig. In kleinen, hellgrünen Heerden. Stengel höchstens 4 mm hoch. Blätter unten klein, die oberen

rosettenartig abstehend, verkehrt eilänglich, stumpf, hohl, ganzrandig oder gegen die Spitze undeutlich gezähnt; Rippe zart,
vor der Spitze verschwindend. Stiel 3—4 mm lang, bleich-
röthlich, trocken links gedreht. Kapsel fast kugelig mit sehr
kurzem Halse, entleert halbkugelig, unter der Mündung nicht
eingeschnürt. Deckel flach gewölbt, mit sehr kurzem Spitzchen.
Ring röthlich, sich nicht lösend. Haube 3—5lappig.

An torfigen Grabenufern, sehr selten. Herbst.

Westpreussen: Löbau: bei Wischnewo!

171. *P. eurystomum* Sendt. Einhäusig. Dem vorigen in der Tracht
ganz ähnlich, aber etwas grösser und kräftiger. Die oberen
Blätter eilänglich, scharf zugespitzt, gegen die Spitze gesägt;
Rippe kräftiger, in der Spitze endigend oder als Stachelspitzchen
austretend. Kapsel kugelig, mit deutlichem Halse, entleert
halbkugelig, unter der Mündung zusammengezogen. Deckel
konvex mit kleinem Wärzchen. Ring roth, sich stückweise
ablösend. Haube tief gespalten.

Wie das vorige, sehr selten. Herbst.

Westpreussen: Löbau: bei Wischnewo!

172. *P. pyriforme* Brid. Einhäusig. In oft sehr ausgedehnten, hellgrünen Heerden. Stengel bis 12 mm hoch. Die oberen Blätter
verkehrt eilanzettförmig bis spatelförmig, zugespitzt, von der
Mitte bis zur Spitze grobgesägt; Rippe vor der Spitze verschwindend. Stiel 5—8 mm hoch; trocken am Grunde links
oben rechts gedreht. Kapsel kugelig, durch den deutlichen
Hals kurz birnförmig; trocken becherförmig, unter der Mündung
eingeschnürt. Deckel flach gewölbt, mit ziemlich langer, gerader
Spitze. Ring stückweise sich lösend. Haube lang geschnäbelt,
3—5lappig.

An Grabenufern und auf feuchtem Boden, überall sehr häufig. Mai.

Westpreussen: Schwetz! Konitz (Lucas). Danzig! Karthaus! Neustadt!
Thorn (Nowicki). Strasburg! Marienwerder! Rosenberg! Löbau! Stuhm!
Elbing!

Ostpreussen: Osterode! Braunsberg (Seydler). Pr. Eylau (Janzen). Königsberg! Lyck (Sanio).

47. Entosthodon Schwägr.

Kapsel auf geradem oder etwas gekrümmtem Stiel, regelmässig
oder schwach unsymmetrisch, durch einen Hals birnförmig. Deckel
mit geraden oder etwas nach links schraubig aufsteigenden Zellreihen. Ring fehlt. Peristom einfach oder doppelt, meist ganz rudimentär. Haube in der Jugend blasig aufgetrieben, später kapuzenförmig, seitlich geschlitzt, der Kapsel schief aufsitzend.

173. *E fascicularis* C. Müll. Einhäusig. In lockeren, hellgrünen oder gelbgrünen Räschen. Stengel 3—6 mm hoch. Untere Blätter klein, obere gross, rosettenartig abstehend, verkehrt eiförmig bis spatelförmig, allmählig scharf zugespitzt, flachrandig, ungesäumt, bis unter die Mitte scharf gesägt; Rippe vor der Spitze verschwindend, selten auslaufend. Stiel 5 mm lang, aufrecht, trocken rechts gedreht. Kapsel aufrecht, kugelig birnförmig, selten etwas unsymmetrisch, trocken unter der Mündung etwas eingeschnürt, Deckel klein, flach gewölbt, ganz ohne Spitzchen, Zellreihen schwach links gedreht. Peristom doppelt angelegt, doch stets nur in Rudimenten vorhanden, meist kaum aufzufinden.

Auf Brachäckern und trockenen Wiesen, nicht häufig. Mai.

Westpreussen: Schlochau: bei Podanzig (Grebe). Konitz: bei Gigel (Lucas). Danzig: bei Weichselmünde! Marienwerder: bei Liebenthal! Rosenberg: bei Raudnitz! und Hansdorf! Löbau: bei Wischnewo! Stuhm: bei Paleschken!

Ostpreussen: Königsberg: in der Wilky (Sanio). Lyck (Sanio).

48. Funaria Schreb.

Kapsel auf mehr oder weniger gekrümmtem Stiel, mehr oder weniger unsymmetrisch, schief birnförmig, mit fast seitlich gestellter Mündung. Ring fehlend oder vorhanden. Peristom doppelt, das äussere besteht aus 16, aus breiter Basis lang zugespitzten Zähnen, welche, spiralig links herumgedreht, an der Spitze durch ein netzförmiges Scheibchen verbunden, die ganze Mündung bedecken; das innere wird von 16, den äusseren Zähnen am Grunde anhängenden und ihnen gegenüber stehenden, geraden Wimpern gebildet. Der Sporensack füllt die Kapselhöhle nicht aus, sondern es bleibt um ihn ein grosser Luftraum, und er wird durch chlorophyllreiche Zellfäden mit der Kapselwand verbunden. Haube in der Jugend aufgeblasen, später kapuzenförmig, schief aufsitzend.

174. *F. hygrometrica* Hedw. Einhäusig. Meist in ausgedehnten, hellgrünen Rasen wachsend, sehr wechselnd in der Tracht und Grösse. Stengel 5—15 mm hoch. Die unteren Blätter klein, die oberen gross, meist knospenförmig zusammengeschlossen, doch häufig auch rosettartig abstehend, breit eilanzettförmig, ganzrandig; Rippe bis zur Spitze gehend. Hüllblätter der männlichen Blüthen an der Spitze gesägt. Stiel 1—5 cm lang, verhältnissmässig dünn, hin- und hergebogen, trocken stark rechts gedreht. Kapsel dick, schief birnförmig, trocken stark gefurcht und faltig. Deckel klein, gewölbt. Ring breit, sich spiralig abrollend. Sporen rostbraun, sehr klein.

Auf feuchter Erde und an Mauern, eines der gemeinsten Moose. Vom Frühjahr bis Herbst.

Westpreussen: Tuchel (Brick). Schwetz! Konitz (Lucas). Berent (Casp.). Karthaus! Danzig! Neustadt! Strasburg! Graudenz (Fröhlich). Marienwerder! Rosenberg! Löbau! Stuhm! Marienburg (Preuschoff). Elbing!

Ostpreussen: Osterode! Heilsberg (Rosenbohm). Ortelsburg (Abromeit). Pr. Eylau (Janzen). Braunsberg (Seydler). Königsberg! Lyck (Sanio). Pillkallen (Abromeit).

β. *patula* Br. eur. Stengel dünner, meist verzweigt. Obere Blätter abstehend, am Rande verbogen, trocken gedreht.

Mit der Hauptform überall.

175. *F. microstoma* Br. eur. Einhäusig. Der vorigen ganz ähnlich, aber kleiner. Obere Blätter knospenförmig zusammengeschlossen, lang gespitzt. Kapsel auf kürzerem, dickerem Stiel, dunkler und wenig gefurcht, fast glänzend, mit sehr kleiner Mündung. Deckel sehr klein, zitzenförmig. Inneres Peristom unvollständig, Sporen viel grösser.

Ostpreussen: Lyck: am Rande des Sarker Bruchs (Sanio).

Bemerkungen: Vielleicht bei uns noch mehrfach zu finden, aber der grossen Aehnlichkeit mit der vorigen wegen übersehen. So gemeine Moose, wie *F. hygrometrica*, werden meistens wenig beachtet, und, wenn aufgenommen, sind es meist nur die grossen Formen, während man die kleinen als Kümmerlinge vernachlässigt. Es verlohnte der Mühe, auf die kleinen Formen zu achten.

20. Familie. Bryaceae.

Meist mittelgrosse Rasen und Polster bildende Moose, die meist auf der Erde, aber auch auf Steinen, Holz u. s. w. wachsen. Stengel meist unter der Spitze sprossend, meist nur am Grunde, aber oft auch hoch hinauf mit Wurzelhaaren. Zellnetz der Blätter rhombisch-parenchymatisch bis fast linear-prosenchymatisch, stets glatt ohne Papillen. Männliche Blüthen knospenförmig bis fast scheibenförmig, aber immer mit fadenförmigen Paraphysen. Kapsel lang gestielt, übergeneigt oder meist hängend, birnförmig, regelmässig, selten etwas unsymmetrisch, mit phaneroporen Spaltöffnungen. Peristom doppelt, das äussere 16 linear-lanzettförmige Zähne, das innere eine kielig gefaltete Membran, mit kieligen Fortsätzen und dazwischen meist mit Wimpern. Haube kapuzenförmig, klein und flüchtig, glatt.

49 Leptobryum Schimp.

Stengel aus dem Grunde sprossend. Blätter sehr schmal, fast borstenförmig. Blattzellen fast alle schmal, 6 seitig-linearisch. Kapsel klein, übergebogen, birnförmig, glänzend. Inneres Peristom kürzer als das äussere, Wimpern mit seitlichen Anhängseln.

176. *L. pyriforme* Schimp. **Zwitterig.** In hellgrünen, seidenglänzenden Rasen. Stengel 10—15 mm hoch, aufrecht, fast einfach, nur am Grunde wurzelnd. Blätter unten klein, lanzettförmig, Schopf-blätter nach aussen gebogen, trocken etwas gekräuselt, aus lanzettförmiger Basis lang pfriemenförmig, ganzrandig; **Rippe** breit, als lange, gezähnelte Spitze auslaufend. Blüthen **dick** kopfförmig, mit Archegonien, Antheridien und zahlreichen **Para-physen.** Perichätialblätter aus breiter, fast scheidiger **Basis** lang borstenförmig, abstehend. Stiel 2—3 cm lang, braun**gelb,** dünn, hin- und hergebogen. Kapsel übergebogen bis hängend, genau birnförmig, dünnhäutig, glänzend braungelb. Deckel gewölbt, mit kleinem Spitzchen. Ring breit. Sporen klein, hell rostbraun.

An Grabenufern, feuchten Mauern u. s. w., wohl allgemein verbreitet. **Juni.** **Westpreussen:** Schwetz! Konitz (Lucas). Danzig! Neustadt! Strasburg! Marienwerder! Rosenberg! Löbau! Stuhm! Elbing (Janzen).

Ostpreussen: Heilsberg (Seydler). Pr. Eylau (Janzen). Königsberg! Lyck (Sanio).

50. Webera Hedw.

Stengel am Grunde sprossend. Blätter lanzettlich, selten fast eilanzettlich. Blattzellen oben schmal, fast linealisch, unten ver-längert 6 seitig. Kapsel übergeneigt bis hängend, länger oder kürzer birnförmig. Inneres Peristom so lang als das äussere, zwischen den Fortsätzen mit Wimpern ohne Anhängsel.

177. *W. nutans* Hedw. **Einhäusig.** In glänzenden, hellgrünen Rasen. Stengel 10—15 mm hoch, nur am Grunde wurzelnd. Untere Blätter klein, lanzettförmig, Schopfblätter linien-lanzettförmig, gegen die Spitze gesägt; Rippe vor der Spitze verschwindend. Weibliche Blüthen an den Spitzen der Stengel, von, den Schopf-blättern sehr ähnlichen Hüllblättern umgeben; die Antheridien stehen unterhalb derselben in den Achseln der Schopfblätter. Stiel 1—2 cm lang, kräftig. Kapsel mehr oder weniger hängend, länglich birnförmig, entleert weitmündig, unter der Mündung etwas zusammengezogen. Deckel gewölbt, mit kurzem Wärzchen. Ring breit, abrollbar. Aeusseres Peristom rothbraun, inneres mit je 2—3 glatten, langen Wimpern.

Auf Walderde und morschem Holze in Wäldern, überall sehr gemein. Juni, Juli.

Westpreussen: Tuchel (Grebe). Schwetz! Konitz (Lucas). Karthaus! Danzig! Neustadt! Thorn (Nowicki). Strasburg! Marienwerder! Rosenberg! Löbau! Stuhm! Elbing!

Ostpreussen: Osterode! Mohrungen (Seydler). Pr. Eylau (Janzen). Fischhausen (Casp.). Königsberg! Lyck (Sanio). Angerburg (Czekaj). Braunsberg (Seydler). Heiligenbeil (Seydler).

β. *caespitosa* Schimp. Stengel länger und ästig. Schopfblätter länger und verbogen. Kapsel schmaler und fast wagerecht stehend.

Ostpreussen: Fischhausen: in der Kapornschen Heide (Sanio). Lyck: im Baraner Forst (Sanio).

γ. *bicolor* H. et H. In dichten, niedrigen, dunkelgrünen Rasen. Blätter breiter, an den unfruchtbaren Stengeln mit auslaufender Rippe. Stiel kurz und stark. Kapsel kurz birnförmig, auf der äusseren Seite dunkler gefärbt als auf der inneren.

Ostpreussen: Lyck: im Milchbuder Forst (Sanio).

δ. *longiseta* Thomas. In flachen Rasen. Stämmchen kurz und einfach. Schopfblätter gross und abstehend. Stiel 8—10 cm lang. Kapsel kurz und dick, hängend.

In Torfbrüchen nicht selten.

Westpreussen: Tuchel (Grebe). Schwetz (Hennings). Karthaus (Casp.). Danzig! Neustadt! Strasburg! Graudenz (Scharlock). Marienwerder! Lobau! Elbing!

Ostpreussen: Pr. Eylau (Janzen). Friedland (Sanio). Osterode! Königsberg! Lyck (Sanio).

ε. *sphagnetorum* Schimp. Oft grosse, schön grüne Rasen bildend. Stengel lang und dünn, niederliegend oder zwischen andern Sumpfmoosen aufsteigend, entfernt beblättert. Stiel 5 cm lang. Kapsel kurz birnförmig, hängend, hell.

In Waldbrüchen verbreitet.

Westpreussen: Tuchel (Grebe). Schwetz: Bankauer Wald (Hennings). Pr. Stargard: bei Wilhelmswalde (Ilse). Karthaus: bei Ostroschken! Strasburg: bei Lautenburg! Marienwerder: bei Kalmusen! Bogusch! und im Rehhöfer Forst! Rosenberg: bei Gr. Herzogswalde! Lobau: bei Wischnewo! Elbing (Hohendorf).

Ostpreussen: Pr. Eylau: im Gallehner Bruch (Janzen). Lyck: in der Dallnitz (Sanio).

Bemerkungen: Diese beiden letzten Formen verdienten wohl als Arten anerkannt zu werden, wie überhaupt die *Webera nutans* Hedw. wohl noch mehrere Artentypen enthält.

178. *W. strangulata* N. a. E. Einhäusig. In hellgrünen, glänzenden Rasen. Stengel bis 2 cm hoch, schlank, weitläufig beblättert. Schopfblätter lang linien-lanzettförmig, an der Spitze scharf gesägt, abstehend und verbogen; Rippe vor der Spitze verschwindend. Blüthenstand wie bei der vorigen. Stiel 5 cm lang, straff aufrecht. Kapsel fast wagerecht stehend, lang und schmal birnförmig; trocken unter der erweiterten Mündung sehr stark eingeschnürt. Deckel klein und sehr hoch gewölbt, fast kegelig. Sonst wie die vorige. — Sicher eine sehr gute Art, die sehr an *W. elongata* Schwägr. erinnert, und auch mit derselben schon verwechselt worden ist. Fällt sogleich durch die Kapsel auf.

Auf sandiger Walderde, verbreitet. Juli.

Westpreussen: Pr. Stargard: im Wilhelmswalder Forst (Ilse). **Karthaus:** im Forstbelauf Bülow! Neustadt: bei Neustadt! und Kölln! **Marienwerder:** Rehhöfer Forst! Stuhm: bei Heidemühle!

Ostpreussen: Pr. Eylau: im Warschkeiter Forst (Janzen). **Königsberg:** Kellermühle (Sanio). Lyck: im Baraner Forst (Sanio).

179. *W. cruda* Schimp. **Polygamisch.** In lockeren, hellgrünen, glänzenden Rasen. Stengel 3 cm und länger, einfach, roth. Untere Blätter klein, lanzettförmig, obere gross, linien-lanzettförmig, schmal zugespitzt, gegen die Spitze gesägt, fast sparrig abstehend; Rippe unten roth, gegen die Spitze verschwindend. Zellen enge. Blüthen wie bei den beiden vorigen, doch kommen auch häufig gipfelständige, rein männliche, fast scheibenförmige Blüthen, von grösseren, längeren Hüllblättern umgeben, vor. Stiel 2 cm lang, oben schwanenhalsartig gebogen. Kapsel geneigt oder wagerecht stehend, kurzhalsig, walzenförmig bis fast keulenförmig, oft etwas unsymmetrisch, braungelb. Deckel gewölbt, mit stumpfem Wärzchen. Ring abrollbar. Aeusseres Peristom bleichgelb, inneres mit 2—3 langen Wimpern zwischen den Fortsätzen.

Auf Walderde verbreitet und häufig. Juli.

Westpreussen: Schlochau (Grebe). Konitz (Lucas). Berent (Casp.). **Karthaus!** Danzig! Neustadt! Thorn (Nowicki). Strasburg! Marienwerder! Rosenberg! Löbau! Stuhm! Elbing!

Ostpreussen: Osterode! Pr. Eylau (Janzen). Braunsberg (Scydler). Fischhausen (Seydler). Königsberg (Sanio). Lyck (Sanio).

180. *W. annotina* Schwägr. **Zweihäusig.** In kleinen, lockeren, dunkel- oder hellgrünen Räschen, oder heerdenweise. Fruchtbarer Stengel niedrig, höchstens 5—10 mm lang, aber mit längeren schlanken, sterilen Sprossen, welche röthliche oder grünliche knollenförmige Brutknospen in den Blattachseln tragen. Obere Blätter lineal-lanzettlich, mit etwas zurückgerolltem Rande, scharf zugespitzt und gegen die Spitze gesägt; Rippe vor der Spitze verschwindend. Blattzellen enge. Männliche Blüthen fast scheibenförmig, mit grösseren, abstehenden Hüllblättern. Stiel 2—3 cm lang, blassroth, hin- und hergebogen. Kapsel hängend, birnförmig, ziemlich langhalsig, gelbroth, entdeckelt unter der Mündung stark eingeschnürt, Mündung weit. Deckel hochgewölbt mit kleinem Spitzchen. Ring abrollbar. Aeusseres Peristom gelblich, inneres mit 2—3 langen Wimpern zwischen den Fortsätzen.

Auf feuchtem Sandboden, verbreitet, aber nie in grösserer Menge. Juni.

Westpreussen: Konitz (Lucas). Karthaus: bei Schönberg! Danzig: bei Mattemblewo! Neustadt: bei Espenkrug! Kölln! Johannisdorf! Putzig: bei

Oxhöft! Strasburg: bei Lautenburg! Marienwerder: bei Liebenthal! Rosenberg: bei Raudnitz! Löbau: bei Wischnewo! Stuhm: bei Kl. Wattkowitz! Elbing: bei Vogelsang (Janzen).

Ostpreussen: Pr. Eylau: bei Warschkeiten (Janzen). Königsberg: bei Lawsken (Ebel). Lyck: an der Promenade, im Schlosswald, Baraner Forst, Milchbuder Forst und bei Rothhof (Sanio).

181. *W. pulchella* Schimp.? Zweihäusig. In niedrigen, glänzenden Räschen. Stengel 5 mm hoch. Schopfblätter lang und schmal lanzettlich, Rand bis über die Mitte zurückgerollt, gegen die Spitze gezähnt; Rippe vor der Spitze verschwindend. Männliche Blüthen klein. Stiel 10 mm lang, dünn, hin- und herbogen. Kapsel fast hängend, rundlich birnförmig, entdeckelt kreiselförmig. Deckel flach gewölbt, mit Wärzchen. Ring breit, mit dem Deckel abfallend. Aeusseres Peristom goldgelb.

Ostpreussen: Pr. Eylau: im Warschkeiter Forst, steril (Janzen).

Bemerkungen: Ich kann mir nach den sterilen Exemplaren keine Meinung bilden.

182. *W. carnea* Schimp. Zweihäusig. Truppweise, selten in grösseren, röthlichgrünen Räschen. Stengel 4—12 mm hoch, verhältnissmässig dick, aber zart. Blätter schmal lanzettlich, flachrandig, gegen die Spitze gesägt; Rippe stark, röthlich, gegen die Spitze verschwindend. Zellnetz sehr locker. Männliche Blüthen klein, knospenförmig. Stiel 10—15 mm lang, dick, fleischig, röthlich. Kapsel nickend bis hängend, klein, eiförmig, röthlich, entdeckelt fast verkehrt kegelförmig, unter der Mündung eingeschnürt. Mündung weit. Deckel gross, gewölbt, mit kleinem Spitzchen. Ring fehlt. Aeusseres Peristom rothbraun, inneres mit 2 Wimpern zwischen den Fortsätzen.

Auf feuchtem, besonders mergeligem Boden. Zerstreut und nicht häufig. April, Mai.

Westpreussen: Dirschau: bei Pelplin (Hohnfeldt). Danzig: bei Silberhammer! und Bärenwinkel! Marienwerder: bei Liebenthal! und Fiedlitz! Löbau: bei Wischnewo! Stuhm: bei Kl. Wattkowitz! Paleschken und Heidemühle! Elbing: bei Wesseln (Janzen).

Ostpreussen: Pr. Eylau: bei Rothenen und Warschkeiten (Janzen), Königsberg: bei Juditten! Lyck (Sanio).

183. *W. albicans* Schimp. Zweihäusig. In lockeren, hellgrünen bis blaugrünen Rasen. Stengel aufrecht, 2—4 cm hoch, steril auch bis 10 cm und darüber, roth, unter den männlichen Blüthen oft zahlreiche Sprosse treibend, und dadurch an *Philonotis* erinnernd. Obere Blätter länglich lanzettförmig, kurz zugespitzt, am Stengel etwas herablaufend, oben fein gesägt, Rippe unter der Spitze verschwindend. Zellnetz ziemlich locker. Männliche Blüthen fast scheibenförmig, mit grossen, sternförmig ausge-

breiteten Hüllblättern. Stiel 2—4 cm lang, dünn, etwas hin und hergebogen. Kapsel hängend, kurz birnförmig, entdeckelt am Halse verschmälert und unter der Mündung eingeschnürt, dadurch kreiselförmig. Deckel gewölbt, mit Spitzchen. Ring fehlt. Aeusseres Peristom orange, inneres mit 1—2 Wimpern zwischen den Fortsätzen.

An Gräben, Quellen, besonders auf quelligem Sande, nicht selten, aber selten fruchtbar. Juni.

Westpreussen : Schwetz (Hennings). Konitz (Lucas). Karthaus! Danzig! Putzig! Neustadt! Marienwerder! Rosenberg! Löbau! Elbing (Hohendorf). **Ostpreussen:** Pr. Eylau (Janzen). Lyck (Sanio) Braunsberg (Seydler).

51. Bryum Dill.

Stengel unter der Spitze sprossend. Zellnetz der Blätter 6 seitig, rhombisch, unten fast quadratisch. Kapsel geneigt bis hängend, birnförmig, selten etwas unsymmetrisch keulenförmig. Inneres Peristom so lang als das äussere, selten die Fortsätze etwas kürzer; Wimpern zu 2—3, lang, mit Seitenanhängseln, oder sehr kurz bis ganz fehlend.

A. Cladodium Schimp.

Inneres Peristom mit glatten, oder fast fehlenden Wimpern.

184. *B. pendulum* Schimp. Polygam. In dichten oder lockeren, dunkel- bis braungrünen Rasen. Stengel 5—10 mm hoch, mit dichtschopfigen Aesten, am Grunde wurzelfilzig. Blätter hohl, länglich eiförmig, schmal zugespitzt, mit schmal gesäumtem, umgerolltem Rande; Rippe als gesägte Grannenspitze auslaufend. Blüthen meist zwitterig, doch kommen auch häufig rein männliche, knospenförmige Blüthen vor. Stiel 3—4 cm lang. Kapsel hängend, bauchig bis birnförmig, mit kleiner Mündung. Deckel klein, scharf gespitzt. Ring breit. Inneres Peristom den Zähnen des äusseren anklebend, zuweilen mit kurzen Wimpern. Sporen gross, gelblich.

An sandigen Abhängen, auf versandeten Wiesen und auf Mauern, nicht selten. Juni. Von dem in Vorkommen und Tracht oft sehr ähnlichen *R. caespiticium* auf den ersten Blick an der dicken, kleinmündigen Kapsel zu unterscheiden.

Westpreussen: Konitz (Lucas). Danzig! Neustadt! Strasburg! Marienwerder! Rosenberg! Löbau! Stuhm! Elbing (Janzen). **Ostpreussen:** Königsberg (Sanio). Lyck (Sanio).

185. *B. inclinatum* Bland. Polygam. In dichten, dunkelgrünen Rasen. Stengel 5—10 mm hoch, am Grunde wurzelnd. Blätter fast lanzettförmig, lang zugespitzt, an der Spitze undeutlich gezähnt; Rand gesäumt und vom Grunde an umgerollt; Rippe als

Stachelspitzchen austretend. Blüthen wie bei dem vorigen, Stiel 3—5 cm lang. Kapsel nickend bis hängend, schmal birn-förmig, kleinmündig. Deckel klein, zitzenförmig. Ring breit, Inneres Peristom mit freien, in der Mitte klaffenden Fortsätzen, und dazwischen mit sehr kurzen oder ganz fehlenden Wimpern. Sporen klein, gelblich.

Auf Torfboden und auf feuchtem Sande. Weniger häufig. Juni.

Westpreussen : Danzig: bei Saspe (Klatt). Neustadt: am Strande zwischen Zoppot und Adlershorst! im Kielauer Moor! Putzig: bei Oxhöft! Thorn: bei Kostbar! Marienwerder: bei Liebenthal! und Gr. Krebs! Löbau: bei Wischnewo! Elbing (Janzen).

Ostpreussen : Königsberg: bei Kellermühle und Kapkeim (Sanio). Lyck: bei Baitkowo, Karbojin, Dallnitz und im Baraner Forst (Sanio).

186. *B. longisetum* Bland. Polygam. In niedrigen, schön dunkel-grünen Rasen. Stengel bis 1 cm hoch, unten wurzelfilzig. Blätter eilanzettförmig, kurz zugespitzt, an der Spitze schwach gesägt; Rand breit gesäumt, umgerollt; Rippe roth, als Spitzchen aus-tretend. Blüthen wie bei den beiden vorigen. Stiel bis 10 cm lang, verhältnissmässig dünn. Kapsel hängend, kurz birnförmig, kleinmündig. Deckel klein, zitzenförmig. Ring breit. Inneres Peristom wie bei dem vorigen, mit je 2 kurzen Wimpern zwischen den Fortsätzen. Sporen gross, grünlich, warzig.

In Torfmooren, selten in Westpreussen, in Ostpreussen an manchen Orten häufig. Juli.

Westpreussen : Neustadt: im Kielauer Moor! und Gdinger Moor!

Ostpreussen : Königsberg: im Kapkeimer Bruch (Sanio). Stallupönen: im Pakledimer Moor! Pillkallen: im Kaksche Bal!

187. *B. Warneum* Bland. Einhäusig. In hellgrünen Rasen oder ver-einzelt. Stengel 5—10 mm hoch, einfach oder wenig verästelt. Blätter ziemlich entfernt gestellt, abstehend, trocken verbogen, eilanzettlich, an der Spitze etwas gesägt. Rand nur am Grunde etwas umgerollt, schmal gesäumt; Rippe als kurze, meist etwas gezähnte Spitze austretend. Männliche Blüthen gipfelständig, fast kugelig kopfförmig, mit 3 kleinen, breit verkehrt eiförmigen Hüllblättern. Stiel 4—5 cm lang, steif aufrecht. Kapsel hängend, bauchig birnförmig, mit schlankem Halse, kleinmündig. Deckel hoch gewölbt, zitzenförmig. Aeusseres Peristom am Grunde orange, inneres mit schmalen, fast undurchbrochenen Fortsätzen und fast fehlenden Wimpern. Sporen gross, grün. Ring breit.

Auf versandeten Wiesen und an Sumpfrändern, zerstreut, an den Stand-orten meist in grosser Menge. Juni, Juli.

Westpreussen : Karthaus: am Gr. Brodno See! Danzig: am Sasper See (Lützow). Neustadt: in den Strandsümpfen unter Koliebken! Thorn: bei Kostbar! Marienwerder: bei Liebenthal! Löbau: bei W i s c h n e w o!

Ostpreussen: Lyck: bei Przewoda, auf den Sandbergen und im Baraner Forst (Sanio)

188. *B. lacustre* Blanl. Zwitterig. In lockeren Rasen oder Heerden. Stengel 5—10 mm hoch, häufig durch Sprossungen sehr verlängert, am Grunde schwach wurzelnd. Blätter hohl, eilanzettförmig, sehr schmal gesäumt oder ungesäumt; Rand nur unten zurückgerollt; Rippe unter der Spitze verschwindend, selten als kurzes Stachelspitzchen vortretend. Stiele an demselben Rasen sehr ungleich lang, 1—4 cm, hin und hergebogen, dünn. Kapsel übergebogen hängend, klein, kurzhalsig, birnförmig, kleinmündig, entdeckelt weitmündig aufgerissen, nicht eingeschnürt. Deckel klein, gewölbt, mit kurzem Spitzchen. Inneres Peristom mit durchbrochenen Fortsätzen und sehr kurzen Wimpern.

Auf versandeten Wiesen, ziemlich selten. Juni, Juli.

Westpreussen: Marienwerder: bei Liebenthal! und Kurzebrack! Rosenberg: bei Raudnitz! Löbau: bei Wischnewo! Weiss führt es als *Mnium lacustre* auch bei Danzig vorkommend an.

189. *B. calophyllum* R. Br. Einhäusig. In lockeren, dunkelgrünen Räschen. Stengel 5—10 mm lang, durch Sprossung oft über 2 cm hoch, am Grunde schwach wurzelnd. Die unteren Blätter fast kreisrund, die oberen breit eiförmig, sehr hohl, stumpf gespitzt, ungesäumt, ganzrandig; Rippe gegen die Spitze verschwindend. Männliche Blüthen knospenförmig, unter den weiblichen. Stiel 2 cm lang, stark, steif aufrecht. Kapsel hängend, verkehrt eiförmig, mit sehr kurzem Halse, kleinmündig, entdeckelt unter der Mündung schwach eingeschnürt. Deckel gewölbt mit zitzenförmigem Spitzchen. Zähne des äusseren Peristoms unten gelb, die Fortsätze des inneren schmal, durchbrochen, zuweilen einzelne Wimpern. Sporen gross, gelblichgrün.

Auf versandeten Wiesen, für die Provinzen nur von einem Standort bekannt. Juli.

Westpreussen: Löbau: bei Wischnewo.

190. *B. uliginosum* Br. eur. Einhäusig. In dichten, dunkelgrünen Rasen. Stengel 5—10 mm hoch, unten mit starkem Wurzelfilz. Blätter eilanzettförmig, breit dunkel gesäumt; schmal zugespitzt, an der Spitze stumpf gesägt, Rand umgerollt; Rippe als Stachelspitze auslaufend. Männliche Blüthen knospenförmig, unter den weiblichen. Stiel 3—4 cm lang, purpurroth. Kapsel übergebogen bis hängend, mit gebogenem, langem Halse, keulig birnförmig, bei der Reife purpurn, die Mündung klein und etwas seitlich gerückt. Deckel klein, gewölbt, mit Wärzchen. Ring breit. Inneres Peristom mit klaffenden Fortsätzen und fast ohne Wimpern. Sporen gross, gelblichgrün.

An torfigen Grabenufern und Sumpfrändern, verbreitet, aber nicht häufig, Juli, August.

Westpreussen: Tuchel: bei Zwangsbruch und Schwiedt (Grebe). Konitz: bei Dunkershagen (Lucas). Karthaus: bei Kahlbude! Danzig: bei Mattemblewo! Freudenthal! und Neuschottland (Klatt). Neustadt: bei Koliebken! Kielau! Johannisdorf! und Neustadt! Putzig: bei Grossendorf! und Lissau! Marienwerder: bei Liebenthal! Löbau: bei Wischnewo! Elbing (Hohendorf).

Ostpreussen: Pr. Eylau: an der Pasmarquelle (Janzen). Königsberg (Rauschke). Lyck: am Lyckfluss, bei Grabnik, auf dem Sandberge und im Baraner Forst (Sanio). Gumbinnen!

B. Bryum.

Wimpern des inneren Peristoms gleichlang mit den Fortsätzen, mit Seitenanhängseln.

191. *B. intermedium* Brid. Zwitterig, selten polygam. In ausgedehnten, olivengrünen Rasen. Stengel 5—10 mm hoch, unten wurzelfilzig; auf nassen Standorten 2 cm lange, entfernt beblätterte Sprosse treibend, deren Blätter etwas herablaufen, an trockneren Stellen sind diese Triebe kürzer, fast kätzchenförmig und anliegend beblättert. Blätter lang lanzettförmig, mit ganzem, unterwärts umgerolltem Rande; Rippe lang auslaufend. Stiel 3 cm lang, stark, trocken nicht gedreht. Kapsel wagerecht stehend oder nickend, langhalsig, länglich-birnförmig, etwas unsymmetrisch, trocken unter der Mündung gar nicht oder nur schwach eingeschnürt. Deckel hochgewölbt, spitz, fast kegelförmig. Ring stückweise sich ablösend. Wimpern des inneren Peristoms mit kurzen Anhängseln.

An Grabenufern und auf versandeten Wiesen. An den Standorten meist sehr häufig. Juni bis Herbst; meist zugleich mit reifen und noch wenig entwickelten Sporogonien an demselben Rasen.

Westpreussen: Tuchel (Grebe). Karthaus: am Trzebno-See! und Nuss-See! Neustadt: bei Steinkrug! Danzig: bei Pelonken! Marienwerder: bei Liebenthal! und Gorken! Löbau: bei Wischnewo! Elbing: bei Tolkemit!

Ostpreussen: Königsberg: bei Lapsau (Sanio). Lyck: auf dem Sandberge, Dallnitz und im Baraner Forst (Sanio).

192. *B. cirrhatum* H. et H. Zwitterig. In lockeren, hellgrünen Rasen. Stengel 5—10 mm hoch, mit verlängerten Sprossen, unten wurzelfilzig. Blätter ei- bis schmal-lanzettförmig, lang zugespitzt; Rand gesäumt, stark umgerollt; Rippe als gezähnte Grannenspitze austretend. Stiel 3 cm lang, verhältnissmässig zart. Kapsel hängend, kurzhalsig, birnförmig, genau symmetrisch, entdeckelt stark unter der Mündung eingeschnürt. Deckel halbkugelig, mit kleinem Spitzchen. Ring breit, abrollbar. Wimpern des inneren Peristoms mit längeren Anhängseln. Sporen klein, grünlichbraun.

13

An Grabenufern und auf feuchtem Sande, zerstreut. Juni, Juli.

Westpreussen: Berent: am See Sakrzewo, bei Stawisken, und am See Dluge bei Kornen (Casp.). Neustadt: bei Kölln! Putzig: am Zarnowitzer See! Löbau: bei Wischnewo! Elbing (Janzen).

Ostpreussen: Königsberg: bei Kleinheide (Sanio). Lyck: auf dem Sandberge (Sanio).

193. *B. cuspidatum* Schimp. Zwitterig, selten polygam. In niedrigen, dichten, hellgrünen Rasen. Stengel 5—10 mm hoch, am Grunde stark wurzelfilzig, mit kurzen Sprossen. Blätter abstehend, länglich lanzettlich, zugespitzt, gelb gesäumt, ganzrandig; Rand zurückgerollt, Rippe als lange Spitze austretend. Stiel 3 cm lang, purpurroth. Kapsel nickend bis hängend, schmal länglich birnförmig, entdeckelt unter der Mündung eingeschnürt. Deckel hochgewölbt, kegelig gespitzt. Wimpern des inneren Peristoms mit langen Anhängseln. Sporen klein, gelb, glatt.

An Grabenufern und auf Mauern, zerstreut. Juni, Juli.

Westpreussen: Neustadt: bei Jellenschehütte! Strasburg: bei Lautenburg! Marienwerder: bei Liebenthal! Rosenberg: bei Raudnitz! Löbau: bei Wischnewo! Stuhm: bei Paleschken! Elbing (Janzen).

Ostpreussen: Pr. Eylau: bei Schmoditten (Janzen). Fischhausen: bei Kranz (Sanio). Königsberg: bei Lauth (Sanio). Lyck: im Baraner Forst, Dallnitz, bei Schedlisken, Przewod, Milleken und Mrosen (Sanio).

194. *B. bimum* Schreb. Zwitterig, selten polygam. In lockeren, olivengrünen Rasen. Stengel 1—5 cm hoch, am Grunde mit dichtem Wurzelfilz. Blätter abstehend, lang lanzettförmig, an der Spitze meist etwas gezähnt, schmal gesäumt, mit zurückgerolltem Rande, trocken gewunden; Rippe roth, als kurzes, gezähntes Spitzchen austretend. Stiel 2—5 cm lang, purpurroth. Kapsel hängend, eibirnförmig, entdeckelt unter der Mündung leicht eingeschnürt. Deckel breit gewölbt, mit scharfem Spitzchen. Wimpern des inneren Peristoms mit langen Anhängseln. Sporen klein, grün.

In Sümpfen und an Grabenufern, überall häufig. Juni, Juli.

Westpreussen: Konitz (Lucas). Berent (Casp.) Karthaus! Danzig! Neustadt! Marienwerder! Rosenberg! Löbau! Elbing (Janzen).

Ostpreussen: Osterode! Königsberg! Lyck (Sanio). Angerburg (Czekaj). Pillkallen (Abromeit).

195. *B. pallescens* Schleich. Einhäusig. In dicht verfilzten, unten braunen, oben grünen Rasen. Stengel 1—3 cm hoch, stark wurzelfilzig. Blätter lang lanzettlich, gesäumt, ganzrandig; Rand umgerollt, trocken gedreht; Rippe an der austretenden Spitze gezähnt. Stiel 2—3 cm lang. Kapsel horizontal stehend, selten nickend, langhalsig, symmetrisch, keulig birnförmig, hell gelblich, selten bräunlich, entdeckelt unter der Mündung etwas

eingeschnürt. Deckel hoch gewölbt, mit Spitzchen. Ring abrollbar. Wimpern mit langen Anhängseln. Sporen gelblich.

An Grabenufern, zerstreut. Juni, Juli.

Westpreussen: Konitz (Lucas). Pr. Stargard: bei Wilhelmswalde (Ilse). Karthaus: am Gr. Brodno-See! und bei Kolano! Neustadt: im Gdinger Moor! Marienwerder: bei Gorken! Rosenberg: bei Raudnitz! Löbau: bei Wischnewo! Stuhm: bei Lindenkrug!

Ostpreussen: Friedland: im Gauleder Forst (Sanio). Lyck: bei Baitkowo (Sanio).

β. *boreale* Schwägr. Grösser, Stengel 4—5 cm lang, sehr filzig. Blätter länger und schmäler.

Westpreussen: Löbau: an Torfgräben bei Wischnewo!

196. *B. erythrocarpum* Schwägr. Zweihäusig. In lockeren Räschen. Stengel 4—8 mm hoch, nur am Grunde wurzelnd. Blätter schmal lanzettförmig, undeutlich, meist röthlich gesäumt, an der Spitze gezähnt, mit etwas umgerolltem Rande; Rippe dick, als ein kurzes, gezähntes Spitzchen austretend. Männliche Blüthe knospenförmig, röthlich. Stiel 1—2 cm lang, roth. Kapsel geneigt bis hängend, lang keulig birnförmig, häufig etwas unsymmetrisch, gelblich oder röthlich bis purpurroth, entdeckelt unter der Mündung schwach eingeschnürt. Deckel hochgewölbt, mit kleinem Spitzchen, purpurroth, glänzend. Ring ziemlich breit. Zähne des äusseren Peristoms hellbraun.

Auf feuchten Heiden und am Rande von Brüchen. Zerstreut. Juni.

Westpreussen: Tuchel: bei Pillamühle (Grebe). Konitz (Lucas). Danzig: bei Brentau! und Nenkau (Klatt). Marienwerder: bei Liebenthal! und Schadau! Löbau: bei Wischnewo! und Waldeck! Neustadt: bei Espenkrug! Elbing (Hohendorf).

197. *B. Klinggraeffii* Schimp. Zweihäusig. In kleinen, schön grünen Räschen. Stengel nur wenige mm hoch, mit verlängerten Sprossen, am Grunde spärlich wurzelnd. Blätter lanzettlich, lang zugespitzt, ungesäumt, oberwärts gezähnt, mit nur schwach umgerolltem Rande; Rippe unter der Spitze verschwindend oder auslaufend. Männliche Blüthen knospenförmig, roth. Stiel 1 cm lang, zart, purpurroth. Kapsel hängend, kurz birnförmig, purpurroth, entdeckelt mit sehr verschmälertem, runzeligem Halse und unter der weitgeöffneten Mündung stark zusammengeschnürt, daher kreiselförmig. Deckel gross, hoch, fast kegelförmig gewölbt, mit kurzem Spitzchen, glänzend roth. Ring breit. Peristom gross, orange. Sporen grünlich.

Auf torfigen Wiesen, selten, aber an den Standorten meist zahlreich. Mai.

Westpreussen: Marienwerder: bei Liebenthal! Löbau: bei Wischnewo!

198. *B. atropurpureum* Web. et M. Zweihäusig. In kleinen, grünen oder gelblichgrünen Räschen. Stengel 5 mm hoch, roth be-

wurzelt. Blätter lanzettlich, lang zugespitzt, ganzrandig, Rand umgerollt; Rippe in ein kurzes Spitzchen auslaufend. Männliche Blüthen knospenförmig, roth. Stiel 1 cm lang, purpurroth. Kapsel hängend, kurzhalsig, fast eiförmig, dunkel purpurroth, entdeckelt mit runzeligem Halse, unter der Mündung nicht eingeschnürt. Deckel gross, mit stumpfem Spitzchen, glänzend purpurroth. Zähne des äusseren Peristoms am Grunde roth. Sporen gelb.

Auf kiesigen Brachäckern und auf feuchtem Sande. Juni.

Westpreussen: Marienwerder: an der Weichsel gegenüber Kurzebrack! Löbau: bei Wischnewo!

Ostpreussen: Pr. Eylau: im Domnauer Stadtwald (Seydler).

199. *B. badium* Bruch. **Zweihäusig.** In niedrigen, lockeren, glänzenden Rasen. Stengel 1 cm hoch, mit längeren, sterilen Sprossen, am Grunde mit röthlichbraunen Wurzeln. Blätter steif aufrecht, lanzettlich, lang zugespitzt, mit schwach gesäumtem, wenig umgerolltem Rande; Rippe roth, als gezähntes, grannenartiges Spitzchen austretend. Männliche Blüthen dick knospenförmig. Stiel 1 cm lang, roth. Kapsel hängend, kurz birnförmig, roth, entdeckelt unter der Mündung zusammengeschnürt. Deckel hochgewölbt, mit deutlichem Spitzchen, roth. Sporen klein, gelblichgrün.

Auf feuchtem Sande und Mergelboden, bisher noch ziemlich selten bei uns gefunden. Mai, Juni.

Westpreussen: Danzig: bei Freudenthal! Löbau: bei Wischnewo! Elbing (Hohendorf).

200. *B. caespiticium* L. **Zweihäusig.** In lockeren Rasen bis polsterförmig, bleichgrün bis dunkelgrün. Stengel 5 mm bis 2 cm hoch, unten dicht wurzelfilzig, mit schopfigen, sterilen Aesten. Blätter aufrecht abstehend, schmal eilanzettlich, lang zugespitzt, undeutlich gesäumt, gegen die Spitze undeutlich gezähnt, Rand bis zur Spitze umgerollt; Rippe als lange, zuweilen gezähnte Spitze vortretend. Männliche Pflanzen meist in besonderen Rasen. Blüthen dick knospenförmig. Stiel bis 2 cm lang, steif, roth. Kapsel meist hängend, selten nur übergeneigt, länger oder kürzer birnförmig, braun, entdeckelt unter der Mündung etwas eingeschnürt. Deckel gross, hochgewölbt, mit Spitzchen, glänzend. Ring breit. Peristomzähne rostbraun, Wimpern zu 2—3 mit langen Anhängseln. Sporen gelbbraun.

Auf Brachäckern, Heiden, Mauern u. s. w. überall gemein. Juni.

Westpreussen: Schwetz! Konitz (Lucas). Karthaus! Danzig! Neustadt! Strasburg! Marienwerder! Rosenberg! Löbau! Stuhm! Elbing!

Ostpreussen: Osterode! Königsberg! Lyck (Sanio). Braunsberg (Seydler).

β. *ericetorum* m. Viel kleinere, zarte, hellgrüne Räschen. Die Kapseln lang und schmal birnförmig, bleichgelb. Sehr an *B. erythrocarpum* erinnernd, und von demselben sich nur durch die stets symmetrische, nie röthliche Kapsel, die stärker zurückgerollten Blattränder und die kaum gezähnelte Blattspitze unterscheidend. Verdient sehr eine genauere Untersuchung und dürfte sich vielleicht als Art herausstellen.

Auf Heiden und in trockenen, sandigen Wäldern. Juni.

Westpreussen: Marienwerder: bei Liebenthal! Löbau: bei Wischnewo!

γ. *Kunzii* H. et H. = var. *imbricatum* Br. eur. Dichtrasig, mit kätzchenförmigen Sprossen. Schopfblätter dicht zusammengeschlossen, hohl, breit eilanzettlich, lang zugespitzt. Kapsel dick birnförmig, auf längerem, sehr kräftigem Stiel. Verdient auch wohl als Art anerkannt zu werden. Sehr an *B. Funkii* erinnernd.

Westpreussen: Marienwerder: auf dem Sande an der Weichsel gegenüber Kurzebrack!

201. *B. Funkii* Schwägr. In kleinen, lockeren, weisslichgrünen Rasen. Stengel 5—15 mm hoch, mit kätzchenartigen Sprossen, am Grunde wurzelfilzig. Schopfblätter dicht dachziegelförmig, anliegend, sehr hohl, breit eiförmig, ganzrandig, ungesäumt, flachrandig; Rippe stark, gelblich oder röthlich, als kurzes Spitzchen austretend. Männliche Pflanzen in besonderen Rasen und häufiger als die weiblichen, Blüthen dick knospenförmig. Stiel 2—4 cm lang, stark, steif aufrecht, purpurroth. Kapsel übergeneigt bis hängend, bauchig birnförmig, gelbbräunlich, entdeckelt unter der Mündung zusammengeschnürt. Deckel hochgewölbt, mit zitzenförmigem Spitzchen, orange. Peristom wie bei dem vorigen.

Auf Mergelboden, selten und selten fruchtbar. Mai, Juni.

Westpreussen: Karthaus: bei Babenthal! Löbau: bei Wischnewo! Elbing: bei Drewshof (Hohendorf).

202. *B. argenteum* L. Zweihäusig. In dichten, silbergrauen Räschen. Stengel bis 1 cm hoch, mit kätzchenartigen Sprossen. Blätter sich dicht schuppenförmig deckend, silbergrau glänzend, sehr hohl, eiförmig, in eine schmale, wasserhelle Spitze zusammengezogen, ungesäumt, ganz- und flachrandig; Rippe unter der Spitze verschwindend. Stiel 1—2 cm lang, purpurroth. Kapsel hängend, klein, länglich eiförmig, gelbroth bis dunkel purpurroth; entdeckelt am Halse und unter der Mündung verengt. Deckel hoch gewölbt, mit kleinem Spitzchen. Peristomzähne orange.

An Wegerändern, auf Mauern, schlecht begrasten Wiesen u. s. w., überall häufig. Winter und Frühjahr.

Westpreussen: Schwetz! Konitz (Lucas). Danzig! Neustadt! Kulm (Casp.) Strasburg! Marienwerder! Rosenberg! Löbau! Stuhm! Elbing! **Ostpreussen:** Osterode! Pr. Eylau (Janzen). Braunsberg (Seydler). Königsberg! Lyck (Sanio).

β. *majus* Br. eur. Sprosse sehr verlängert, die Kapseln fast überragend. Blätter dunkelgrün, nur am Rande silberglänzend. Kapsel dunkel purpurroth.

An feuchteren Plätzen.

Westpreussen: Marienwerder! Löbau!

203. *B. capillare* L. Zweihäusig. In lockeren, hell- oder dunkelgrünen Rasen. Stengel 5—15 mm hoch, unterwärts ziemlich wurzelfilzig. Blätter am Gipfel zu einer breiten Rosette gedrängt, trocken spiralig gedreht, eiförmig, mehr oder weniger hohl, in ein haarförmiges Spitzchen gedehnt, Rand gesäumt, umgerollt, meist an der Spitze undeutlich gezähnt; Rippe meist vor der Spitze verschwindend, selten etwas auslaufend. Stiel 2—3 cm lang, roth. Kapsel wagerecht stehend, selten beinahe hängend, fast walzig-keulenförmig, seltener lang birnförmig. Hals meist etwas gekrümmt, entdeckelt unter der Mündung zusammengezogen. Deckel gross, hochgewölbt, mit kurzem Spitzchen, roth. Peristomzähne braunroth. Sporen grünlich.

Auf lockerer Walderde, häufig und allgemein verbreitet. Juni, Juli.

Westpreussen: Tuchel (Brick). Schwetz! Konitz (Lucas). Karthaus! Danzig! Neustadt! Strasburg! Marienwerder! Rosenberg! Löbau! Stuhm! Elbing! **Ostpreussen:** Pr. Eylau (Janzen). Friedland (Sanio). Königsberg! Lyck (Sanio). Angerburg (Czekaj).

β. *flaccidum* Br. eur. Sprosse und Stengel schlank. Blätter entfernt, länger und schmäler, undeutlich gesäumt, trocken gekräuselt, nicht gedreht.

Ostpreussen: Lyck: an einem sandigen Ufer bei Rothhof (Sanio).

γ. *Ferchelii* Funk. Blätter sehr hohl, eirund, in eine sehr lange, haarförmige, geschlängelte Spitze gedehnt. Kapsel hängend, kurz birnförmig.

Ostpreussen: Lyck: im Schlosswald (Sanio).

204. *B. cyclophyllum* Br. eur. Zweihäusig. In lockeren, unzusammenhängenden, hellgrünen, weichen, selten etwas röthlich angeflogenen Rasen. Stengel 5—10 mm hoch, durch Sprossung oft bis 3 cm verlängert, nur am Grunde aus den Blattachseln wurzelnd, unten grün, oben gewöhnlich etwas röthlich. Untere Blätter kurz eiförmig, beinahe kreisrund, obere verlängert, fast zungenförmig, alle wagerecht abstehend, trocken etwas gekräuselt, hohl, stumpf, schmal gesäumt, mit ganzem, flachem Rande.

Rippe unter der Spitze verschwindend. Männliche Pflanzen mit den weiblichen gemischt, schlank, mit weitläufigen, kleinen Blättern, Blüthen fast scheibenförmig, mit wenigen, grossen Hüllblättern und purpurrothen Antheridien nebst fadenförmigen Paraphysen. Stiel 1—3 cm lang, röthlichbraun. Kapsel hängend, klein, eibirnförmig, entdeckelt unter der Mündung stark eingeschnürt. Deckel hochgewölbt mit Wärzchen, gelb. Peristomzähne braun. Sporen gelblichgrün.

In Torfmooren an von Riedgras gebildeten Höckern, selten. Juni, Juli.

Westpreussen: Löbau: im grossen Bruch bei Waldeck!

Ostpreussen: Lyck: im Baraner Forst am Gr. Tatarensee (Sanio). Heydekrug: bei Ibenhorst! und Jodekrandt!

205. *B. pallens* Sw. Zweihäusig. In dicht verfilzten oder lockeren Rasen, gewöhnlich die ganzen Rasen röthlich, zuweilen ganz purpurroth, seltener schön dunkelgrün. Stengel 1—3 cm hoch, roth, unten stark wurzelfilzig. Blätter etwas herablaufend, verkehrt eilanzettlich, zugespitzt, gesäumt, ganzrandig, Rand nur am Grunde etwas umgeschlagen; Rippe röthlich, als kurze Spitze austretend. Männliche Pflanzen den weiblichen beigemischt, etwas schlanker, Blüthen fast scheibenförmig. Stiel 2—4 cm lang. Kapsel wagerecht stehend oder niedergebogen, selten hängend, mit langem, krummem Halse, keulenförmig, unsymmetrisch, gelbbraun, entdeckelt unter der Mündung nicht verengt. Deckel gewölbt, mit kurzem Spitzchen, glänzend. Peristomzähne gelbbraun.

Auf feuchten Plätzen, an Grabenufern u. s. w. nicht selten. Juli, August.

Westpreussen: Tuchel (Grebe). Schlochau (Grebe). Konitz (Lucas). Karthaus! Danzig! Neustadt! Marienwerder! Rosenberg! Löbau! Elbing!

Ostpreussen: Osterode! Pr. Eylau (Janzen). Königsberg (Sanio). Lyck (Sanio). Heilsberg (Seydler).

206. *B. Lisae* De Not. Zweihäusig. In lockeren, selten schwach verbundenen Rasen. Stengel 15 mm hoch, aufsteigend. Blätter unten abstehend, oben geschlossen, aufrecht, trocken angedrückt, länglich eiförmig, lang zugespitzt, ganzrandig; Rippe stark, röthlich, als lange Spitze austretend. Kapsel nickend, bräunlich, kurzhalsig, dick birnförmig, kleinmündig, entdeckelt mit erweiterter Mündung. Deckel klein, gewölbt, mit zitzenförmigem Spitzchen. Peristom klein, Zähne des äusseren pfriemenförmig, blassgelb, an der Naht gekörnelt, Wimpern des inneren zu 3, mit Anhängseln.

Ostpreussen: Lyck: am Wiesenrand bei Chrosciellen (Sanio).

Bemerkungen: Nur zweifelnd nehme ich diese Art auf Sanio's Zeugniss hin auf. Die Exemplare in seinem Herbarium sind ziemlich dürftig, so dass

sie keine genaue Uutersuchung zulassen, aber einem so scharfsichtigen Beob-
achter kann man wohl eine richtige Bestimmung zutrauen. Dass ein in
Piemont entdecktes Moos sich bei Lyck in Ostpreussen auch vorfindet, hat
wohl nicht etwas so besonders Auffallendes.

207. B. Duvalii Voit. Zweihäusig. In ausgebreiteten, lockeren,
schön grünen bis purpurrothen Rasen. Stengel bis 5 cm hoch,
roth, nur am Grunde wurzelnd, mit langen Sprossen. Blätter
sehr lang herablaufend, gleichsam den Stengel flügelnd, eilanzettlich, kurz gespitzt, ganzrandig, ungesäumt, Rand flach; Rippe
vor der Spitze verschwindend. Männliche Blüthen fast scheibenförmig. Stiel 4 cm lang, dünn. Kapsel hängend, langhalsig,
verlängert birnförmig, entdeckelt unter der Mündung zusammengeschnürt. Deckel gewölbt, mit Wärzchen, glänzend.

Auf sumpfigen Waldwiesen, selten, aber an den Standorten in Menge.
Bisher bei uns nur steril gefunden.

Westpreussen: Karthaus: im Forstbelauf Bülow! und hinter dem
Schlossberge bei Karthaus!

208. B. turbinatum Schwägr. Zweihäusig. In lockeren, grünen
oder röthlich angeflogenen Rasen. Stengel 1—2 cm hoch, mit
verlängerten Sprossen, ziemlich stark wurzelfilzig. Blätter
etwas herablaufend. eilanzettförmig, scharf zugespitzt, an der
Spitze schwach gezähnt, schmal gesäumt, Rand unterhalb zurückgerollt; Rippe stark, als kurzes Spitzchen austretend. Männliche Blüthen fast scheibenförmig, Hüllblätter gross. Stiel
2—3 cm lang. Kapsel hängend, dick, bauchig-birnförmig, mit
schmalem Halse, entdeckelt unter der Mündung stark eingeschnürt, kreiselförmig. Deckel gewölbt, mit kleinem, orangem
Wärzchen. Peristom gross, Zähne gelblich. Sporen rostbraun.

An Grabenufern, auf nassen Wiesen und in Brüchen verbreitet. Juni.

Westpreussen: Karthaus: bei Prangenau (Klatt). Neustadt: bei Gdingen!
am Marchowie-See! und im Cedronthal (Janzen). Marienwerder: bei Liebenthal! und Kl. Bandtken! Rosenberg: bei Raudnitz! Löbau: bei Wischnewo!
Stuhm: bei Kl. Wattkowitz! Elbing (Hohendorf).

Ostpreussen: Königsberg (Sanio). Lyck: bei Baitkowo und Przewoda (Sanio).

β. *minus* m. In kompakten, unten bräunlichen, oben gelbgrünen
Räschen. Blätter mit bis zur Spitze umgerolltem Rande. Kapsel
entdeckelt schwächer eingeschnürt.

Westpreussen: Löbau: an Wiesenrändern bei Wischnewo! Reift fast
vier Wochen früher.

209. B. pseudotriquetrum Schwägr. Zweihäusig. In grossen, dichten,
meist dunkelgrünen Rasen. Stengel bis 10 cm hoch, durch
Sprossungen noch verlängert, meist bis oben stark wurzelfilzig.
Blätter etwas herablaufend, eilanzettförmig, schmal gespitzt,
schmal gesäumt, meist an der Spitze undeutlich gezähnelt, Rand

zurückgeschlagen; Rippe kräftig, röthlich, bis zur Spitze reichend oder als kurzes Stachelspitzchen austretend. Männliche Blüthen fast scheibenförmig, Hüllblätter breit eiförmig, spitz. Stiel 2—6 cm lang. Kapsel niedergebogen bis hängend, langhalsig, birn-keulenförmig, symmetrisch, entdeckelt unter der Mündung etwas eingeschnürt. Deckel hochgewölbt, mit kurzem Spitzchen.

In Torfbrüchen und Sümpfen, überall häufig. Juni, Juli.

Westpreussen: Schlochau (Grebe). Konitz (Lucas). Berent (Casp.) Karthaus! Danzig! Neustadt! Briesen (Casp.) Rosenberg! Löbau! Stuhm!

Ostpreussen: Königsberg! Lyck (Sanio). Heilsberg (Seydler). Braunsberg (Seydler).

210. *B. Neodamense* Itzigs. Zweihäusig. In lockeren oder festeren Rasen. Stengel 2—10 cm hoch, wurzelfilzig. Untere Blätter klein und entfernt, eiförmig, stumpf, obere in abstehender Rosette, verkehrt eiförmig oder länglich elliptisch, hohl; Rand breit gesäumt, nicht umgerollt; Rippe mit der Spitze verschwindend oder als kurzes Stachelspitzchen austretend. Männliche Blüthen fast scheibenförmig. Stiel 2—4 cm lang. Kapsel hängend, kurzhalsig, eibirnförmig, trocken unter der Mündung zusammengeschnürt. Deckel gewölbt, mit kurzem Spitzchen.

In Brüchen, wird wohl verbreiteter sein, aber bisher noch übersehen.

Ostpreussen: Lyck: im Malleschewer Wald, Reuschendorfer Wald und Zielaser Wald (Sanio).

52. Rhodobyrum Schimp. (als Subgenus).

Stengel aus unterirdischen Ausläufern, vereinzelt unter der Spitze sprossend. Blätter unten klein, schuppenförmig, an der Stengelspitze sehr gross, rosettenförmig stehend. Blattzellen wie bei *Bryum.* Männliche Blüthen scheibenförmig, mit fadenförmigen, chlorophyllhaltigen Paraphysen. Wimpern des inneren Peristoms zu 3—5, lang, mit langen Anhängseln.

Bemerkungen: Verdient gewiss eben so gut, wie *Leptobryum, Webera, Zieria* u. s. w., als eigene Gattung betrachtet zu werden.

211. *R. roseum* Schimp. Zweihäusig. Bald in lockeren Rasen, bald heerdenweise wachsend. Stengel 2—6 cm hoch, einfach oder gabelig getheilt, dicht wurzelfilzig. Untere Blätter klein, schuppenförmig, lanzettlich, dem Stengel anliegend, obere gross, in eine schön grüne, schimmernde Rosette gedrängt, breit spatelförmig, zugespitzt, ungesäumt, von der Mitte aufwärts scharf gesägt; Rand am Grunde zurückgeschlagen; Rippe kräftig, bis zur Spitze reichend. Männliche Pflanzen in besonderen Rasen, Blüthen scheibenförmig. In demselben Perichätium selten nur 1, meist 2—3, auch mehr Sporogonien.

Stiel 2—5 cm lang, purpurroth. Kapsel niedergebogen bis
hängend, walzenkeulenförmig, der Hals meist etwas gekrümmt,
gelb, an der Mündung hochroth, entdeckelt unter der Mündung
nicht eingeschnürt. Deckel breit, gewölbt, mit kurzem Spitzchen,
purpurroth. Ring sich spiralig abrollend. Sporen braunroth.

Auf lockerer Walderde, wohl überall, wenn auch nicht gerade in Menge.
Sporogonien sind selten, und kommen meist nur an feuchteren Standorten
vor. Winter.

Westpreussen: Schlochau (Grebe). Konitz (Lucas). Danzig! Neustadt!
Thorn (Nowicki). Marienwerder! Rosenberg! Löbau! Stuhm! Elbing!

Ostpreussen: Osterode! Mohrungen (Kalmuss). Ortelsburg (Abromeit)
Pr. Eylau (Janzen). Königsberg! Lyck (Sanio). Memel (Seydler).

Bemerkungen: Eine besondere Eigenthümlichkeit ist noch bei diesem
Moose, dass der Stengel durch die Mitte der männlichen Blüthe sprosst, wie
es bei den Polytrichen die Regel ist.

21. Familie. Mniaceae.

Meist grosse, ansehnliche Erd- und Sumpfmoose. Stengel am
Grunde oder unter dem Gipfel, oft baumartig, sprossend. Zellnetz
der Blätter (ausgenommen *M. cinclidioides*) überall gross parenchymatisch, oben rundlich 6 seitig, derb, unten verlängert 6 seitig, locker,
nie papillös. Männliche Blüthen scheibenförmig, mit keulenförmigen
Paraphysen. Kapsel lang gestielt, übergeneigt bis hängend, birnförmig, regelmässig, selten etwas unsymmetrisch, glatt. Peristom
doppelt. Haube kapuzenförmig, flüchtig.

53. Mnium Hedw.

Aeusseres Peristom 16 lange, lanzettförmige Zähne, inneres eine
kielig gefaltete Membran, mit ebenso langen Fortsätzen als die Zähne,
zwischen denen je 2—3 glatte Wimpern stehen. Ring ausgebildet.

A. Sterile Sprosse kriechend oder aufsteigend.

Blätter gerandet, einfach gezähnt.

212. *M. cuspidatum* Hedw. Zwitterig. In lockeren oder dichten
Rasen. Stengel 1—2 cm hoch, nur am Grunde wurzelfilzig,
Ausläufer rankenartig umherschweifend und der ganzen Länge
nach wurzelnd. Blätter herablaufend, verkehrt eiförmig, mit
kleinem Spitzchen, gelb gerandet, von der Mitte nach oben
scharf gesägt; Rippe mit der Spitze endend. Stiele einzeln,
2 cm und länger, unten orange. Kapsel niedergebogen bis
hängend, eiförmig, gelblich bis rothbraun. Deckel gewölbt, fast
ohne Wärzchen. Aeusseres Peristom gelb, inneres orange.

In Wäldern und Gebüschen, überall gemein. Mai.

Westpreussen: Schwetz! Konitz (Lucas). Tuchel (Brick). Pr. Stargard (Hohnfeldt). Karthaus! Danzig! Neustadt! Thorn (Nowicki). Marienwerder! Rosenberg! Löbau! Stuhm! Elbing! Strasburg!

Ostpreussen: Osterode! Ortelsburg (Abromeit). Pr. Eylau (Janzen). Königsberg! Lyck (Sanio). Angerburg (Czekaj). Pillkallen (Abromeit). Memel (Knoblauch). Heiligenbeil (Seydler). Fischhausen (Seydler).

213. *M. medium* Br. eur. Zwitterig. Locker-rasig. Stengel 5 cm und darüber hoch, dicht wurzelfilzig, Ausläufer meist fehlend. Blätter zurückgebogen abstehend, untere klein, eirund, obere gross, herablaufend, aus schmälerem Grunde länglich zungenförmig, zugespitzt, breit gesäumt, bis zum Grunde scharf gesägt; Rippe fast auslaufend. Stiele in einem Perichätium meist mehrere, bis 4, 4 cm lang, hellröthlich. Kapsel übergeneigt bis hängend, länglich eiförmig, gelblich, mit oranger Mündung. Deckel hochgewölbt, gespitzt.

In Waldbrüchen, sehr selten. Juni.

Ostpreussen: Königsberg: in der Wilky (Sanio).

214. *M. affine* Bland. Zweihäusig. In grossen Rasen. Stengel 4—6 cm hoch, braun, wurzelfilzig, mit bogig herabgebogenen oder herumschweifenden Sprossen. Blätter unten rundlich eiförmig, oben nicht herablaufend, eiförmig bis zungenförmig, zugespitzt, gerandet, bis zum Grunde mit horizontal abstehenden, mehrzelligen Zähnen; Rippe auslaufend. Männliche Blüthen gross, scheibenförmig., Stiele zu 1—3 im Perichätium, 2—5 cm lang, häufig hin und hergebogen, unten roth, oben gelblich. Kapsel hängend, länglich eiförmig, bläulichgrün, trocken braun. Deckel hochgewölbt, mit Wärzchen. Aeusseres Peristom gelblich, inneres orange.

In schattigen Wäldern an feuchten Stellen, verbreitet. Mai.

Westpreussen: Schwetz (Hellwig). Konitz (Lucas). Danzig! Neustadt (Lützow). Strasburg! Marienwerder! Rosenberg! Löbau! Stuhm! Elbing (Kalmuss).

Ostpreussen: Pr. Eylau (Janzen). Königsberg! Lyck (Sanio). Pillkallen (Abromeit). Fischhausen (Seydler). Heiligenbeil (Seydler). Memel (Seydler).

β. *humile* Milde. Stengel sehr niedrig, mit herumschweifenden Ausläufern. Blätter kurz, aber lang gezähnt.

In trockenen Wäldern.

Westpreussen: Danzig: Olivaer Forst! Neustadt: Espenkrug! und Kölln!

γ. *elatum* Schimp. Stengel hoch und schlank, mit aufrechten, die Kapseln oft überragenden Sprossen.

In Waldbrüchen, nicht selten.

Westpreussen: Marienwerder: bei Rachelshof! Elbing: bei Vogelsang (Janzen).

Ostpreussen: Lyck: im Baraner Forst, Milchbuder Forst, Dallnitz, Leeger Wald, Schlosswald, Maleschewer Wald, Zielaser Wald, Kopyker Wald (Sanio). Angerburg: im Stadtwalde (Czekaj).

215. *M. Seligeri* Jur. Zweihäusig. Dem vorigen, besonders der Varietät γ, sehr ähnlich. In grossen, dichten Rasen. Stengel bis 8 cm hoch, dicht braun wurzelfilzig, mit aufrechten, langen Sprossen. Blätter weit herablaufend, ei-zungenförmig, etwas wellig, Zähne des Randes stumpflich, meist 1zellig; Rippe auslaufend. Stiele zu 1—3 im Perichätium, 4—5 cm lang, unten roth. Kapsel länglich eiförmig, Deckel hochgewölbt, mit Wärzchen.

In Waldbrüchen, verbreitet. Mai.

Westpreussen: Tuchel (Grebe). Schlochau (Grebe). Karthaus: im Forstbelauf Bülow! Danzig! Neustadt: bei Schmierau! am Schlossberg bei Neustadt! Marienwerder: bei Liebenthal! Löbau: bei Wischnewo! Stuhm: im Rehhöfer Forst! Elbing (Hohendorf).

Ostpreussen: Fischhausen: in der Kapornschen Heide (Sanio). Braunsberg (Seydler). Königsberg: bei Bladau (Sanio). Lyck: im Baraner Forst, Dallnitz, Milucken, Mroser Wald, Zielaser Wald, Chrosciellen (Sanio). Angerburg: bei Krziwinsken und am Rumient-See (Czekaj).

216. *M. undulatum* Hedw. Zweihäusig. In sehr lockeren, hellgrünen Rasen. Stengel bis 10 cm hoch, aufrecht, nur unten wurzelfilzig, oben baumartig verzweigt; die Zweige herabgebogen und wieder wurzelnd. Blätter von unten nach oben grösser werdend, und gegen die Spitze der Zweige sich wieder verkleinernd, herablaufend, verlängert zungenförmig, mit abgerundeter Spitze, stark wellig, trocken gekräuselt, Rand weitläufig gezähnt; Rippe stark, als kurzes Spitzchen vortretend. Männliche Blüthen breit scheibenförmig. Stiele fast immer zahlreich, bis 10 in einem Perichätium, unten orange, oben gelblich. Kapsel hängend, länglich eiförmig, an der Basis und der Mündung röthlich. Deckel gewölbt, mit kleinem Spitzchen.

In Wäldern und Gebüschen, in Grasgärten u. s. w. überall gemein, aber ziemlich selten und fast nur in feuchten Wäldern fruchtbar. Mai.

Westpreussen: Flatow (Rosenbohm). Tuchel (Brick). Konitz (Lucas). Schwetz! Karthaus! Danzig! Neustadt! Putzig (Abromeit). Strasburg! Graudenz (Peil). Marienwerder! Rosenberg! Löbau! Stuhm! Elbing!

Ostpreussen: Heilsberg (Rosenbohm). Pr. Eylau (Seydler). Königsberg! Lyck (Sanio). Angerburg (Czekaj). Ragnit (Abromeit). Braunsberg (Seydler).

217. *M. rostratum* Schwägr. Zwitterig. In lockeren, dunkelgrünen, nicht sehr ausgebreiteten Rasen. Stengel 1—2 cm hoch, unten wurzelfilzig, mit langen, umherkriechenden, weitläufig beblätterten, sehr wurzelfilzigen Ausläufern. Blätter breit, verkehrt eiförmig, stumpf abgerundet, mit aufgesetztem Spitzchen, weitläufig gezähnt, Rippe stark, als Spitze austretend. Stiele 1—4 in einem Perichätium, 3 cm lang, unten purpurroth, oben gelbröthlich, Kapsel wagerecht stehend bis niedergebogen, eiförmig, gelblich, mit rother Mündung. Deckel kegelig gewölbt, mit fast der Urne gleichlangem Schnabel. Aeusseres Peristom gelblich, inneres orange.

In feuchten Wäldern, häufig auf feucht liegenden Steinen. Sehr verbreitet. Mai.

Westpreussen: Schwetz! Konitz (Lucas). Karthaus! Danzig! Neustadt! Marienwerder! Rosenberg! Löbau! Stuhm! Elbing (Janzen).

Ostpreussen: Pr. Eylau (Seydler). Fischhausen (Sanio). Königsberg (Sanio). Lyck (Sanio). Angerburg (Czekaj).

B. Sterile Sprosse aufrecht.

a. Blätter verdickt gerandet, mit paarweisen Zähnen.

218. *M. hornum* L. Zweihäusig. In hohen, dichten, schön grünen Rasen. Stengel 4—8 cm hoch, stark wurzelfilzig, aufrecht, grundständige Sprosse oft bogig gekrümmt. Blätter aufrecht abstehend, etwas herablaufend, eilanzettförmig bis schmal lanzettlich, zugespitzt, Saum röthlich, mit dicht paarweisen Zähnen; Rippe roth, meist mit der Spitze verschwindend, am Rücken gesägt. Männliche Blüthen breit scheibenförmig. Stiele einzeln, 2—4 cm lang, oben schwanenhalsartig gebogen, unten purpurroth. Kapsel wagerecht stehend bis fast hängend, länglich eiförmig. Deckel kegelig gewölbt, mit orangefarbigem Spitzchen.

In feuchten Wäldern, besonders in Erlenbrüchen. Ueberall gemein. Mai.

Westpreussen: Schwetz! Konitz (Lucas). Pr. Stargard (Hohnfeldt). Danzig! Karthaus! Neustadt! Thorn (Nowicki). Strasburg! Marienwerder! Rosenberg! Löbau! Stuhm! Elbing!

Ostpreussen: Osterode! Pr. Eylau (Janzen). Braunsberg (Seydler). Fischhausen (Sanio). Königsberg! Lyck (Sanio). Angerburg (Czekaj). Memel (Knoblauch).

219. *M. orthorrhynchum* Br. eur. Zweihäusig. In ziemlich lockeren Rasen. Stengel 2—4 cm hoch, dem vorigen in der Tracht sehr ähnlich. Blätter herablaufend, eiförmig bis länglich lanzettlich, zugespitzt, Rand schmal, oberhalb der Mitte gezähnt; Rippe roth, austretend, oben am Rücken gesägt. Stiele einzeln, 2—3 cm lang. Kapsel wagerecht stehend, eilänglich. Deckel gewölbt; kurz, gerade oder etwas gekrümmt geschnäbelt.

Ostpreussen: Pr. Holland: an einer Quelle am Wege nach Buchwalde (Preuschoff).

Bemerkungen: Probst P r e u s c h o f f zeigte mir eine kleine Probe eines *Mnium*, welches ich für diese Art halten muss. Die Sporogonien waren noch nicht ganz ausgebildet und männliche Pflanzen fehlten.

220. *M. serratum* Brid. Zwitterig. In lockeren Rasen. Stengel 2—3 cm hoch, nur am Grunde wurzelnd, einfach, roth. Blätter herablaufend, eilanzettlich, scharf zugespitzt, Rand oberhalb der

Mitte kurzgezähnt; Rippe in der Spitze verlöschend, am Rücken glatt. Stiele einzeln, 2 cm lang, an der Spitze gekrümmt, hell purpurroth. Kapsel wagerecht stehend, länglich eiförmig, gelblich, mit rother Mündung. Deckel aus kegelförmiger Basis in einen gebogenen Schnabel verlängert, kaum halb so lang als die Urne.

In Wäldern an feuchten, schattigen Abhängen, scheint, wenigstens in Westpreussen, verbreitet, aber nicht häufig. Mai.

Westpreussen: Karthaus: im Forstbelauf Ostroschken! Danzig: bei Pelonken und bei den Dreischweinsköpfen (Klatt). Neustadt: bei Kl. Katz! Strasburg: bei Gorzno! Marienwerder: bei Rachelshof! Stuhm: bei Heidemühle! Elbing: im Pfarrwald (Hohendorf) und Dambitzen (Janzen).

221. *M. riparium* Mitt. Zweihäusig. In lockeren Rasen, dem vorigen sehr ähnlich. Blätter herablaufend, eilanzettlich, zugespitzt, Saum röthlich, oberhalb der Mitte gezähnt; Rippe in der Spitze verschwindend, am Rücken glatt. Männliche Blüthen breit scheibenförmig. Das Sporogonium soll ganz wie bei *M. orthorrhynchum* sein. Sporen doppelt so gross als bei jenem.

In feuchten Wäldern, bei uns bisher nur männliche Pflanzen gefunden.

Westpreussen: Marienwerder: am Bache im Wäldchen bei Sedlinen!

Ostpreussen: Pr. Eylau: im Bärenwinkel (Janzen). Lötzen: im Berghofer Walde (Czekaj). Lyck: im Kozakowy Wald (Sanio).

b. Blätter mit gesäumtem, ungezähntem Rande.

222. *M. punctatum* Hedw. Zweihäusig. Wächst truppweise oder in lockeren, dunkel- bis schwärzlichgrünen Rasen. Stengel 1—2 cm hoch, aufrecht, mit braunem Wurzelfilz bekleidet. Untere Blätter entfernt stehend, obere rosettförmig ausgebreitet, breit verkehrt eiförmig, mit kleinem Spitzchen und breitem, sehr verdicktem, rothem Rande; Rippe röthlich, in der Spitze verschwindend. Männliche Pflanzen schlank, mit weitläufig stehenden, kleinen Blättern und grossen, scheibenförmigen Blüthen. Stiele meist einzeln, selten 2 aus einem Perichätium, 2—3 cm lang, purpurroth. Kapsel wagerecht stehend, eiförmig, mit verschmälertem Halse. Deckel kegelförmig, mit kurzem, dünnem, etwas gekrümmtem Schnabel.

An feuchten Waldabhängen, allgemein verbreitet. April.

Westpreussen: Schwetz (Hennings). Konitz (Lucas). Pr. Stargard (Ilse). Karthaus! Danzig! Neustadt! Strasburg! Marienwerder! Rosenberg! Löbau! Stuhm! Elbing!

Ostpreussen: Pr. Eylau (Janzen). Friedland (Janzen). Königsberg! Lyck (Sanio). Angerburg (Czekaj). Mohrungen (Seydler). Heiligenbeil (Seydler).

223. *M. subglobosum* Br. eur. Zwitterig. Dem vorigen sehr ähnlich, aber kleiner. Stengel schlanker, bis oben mit Wurzelfilz be-

deckt. Blätter verkehrt eiförmig, abgerundet, mit schmalem, ungefärbtem, nicht verdicktem Saum; Rippe unter der Spitze verschwindend. Stiele einzeln, selten zu 2 im Perichätium. Kapsel klein, fast kugelig. Deckel kegelförmig, mit kurzem, dickem, geradem Schnabel.

In Torfmooren, sehr selten. Frühling.

Ostpreussen: Heydekrug: in alten Torfgruben bei B r i d z u l! und Skirwieth!

c. Blätter nicht gerandet.

224. *M. stellare* Hedw. Zweihäusig. In dichteren oder lockereren, bläulich-grünen Rasen. Stengel 1—3 cm hoch, einfach, wenig bewurzelt. Blätter aufrecht abstehend, herablaufend, eilanzettförmig, zugespitzt, von der Mitte aufwärts einfach gezähnt; Rippe vor der Spitze verschwindend, am Rücken glatt. Männliche Blüthen scheibenförmig, klein. Stiele einzeln, 2—4 cm lang; oben gekrümmt. Kapsel wagerecht stehend, eilänglich, mit etwas gehobenem Rücken, olivengrün. Deckel halbkugelig gewölbt, ohne Spitzchen. Aeusseres Peristom gelb, inneres orange.

An schattigen Abhängen in Wäldern, aber auch unter Gebüsch und an ziemlich sonnigen Stellen. Allgemein verbreitet und nicht selten. Mai.

Westpreussen: Karthaus! Danzig! Neustadt! Strasburg! Marienwerder! Lobau! Stuhm! Elbing (Janzen).

Ostpreussen: Pr. Eylau (Janzen). Lyck (Sanio).

225. *M. cinclidioides* Blytt. Zweihäusig. In lockeren, dunkelgrünen Rasen. Stengel 5—15 cm hoch, dunkelbraun, nur am Grunde wurzelnd. Blätter abstehend, die unteren kürzer, breit eirund, die oberen breit länglich zungenförmig, abgerundet oder fast ausgerandet oder mit kurzem Spitzchen, ganzrandig; Rippe in der Spitze verschwindend. Blattzellen schmal, länglich rhombisch, mit ihrer Längsachse schräge gegen die Blattachse stehend. Männliche Pflanzen in besonderen Rasen, häufiger als die weiblichen, Blüthen gross, scheibenförmig. Stiele einzeln, 5—8 cm lang, dünn, unten röthlich. Kapsel hängend, klein, länglich eiförmig, gelblichgrün. Deckel gewölbt, mit Wärzchen. Aeusseres Peristom dunkelrothbraun, inneres orange.

An torfigen Seeufern und in Waldbrüchen. Scheint bei uns recht verbreitet und an den Standorten oft in grosser Menge, aber sehr selten fruchtbar; ich fand es nur 2mal an demselben Standort, und jedesmal nur mit einem Sporogon, sonst habe ich kein fruchtbares Exemplar aus beiden Provinzen gesehen. Mai.

Westpreussen: Schlochau: am Moos-See im Eisenbrücker Forst, Olschewska-See, Kl. Amtsee (Casp.) Karthaus: im Forstbelauf Bülow! Neustadt: am Marchowie²-See c. fr.! Krypko-See! Jellenschehütte! Torfsee bei B o z a n k e n (L ü t z o w). Borowo-See (Casp.)

Ostpreussen: Osterode: am Schwarzen See bei Grünort (Winter). Pr.
Eylau: im Knautener Forst (Janzen). Königsberg: bei Juditten, Trutenau
und in der Wilky (Sanio). Darkehmen: im Laninker Forst (Czekaj). Pr. Holland:
Sumpfer Wald bei Mühlhausen (Seydler).

54. Cinclidium Sw.

Aeusseres Peristom 16 kurze, stumpfe Zähne, die erst dem inneren anliegen, nach der Entdeckelung sich zurückschlagen; inneres viel
länger, eine kuppelförmige Membran mit 16 Kielfalten; nach dem
Zurückkrümmen der Zähne entstehen da, wo dieselben angelegen haben,
16 ovale Löcher. Ring fehlt. Haube sehr klein.

226. *C. stygium* Sw. Zwitterig. In lockeren, röthlichen bis purpurrothen Rasen. Stengel 3—4 cm hoch, mit spärlichem Wurzelfilz, einfach oder mit einzelnen schlanken Zweigen. Blätter
von unten nach oben grösser werdend, oben in einer breiten
Rosette, aus schmalem Grunde verkehrt eirund, mit kurzem
Spitzchen, Rand verdickt, roth, ungezähnt; Rippe roth, auslaufend oder vor der Spitze verschwindend. Blattzellen gross,
verlängert 5—6 eckig. Stiele meist einzeln, bis 6 cm lang,
röthlich gelb. Kapsel hängend, länglich eiförmig. Deckel gewölbt, mit Wärzchen.

In Torfmooren, sehr selten. Juni, Juli.

Ostpreussen: Lyck: im Rothen Bruch und am Regeler See (Sanio).

22. Familie. Aulacomniaceae.

Mittelgrosse bis grosse, rasenbildende Erd- und Sumpfmoose.
Zellnetz der Blätter parenchymatisch, papillös. Kapsel auf langem
Stiel aufrecht, länglich bis walzenförmig, unsymmetrisch, mit deutlichem Halse, gestreift, trocken gefaltet. Ring abrollbar. Peristom
ähnlich dem der Mniaceen, Zähne des äusseren lang und schmal, in
eine pfriemenförmige Spitze auslaufend, Wimpern des inneren knotig.
Haube eng, kapuzenförmig, lang geschnäbelt.

55. Aulacomnium Schwägr.

Blattzellen überall gleich, klein, rundlich, chlorophyllreich und
papillös. Männliche Blüthen knospenförmig, mit fadenförmigen Paraphysen.

227. *A. androgynum* Schwägr. Zweihäusig. In dicht polsterförmigen,
schön grünen, schimmernden Rasen. Stengel 2—3 cm hoch,
oben oft gabelig verzweigt, am Grunde dicht wurzelfilzig.
Blätter aufrecht abstehend, trocken anliegend und etwas kraus,

lanzettförmig, an der Spitze etwas gezähnt, mit zurückgerolltem
Rande; Rippe an der Spitze verschwindend. Männliche Blüthen
gipfelständig, knospenförmig. Stiel 1—2 cm lang. Kapsel aufrecht, fast regelmässig walzenförmig, gestreift; entdeckelt fast
wie umgeknickt, wagerecht stehend, stark gefurcht, unter der
Mündung eingeschnürt. Deckel gross, stumpf, kegelförmig. —
Die unfruchtbaren Stengel entwickeln meist zahlreiche, nackte
Triebe, sogenannte Pseudopodien, die am Gipfel einen Knäuel
in Brutkörner verwandelter Blätter tragen.

In Wäldern auf lockerer Erde und morschem Holze, überall häufig, aber
selten fruchtbar. Juni, Juli.

Westpreussen: Schwetz! Schlochau (Grebe). Konitz (Lucas). Karthaus!
Danzig! Neustadt! Strasburg! Marienwerder! Rosenberg! Löbau! Stuhm! Elbing!

Ostpreussen: Osterode! Pr. Eylau (Janzen). Fischhausen (Sanio). Königsberg! Lyck (Sanio). Braunsberg (Seydler).

56. Gymnocybe Fries.

Blattzellen nur im oberen Blattheile rundlich und papillös, an
der Basis rectangulär, glatt und aufgeblasen. Männliche Blüthen
scheibenförmig, mit keulenförmigen Paraphysen.

228. *G. palustris* Fries. Zweihäusig. In grossen, schwammigen, gelbgrünen Rasen. · Stengel 5—10 cm hoch, dünn, bis oben dicht
mit Wurzelfilz bekleidet, unregelmässig verzweigt. Blätter gebogen abstehend, trocken wellig oder etwas gekräuselt, aus
breiter Basis lang lanzettförmig, an der Spitze gezähnelt, mit
zurückgeschlagenem Rande; Rippe gegen die Spitze verschwindend. Männliche Blüthen gross, scheibenförmig, vielblätterig.
Stiel bis 5 cm lang, dünn. Kapsel geneigt, schief eilänglich,
gestreift, trocken stark gefurcht und unter der Mündung eingeschnürt. Deckel gewölbt, mit kurzem, stumpfem Schnäbelchen.
An den unfruchtbaren Stengeln entwickeln sich häufig Pseudopodien, die aber mit kleinen, unten weitläufigen, oben in ein
Knöpfchen zusammengedrängten Blättern besetzt sind. Diese
Blätter verändern von unten nach oben ihre Textur, indem die
untersten fast den Stengelblättern gleichen, die Zellen der oberen
aber von körnigem Inhalte strotzen.

In Torfbrüchen und auf sumpfigen Wiesen, überall häufig und meist in
grossen Massen. Juni.

Westpreussen: Tuchel (Brick). Schwetz! Schlochau (Casp.). Konitz (Lucas). Berent (Casp.). Karthaus! Danzig! Neustadt! Putzig! Thorn (Nowicki).
Strasburg! Marienwerder! Rosenberg! Löbau! Stuhm! Elbing!

Ostpreussen: Osterode! Braunsberg! Ortelsburg (Abromeit). Pr. Eylau
(Janzen). Königsberg! Lablau! Lyck (Sanio). Pillkallen (Abromeit). Heydekrug!

23. Familie. Meeseaceae.

Rasenbildende, mittelgrosse bis sehr grosse Sumpfmoose. Blattzellnetz parenchymatisch, glatt, seltener papillös. Männliche Blüthen
scheibenförmig, mit keulenförmigen Paraphysen. Kapsel auf langem,
oft sehr langem Stiel aufrecht, meist langhalsig, unsymmetrisch. Peristom doppelt, äusseres 16 Zähne, die meist nur halb so lang, selten
gleichlang mit den 16 Fortsätzen des inneren sind. Haube kapuzenförmig.

57. Amblyodon P. d. B.

Zellnetz der Blätter glatt. aus grossen, sehr lockeren, oben rhombischen, unten verlängert 6seitigen Zellen bestehend. Aeusseres Peristom 16 breite, stumpfe Zähne, inneres 16 pfriemenförmige, noch
1mal so lange, nur am Grunde durch eine Membran verbundene
Fortsätze, ohne Wimpern. Ring schmal. Haube kapuzenförmig, in
der Jugend aufgeblasen, flüchtig.

229. *A. dealbatus* P. d. B. Polygam. In dichten, niedrigen, weisslich
grünen Rasen. Stengel 1 cm hoch, unten wurzelfilzig, oft durch
Sprossung verzweigt; mit kleinen, lanzettlichen Blättern. Schopfblätter zusammengedrängt, gross, länglich eilanzettlich, fast spatelförmig, kurz zugespitzt, an der Spitze scharf gesägt; Rippe
unter der Spitze verschwindend. Ausser den Zwitterblüthen
auch rein männliche, scheibenförmige, mit keulenförmigen Paraphysen. Stiel 1—4 cm lang. Kapsel aus fast aufrechtem, langem
Halse schief birnförmig, an der Spitze übergeneigt; nach der
Reife krümmt sie sich unter einem rechten Winkel. Deckel
klein, kegelförmig. Sporen gross, dunkel, feinstachelig. — Nach
der Reife des Sporogons trocknet die Pflanze ab, und erneut
sich aus dem unterirdischen Protonema, wie die Funariaceen,
zu denen diese Art durch Zellnetz und Haube in einer gewissen Verwandtschaft steht.

In Torfmooren und an torfigen Grabenufern, verbreitet. Juni.

Westpreussen: Schlochau: bei Pflastermühle (Grebe). Neustadt: bei Kielau! und Gdingen! Putzig: bei Bresin! und Rixhöft! Graudenz (Scharlock).
Rosenberg: bei Raudnitz! Löbau: bei Wischnewo!

Ostpreussen: Königsberg: im Jungferndorfer Bruch! Lyck: bei
Hellmahnen (Sanio). Braunsberg (Seydler).

58. Meesea Hedw.

Blätter glatt, oben mit derben, fast rectangulären, unten mit verlängert 6seitigen Zellen. Zähne des äusseren Peristoms kurz,
zart, stumpf; Fortsätze des inneren noch einmal so lang, am Grunde

durch eine schmale Membran, oben durch lose, bald verschwindende Zellfäden verbunden, die gleichsam ein Netz bilden; Wimpern zu je 3—4. Ring meist vorhanden. Haube kapuzenförmig, flüchtig.

230. *M. uliginosa* Hedw. Polygam. In dichten, dunkelgrünen Rasen. Stengel 1—2 cm hoch, gabelig getheilt, dicht wurzelfilzig. Blätter 8reihig, fast aufrecht, linien-lanzettförmig, abgerundet, ganzrandig, Rand zurückgerollt; Rippe dick, in der Spitze verschwindend. Ausser den Zwitterblüthen noch rein männliche, scheibenförmige, wie bei *Amblyodon*. Stiel 2—6 cm lang. Kapsel durch den langen, aufrechten Hals schief birnförmig, etwas gebogen, nach der Reife unter rechtem Winkel übergekrümmt. Deckel kegelförmig. Ring schmal.

Auf Torfmooren und sumpfigen Wiesen, ziemlich verbreitet und an den Standorten meist häufig. Juni.

Westpreussen: Schlochau· bei Pflastermühle (Grebe). Neustadt: bei Kielau! und Gr. Katz (Klatt). Thorn (Nowicki). Marienwerder: bei Hartigswalde! Rosenberg: bei Raudnitz! und Scharschau! Löbau: bei Wischcnewo!

Ostpreussen: Osterode: beim Rothen Krug! Königsberg: auf dem Jungferndorfer Bruch! und bei Kapkeim (Sanio). Lyck: bei Milucken (Sanio).

231. *M. Albertinii* Br. eur. Einhäusig. In dichten, hohen, dunkelgrünen Rasen. Stengel 4—6 cm hoch, gabelästig, mit dichtem Wurzelfilz. Blätter 5reihig, aufrecht abstehend, linien-lanzettförmig, gegen die Spitze verschmälert, ganzrandig, Rand zurückgerollt; Rippe in der Spitze verschwindend. Männliche Blüthen scheibenförmig. Stiel 8—10 cm lang. Kapsel wie bei der vorigen gestaltet. Deckel kegelförmig, mit kleinem Grübchen an der Spitze. Ring fehlt oder, wenn vorhanden, dem Deckel anklebend.

In Torfbrüchen, zerstreut, in Ostpreussen an manchen Orten in Menge. Juli. August.

Westpreussen: Berent: im Torfmoor bei Barkoschin (Casp.). Rosenberg: bei Raudnitz!

Ostpreussen: Lyck: am Kl. Tatarensee und im Sarker Bruch (Sanio). Stallupönen: im Pakledimer Moor! Pillkallen: im Kaksche Bal! Heydekrug: bei Ibenhorst! Braunsberg: bei Kl. Amtsmühle (Seydler).

232. *M. longiseta* Hedw. Zwitterig. In dichten, sehr hohen Rasen. Stengel 10—12 cm lang, gabelig verästelt, stark wurzelfilzig. Blätter 6—8reihig, theils abstehend, theils zurückgekrümmt, ei-lanzettförmig, spitz, ganzrandig, mit flachen Rändern; Rippe in der Spitze verschwindend. Seta 10—12 cm lang. Kapsel wie bei den vorigen, aber schlanker. Deckel klein, kegelförmig. Ring schmal.

In Torfbrüchen, in Westpreussen ziemlich selten. Juni, Juli.

Westpreussen: Thorn (Nowicki). Löbau: bei Waldeck! Stuhm: im städtischen Torfbruch und bei Ostrow-Lewark (Klatt).

Ostpreussen: Königsberg (Sanio). Labiau! Lyck: bei Milucken (Sanio). Stallupönen: im Pakledimer Moor! Pillkallen: im Kaksche Bal! Tilsit! Heydekrug: bei Ibenhorst!

233. *M. tristicha* Br. eur. Zweihäusig. In dichten, hohen, dunkel-grünen Rasen. Stengel bis 12 cm hoch, gabelig getheilt, dicht wurzelfilzig. Blätter 3reihig, aus herablaufender, breit eiförmiger, fast scheidiger Basis sparrig abstehend, lanzettförmig, zugespitzt, gekielt, mit flachem, scharf gesägtem Rande; Rippe fast auslaufend. Männliche Blüthen scheibenförmig, mit spitzen, sternförmig ausgebreiteten Hüllblättern. Stiel 8—10 cm lang. Kapsel wie bei den vorigen, aber schon im unreifen Zustande mehr gekrümmt. Deckel kegelförmig, an der Spitze mit kleinem Grübchen. Ring fehlt.

In tiefen Torfbrüchen, in Westpreussen seltener, häufiger in Ostpreussen. Juni, Juli.

Westpreussen: Schwetz: am Udschitz-See (Hellwig). Schlochau: bei Pflastermühle (Grebe). Thorn (Nowicki). Rosenberg: bei Raudnitz! Lobau: bei Waldeck.

Ostpreussen: Königsberg (Sanio). Labiau: im grossen Moosbruch! Lyck: am Sellment-See, Lycker Seechen, in Rothen Bruch, Baraner Forst, bei Milucken und Sybba (Sanio). Stallupönen: im Pakledimer Moor! Pillkallen: im Kaksche Bal! Tilsit: in den Putschinen! Heydekrug: bei Ibenhorst!

59. Paludella Ehrh.

Blätter papillös, Zellen oben rundlich, derb, unten glatt, verlängert 6seitig. Männliche Blüthen scheibenförmig, mit schwach keulig verdickten Paraphysen. Zähne des äusseren Peristoms zugespitzt, so lang als die Fortsätze des inneren, Wimpern kaum angedeutet. Haube klein, kapuzenförmig, hinfällig.

234. *P. squarrosa* Ehrh. Zweihäusig. Grosse, dichte, hellgrüne Rasen bildend. Stengel bis 10 cm hoch, wenig getheilt, aufrecht, durch braunen Wurzelfilz dicht verbunden. Blätter alle gleichgross, aus herablaufender, breit 3eckiger Basis eilanzettlich, zugespitzt, scharf gekielt, gegen die Spitze unregelmässig gesägt, fast aufrecht abstehend, mit bogig herabgekrümmter Spitze; Rippe unter der Spitze verschwindend, am Rücken gesägt. Männliche Blüthen mit breit eiförmigen, zugespitzten Hüllblättern, an der Spitze etwas wellig. Kapsel mit kurzem Halse, aufrecht, länglich eiförmig, schwach einwärts gekrümmt. Deckel gewölbt, mit kurzem Spitzchen. Ring ziemlich breit, 2reihig. Das innere Peristom eine sehr schmale Membran mit, den Zähnen gleichlangen Fortsätzen.

In Brüchen und sumpfigen Wiesen, zerstreut. Juni, Juli.

Westpreussen: Dt. Krone: Wiesen an der Rohm (Lützow). Tuchel: bei Golombeck und am Somersiner See (Grebe). Schwetz: am Udschitz-See (Hellwig). Schlochau: bei Pflastermühle (Grebe), bei Eisenhammer und im Eisenbrücker Forst (Casp.). Konitz: bei Walkmühle (Lucas), und bei Wilden (Casp.). Pr. Stargard: bei Kasparus (Hohnfeldt). Berent: bei Opuch (Casp.). Karthaus: am Stillen See! und am Nuss-See (Lützow). Danzig: bei Freudenthal! Putzig: bei Krockow! Graudenz: bei Bojanowo (Scharlock). **Ostpreussen:** Braunsberg (Hübner). Heilsberg (Casp.). Königsberg (Sanio).

24. Familie. Bartramiaceae.

Meist dichte Polster bildende, mittelgrosse bis grosse Erd-, Sumpf- und Felsenmoose. Blätter stark papillös, selten glatt; Zellen paren-chymatisch, oben derb, unten locker und wasserhell. Männliche Blüthen scheiben- oder knospenförmig, mit keuligen oder fadenförmigen Paraphysen. Kapsel auf längerem oder kürzerem Stiel, unsymmetrisch kugelförmig, gestreift, trocken gefaltet. Der Sporensack lässt einen grossen Luftraum übrig und ist durch chlorophyllreiche Zellfäden mit der Kapselwand verbunden.

60. Bartramia Hedw.

Locker-rasige Erd- und Felsenmoose. Stengel gabelig verzweigt. Blätter lang pfriemenförmig. Männliche Blüthen knospenförmig, mit fadenförmigen Paraphysen. Peristom bei einigen ausländischen Arten fehlend oder einfach, bei den meisten, und unsern einheimischen, doppelt; das äussere 16 pfriemenförmige Zähne, das innere eine schmale Basilarmembran mit 16, in 2 Schenkel gespaltenen Fort-sätzen, die kürzer als die Zähne sind. Wimpern einzeln oder fehlend. Ring fehlend.

235. *B. ithyphylla* Brid. Zwitterig. In gedrängten, rundlichen, hell-grünen Polstern. Stengel 5 mm bis 3 cm hoch, nur am Grunde mit Wurzelfilz. Blätter steif aufrecht, trocken nicht gekräuselt, aus scheidiger, glänzend weisser Basis plötzlich lang pfriemen-förmig, papillös; Rand flach, scharf gesägt; Rippe breit, die ganze Spitze ausfüllend. Stiel 1—2 cm lang, roth. Kapsel kugelrund, trocken länglich und tief gefurcht. Deckel kegel-förmig, stumpf.

In Hohlwegen und Gebüschen, allgemein verbreitet, aber an den Stand-orten nicht zahlreich. Juli.

Westpreussen: Konitz (Lucas). Karthaus! Danzig! Neustadt! Strasburg! Marienwerder! Rosenberg! Löbau! Stuhm! Elbing! **Ostpreussen:** Pr. Eylau (Janzen). Königsberg! Braunsberg (Seydler). Lyck (Sanio).

236. *B. pomiformis* Hedw. Einhäusig. Rasen dicht, bläulichgrün, ins gelbliche gehend. Stengel 5 mm bis 3 cm hoch, stark wurzelfilzig. Blätter aufrecht abstehend, trocken verbogen und schwach gekräuselt, nicht scheidig, lanzett-pfriemenförmig, sehr stark papillös; Rand unten eingerollt, grob gesägt; Rippe auslaufend, oben am Rücken gesägt. Männliche Blüthen knospenförmig, ganz dicht unter den weiblichen. Stiel 2 cm lang. Kapsel kugelförmig, trocken länglich, etwas gekrümmt, stark gefurcht, mit erweiterter Mündung. Deckel kegelförmig.

An Hohlwegen unter Gebüschen, kaum in Wäldern. Viel weniger häufig als die folgende. Juli.

Westpreussen: Schwetz: bei Warlubien (Hennings). Pr. Stargard: bei Wentken (Hohnfeldt). Konitz: bei Buschmühle (Lucas). Karthaus: bei Kahlbude! Danzig: bei Brentau! Rosenberg: bei Raudnitz! Elbing (Janzen).

Ostpreussen: Ortelsburg (Schultz).

237. *B. crispa* Sw. Einhäusig. In grossen, dichten, gelblichgrünen Polstern. Stengel bis 8 cm lang, stark wurzelfilzig, mit langen, schlanken Aesten. Blätter locker gestellt, abstehend, trocken sehr stark gekräuselt, nicht scheidig, schmal linien-lanzettförmig, in eine sehr lange, pfriemliche, scharf gesägte Spitze verschmälert; Rippe auslaufend, am Rücken oben gesägt. Sonst alles wie bei der vorigen Art.

Auf lockerer Walderde, in Wäldern sehr verbreitet, selten in Gebüschen. Juli.

Westpreussen: Tuchel (Brick). Schwetz! Pr. Stargard! Karthaus! Danzig! Putzig! Thorn (Nowicki). Strasburg! Graudenz! Marienwerder! Rosenberg! Löbau! Stuhm! Elbing!

Ostpreussen: Königsberg! Lyck (Sanio).

Bemerkungen: Wird von den meisten für eine blosse Varietät der vorigen Art angesehen, sie unterscheidet sich aber so auffallend im äussern Aussehn, dass man sie nie mit ihr verwechseln kann. Vielleicht lassen sich doch noch scharfe Unterscheidungsmerkmale auffinden.

238. *B. Oederi* Sw. Zwitterig. In dichten, braungrünen Polstern. Stengel bis 5 cm und darüber hoch, dicht wurzelfilzig. Blätter abstehend, trocken fast kraus, nicht papillös, schmal lanzettlich, allmälig kurz zugespitzt; Rand bis gegen die Mitte eingerollt, an der Spitze grob gesägt; Rippe mit der Spitze verschwindend, oben am Rücken gesägt. Stiel 5—15 mm lang. Kapsel klein, fast kugelrund, trocken verlängert, gekrümmt, tief gefurcht. Deckel sehr klein, kegelförmig.

Auf erratischen Blöcken, sehr selten.

Westpreussen: Graudenz: im Tursnitzer Walde (Scharlock).

61. Philonotis Brid.

Dichte, schwammige Rasen bildende Sumpfmoose, seltener Erdmoose. Stengel unter dem Gipfel mit zahlreichen aufrechten Sprossen.

Blätter eirund, lanzettlich, papillös. Männliche Blüthen scheibenförmig, mit keulenförmigen Paraphysen. Aeusseres Peristom wie bei
Bartramia, die Fortsätze des inneren so lang wie die Zähne und mit
je 2 Wimpern zwischen ihnen. Ring fehlt.

239. *P. marchica* Brid. Zweihäusig. Rasen dichter oder lockerer,
hellgrün. Stengel 2—8 cm hoch, aufrecht oder aufsteigend, am
Grunde wurzelfilzig. Blätter aufrecht abstehend oder etwas
einseitswendig, schmal lanzettlich, nicht gefurcht, scharf gesägt;
Rippe kurz austretend. Männliche Blüthen fast kopfförmig
zusammengeschlossen, innere Hüllblätter fast aufrecht, aus
erweiterter Basis lanzettlich, in eine lange Spitze verlängert,
mit in der Spitze verschwindender Rippe. Stiel 2—4 cm lang,
zart. Kapsel wagerecht stehend, kugelrund. Deckel klein,
kegelförmig. Aeusseres Peristom purpurroth, Wimpern des
inneren sehr kurz.

Auf nassen, schwach begrasten Wiesen, an den Standorten häufig. Juni.
Westpreussen: Schlochau (Grebe). Marienwerder: bei Liebenthal! und
Fiedlitz! Rosenberg: bei Raudnitz! und Gr. Sehren! Löbau: bei Wischnewo!
Elbing: bei Weingrundsforst (Kalmuss).

Ostpreussen: Osterode! Königsberg: bei Kapkeim (Sanio). Lyck: am
Sawisda-See, bei Chrosciellen und Sybba (Sanio).

240. *P. capillaris* Lindbg. Zweihäusig. Umherschweifend oder
zwischen Gräsern gedrängte Räschen bildend. Stengel 2—3 cm
lang, haarfein, roth oder grünlich, niederliegend, fast kriechend;
zwischen Gräsern mit aufrechten, zusammengedrängten Zweigen.
Blätter sehr schmal lanzettlich, gesägt, mit in eine feine Spitze
auslaufender Rippe. An den männlichen Blüthen die äusseren
Hüllblätter sparrig abstehend. Sonst alles wie bei der vorigen,
aber alles weit zarter.

An Hohlwegen unter Gebüsch und an Feldrainen. Juni.
Westpreussen: Danzig: bei Brentau! Neustadt: bei Bozanken!

241. *P. fontana* Brid. Zweihäusig. In dichten, gelblich- oder
dunkelgrünen Rasen. Stengel 4—12 cm und länger, aufrecht
oder aufsteigend, hoch herauf wurzelfilzig. Blätter verschiedengestaltig, theils kurz eilanzettförmig, dem Stengel angedrückt,
theils lanzettförmig, etwas einseitswendig gebogen, alle mit
2 Furchen am Grunde und feingesägt; Rippe auslaufend.
Innere Hüllblätter der männlichen Blüthen aus aufrechter Basis
sparrig abstehend, gesägt, mit stumpfer Spitze und undeutlicher
oder fehlender Rippe. Stiel 4—6 cm lang, steif. Kapsel
kugelig-eiförmig. Deckel kegelförmig. Aeusseres Peristom
purpurroth, Wimpern des inneren fast so lang als die Fortsätze.

In Sümpfen und an Quellen nicht selten. Juni.

Westpreussen: Tuchel (Brick). Konitz (Lucas). Schlochau (Casp.).
Karthaus! Danzig! Neustadt! Putzig! Thorn (Nowicki). Marienwerder! Rosen-
berg! Löbau! Elbing!
Ostpreussen: Pr. Eylau (Janzen). Braunsberg (Seydler). Königsberg (Sanio).
Lyck (Sanio). Tilsit!

β. *falcata* Br. eur. **Aeste und alle Blätter sichelförmig gekrümmt.
Rippe roth.**
Mit der gewöhnlichen Form, nicht selten.

242. *P. caespitosa* Wils. **Zweihäusig. In dichten, braun- oder
gelbgrünen Rasen. Stengel 3—5 cm hoch, ziemlich hoch herauf
wurzelfilzig. Blätter kurz eilanzettförmig, kaum einseitswendig,
mit weiterem Zellnetz, durchscheinend, ohne Falten am Grunde;
Rippe auslaufend. Innere Hüllblätter der männlichen Blüthen
breit eiförmig, spitz, mit ziemlich deutlicher Rippe. Stiel und
Kapsel wie bei der vorigen.**
An Seeufern und auf nassen Heiden, wohl verbreitet, aber bisher noch
nicht viel gesammelt.
Westpreussen: Schlochau: Eisenbrücker Forst (Casp.). Konitz: am
Krzywko-See (Casp.). Berent: bei Lubianen und Zajunskowo (Casp.). Karthaus:
am Milewko-See! und bei Borowo-Krug (Casp.). Neustadt: bei Espenkrug!
Kölln! Steinkrug! und am Krypko-See (Lützow).
Ostpreussen: Pr. Eylau: bei Schmoditten (Janzen). Tilsit: in den Put-
schinen (Heidenreich). Heiligenbeil (Seydler).

243. *P. calcarea* Br. eur. **Zweihäusig. Rasen dicht, schön grün.
Stengel 5—20 cm lang, kräftig, stark wurzelfilzig. Blätter aus
eiförmiger Basis lang und schmal zugespitzt, fein gesägt, mit
sehr kräftiger Rippe und lockerem Zellnetz; alle entschieden
einseitswendig, selten, besonders an den männlichen Stämmen,
kleiner und angedrückt. Männliche Blüthe breit scheibenförmig,
alle Hüllblätter aus eiförmiger Basis lanzettlich, spitz, mit
deutlicher, starker Rippe. Stiel und Kapsel wie bei** *P. fontana.*
**Zähne des äusseren Peristoms kürzer, nicht zugespitzt. Wimpern
des inneren halb so lang als die Fortsätze.**
In Torfgruben, zerstreut. Juni.
Westpreussen: Schlochau: bei Pflastermühle (Grebe). Neustadt: bei
Schmierau! und Kielau! Putzig: bei Lissau! und Oxhöft! Löbau: bei
Wischnewo!
Ostpreussen: Pr. Eylau: bei Schmoditten (Janzen). Lyck: im Rosinsker
Bruch und Dallnitz (Sanio).

25. Familie. Timmiaceae.

Grosse, locker-rasige Erd- und Felsenmoose. Stengel einfach,
später durch Sprossungen unter der Spitze gabelig. Blätter aus
scheidiger Basis lang lanzettförmig; Zellnetz im Basaltheile lang und
schmal, fast rectangulär, wasserhell, im oberen Theile klein, fast

quadratisch, sehr chlorophyllreich, auf der oberen Blattfläche papillös. Männliche Blüthen bei den 1 häusigen Arten knospenförmig, mit fadenförmigen Paraphysen, bei den 2 häusigen fast scheibenförmig, mit schwach keuligen Paraphysen. Kapsel langgestielt, oval bis länglich. Peristom doppelt; äusseres 16 lanzettliche, dicht gegliederte Zähne, das innere eine hohe, schwach 16 faltige Haut, die sich oben in sehr zahlreiche, knotig gegliederte, den Peristomzähnen gleichlange Wimpern auflöst. Haube eng, kapuzenförmig.

62. Timmia Hedw.

Gattungsmerkmale, die der Familie.

244. *T. megapolitana* Hedw. Einhäusig. In breiten, gelblichen Rasen. Stengel 2—3 cm hoch, aufrecht. Blätter aus weisslicher, den Stengel halbscheidig umfassender Basis aufrecht abstehend, trocken verbogen und etwas gekräuselt, schmal lanzettlich, von der Spitze bis zur Scheide stumpflich gesägt; Rippe stark, am Rücken glatt. Männliche Blüthen knospenförmig, zu mehreren unter den weiblichen. Stiel 2—3 cm lang, steif aufrecht. Kapsel übergeneigt, länglich eiförmig, glatt, entdeckelt breit abgestutzt. Deckel hochgewölbt, in der Mitte eingedrückt und genabelt. Ring schmal. Zähne des Peristoms nach der Entdeckelung knieförmig einwärts gebogen, Wimpern mit stacheligen Anhängseln. Haube lang kapuzenförmig, lange bleibend, oft herabgleitend und den Stiel unterhalb der Kapsel umgebend.

Sehr selten, bisher erst an einer Stelle bei uns gefunden. Frühjahr.

Westpreussen: Elbing: an einer Chausseeböschung bei Gr. Wesseln (Hohendorf).

26. Familie. Polytrichaceae.

Locker- oder dichtrasige, selten kleine, meist grosse, z. Th. sehr grosse Erd- und Sumpfmoose. Stengel aus einem kriechenden, vielfach verzweigten Wurzelstock sprossend, stark, aufrecht, meist einfach, selten unter der Spitze verzweigt, häufig durch die Mitte der männlichen Blüthe sprossend. Blätter lanzettförmig, mit einer breiten, auf der Oberseite mit Längslamellen besetzten Rippe. Zellnetz parenchymatisch. Männliche Blüthen scheibenförmig, mit z. Th. spatelförmigen Paraphysen. Kapsel urnenförmig, walzenförmig oder kantig prismatisch. Peristom einfach, aus 32 oder 64 kurzen, zungenförmigen, ungegliederten Zähnen bestehend. Die Kapselmündung durch das sich nach oben erweiternde Säulchen mit einer horizontalen Membran verschlossen. Haube kapuzenförmig.

63. Atrichum P. d. B.

Blätter nicht scheidig, dünn, zungenförmig, querwellig, trocken kraus; Rippe mit wenigen Lamellen. Kapsel walzenförmig; Mittelsäulchen drehrund. Peristom 32 zähnig, Haube schmal, kapuzenförmig, glatt, nur an der Spitze rauh oder mit einzelnen Haaren.

245. *A. undulatum* P. d. B. Einhäusig. In lockeren, schön grünen, schimmernden Rasen wachsend oder heerdenweise. Stengel 2—4 cm hoch, nur am Grunde wurzelnd, einfach, selten getheilt, unten mit schuppenförmigen Blättchen. Obere Blätter linienzungenförmig, wellig verbogen, unterseits durch Zähnchen rauh, Rand schmal gesäumt, bis tief herunter scharf und ungleich gesägt; Rippe am Rücken gegen die Spitze dornig. Die männliche Blüthe erscheint im ersten Jahre an der Spitze des Stengels, im zweiten sprosst dieser durch die Mitte derselben fort und trägt dann an seiner Spitze die weibliche Blüthe. Stiel 2—4 cm lang, röthlich bis purpurroth; zuweilen, aber selten, mehrere in einem Perichätium. Kapsel länger oder kürzer walzenförmig, mehr oder weniger gekrümmt, olivengrün oder braun. Deckel aus hochgewölbter Basis lang geschnäbelt, fast so lang als die Urne.

In Wäldern, Gebüschen u. s. w. überall eins der häufigsten Moose. Winter.

Westpreussen: Tuchel (Brick). Schwetz! Konitz (Lucas). Pr. Stargard! Karthaus! Danzig! Neustadt! Strasburg! Marienwerder! Rosenberg! Löbau! Stuhm! Elbing!

Ostpreussen: Osterode! Mohrungen (Seydler). Braunsberg (Seydler). Pr. Eylau (Janzen). Königsberg! Lyck (Sanio). Angerburg (Czekaj). Darkehmen (Kühn).

246. *A. angustatum* Br. eur. Zweihäusig. In dunkelgrünen, lockeren Rasen oder heerdenweise. Stengel 1—2 cm hoch, aufrecht, roth, am Grunde wurzelnd, einfach, sehr selten getheilt. Blätter schmal linien-zungenförmig, sehr schmal gesäumt, am Rande wellig, gegen die Spitze scharf gesägt, unterwärts weniger rauh; Rippe breiter, mit mehr Lamellen. Stiel 2 cm lang, purpurroth. Kapsel sehr dünn, walzenförmig, gerade aufrecht oder schwach gekrümmt, vor der Reife purpurroth. Deckel hochgewölbt, mit kurzem Schnabel, halb so lang als die Urne.

In Wäldern und an Waldrändern, nicht häufig. Winter.

Westpreussen: Tuchel: bei Fuchswinkel (Grebe). Schlochau (Grebe). Danzig: Olivaer Forst bei Brentau! Marienwerder: bei Liebenthal! und Rachelshof! Rosenberg: bei Raudnitz! Löbau: bei Wischnewo! Elbing: bei Vogelsang (Hohendorf).

Ostpreussen: Pr. Eylau: bei Bärenwinkel (Janzen).

247. *A. tenellum* Br. eur. Zweihäusig. In kleinen, schmutzig gelblichgrünen Räschen oder heerdenweise. Stengel 5 — 10 mm

hoch, gelblichgrün, einfach, am Grunde wurzelnd. Blätter breit, linien-zungenförmig, wenig wellig, unterseits glatt; Rand gesäumt, von der Mitte bis zur Spitze scharf gesägt; Rippe mit wenigen Lamellen, unten mit entfernten Dornen. Stiel 5 bis 10 mm lang, gelblich-grün. Kapsel kurz walzenförmig bis urnenförmig. Deckel hochgewölbt, mit langem Schnabel, so lang als die Urne.

Auf feuchten, sandigen Brachäckern und Heiden, in vielen Gegenden häufig, in anderen scheint es selten oder zu fehlen. September.

Westpreussen: Konitz (Lucas). Putzig: bei Krockow! Marienwerder: bei Liebenthal! und Rachelshof! Rosenberg: bei H e r z o g s w a l d e! und Raudnitz! Löbau: bei Wischnewo!

Ostpreussen: Pr. Eylau: bei Bärenwinkel (Janzen). Königsberg (Sanio). Lyck (Sanio). Tilsit! Ragnit!

64. Pogonatum P. d. B.

Blätter aus häutig-scheidiger Basis lang lanzettförmig; Rippe unten schmal, oben sehr breit, mit zahlreichen, schmalen Lamellen besetzt. Kapsel urnenförmig oder eiwalzenförmig, ohne Ansatz. Mittelsäulchen geflügelt. Peristom 32 zähnig. Haube breit kapuzenförmig, dicht mit langen, verfilzten Haaren bek'eidet und durch das Zusammenhängen derselben mützenförmig erscheinend, die ganze oder fast die ganze Kapsel deckend. Alle Arten 2 häusig.

248. *P. nanum* P. d. B. Heerdenweise, dunkelgrün oder bräunlich. Stengel 5—8 mm hoch, einfach, nie sprossend. Blätter aus breitscheidiger, stengelumfassender Basis abstehend, linien-lanzettförmig, rinnenförmig, stumpflich, an der Spitze schwach gesägt, trocken aufwärts gekrümmt. Stiel 1—2 cm lang, röthlich, Kapsel weiss, etwas geneigt. Urne eiförmig, entdeckelt unter der Mündung verengt, kreiselförmig, Wand nicht papillös. Deckel aus flachgewölbter Basis gerade, selten etwas schief geschnäbelt, fast so lang als die Urne. Zähne des Peristoms ziemlich lang. Haube kaum die ganze Kapsel deckend, braungelb.

An sandigen Abhängen und Waldrändern, überall nicht selten. Winter.

Westpreussen: Schlochau (Grebe). Konitz (Lucas). Danzig! Neustadt! Marienwerder! Rosenberg! Löbau! Stuhm! Elbing!

Ostpreussen: Pr. Eylau (Janzen). Heiligenbeil (Seydler). Königsberg! Lyck (Sanio).

249. *P. aloides* P. d. B. Heerdenweise, kaum rasenbildend, dunkelgrün. Stengel 5—10 mm hoch, oft unter der weiblichen und durch die männliche Blüthe sprossend. Blätter aus breitscheidiger, stengelumfassender Basis abstehend, trocken aufwärts gekrümmt,

lanzettförmig, spitz, flach, bis zur Blattscheide scharf gesägt.
Stiel 2—3 cm lang, gelbröthlich. Kapsel aufrecht, eiwalzenförmig, Wand sehr papillös, trocken runzlich. Deckel kegelförmig gewölbt, mit kurzem Schnabel, halb so lang als die Urne.
Peristomzähne ziemlich kurz. Haube die ganze Kapsel einhüllend, schmutzig gelblichgrau.

An denselben Standorten wie das vorige, meist in Gesellschaft desselben
und fast noch häufiger.

Westpreussen: Tuchel (Brick). Schwetz! Konitz (Lucas). Karthaus! Danzig! Neustadt! Marienwerder! Rosenberg! Löbau! Stuhm! Elbing!

Ostpreussen: Osterode! Pr. Eylau (Janzen). Heiligenbeil (Seydler). Königsberg! Lyck (Sanio).

250. *P. urnigerum* Brid. In dunkel schmutzig blaugrünen Rasen oder
heerdenweise. Stengel 2—6 cm hoch, aufrecht oder aufsteigend,
am Grunde wurzelnd, selten einfach, meistens die weiblichen
baumartig verzweigt. Blätter aus kurzscheidiger, stengelumfassender Basis abstehend, trocken anliegend, linien-lanzettförmig, schmal zugespitzt, bis zur Scheide grobgesägt; Rippe
auslaufend, die Lamellen derselben bedecken oberhalb fast die
ganze Blattfläche. Männliche Blüthen mit röthlichen Deckblättern. Stiel 2—6 cm lang, dünn, hin- und hergebogen,
gelbroth. Kapsel aufrecht, urnenförmig bis walzenförmig,
symmetrisch, gegen die Mündung und Basis verschmälert.
Deckel flach gewölbt, mit meist geradem Schnabel, $1/4$ so
lang als die Urne. Haube fast die ganze Kapsel einhüllend,
braungelb.

Auf Heiden und an Waldrändern, allgemein verbreitet und häufig. Winter.

Westpreussen: Pr. Stargard (Ilse). Karthaus! Danzig! Neustadt! Marienwerder! Rosenberg! Löbau! Stuhm! Elbing!

Ostpreussen: Pr. Eylau (Janzen). Königsberg (Sanio). Lyck (Sanio). Braunsberg (Seydler). Heiligenbeil (Seydler).

251. *P. alpinum* Brid. In lockeren, dunkelgrünen Rasen. Stengel
4—8 cm hoch, aufrecht oder aufsteigend, baumartig verzweigt.
Blätter aus sehr langscheidiger Basis abstehend oder etwas einseitig gekrümmt, sehr lang linien-lanzettförmig, rinnenförmig,
scharf gesägt; Rippe unterseits an der Spitze dornig. Stiel
3—4 cm lang, stark, gelbroth. Kapsel meist etwas übergeneigt,
etwas unsymmetrisch, länglich eiförmig, mit schwach angedeutetem Ansatz. Deckel hochgewölbt, mit langem, schiefem Schnabel, halb so lang als die Urne. Peristomzähne ungleich gross.
Haube die Kapsel nicht ganz deckend.

Bei uns erst einmal gefunden, und daher gewiss sehr selten.

Westpreussen: Stuhm: im Torfbruch bei Ostrow-Lewark (Klatt).

65. Polytrichum L.

Stengel immer einfach, nie mit Seitensprossen, sondern nur an der Spitze fortwachsend oder durch die männlichen Blüthen sprossend. Blätter aus häutig-scheidiger Basis linien-lanzettförmig, dick und steif, auf der ganzen Oberfläche mit Längslamellen. Kapsel prismatisch, 4—6 kantig, mit deutlichem Ansatz. Peristom mit 64, selten 32 Zähnen, Mittelsäulchen geflügelt. Haube wie bei *Pogonatum*. Alle Arten 2 häusig.

A. Leiodon Lindbg.

Kapsel mit rundlichem, nicht scharf abgesetztem Ansatz, 5 bis 6 kantig. Peristomzähne auf der Innenseite ohne Anhängsel. Sporen gross, braun.

252. *P. gracile* Menz. In dichten, gelbgrünen Rasen. Stengel 4 bis 10 cm hoch, unten stark wurzelfilzig. Blätter abstehend, trocken anliegend, linien-lanzettförmig, durch die eingeschlagenen Blattränder fast rinnenförmig, Rand und Rücken der Rippe scharf gesägt. Perichätialblätter fast bis zur Mitte scheidig. Stiel 4—8 cm lang, unten orange, oben gelb. Kapsel geneigt, eiförmig, meist etwas unsymmetrisch, stumpf 5—6 kantig, mit kleinem Ansatz und verengter Mündung, entdeckelt horizontal stehend. Deckel aus kegelförmiger Basis, mit langem, gekrümmtem Schnabel. Das Peristom besteht aus 32 gleichen oder aus 64 ungleichen Zähnen. Haube nicht die ganze Kapsel deckend, rostgelb.

In Torfmooren und auf torfigen Heiden, überall gemein und in grossen Mengen. Juni.

Westpreussen: Dt. Krone (Ruhmer). Flatow (Casp.). Schwetz! Schlochau (Grebe). Konitz (Lucas). Pr. Stargard (Hohnfeldt). Berent (Casp.). Karthaus! Danzig! Neustadt! Strasburg! Marienwerder! Rosenberg! Lobau! Stuhm! Elbing!

Ostpreussen: Osterode! Pr. Eylau (Janzen). Königsberg! Lyck (Sanio). Angerburg (Czekaj). Mohrungen (Seydler). Heiligenbeil (Seydler). Braunsberg (Seydler).

253. *P. formosum* Hedw. In dichten, schön dunkelgrünen Polstern. Stengel 4—15 cm hoch, aufrecht oder aufsteigend, unten wurzelfilzig. Blätter sparrig abstehend, auch trocken nur gekrümmt, nicht anliegend, linien-lanzettförmig, mit borstenförmiger Spitze, bis tief herab gegen die Blattscheide scharf gesägt. Perichätialblätter sehr lang, aufrecht. Stiel 6—8 cm lang, unten roth, oben gelblich. Kapsel scharf 5- oder 6 kantig, selten 4 kantig, entdeckelt horizontal stehend. Deckel kegelig, rothrandig, mit

Schnabelspitze. Peristom 64 gleiche Zähne. Haube die ganze Kapsel deckend, selten etwas kürzer, rostgelb.

In feuchten Wäldern. Wohl allgemein verbreitet, aber nicht so häufig als die anderen Arten. Juni.

Westpreussen: Schwetz (Hellwig) Karthaus! Danzig! Neustadt! Graudenz! Marienwerder! Rosenberg! Löbau! Elbing (Janzen).

Ostpreussen: Ortelsburg (Schultz). Pr. Eylau (Janzen). Königsberg (Sanio). Lyck (Sanio). Mohrungen (Seydler).

B. Pterygodon Lindbg.

Kapsel mit scharf abgesetztem, scheiben- oder ringförmigem Ansatz, scharf 4 kantig. Peristom 64 zähnig, Zähne auf der Innenseite mit flügelartigen Anhängseln. Sporen sehr klein, grün.

a. Blätter ganzrandig, nur die austretende, grannen- oder haarförmige Spitze scharf gesägt.

254. *P. piliferum* Schreb. In lockeren, niedrigen, durch die Haarspitzen graugrün erscheinenden Rasen. Stengel 2—3 cm hoch, aufrecht, nur am Grunde wurzelfilzig. Blätter abstehend, trocken ziegeldachförmig, locker anliegend, breit linien-lanzettförmig, mit eingebogenen Rändern, in ein langes, feingezähntes, weisses Haar auslaufend; Rippe am Rücken glatt. Männliche Blüthen purpurroth. Perichätialblätter aufrecht, linien-zungenförmig, die inneren zart, ohne Lamellen auf der Rippe. Stiel 2—3 cm lang, stark, purpurroth. Kapsel aufrecht, eiförmig, 4 kantig, nach der Reife übergebogen bis horizontal. Deckel kegelförmig, kurz geschnäbelt, purpurroth oder gelbröthlich. Haube bis unter die Kapsel herabreichend, gelbbraun.

Auf Sandboden, überall häufig. Juni.

Westpreussen: Dt. Krone (Ruhmer). Schwetz! Pr. Stargard (Ilse). Berent (Casp.). Karthaus! Danzig! Neustadt! Thorn (Nowicki). Marienwerder! Löbau! Rosenberg! Stuhm! Elbing!

Ostpreussen: Osterode! Pr. Eylau (Janzen). Königsberg! Braunsberg (Seydler). Lyck (Sanio).

255. *P. juniperinum* Willd. In grossen, lockeren, blaugrünen Rasen. Stengel 5—10 cm hoch, aufrecht, nur am Grunde braun wurzelfilzig. Blätter aufrecht abstehend, linien-lanzettförmig, mit eingebogenem Rande; Rippe als kurze, braune, gesägte Granne austretend, am Rücken gegen die Blattspitze sägezähnig. Perichätialblätter am Rande häutig. Stiel 4—6 cm lang, stark, röthlich. Kapsel länglich prismatisch, 4 kantig, entdeckelt horizontal. Deckel aus flach gewölbter Basis kurz und scharf gespitzt. Haube die ganze Kapsel einhüllend, an der Spitze gelbbraun, sonst weisslichgrau.

In Wäldern und am Rande der Brüche, überall häufig. Juli.

Westpreussen: Tuchel (Brick). Schwetz! Pr. Stargard (Ilse). Berent (Casp.), Danzig! Neustadt! Graudenz (Peil). Marienwerder! Rosenberg! Löbau! Stuhm! Elbing!

Ostpreussen: Osterode! Heilsberg (Rosenbohm) Braunsberg (Seydler). Heiligenbeil (Casp.). Pr. Eylau (Janzen). Königsberg! Lyck (Sanio). Darkehmen (Kühn).

β. *alpinum* Schimp. Viel kleiner, Blätter gedrängter, trocken mehr anliegend. Perichätialblätter länger begrannt. Stiel kurz, Kapsel kürzer, fast cubisch. Haube hellgrau.

Ostpreussen: Königsberg: bei Neuhausen (Sanio). Lyck: im Baraner Forst und Dallnitz (Sanio).

256. *P. strictum* Menz. In sehr dicht gedrängten, dunkelblaugrünen Polstern. Stengel 10, aber auch bis 30 cm lang, schlank, mit dichtem, braunem und weissem Wurzelfilz meist bis hoch hinauf bedeckt. Blätter aufrecht abstehend, trocken angedrückt, kurz und schmal linien-lanzettförmig; Rippe als kurze, gesägte Granne austretend, auf dem Rücken gegen die Spitze gezähnt. Stiel bis 10 cm lang. Kapsel aufrecht, genau würfelförmig, scharf 4 kantig. Deckel aus flachgewölbter Basis kurz und scharf gespitzt. Haube die ganze Kapsel umschliessend, bei uns fast immer gelbbraun, sehr selten weissgrau wie beim vorigen.

In Torfbrüchen, überall häufig. Juli.

Westpreussen: Schwetz! Konitz (Lucas). Pr. Stargard (Ilse). Berent (Casp.) Karthaus! Danzig! Neustadt! Putzig (Casp.). Marienwerder! Rosenberg! Löbau! Stuhm! Elbing (Preuschoff).

Ostpreussen! Allenstein (Casp.). Ortelsburg (Schultz). Pr. Eylau (Janzen). Friedland (Sanio). Königsberg (Sanio). Wehlau (Casp.). Lyck (Sanio).

Bemerkungen: Milde und Limpricht schreiben dem schlesischen Moose eine weisse Haube zu. Bei uns habe ich dieselbe überall im Gegensatz zu *P. juniperinum* braungelb gefunden, nur im Forstbelauf Bülow bei Karthaus fand ich in einem Bruche Rasen, an denen die Hauben grau waren, wie bei letzterem.

b. Blätter am Rande scharf gesägt.

257. *P. commune* L. In breiten, lockeren, dunkelgrünen Polstern. Stengel 20—40 cm lang, aufrecht oder aufsteigend, ohne Wurzelfilz. Blätter abstehend zurückgebogen, trocken angedrückt, mit abstehenden, gekrümmten Spitzen, lang linien-lanzettförmig, flachrandig, bis zur Scheide scharf gesägt, am Rücken gegen die Spitze sägezähnig. Perichätialblätter aufrecht, sehr lang, die inneren häutig. Stiel 6—10 cm lang, glänzend gelbroth. Kapsel cubisch bis länglich prismatisch, scharf 4 kantig, trocken horizontal stehend. Deckel aus flachgewölbter Basis, mit kurzem, geradem Schnabel. Haube länger als die Kapsel, rostbraun.

In feuchten Wäldern, überall gemein. Juli.

Westpreussen: Schwetz! Konitz (Lucas). Pr. Stargard (Ilse). Berent (Casp.). Karthaus! Danzig! Neustadt! Thorn (Hohnfeldt). Strasburg! Marienwerder! Rosenberg! Löbau! Stuhm! Elbing!

Ostpreussen: Osterode! Allenstein (Abromeit). Ortelsburg (Schultz). Pr. Eylau (Janzen). Friedland (Sanio). Königsberg! Wehlau (Casp.). Lyck (Sanio). Goldap (Kühn). Pillkallen (Abromeit). Braunsberg (Seydler).

258. *P. perigoniale* Michx. In dichten oder lockeren, hellgrünen Polstern. Stengel 5—8 cm hoch, zuweilen gabelig getheilt, am Grunde wurzelfilzig. Blätter aufrecht abstehend, trocken dachziegelig, locker angedrückt, linien-lanzettförmig, am ganzen, flachen Rande scharf gesägt, am Rücken gegen die Spitze sägezähnig. Perichätialblätter breit, alle häutig durchsichtig, lang grannenförmig zugespitzt. Stiel 5—6 cm lang. Kapsel fast cubisch. Deckel flach gewölbt, sehr kurz gespitzt. Haube länger als die Kapsel, rostbraun.

Auf sandigen Heiden, seltener und bisher nicht gehörig beachtet.

Westpreussen: Putzig: auf den Dünen bei Heisternest! Rosenberg: bei Raudnitz!

Ostpreussen: Friedland: im Genleder Forst (Sanio). Königsberg: im Juditter Walde und bei Neuhausen (Sanio). Lyck: im Malleschöwer Wald und Milchbuder Forst (Sanio). Heiligenbeil (Seydler).

Bemerkungen: Verdient gewiss als Art hergestellt zu werden, da es in der Tracht sehr auffallend von dem vorigen abweicht und einigermaassen an *P. juniperinum* erinnert.

27. Familie. Buxbaumiaceae.

Sehr kleine, auf Walderde wachsende Moose. Stengel sehr kurz, einfach. Zellnetz der Blätter parenchymatisch. Kapseln sehr unsymmetrisch, gross, schief eiförmig, sehr kleinmündig. Peristom doppelt, das äussere aus einer sehr unregelmässigen, kurzen Zahnreihe oder aus 3—4 Zahnreihen bestehend, das innere eine gefaltete, kegelförmige Membran. Haube klein, kegelförmig. Paraphysen der männlichen Blüthen fadenförmig.

Die Pflanzen sterben nach der Reife der Sporogonien ab und erneuern sich wieder aus dem unterirdischen Protonema, wie die Funariaceen.

66. Diphyscium Mohr.

Stämmchen sehr kurz. Blätter linealisch-zungenförmig, mit Rippe. Blattzellen sehr klein, parenchymatisch, papillös. Kapsel sehr kurz gestielt, schief eiförmig, nach oben verschmälert. Aeusseres Peristom 16 sehr kurze, 3eckige, oft kaum deutlich gesonderte Zähne, inneres viel länger, aus einer kegelförmigen, 16faltigen Membran bestehend.

259. *D. foliosum* Mohr. Zweihäusig. Niedrige, gelblichgrüne oder bräunliche Rasen bildend. Stengel wenige mm hoch. Blätter

aufrecht abstehend, linien-zungenförmig, stumpf, Rand gekerbt,
trocken zusammenschliessend, kraus; Rippe vor der Spitze verschwindend. Männliche Blüthe gipfelständig, als offenes
Knöspchen. Perichätialblätter eilanzettförmig, mehr oder weniger
häutig, an der Spitze gewimpert; mit als lange, braune Granne
austretender Rippe. Stiel sehr kurz, kaum bemerkbar. Kapsel
verhältnissmässig gross, in den Hüllblättern eingeschlossen,
dünnhäutig, gelblichweiss. Deckel klein, kegelförmig. Ring
aus einer Zellreihe gebildet.

Auf trockenem Waldboden, im Inneren selten, in den Küstengegenden z. Th.
häufig. Sommer.

Westpreussen: Schlochau (Grebe). Berent: bei Schöneck (Casp.). Kar-
thaus: Stangenwalder Forst! Karthauser Forst! und Mirchauer Forst (Lützow).
Neustadt: bei Espenkrug! und Neustädter Forst! Danzig: Olivaer Forst!
Putzig: bei Krockow! Elbing: bei Kadinen! und Vogelsang (Hohendorf).
Ostpreussen: Braunsberg (Hübner). Königsberg (Hübner).

67. Buxbaumia Haller.

Stämmchen sehr kurz, knollenförmig verdickt. Blätter eilanzettlich, franzig gezähnt, ohne Rippe, mit sehr lockerem, durchsichtigem
Zellnetz; wenn sich das Sporogonium zu entwickeln anfängt, gänzlich
verschwindend. Männliche Pflanzen noch kleiner als die weiblichen,
mit wenigen, nicht gewimperten Blättern, und einzelnen oder wenigen,
ovalen Antheridien. Sporogonium die Geschlechtspflanze an Grösse
vielmals übertreffend. Stiel lang, dick, warzig. Kapsel schief aufrecht, verkehrt pferdehufförmig, unten gebuckelt, oben flach, kleinmündig. Aeusseres Peristom kurz, mit dem inneren verwachsen oder
frei, aus einer einfachen oder mehrfachen Reihe unregelmässig ge-
gliederter Zähne gebildet, inneres eine kegelförmige, 32 faltige Membran.

260. *B. aphylla* L. Zweihäusig. Heerdenweise oder vereinzelt
wachsend. Stengel kaum mehr als 1 mm hoch. Blätter
eiförmig, gezähnt, Perichätialblätter vielfach geschlitzt, alle vor
Ausbildung des Sporogoniums gänzlich verschwindend. Stiel
5—15 mm lang, dick, warzig, rothbraun. Kapsel schief eiförmig,
oberseits fast flach, rothbraun, mit glänzender, rothbrauner Kante
und bleibender Oberhaut. Aeusseres Peristom 1 reihig, mit
dem sehr breiten Ringe verwachsen.

In Wäldern auf lockerer Erde, wohl allgemein verbreitet, aber stets spärlich.
April, Mai.

Westpreussen: Schwetz: bei Lubochin! Schlochau (Grebe). Danzig:
im Jäschkenthaler Wald! und Olivaer Forst! Thorn (Nowicki). Rosenberg:
bei Raudnitz! Löbau: bei Wischnewo! Stuhm: im Rehhofer Forst! Elbing
bei Vogelsang (Hohendorf).

Ostpreussen: Braunsberg (Hübner). Lyck: im Zielaser Wald, Dallnitz. Gr. Lasker Wald, Mroser Wald und Baraner Forst (Sanio).

261. *B. indusiata* Brid. Zweihäusig. Ganz der vorigen ähnlich, aber die Kapsel blass olivengrün, mehr länglich, undeutlich gesäumt und die Oberhaut der nicht so stark abgeflachten Oberseite sich schon vor der Reife in Fetzen abrollend. Aeusseres Peristom frei, 3—4 reihig. Ring schmal.

In Wäldern auf Humus und morschem Holze, bisher bei uns sehr selten gefunden. April, Mai.

Ostpreussen: Braunsberg (Ebel). Königsberg: im Juditter Walde (Rauschke).

2. Tribus. Pleurocarpae.

Weibliche und männliche Blüthen nie an der Spitze der Hauptachse, sondern auf seitlichen Kurztrieben, daher das Sporogonium immer seitenständig erscheinend. Der Stengel daher nicht an der Spitze abgeschlossen, sondern sich verlängernd, fast nie einfach, sondern vielfach verzweigt, entweder unregelmässig, baumförmig, büschelig, meist aber mehr oder weniger regelmässig fiederästig, bis doppelt und 3 fach fiederig. Männliche Blüthen immer knospenförmig mit fadenförmigen Paraphysen.

28. Familie. Fontinalaceae.

Ansehnliche Wassermoose, oder wenigstens an Stellen wachsend, die zeitweise vom Wasser überfluthet werden. Blätter genau 3 reihig stehend, mit prosenchymatischem Zellnetz. Stengel meist fluthend und nur am Grunde wurzelnd. Kapsel mit doppeltem Peristom; äusseres 16 freie Zähne, inneres eine gitterförmige, offene Kuppel.

68. Fontinalis Dill.

Im Wasser fluthende, nur am Grunde wurzelnde, sehr ansehnliche Moose. Blätter 3 reihig stehend, rippenlos, ganzrandig, mit langem, schmalem Zellnetz, in den Blattflügeln mit sehr grossen, fast quadratischen Zellen. Kapsel mit sehr kurzem Stiel, mehr oder weniger vom Perichätium umschlossen. Deckel kegelförmig. Ring fehlt. Aeusseres Peristom 16 ungetheilte, lang lanzettliche Zähne, inneres 16 lineale, papillöse Fortsätze, die eine Kuppel bilden und durch horizontale Leisten gitterig verbunden werden. Haube klein, kegelförmig.

a. Blätter kielartig zusammengelegt, und der Stengel und die Zweige dadurch 3 schneidig erscheinend.

262. *F. antipyretica* L. Zweihäusig. In grossen, fluthenden, dunkelgrünen bis schwarzen Rasen. Stengel bis 30 cm und darüber

lang, unten dunkelbraun bis schwarz; wenn das Wasser zurück-
tritt, sich aufrichtend; unten durch das Absterben der Blätter
nackt, oben mit schön grün beblätterten Aesten. Die Blätter
stehen genau 3reihig, sind eiförmig, zugespitzt, mit scharfem,
gekrümmtem Kiel und ertheilen dadurch den Aesten ein
3schneidiges Ansehen. Zellen lang gestreckt, rhombisch.
Weibliche Blüthen auf kurzen, mit sich sehr dicht dachziegelig
deckenden, kleinen Blättern bekleideten Zweigen tief unten am
Stengel, ohne Wurzeln. Perichätialblätter grösser, länglich, oft
zerrissen. Kapsel im Perichätium fast eingeschlossen, länglich
eiförmig, bräunlich. Zähne des äusseren Peristoms trocken
einwärts gekrümmt, dunkel purpurroth, inneres vollständig, mit
Anhängseln. Haube am Grunde etwas gekerbt.

In fliessenden, aber auch in stehenden Gewässern, besonders in Waldbächen
an Steinen und Holz fluthend. Sehr verbreitet und oft in grossen Massen. Juli.

Westpreussen: Flatow (Rosenbohm). Tuchel (Brick). Schlochau (Casp.).
Konitz (Kumm). Karthaus! Neustadt! Thorn (Nowicki). Kulm (Casp.). Strasburg! Graudenz (Fröhlich). Marienwerder! Rosenberg! Elbing (Janzen).

Ostpreussen: Osterode (Preuss). Allenstein (Casp.). Pr. Eylau (Janzen).
Königsberg! Lyck (Sanio). Heiligenbeil (Seydler).

β. *gigantea* Sulliv. Noch kräftiger, weniger verästelt, aber meist
regelmässig fiederförmig. Blätter sehr gross, sehr dicht anliegend, unten schwarz, oben gelbbräunlich, glänzend, mit
lockerem Zellnetz. Kapsel (nach Schimper, mir ist sie unbekannt) kleiner, weicher. Die Zähne des äusseren Peristoms
weniger dunkelroth, das innere weniger regelmässig netzförmig.

In Teichen, mehr in wärmerem Wasser.

Westpreussen: Schwetz: bei Junkerhof (Hellwig). Danzig: bei Oliva
(Lützow). Neustadt: bei Wahlendorf (Lützow). Thorn (Frölich). Graudenz:
bei Lessen (Casp.) und bei Graudenz (Rosenbohm). Marienburg: bei Halb-
stadt (Preuschoff).

Ostpreussen: Heilsberg: im Leimangelsee (Casp.).

γ. *latifolia* Milde. Sehr lang, schwimmend. Blätter locker gestellt,
die älteren oft bis zur Basis gespalten, sehr breit, breit abstehend, schwarzgrün oder bläulichgrün, glanzlos.

In Seen schwimmend.

Westpreussen: Flatow: im Vandsburger See (Rosenbohm). Tuchel: im
Grochower See (Brick). Berent: im Hütten-See (Treichel). Karthaus: im
Glemko-See! Kloster-See! Trzebno-See! und Klodno-See! Graudenz: im See
Pieczewo (Casp.).

Ostpreussen: Lyck: im Glemboki-See (Sanio).

δ. *laxa* Milde. Kleiner und zarter. Blätter verhältnissmässig
schmaler und länger, dunkelgrün, weitläufig gestellt, nur undeutlich gekielt.

In Seen.

15*

Westpreussen: Neustadt: Espenkruger See! Karpionki-See bei Wahlendorf (Lützow), Wittstock-See (Casp.).

Bemerkungen: *Fontinalis antipyretica* macht durch ihre Vielgestaltigkeit auf mich durchaus den Eindruck einer Collectivspezies, und verdient sehr eine genaue Erforschung.

263. *F. gracilis* Lindbg. Zweihäusig. In fluthenden, schwarzgrünen, dunkelgrünen oder blaugrünen Rasen. Stengel bis 30 cm lang, schlanker als bei dem vorigen, unten meist nackt, dunkelbraun. Blätter eilanzettlich, stumpflich, scharf gekielt, die älteren längs des Kiels bis zur Basis gespalten. Zellnetz schmaler und länger, an den Blattflügeln blasig erweitert. Fruchtast am Grunde spärlich bewurzelt. Kapsel in den Perichätialblättern eingeschlossen, gross, oval kugelig, an einer Seite am Grunde schief buckelig, dickhäutig, trocken unter der Mündung sehr zusammengeschnürt. Zähne des äusseren Peristoms gerade.

In schnellfliessenden Bächen und Flüssen, aber auch in Seen. Bisher bei uns nur steril gefunden.

Westpreussen: Schlochau: In der Küddow bei Neusorge und im Kl. Lodzin-See (Casp.). Karthaus: in der Radaune bei Babenthal! bei Borowo Krug und bei Alt-Czapel (Casp.). Neustadt: In der Rheda und im Cedronbache bei Neustadt! im Steinkruger See! und im Lekno-See! Graudenz: im See bei Nitzwalde (Scharlock). Löbau: bei Wischnewo!

Ostpreussen: Heiligenbeil: Mühlenfliess bei Mauditten (Janzen). Lyck: (Sanio).

Bemerkungen: Die Beschreibung der Kapsel nach Milde und Limpricht, ich selbst habe sie nicht gesehen.

b. Blätter nicht gekielt, hohl oder fast flach, daher die Stengel drehrund erscheinend.

264. *F. hypnoides* Hartm. Zweihäusig. In hellgrünen oder bräunlichgrünen Rasen. Stengel bis 10 cm lang, dünn, röthlichbraun, unregelmässig kurz beästet. Blätter weitläufig, auch trocken abstehend, eilanzettförmig, scharf gespitzt, flach. Zellnetz locker. Perichätialblätter breit eiförmig, vielfach zerrissen. Kapsel halb aus dem Perichätium hervorragend, dünnhäutig.

In Seen und Gräben.

Westpreussen: Flatow: im Vandsburger See (Casp.). Tuchel: in den Gräben der Rieselwiese bei Woziwoda (Grebe). Berent: im Moossee bei Neukrug (Casp.). Thorn: im See von Rynsk (Casp.). Kulm: im See von Batlewo (Casp.).

Bemerkungen: Diese westpreussischen Exemplare stimmen ganz mit schwedischen von Schimper und Lindberg gesammelten, nur sind sie etwas grösser und die Blätter etwas schmäler.

β. *pungens* m. Dunkler gefärbt bis fast braun. Stengel bis über 20 cm lang, mit zahlreicheren, längeren, dünnen Aesten.

Blätter des Stengels schmäler, mehr anliegend, Astblätter hohl, den Ast umschliessend, so dass er spitz erscheint.

Ostpreussen: Lyck: im Bruch zwischen dem Gr. und Kl Sellment-See (Sanio).

Bemerkungen: Stimmt überein mit Exemplaren von Weissensee bei Berlin, die ich von A. Braun erhalten, und welche Schimper als *F. hypnoides* bestimmt hat.

265. *F. dalecarlica* Br. eur. Zweihäusig. In dunkelgrünen, fluthenden Rasen. Stengel bis 30 cm lang, unten von Blättern entblösst, schwarzbraun, oben heller, am Grunde büschelig verästelt, oben mit kurzen Zweigen. Blätter von unten nach oben kleiner werdend, oben den Stengel eng umschliessend und denselben spitz erscheinen lassend, unten aufrecht abstehend; trocken mehr anliegend, etwas hohl, schmal eilanzettlich, lang gespitzt, Spitze mit einigen stumpfen Zähnen, Rand etwas eingebogen. Zellnetz eng. Kapsel klein, von den inneren Perichätialblättern überragt. Inneres Peristom gelblich.

In Seen des nordwestlichen westpreussischen Hochlandes. Mit sehr veralteten Früchten nur einmal im Mühlenteich bei Jellenschehütte von Lützow aufgefunden.

Westpreussen: Schlochau: im Schwarzen See im Eisenbrücker Forst und im Kl. Lodzin-See (Casp.). Berent: im Czarni-See bei Lubianen (Casp.). Karthaus: im See bei Nowa Hutta und im Bukowo-See (Lützow), in einem Torfsee im Mirchauer Forst (Casp.). Neustadt: Lang-Okoniewo-See! westlicher Wittstock-See! Torfseen bei Bozanken! Brzezowka-See, Krypko-See Mühlenteich bei Jellenschehütte, Steinkruger See, Gesorke-See (Lützow); von Lützow zuerst aufgefunden.

Bemerkungen: Die Exemplare von diesen Standorten stimmen ganz mit schwedischen Exemplaren, die ich von Schimper erhalten, nur sind sie etwas schlanker.

266. *F. seriata* Lindbg. = *F. microphylla* Schimp. (in Briefen an Caspary). In heller bis dunkler grünen Rasen. Stengel bis 20 cm lang, sehr zart, unten meist nackt und schwarzbraun, oben heller, am Grunde büschelig verästelt, oben oft mit kleinblättrigen, fast fiederig stehenden Zweigen. Blätter nicht sehr dicht stehend, an der Spitze der Aeste meist enganliegend und dieselben spitz erscheinen lassend, unten aufrecht abstehend, auch trocken ihre Richtung nicht sehr verändernd, klein schmal lanzettförmig, viel schmaler und kürzer als bei *F. dalecarlica*, etwas hohl, an der Spitze deutlich mit 3—4 Zähnen, Rand etwas eingebogen. — Würde ich für eine forma gracillima von *F. dalecarlica* halten. Da aber zwei Bryologen von der Bedeutung wie Schimper und Lindberg unabhängig von einander in demselben eine neue Art gefunden zu haben glauben,

führe ich es lieber auch als solche auf, es sehr der weiteren
Erforschung empfehlend.

In Seen wie das vorige, Früchte habe ich nie gesehen.

Westpreussen : Schlochau: im Schwarzen See im Eisenbrücker Forst
(Casp.). Karthaus: im Czarnie See bei Kowalle, Borowo See, Torfsee
im Mirchauer Forst, und See von Choina (Casp.). Neustadt: im Karpionki
See bei Wahlendorf, See von Wygodda, Steinkruger See und Mühlenteich bei
Jellenschebütte (Lützow), bei Dennemiersch (Casp.).

Ostpreussen: Allenstein: im Torfsee Tielk (Casp.).

267. *F. baltica* (Limpricht als Var. in Briefen an Lützow). In dun-
kel- und bräunlichgrünen Rasen. Stengel bis 30 cm lang, unten
meist blattlos, schwarzbraun, oben heller, nur am Grunde
büschelig verzweigt, mit ziemlich gleichlangen Aesten. Blätter
dichtstehend von unten nach oben gleichgross, abstehend, auch
trocken ihre Richtung nicht verändernd, lang eilanzettlich, viel
länger als bei *F. dalecarlica*, etwas hohl, Rand etwas eingebogen. Zellnetz sehr eng.

In Seen wie die vorigen, bisher immer nur steril gefunden.

Westpreussen: Neustadt: im Steinkruger See (Lützow), Borowka
See (Lützow), Morsnitza See! und Wygodda See!

Bemerkungen : Beim ersten Anblick sich sehr auffallend von *F. dalecarlica* durch das robustere Aussehen, die langen, von unten nach oben nicht
kleiner werdenden, auch trocken abstehenden Blätter und nie spitzen Aeste
unterscheidend. Scheint mir der *F. Leskurii* Sulliv. sehr ähnlich, doch besitze ich von dieser nur ein dürftiges Pröbchen.

Es wäre ein sehr verdienstliches Unternehmen, wenn ein Bryologe
mit reichlichem Untersuchungsmaterial aller bis jetzt veröffentlichten
europäischen *Fontinalis*-Arten und womöglich auch der zahlreichen
amerikanischen versehen, diese so schöne Gattung monographisch
bearbeiten wollte; denn mir scheint es, als wenn noch eine grosse
Unsicherheit in der Begrenzung der Arten besteht.

69. Dichelyma Myr.

Im Wasser fluthende, oder an Stellen, die zeitweise überfluthet
werden, wachsende Moose. Stengel nur am Grunde wurzelnd, unregelmässig beästet, mit am Ende hakenförmigen Aesten. Blätter
3reihig stehend, einseitswendig, sichelförmig gebogen, mit vollständiger
Rippe. Zellnetz lang und schmal, am Grunde kaum erweitert. Kapsel
ziemlich langgestielt. Ring fehlt. Zähne des äusseren Peristoms
stumpflich, meist bis zum Grunde in 2 Schenkel getheilt, inneres
Peristom wie bei *Fontinalis*, oder mit ganz freien Wimpern. Haube
breit kapuzenförmig, die Kapsel bis zum Grunde einhüllend.

268. *D. falcatum* Myr. Zweihäusig. Dunkel- bis olivengrüne Rasen.
Stengel 5—10 cm lang, niederliegend, mit aufsteigenden, an der

Spitze hakenförmigen Aesten. Blätter gedrängt, einseitswendig, sichelförmig gebogen, lanzett-pfriemenförmig, an der Spitze gesägt; Rippe bis zur Spitze reichend oder kurz austretend. Perichätialblätter sehr lang, bleich, den Stiel bis zur Hälfte rechtsherum umwickelnd. Stiel 1 cm lang, aufrecht, Kapsel aufrecht, länglich. Deckel kegelförmig, gespitzt, so lang als die Urne. Inneres Peristom das äussere weit überragend, schön gegittert, roth.

Auf Steinen, die zeitweise überfluthet werden. Sehr selten, bisher bei uns nur steril.

Westpreussen: Neustadt: auf Steinen im Bache bei Pretoschin (Lützow). Löbau: auf einem Steinhaufen in einem Bruche bei Wischnewo!

269. *D. capillaceum* Br. eur. Zweihäusig. In braungrünen bis gelbgrünen Rasen. Stengel 5—8 cm lang, viel zarter als beim vorigen, dünn, fluthend oder kriechend, mit 2reihig abstehenden, an der Spitze hakenförmig gebogenen Aesten. Blätter entfernt stehend, einseitswendig, sichelförmig gebogen, aus eilanzettlicher Basis sehr schmal pfriemenförmig; Rippe sehr lang austretend, eine haarfeine, schwach gesägte Spitze bildend. Perichätialblätter sehr lang, bleich, den ganzen Stiel rechtsherum umwickelnd. Stiel 5 mm lang. Kapsel seitlich aus dem Perichätium heraustretend, klein, eiförmig. Deckel gewölbt, geschnäbelt. Wimpern des inneren Peristoms frei, oder nur oben zu einem gitterförmigen Kegel verbunden.

Sehr selten, bisher bei uns nur steril gefunden.

Westpreussen: Neustadt: im Mühlenteich bei Jellenschehütte, fluthend (Lützow), am Ufer des westlichen Wittstock-Sees, an der Grenze der Winterfluthmarke an Baumwurzeln und Sträuchern!

29. Familie. Neckeraceae.

Meist ziemlich grosse, polsterförmige Fels- und Rindenmoose. Hauptstengel kriechend, meist fiederig verzweigt, mit aufsteigenden Aesten. Blätter durch ihre 2reihige Richtung scheinbar 2zeilig gestellt, nie längsfaltig. Zellen oben rhombisch, unten linealisch, an den Blattflügeln quadratisch, Blüthenzweige aststandig, Perichätialast nie bewurzelt. Kapsel symmetrisch. Haube kapuzenförmig.

70. Neckera Hedw.

Hauptäste fiederförmig verzweigt. Blätter länglich zungenförmig, unsymmetrisch, rippenlos oder mit kurzer Doppelrippe, stets nach 2 Seiten abstehend und daher 2reihig erscheinend. Peristom doppelt; äusseres 16 linealisch-lanzettliche Zähne, inneres eine schmale, basi-

läre Haut mit 16 kurzen, fadenförmigen Fortsätzen. Ring fehlt. Haube
nackt oder spärlich behaart.

270. *N. pennata* Hedw. Einhäusig. In lockeren, hellgrünen bis gelblichgrünen Polstern. Hauptstengel kriechend, Hauptäste 5—6 cm
lang, aufsteigend, fiederästig. Blätter gedrängt 2reihig, abstehend, länglich zungenförmig, etwas unsymmetrisch, von der
Mitte zur Spitze schwach gezähnt, wellig quer-runzelig, rippenlos, am Raude unten zurückgeschlagen. Perichätialblätter lang,
lanzettlich, die inneren fast scheidig, alle rippenlos. Stiel sehr
kurz. Kapsel ganz oder fast ganz eingeschlossen, eiförmig,
gelbroth. Deckel kegelförmig, mit schiefem Schnabel. Zähne des
äusseren Peristoms schmal, pfriemenförmig zugespitzt, an der
Spitze zusammenhängend, blassgelb, inneres Peristom rudimentär. Haube sehr klein, nackt, weisslich.

In Wäldern an Baumstämmen, im Osten häufig, seltener im Westen.
Frühjahr.

Westpreussen: Konitz: bei Freiheit (Lucas). Danzig: im Olivaer Forst!
Neustadt: im Kielauer Forst! und bei Sagorsch! Rosenberg: bei Gr. Herzogs-
walde! Löbau: bei Wischnewo! Stuhm: im Rehhöfer Forst! Elbing: bei
Vogelsang (Janzen).

Ostpreussen: Osterode: im Döhlauer Wald! und Seemenschen Wald!
Ortelsburg (Abromeit). Pr. Eylau: bei Stablack (Janzen). Friedland: im
Gauleder Forst (Sanio). Königsberg: bei Friedrichstein! Lyck: im Baraner
Forst, Biatkower Wald, Milchbuder Forst und Kupiker Wald (Sanio). Anger-
burg: im Stadtwald (Czekaj). Darkehmen: im Laninker Forst (Czekaj). Pill-
kallen (Abromeit). Memel (Kannenberg). Mohrungen: Taberbrücker Forst
(Seydler).

271. *N. crispa* Hedw. Zweihäusig. In grossen, lockeren, schön hellgrünen bis bräunlichgrünen Rasen. Hauptstengel kriechend,
Hauptäste bis über 10 cm lang, aufsteigend, fiederig verästelt.
Blätter fast wie bei der vorigen, aber stärker wellig gerunzelt,
kurz zugespitzt, zart gezähnt, an beiden Rändern etwas umgerollt; rippenlos oder seltener ein ganz kurzes Doppelrippchen.
Perichätialblätter scheidig. Stiel 10—15 mm lang, das Perichätium überragend. Kapsel eiförmig, gelbroth. Deckel aus
kegelförmiger Basis lang und schief geschnäbelt, so lang als
die Urne. Fortsätze des inneren Peristoms ausgebildet, pfriemenförmig, schwach gekielt. Haube etwas länger als bei voriger,
mit einigen Haaren.

In Wäldern an Baumstämmen, in Westpreussen selten. Mai.

Westpreussen: Neustadt: an Buchenstämmen bei Schmelz! Stuhm: im
Stangenberger Wald!

Ostpreussen: Pr. Eylau: bei Stablack und Wildenhof (Janzen). Friedland: im Gauleder Forst (Sanio). Königsberg: in der Wilky und bei Friedrichstein (Sanio).

272. *N. complanata* Hüben. Zweihäusig. In glänzenden, hellgrünen Rasen. Hauptstengel kriechend, Hauptäste 4—8 cm hoch, aufsteigend, fiederig verästelt, die Zweige meist in lange, fadenförmige, kleinblättrige Triebe auswachsend. Blätter länglich, fast zungenförmig, mit aufgesetztem Spitzchen, glatt, nicht wellig, oben fein gesägt, unten der eine Rand umgeschlagen; Rippe fehlt, oder als kurzes, gabelförmiges Streifchen. Perichätialblätter lang, scheidig. Stiel 10—15 mm lang, röthlich. Kapsel aufrecht, eiförmig, röthlich. Deckel aus kegelförmiger Basis lang und spitz geschnäbelt, so lang als die Urne. Haube lang geschnäbelt, nackt oder mit einigen Haaren.

In Wäldern an Baumstämmen, aber auch auf Steinen. Häufig und allgemein verbreitet, doch nicht häufig fruchtbar. Mai.

Westpreussen: Tuchel (Brick). Schwetz! Konitz (Lucas). Karthaus! Danzig! Neustadt! Thorn (Nowicki). Marienwerder! Rosenberg! Löbau! Elbing!

Ostpreussen: Pr. Eylau (Janzen). Braunsberg (Seydler). Königsberg (Sanio). Fischhausen (Seydler). Lyck (Sanio). Darkehmen (Czekaj).

71. Homalia Brid.

Hauptäste unregelmässig verzweigt. Blätter zungenförmig mit Rippe, stets nach 2 Seiten abstehend. Kapsel langgestielt. Peristom doppelt; äusseres 16 linien-lanzettliche, spitze Zähne, inneres 16 längere, aus der Basilarmembran entspringende, gekielte Fortsätze, Wimpern kurz oder fehlend. Ring vorhanden. Haube kapuzenförmig, nackt.

273. *H. trichomanoides* Schimp. Einhäusig. In lockeren, hellgrünen oder gelbgrünen Polstern. Hauptstengel kriechend, Hauptäste 2—5 cm lang, unregelmässig verzweigt. Blätter gedrängt, später abwärts gekrümmt, fast elliptisch messerförmig, glatt, stumpf, an der Spitze gezähnt, am Grunde ein Rand umgeschlagen; Rippe zart, in der Mitte verschwindend oder gabelförmig. Perichätialblätter kurz, scheidenförmig. Stiel 15—20 mm lang. Kapsel länglich eiförmig, meist etwas übergebogen. Deckel aus kegelförmiger Basis lang und schief geschnäbelt, fast so lang als die Urne. Zähne des äusseren Peristoms gelb, trocken, einwärts gekrümmt.

In Wäldern an Bäumen und Steinen, auch selbst auf humoser Erde. Ueberall häufig. Herbst.

Westpreussen: Schwetz! Konitz (Lucas). Danzig! Neustadt! Strasburg! Marienwerder! Rosenberg! Löbau! Stuhm! Elbing!

Ostpreussen: Osterode! Mohrungen (Kalmuss). Pr. Eylau (Janzen). Königsberg! Lyck (Sanio). Angerburg (Czekaj). Darkehmen (Czekaj). Braunsberg (Seydler).

30. Familie. Leucodontaceae.

Ansehnliche Rinden- und Felsenmoose. Hauptstengel kriechend, Hauptäste aufsteigend oder hängend. Blätter allseitig abstehend oder etwas einseitswendig, stark längsfaltig. Zellnetz sehr dicht, oben lang linealisch, unten und an den etwas herablaufenden Blattflügeln rundlich quadratisch, in Reihen stehend. Blüthenzweige astständig. Perichätialast nicht bewurzelt. Stiel mässig lang. Kapsel symmetrisch.

72. Leucodon Schwägr.

Hauptast bogig aufsteigend, einfach oder unregelmässig verzweigt. Blätter stark gefaltet. Peristom 1 fach, besteht aus 16 dünnen, bleichen, schmal lanzettlichen, in der Mitte durchbrochenen oder 2—3spaltigen Zähnen. Ring sich stückweise ablösend. Haube lang kapuzenförmig.

274. *L. sciuroides* Schwägr. Zweihäusig. In grossen, dunkelschwarz-grünen oder braungrünen Polstern. Hauptstengel lang kriechend, Hauptäste 2—4 cm lang, bogig, oft gekrümmt aufsteigend. Blätter gedrängt, aufrecht abstehend, zuweilen schwach einseits-wendig, trocken angedrückt, breit eiförmig, lang zugespitzt, etwas hohl, tief gefaltet, ganzrandig, rippenlos. Perichätial-blätter gelblich, nicht gefaltet. Stiel 1 cm lang, dick, purpur-roth, trocken oben rechts gedreht. Kapsel aufrecht, länglich eiförmig. Deckel klein, kegelig, stumpf. Haube sehr lang, unter der Kapsel um den Stiel zusammengezogen, weisslich. Oft die ganzen Rasen mit zahlreichen Brutknöspchen bedeckt, wie bestäubt aussehend.

An Feld- und Waldbäumen, seltener an Steinen. Ueberall gemein, aber selten fruchtbar. Winter.

Westpreussen: Schwetz! Konitz (Lucas). Karthaus! Danzig! Neustadt! Strasburg! Marienwerder! Rosenberg! Löbau! Stuhm! Elbing!

Ostpreussen: Osterode! Pr. Eylau (Janzen). Königsberg! Lyck (Sanio). Darkehmen (Czekaj). Braunsberg (Seydler).

73. Antitrichia Brid.

Hauptäste aufsteigend, niederliegend oder herabhängend, unregel-mässig oder fiederig verzweigt. Blätter stark gefaltet. Peristom doppelt; äusseres 16 lange, lanzettförmige Zähne, inneres 16 kürzere, fadenförmige Fortsätze ohne Basilarmembran. Ring schmal, mit dem Deckel abfallend. Haube kapuzenförmig, kürzer als die Kapsel.

275. *A. curtipendula* Brid. Zweihäusig. In lockeren, polsterförmigen, braungrünen Rasen. Hauptstengel lang kriechend. Hauptäste

4—10 cm lang, meist weitläufig fiederig verzweigt, Zweige gegen die Spitze verdünnt. Blätter abstehend, oft etwas einseitswendig, trocken anliegend, eiförmig, zugespitzt, hohl, stark gefaltet, mit zurückgerolltem Rande, an der Spitze gezähnt; Rippe kräftig, unter der Spitze verschwindend, meist noch mit mehreren kurzen Nebenrippen. Perichätialblätter sehr lang, scheidig. Stiel 1 cm lang, röthlich; trocken unten rechts, oben stark links gedreht. Kapsel länglich eiförmig, aufrecht, nach der Reife durch die Drehung des Stiels häufig hängend erscheinend. Deckel kegelförmig, mit kurzer Schnabelspitze. Haube die halbe Kapsel deckend.

In Wäldern an Baumstämmen und Steinen sehr verbreitet; im Nordwesten sehr häufig. Frühjahr.

Westpreussen: Schlochau (Grebe). Konitz (Lucas). Karthaus! Danzig! Neustadt! Marienwerder! Rosenberg! Löbau! Elbing!

Ostpreussen: Osterode! Pr. Eylau (Janzen). Friedland (Sanio). Lyck (Sanio). Angerburg (Czekaj). He ligenbeil (Seydler).

31. Familie. Leskeaceae.

Meist ziemlich ansehnliche Erd-, Fels- und Rinden-, selten Sumpfmoose. Aus kriechendem Wurzelstock die Stengel niederliegend oder aufsteigend, unregelmässig verzweigt, oder einfach-, doppelt- bis 3 fach fiederästig, mit zahlreichen Paraphyllien. Blätter allseitig abstehend, selten etwas einseitswendig, mit meist kräftiger Rippe. Zellnetz oberhalb verdickt, chlorophyllreich und parenchymatisch, stark papillös, daher die Blätter ohne Glanz, unterhalb locker und durchsichtig. Kapsel immer langgestielt, symmetrisch und aufrecht, oder unsymmetrisch und übergeneigt. Peristom immer doppelt. Haube kapuzenförmig.

74. Leskea Hedw.

Stengel niedergestreckt, ohne Ausläufer, unregelmässig verästelt. Aeste niederliegend oder aufsteigend. Blätter oberhalb mit rundlich ovalen, papillösen, unten mit fast quadratischen Zellen; Rippe kräftig. Blüthen stengelständig. Kapsel aufrecht, oft etwas gekrümmt. Ring vorhanden. Aeusseres Peristom 16 schmal lanzettförmige Zähne, inneres 16 lange, auf einer Basilarmembran stehende Fortsätze, Wimpern sehr kurz oder fehlend.

276. *L. polycarpa* Hedw. Einhäusig. In lockeren, hellgrünen oder gelblichgrünen Rasen. Stengel 2—4 cm lang, kriechend, fast fiederästig; Aeste aufrecht, einfach oder wenig verästelt. Blätter ziemlich locker abstehend, oft etwas einseitswendig, eilanzettförmig, hohl, breit und kurz zugespitzt, ganzrandig, Rand unten

wenig umgerollt; Rippe unter der Spitze verschwindend. Stiel 15 mm lang, zart, röthlich. Kapsel walzenförmig, gerade oder häufig etwas gekrümmt, dünnhäutig, trocken unter der Mündung etwas eingeschnürt, gelb. Deckel kegelförmig, spitz. Ring schmal. Fortsätze des inneren Peristoms so lang als die Zähne. Haube die halbe Kapsel deckend, flüchtig.

An Feldbäumen häufig, seltener auf Steinen. Juni.

Westpreussen: Konitz (Lucas). Danzig! Marienwerder! Rosenberg! Stuhm! Elbing (Janzen).

Ostpreussen: Pr. Eylau (Janzen). Königsberg (Sanio). Labiau! Lyck (Sanio). Angerburg (Czekaj).

β. *paludosa* Hedw. Grösser und kräftiger. Blätter lockerer gestellt, länger und entschieden einseitswendig.

Am Grunde der Baumstämme an feuchten Orten.

Westpreussen: Danzig: bei den Dreischweinsköpfen (Klatt). Marienwerder: bei Bäckermühle! Ziegelscheune! und Eichwalde! Löbau: bei Wischnewo!

Ostpreussen: Lyck (Sanio). Ragnit: bei Paszleidszen (Abromeit).

277. *L. nervosa* Myr. Zweihäusig. In dunkelgrünen Rasen. Stengel bis 5 cm lang, fadenförmig, kriechend, durch dünne, aufrechte Aeste beinahe gefiedert. Blätter gedrängt, kaum einseitswendig, trocken dicht anliegend, aus eiförmiger Basis schmal lanzettlich, lang zugespitzt, etwas hohl, Rand zurückgeschlagen; Rippe stark, fast auslaufend. Stiel 1 cm lang. Kapsel fast walzenförmig, gerade, braun. Deckel kegelförmig oder kurz geschnäbelt. Ring schmal. Fortsätze des inneren Peristoms kürzer als die Zähne.

In Wäldern am Grunde der Baumstämme und an Wurzeln. Selten, und bisher bei uns nur steril gefunden.

Westpreussen: Marienwerder: in der Schlucht bei Unterberg! Löbau: bei Wischnewo!

Ostpreussen: Pr. Eylau: am Schlossberg bei Wildenhof (Janzen). Darkehmen: im Laninker Forst (Czekaj).

75. Anomodon Hook. et T.

Stengel kriechend, mit aufrechten, gebüschelten und Ausläufer treibenden Aesten. Blätter derb, herablaufend, Zellnetz fast wie bei *Leskea*, sehr stark papillös; Rippe kräftig. Blüthen aststständig. Kapsel aufrecht, zuweilen etwas gekrümmt. Ring vorhanden oder fehlend. Peristom wie bei *Leskea*.

278. *A. longifolius* Hartm. Zweihäusig. In dunkelgrünen oder gelblichgrünen, grossen Polstern. Stengel kriechend, kleinblättrig, Hauptäste 3—8 cm hoch, aufrecht, mit theils fadenförmigen, sehr dünnen und langen, theils kürzeren, an der Spitze verdickten und etwas gekrümmten Zweigen. Blätter abstehend,

meist etwas einseitswendig, aus eiförmiger Basis verlängert schmal lanzettlich, lang zugespitzt, ganzrandig, Rand schwach umgerollt; Rippe in der Spitze verschwindend. Perichätialblätter mit dünner Rippe und geschlängeltem Spitzchen. Stiel 1 cm lang. Kapsel länglich walzenförmig, rostroth. Deckel schmal kegelförmig. Ring fehlt.

In Laubwäldern an Baumstämmen und Sträuchern. Verbreitet, bisher aber bei uns nur steril gefunden.

Westpreussen: Karthaus: im Mirchauer Forst! im Forstbelauf Bülow! und Ostroschken! Strasburg: bei Lautenburg! Marienwerder: bei Fiedlitz! Sedlinen! Unterberg! und Liebenthal! Rosenberg: bei Raudnitz! Elbing: im Grenzgrund!

Ostpreussen: Osterode: im Hasenberger Walde! und Döhlauer Walde! Pr. Eylau: bei Wildenhof (Janzen). Königsberg: bei Neuhausen und Kleinheide (Sanio). Lyck: im Lassek und Malleschöwer Wald (Sanio).

279. *A. attenuatus* Hartm. Zweihäusig. Bildet weiche, lockere, dunkel- oder gelblichgrüne Polster. Hauptstengel kriechend, kleinblättrig, Hauptäste 2—6 cm hoch, aufrecht oder aufsteigend, mit theils dünnen und peitschenartigen, kleinblättrigen, theils dicken und eingekrümmten, grossblättrigen Zweigen. Blätter schwach einseitswendig, aus herablaufender Basis eilanzettlich, stumpf, mit aufgesetztem Spitzchen, flachrandig, an der äussersten Spitze schwach gezähnt; Rippe vor der Spitze verschwindend. Perichätialblätter rippenlos. Stiel 2 cm lang. Kapsel walzenförmig, rostroth. Deckel geschnäbelt. Ring fehlt. Haube fast die ganze Kapsel einhüllend.

In Laubwäldern an Baumstämmen, zuweilen auch auf Steinen. Verbreitet aber sehr selten fruchtbar. Herbst.

Westpreussen: Schwetz: bei Lubochin! Konitz: bei Freiheit (Lucas). Danzig: im Nawitzer Thal! Neustadt: bei Kl. Katz! und Pretoschin (Lützow). Marienwerder: bei Unterberg! und Sedlinen! Rosenberg: im Lannocher Forst! Löbau: bei Wischnewo! Stuhm: bei Neudorf! und Christburg (Kalmuss). Elbing: bei Vogelsang! und im Grenzgrund!

Ostpreussen: Osterode: bei Peterswalde! Mohrungen (Kalmuss). Pr. Eylau: bei Grundfeld (Janzen). Fischhausen: bei Warniken (Sanio). Königsberg: bei Friedrichstein, Neuhausen und Kleinheide (Sanio). Lyck: im Grabniker Wald, Reuschendorfer Wald, Lassek und Malleschöwer Wald (Sanio).

280. *A. viticulosus* Hook. et T. Zweihäusig. In weichen, lockeren, dunkel- oder gelblichgrünen Polstern. Hauptstengel wie bei dem vorigen, Hauptäste 4—10 cm hoch, gabelig verzweigt, Zweige etwas gekrümmt aufsteigend. Blätter etwas einseitswendig, trocken wellig gekräuselt, lang eilanzettlich, stumpf, ganzrandig, an der Spitze wie benagt; Rand wellig, am Grunde umgerollt; Rippe unter der Spitze verschwindend. Perichätial-

blätter mit Rippe. Stiel 2 cm lang, strohgelb. Kapsel walzenförmig, zuweilen etwas gekrümmt. Deckel kegelförmig, etwas
gekrümmt. Ring vorhanden, schmal. Haube die halbe Kapsel
deckend.

In Wäldern an Baumstämmen, auch an Feldbäumen, häufig. Winter.
Westpreussen: Schwetz! Konitz (Lucas). Karthaus! Danzig! Neustadt!
Marienwerder! Rosenberg! Stuhm! Elbing!
Ostpreussen: Ortelsburg (Abromeit). Königsberg! Lyck (Sanio). Moh-
rungen (Seydler).

76. Pseudoleskea Schimp.

Bildung des Stengels und der Blätter mit ihrem Zellnetz wie bei
Leskea und *Anomodon*. Kapsel kurz, übergeneigt. Inneres Peristom
mit hoher Basilarmembran. Fortsätze fast so lang als die äusseren
Zähne, Wimpern meist vorhanden.

281. *P. atrovirens* Schimp. Zweihäusig. Rasen dunkel- oder braungrün. Stengel sehr getheilt, mit aufrechten, fast fiederig verzweigten Aesten. Blätter gross, einseitswendig, aus breit eiförmiger Basis kurz lanzettlich gespitzt, am Grunde mit zurückgeschlagenen Rändern, an der Spitze gesägt; Rippe vor der
Spitze verschwindend; Paraphyllien sehr zahlreich. Stiel 1 cm
lang, bogig. Kapsel übergeneigt oder horizontal, länglich eiförmig, gekrümmt, entdeckelt unter der Mündung eingeschnürt.
Deckel gewölbt kegelig. Ring schmal. Wimpern fehlen.

Ostpreussen: Lyck: nahe am Reuschendorfer Birkenwalde, nur 1 Stengel
gefunden (Sanio).

Bemerkungen: In Sanio's Herbar befindet sich nur ein ganz unbedeutendes
Bruchstück, welches aber sicher dieser Art angehört.

77. Thuidium Schimp.

Stengel niederliegend, aufsteigend bis fast aufrecht, einfach-,
doppelt- bis 3 fach-fiederästig, mit zahlreichen, vielgestaltigen Paraphyllien. Blätter der Stengel und Aeste verschieden; Stengelblätter
stark gefurcht, aus weit herablaufender, breit herzförmiger Basis
3 eckig, zugespitzt, mit einfacher, kräftiger, langer Rippe, und oben
und an den Rändern rundlichen, längs der Rippe und am Grunde
schmalen, langgestreckten Zellen; Astblätter viel kleiner, eilanzettlich
nicht gefurcht, mit kurzer Rippe und gleichförmigem Zellnetz. Weibliche Blüthen immer stengelständig. Kapsel langgestielt, geneigt
oder wagerecht stehend. Aeusseres Peristom 16 breit lanzettliche,
lange, dicht gegliederte Zähne; inneres eben so lang, mit hoher
Basilarmembran, 16 breit lanzettlichen, in der Mitte durchbrochenen

Fortsätzen und dazwischen mit je 3—4 langen, knotigen, zuweilen noch mit kurzen Anhängseln versehenen Wimpern.

282. *T. tamariscinum* Schimp. Zweihäusig. In grossen, lockeren, reingrün und braungrün gemischten Polstern. Stengel 5—15 cm lang, bogig niedergestreckt, zierlich 3fach fiederig verästelt. Stengelblätter breit 3eckig · herzförmig, lang und schmal lanzettlich zugespitzt, mit gekrümmtem Spitzchen, Rand etwas umgerollt, an der Spitze gezähnt; Rippe an der Spitze verschwindend. Zellen beiderseits mit langen Papillen. Perichätialblätter häutig, lang lanzettförmig, an der langen Haarspitze mit einfachen oder ästigen, fadenförmigen Wimpern. Stiel 3—5 cm lang, purpurroth. Kapsel schief geneigt, walzenförmig, etwas gekrümmt. Deckel aus kegelförmiger Basis schief geschnäbelt. Ring fehlt.

In Wäldern an feuchten Stellen, vorbreitet, aber selten fruchtbar. Herbst.

Westpreussen: Flatow (Rosenbohm). Schwetz! Schlochau (Grebe). Danzig! Neustadt! · Marienwerder! Stuhm! Elbing!

Ostpreussen: Pr. Eylau (Janzen). Königsberg! Labiau! Lyck (Sanio). Oletzko (Sanio). Angerburg (Czekaj). Pillkallen! Braunsberg (Seydler).

283. *T. recognitum* Schimp. Zweihäusig. In gelblichgrünen bis braungrünen Rasen. Stengel 3—10 cm lang, bogig niedergestreckt, zierlich doppelt fiederästig. Stengelblätter gedrängter stehend, kürzer 3eckig, weniger lang zugespitzt, auf der Unterseite stärker papillös als auf der oberen, Papillen dornförmig, gekrümmt. Perichätialblätter häutig, lang lanzettförmig, mit langer, nur gezähnter Haarspitze. Stiel 2—3 cm lang, purpurroth. Kapsel wie beim vorigen, nur kleiner. Deckel kurz geschnäbelt. Ring vorhanden, schmal. — Dem vorigen sehr ähnlich, aber kleiner und schwächer.

In Wäldern und auf trockenen Wiesen, überall gemein und sehr ausgedehnte Rasen bildend. Sommer.

Westpreussen: Tuchel (Brick). Schwetz! Schlochau (Grebe). Konitz (Lucas). Karthaus! Danzig! Neustadt! Strasburg! Marienwerder! Rosenberg! Löbau! Stuhm! Elbing!

Ostpreussen: Osterode! Mohrungen (Seydler). Heiligenbeil (Seydler). Pr. Eylau (Janzen). Königsberg! Fischhausen (Sanio). Lyck (Sanio). Ragnit (Abromeit).

284. *T. delicatulum* Lindbg. Zweihäusig. Dem vorigen fast ganz gleichend, aber die Blätter mit kürzeren Papillen, die Perichätialblätter, wie bei *T. tamariscinum*, gewimpert. Der Deckel dünn und länger geschnäbelt.

Wahrscheinlich wird es bei uns auch verbreiteter, aber wegen seiner grossen Aehnlichkeit mit *T. recognitum* nicht bemerkt sein.

Ostpreussen: Lyck: im Milchbuder Forst, Baraner Forst und bei Sybba (Sanio).

285. *T. abietinum* Schimp. Zweihäusig. In unzusammenhängenden, braunen oder bräunlichgelben Rasen. Stengel 4—8 cm hoch, aufsteigend, oft gabelig getheilt, 1 fach fiederästig. Stengelblätter gedrängt, breit eilanzettförmig, zugespitzt, oben undeutlich gezähnt, tief gefurcht, beiderseits stark papillös; Rippe in der Spitze verschwindend. Perichätialblätter lang und schmal gespitzt, gezähnt. Stiel 2—3 cm lang. Kapsel fast aufrecht, walzenförmig, gekrümmt. Deckel spitz kegelförmig. Ring breit.

Auf sandigem Boden in Wäldern und Gebüschen, auch auf alten Strohdächern. Ueberall gemein, aber bei uns bisher nur steril gefunden, wie denn überhaupt sehr wenige Fundorte von Sporogonien dieses gemeinen Mooses bekannt sind.

Westpreussen: Schwetz! Schlochau (Grebe). Konitz (Lucas). Danzig! Neustadt! Strasburg! Marienwerder! Rosenberg! Löbau! Stuhm! Elbing!

Ostpreussen: Osterode! Pr. Eylau (Janzen). Ortelsburg (Schultz). Königsberg! Lyck (Sanio).

286. *T. Blandowii* Schimp. Einhäusig. In grossen, schwellenden, hell- oder gelblichgrünen Polstern. Stengel 4—10 cm hoch, aufsteigend bis fast aufrecht, häufig gabelig getheilt, mit braunem Wurzelfilz, einfach fiederästig, Aeste lang, fast peitschenförmig verdünnt. Stengelblätter gross, breit herz-eiförmig, zugespitzt, am Grunde mit fädigen Wimpern, schwach gezähnt, unregelmässig längsfaltig, nur auf der Unterseite mit Papillen, oberseits fast glatt; Rippe dünn, vor der Spitze verschwindend. Perichätialblätter länglich-lanzettförmig, mit gesägter Spitze. Stiel 4—5 cm lang, orange. Kapsel übergebogen, eiwalzenförmig, gekrümmt. Deckel spitz kegelförmig. Ring breit.

In Brüchen und auf sumpfigen Wiesen. nicht selten. Juni.

Westpreussen: Tuchel (Grebe). Schwetz (Hennings). Schlochau (Grebe). Konitz (Lucas). Karthaus! Neustadt! Marienwerder! Rosenberg! Löbau! Elbing (Hohendorf).

Ostpreussen: Heilsberg (Casp.). Pr. Eylau (Janzen). Königsberg (Sanio). Lyck (Sanio). Pillkallen!

32. Familie. Pterogoniaceae.

Rasen oder Polster bildende Rinden- und Felsenmoose. Stengel kriechend, mit büschelförmigen, etwas gebogenen Aesten. Blätter am Rücken mehr oder weniger papillös, mit kurzer Rippe. Zellnetz oberhalb kurz rhombisch-prosenchymatisch, ohne körniges Chlorophyll. Kapsel mittelmässig lang gestielt, aufrecht, symmetrisch. Peristom doppelt. Haube kapuzenförmig.

78. Pterigynandrum Hedw.

Stengel niederliegend, fadenförmig, mit Ausläufern und langen, dünnen, meist bogig gekrümmten Aesten und Zweigen. Weibliche Blüthen stengelständig. Aeusseres Peristom 16 kurze, schmale, weitläufig gegliederte Zähne, inneres eine sehr niedrige Basilarmembran mit 16 sehr kurzen, oft unvollständigen Fortsätzen. Ring sehr schmal. Haube lang, fast die ganze Kapsel einhüllend, nackt.

287. *P. filiforme* Hedw. Zweihäusig. Bildet dichte, glänzende, lebhaftgrüne, flache Polster. Stengel 2—4 cm lang, kriechend, fast fiederästig, Aeste alle nach einer Richtung gekrümmt, lang, fast fadenförmig. Blätter dachziegelig über einander liegend, selten etwas einseitswendig, hohl, eiförmig, scharf gespitzt, gegen die Spitze fein gesägt, auf dem Rücken dicht papillös; Rippe schwach, vor der Mitte verschwindend. Perichätialast wurzelnd; Perichätialblätter bleich, dünn. Stiel 1 cm lang, schwach. Kapsel länglich walzenförmig. Deckel aus kegelförmiger Basis stumpf und etwas schief geschnäbelt.

In Wäldern am Grunde der Baumstämme, auch auf Steinen. Ziemlich verbreitet, aber selten fruchtbar. Juli.

Westpreussen: Karthaus: bei Warschenko! und am Thurmberg! hier hoch an jungen Buchenstämmen und reichlich mit Sporogonien. Danzig: bei Pelonken! Neustadt: bei Pretoschin (Lützow). Putzig: bei Krockow! Löbau: bei Wischnewo! Elbing: in den Rehbergen!

Ostpreussen: Osterode: im Hasenberger Wald! Pr. Eylau: im Warschkeiter Forst (Janzen). Lyck: Milchbuder Forst und Schedlisker Berge (Sanio).

33. Familie. Orthotheciaceae.

Erd-, sumpf-, rinden- und steinbewohnende Moose von sehr verschiedenartiger Tracht, und daher wohl kaum für eine natürliche Familie zu halten. Stengel sehr verschiedenartig verzweigt. Blätter allseitig abstehend, mit lang-prosenchymatischen, nie papillösen Zellen. Kapsel langgestielt, aufrecht, symmetrisch. Peristom doppelt. Haube kapuzenförmig.

79. Platygyrium Schimp.

Stengel kriechend, fiederig verästelt, Aeste meist aufrecht. Blätter glatt, mit oben rhombischen, unten linearen und an den Blattflügeln quadratischen Zellen. Weibliche Blüthen stengelständig. Perichätialast bewurzelt. Aeusseres Peristom 16 lang lanzettförmige, weitläufig gegliederte Zähne, inneres eine sehr niedrige, kaum bemerkbare Basilarmembran mit 16 langen, im Kiel klaffenden Fortsätzen, ohne Wimpern. Ring breit. Haube lang, mehr als die halbe Kapsel deckend, nackt.

16

288. *P. repens* Schimp. Zweihäusig. In verworrenen, grünen Polstern. Stengel 2—3 cm lang, Aeste aufrecht, kurz, rundlich beblättert. Blätter abstehend, trocken anliegend mit abstehender Spitze, länglich eiförmig, hohl, spitz, ganzrandig, rippenlos. Stiel 1—2 cm lang, purpurroth. Kapsel aufrecht, eiwalzenförmig. Deckel kurz kegelförmig, etwas schief geschnäbelt. Ring breit. Peristom orange. — An der Spitze der Zweige kommen gewöhnlich in den Blattachseln kleine Knospen vor, welche abfallen und sich zu neuen Pflanzen entwickeln.

In Wäldern am Grunde der Baumstämme und an morschen Stubben. Sehr zerstreut und nicht häufig, aber auch leicht zu übersehen wegen der sehr grossen äusserlichen Aehnlichkeit mit der gemeinen *Pylaisia*. Mai.

Westpreussen: Konitz (Lucas). Pr. Stargard: am Zdunyer See (Hohnfeldt). Marienwerder: bei Hammermühle! Rosenberg: bei Raudnitz! und Gr. Herzogswalde! Löbau: bei Wischnewo! Elbing: bei Vogelsang!

Ostpreussen: Königsberg: bei Trutenau (Sanio). Lyck: im Reuschendorfer Wald, Baraner Forst, Baitkower Wald, Milchbuder Forst, Kupiker Wald und bei Rothhof (Sanio). Pillkallen: im Schorellener Forst! Heiligenbeil: bei Rippen (Seydler).

80. Pylaisia Schimp.

Stengel kriechend, unregelmässig oder fast fiederig verästelt, Aeste aufsteigend oder fast aufrecht. Blätter glatt, mit eng-linealischen, an den Blattflügeln quadratischen Zellen. Weibliche Blüthen stengelständig. Perichätialast bewurzelt. Aeusseres Peristom 16 lanzettförmige, enggegliederte Zähne, inneres eine niedrige Basilarmembran mit 16 langen, häufig durchbrochenen Fortsätzen, dazwischen sehr kurze Wimpern, die aber häufig auch fehlen. Ring schmal. Haube kurz, nicht bis zur halben Kapsel reichend, nackt.

289. *P. polyantha* Schimp. Einhäusig. In lockeren, verworrenen, gelblich- oder dunkelgrünen Polstern. Stengel 2—4 cm lang, fast fiederig verästelt, Aeste meist aufsteigend bis aufrecht. Blätter gedrängt, fiederig abstehend, mehr oder weniger einseitswendig und den Aesten ein etwas flaches Aussehen ertheilend, aus breiter Basis lanzettförmig, langgespitzt, ganzrandig, rippenlos. Stiel 1—2 cm lang, glatt, purpurroth. Kapsel aufrecht, länglich walzenförmig, an der Mündung etwas verengt, zuweilen etwas in sich gebogen. Deckel kurz kegelförmig. Ring schmal. Haube kaum die halbe Kapsel deckend.

An Baumstämmen, Bretterzäunen, Steinen u. s. w. überall eines der gemeinsten Moose. Herbst.

Westpreussen: Tuchel (Brick). Schwetz! Schlochau (Grebe). Konitz (Lucas). Karthaus! Danzig! Neustadt! Putzig! Strasburg! Marienwerder! Rosenberg! Löbau! Stuhm! Marienburg (Preuschoff). Elbing!

Ostpreussen: Osterode! Pr. Eylau (Janzen). Königsberg! Lyck (Sanio). Angerburg (Czekaj). Darkehmen (Czekaj). Pillkallen (Abromeit). Ragnit (Abromeit). Memel (Knoblauch). Mohrungen (Seydler). Braunsberg (Seydler).

81. Climacium Web. et M.

Hauptstengel einen verzweigten, stark wurzelhaarigen Wurzelstock bildend, mit aufrechten, einfachen, oben baumartig verzweigten Trieben. Blätter unten am einfachen Theile der Triebe klein, schuppenartig, die oberen mit zwei Falten und oben rhomboidischen, abwärts linealischen, in den Blattflügeln rundlich 6seitigen Zellen. Weibliche Blüthen astständig; Perichätialast wurzellos. Sporogonien mehrere aus einem Perichätium. Kapsel langgestielt. Ring fehlt. Aeusseres Peristom 16 langgespitzte, lanzettförmige, ungegliederte, nach der Entdeckelung sich nach innen krümmende Zähne; inneres auf sehr niedriger Basilarmembran 16 lange, das äussere überragende, in der Mittellinie fast leiterförmig durchbrochene, im Alter in 2 Schenkel sich trennende Fortsätze, Wimpern fehlen. Haube sehr lang kapuzenförmig, nackt.

290. *C. dendroides* Web. et M. Zweihäusig. Gesellschaftlich wachsend, ohne eigentliche Rasen zu bilden. Die baumartig verästelten Triebe bis 12 cm und darüber hoch, aufrecht, unten mit kleinen, schuppenartigen, eiförmigen, ganzrandigen Blättern bekleidet. Obere Blätter gedrängt, aufrecht abstehend, hohl, aus gerundet herzförmigem Grunde länglich eiförmig, breit gespitzt, oben grob gesägt, mit 2 Längsfalten; Rippe stark, vor der Spitze verschwindend. Perichätium lang, scheidig. Stiele stets mehrere, bis 10 und noch mehr aus einem Perichätium, 2—4 cm lang, steif, purpurroth, glatt. Kapsel aufrecht, eiwalzenförmig, genau symmetrisch, braun. Deckel kegelförmig, gerade oder etwas schief, spitz geschnäbelt, halb so lang als die Urne, nach seiner Ablösung noch auf dem sehr langen Mittelsäulchen sitzend.

Auf Torfboden überall häufig. Herbst.

Westpreussen: Tuchel (Brick). Schwetz! Schlochau (Casp.). Pr. Stargard (Ilse). Karthaus! Danzig! Neustadt! Thorn (Nowicki). Strasburg! Marienwerder! Rosenberg! Löbau! Stuhm! Elbing!

Ostpreussen: Pr. Eylau (Janzen). Königsberg! Lyck (Sanio). Angerburg (Czekaj). Braunsberg (Seydler).

82. Isothecium Brid.

Hauptstengel kriechend, dünn. Aeste bogig gekrümmt, aufsteigend bis aufrecht, büschelig bis baumartig verzweigt. Blätter glatt, mit

16*

linealischen, an den ausgehöhlten Blattflügeln kleinen, rundlich 6 seitigen Zellen. Weibliche Blüthen an den Hauptästen; Perichätialast mit wenigen Wurzeln. Kapsel langgestielt, symmetrisch. Ring ziemlich breit. Aeusseres Peristom 16 am Grunde zusammenhängende Zähne, inneres eine die halbe Höhe der Zähne erreichende Basilarmembran mit 16 langen, am Kiel durchbrochenen Fortsätzen und dazwischen mit je 1—3 kurzen Wimpern. Haube bis zur Kapselmitte reichend, nackt.

291. *I. myurum* Brid. Zweihäusig. In lockeren, hell- oder dunkelgrünen Polstern. Stengel mit einzelnen, schuppenartigen Blättern, Hauptäste 4—6 cm hoch, mehr oder weniger aufrecht, büschelig, baumartig verzweigt, von unten nach oben mit grösser werdenden Blättern besetzt. Obere Blätter dachziegelig, kahnförmig hohl, länglich eiförmig, kurz gespitzt, gegen die Spitze undeutlich gezähnt; Rippe zart, über der Mitte verschwindend, häufig gabelig getheilt. Stiel 3 cm lang, purpurroth. Kapsel aufrecht, symmetrisch, länglich eiförmig. Deckel aus kegelförmiger Basis kurz und schief geschnäbelt.

In Wäldern an Baumstämmen und Steinen, seltener auf der Erde. Ueberall häufig. Frühjahr.

Westpreussen: Schwetz! Konitz (Lucas). Karthaus! Danzig! Neustadt! Putzig! Strasburg! Marienwerder! Rosenberg! Löbau! Stuhm! Elbing!

Ostpreussen: Osterode! Pr. Eylau (Janzen). Königsberg! Lyck (Sanio). Angerburg (Czekaj). Braunsberg (Seydler).

β. elongatum Br. eur. Hauptäste niedergestreckt, sehr lang, weniger und büschelig verästelt, locker beblättert; Blätter länger und schmaler, weniger hohl.

Ueberall häufig, besonders an Baumstämmen.

γ. robustum Br. eur. Hauptäste aufrecht, stark, baumartig verzweigt; Blätter gedrängt, sehr hohl.

Ostpreussen: Lyck (Sanio).

δ. circinans Schimp. Hauptäste baumartig verzweigt, Zweige gekrümmt, zugespitzt; Blätter lang spatelförmig.

Ostpreussen: Königsberg: bei Apken (Sanio). Lyck: im Milchbuder Forst (Sanio).

83. Homalothecium Schimp.

Hauptstengel kriechend, unregelmässig oder fast fiederig ästig, Aeste aufsteigend bis fast aufrecht. Blätter stark gefurcht, mit starker Rippe und schmal linealischen, an den nicht ausgehöhlten Blattflügeln quadratischen Zellen. Weibliche Blüthen stengelständig. Perichätialast nicht wurzelnd. Aeusseres Peristom 16 enggegliederte, lanzettförmige Zähne, inneres eine ziemlich niedrige, gekielte Basi-

larmembran mit 16 kurzen, fadenförmigen Fortsätzen, ohne Wimpern.
Ring ziemlich breit. Haube kapuzenförmig.

292. *H. sericeum* Schimp. Zweihäusig. In lockeren, gelbgrünen,
glänzenden Rasen. Stengel 2—8 cm lang, kriechend, unregelmässig oder fiederig verästelt; Aeste aufsteigend, mit kurzen,
trocken eingekrümmten Zweigen. Blätter aufrecht, lanzettförmig,
lang und schmal zugespitzt, mit 2—4 tiefen Längsfalten, ganzrandig oder undeutlich klein gesägt; Rippe unter der Spitze
verschwindend. Perichätialblätter allmählig pfriemenförmig, lang
zugespitzt. Stiel 1—2 cm lang, purpurroth, sehr stark warzig.
Kapsel aufrecht, eiwalzenförmig. Deckel hoch kegelförmig,
stumpf. Haube am Grunde meist mit kurzen Haaren.

An alten Baumstämmen, zuweilen auch auf Steinen. Nicht selten.
Winter.

Westpreussen: Tuchel (Grebe). Schwetz (Hennings). Konitz (Lucas).
Pr. Stargard (Ilse). Karthaus! Danzig! Neustadt! Thorn (Nowicki).
Marienwerder! Rosenberg! Stuhm! Elbing!

Ostpreussen: Pr. Eylau (Janzen). Friedland (Sanio). Königsberg! Lyck:
(Sanio). Darkehmen (Czekaj).

293. *H. Philippeanum* Schimp. Zweihäusig. Dem vorigen ganz ähnlich, aber die Zweige trocken nicht gekrümmt. Blattrippe bis
zur Spitze reichend. Perichätialblätter aus gestutzter und wie
ausgefressener Spitze plötzlich und sehr lang pfriemenförmig.
Stiel glatt. Haube nackt.

Auf erratischen Blöcken, erst einmal gefunden.

Ostpreussen: Königsberg: bei Arnau (Körnike).

34. Familie. Brachytheciacieae.

Auf den verschiedenartigsten Substraten wachsende und daher in
der Tracht ziemlich verschiedenartige Moose. Stengel verschiedenartig verzweigt, häufig fast fiederästig, mit ungleichen Aesten. Blätter
nach allen Seiten abstehend, selten fast einseitswendig; Rippe dünn.
Zellnetz prosenchymatisch, nie papillös, an den Blattflügeln quadratisch. Kapsel langgestielt, immer mehr oder weniger übergeneigt,
unsymmetrisch, eiförmig bis kurz walzenförmig. Peristom doppelt.
Haube klein, kapuzenförmig.

84. Camptothecium Schimp.

Stengel niederliegend oder aufrecht, unregelmässig fiederästig, ohne
Paraphyllien. Blätter stark längsfaltig, 1rippig. Zellnetz schmal
linealisch, an den Blattflügeln klein quadratisch. Weibliche Blüthen
stengel- und astständig. Kapsel länglich eiwalzenförmig. Ring ziem-

lich breit. Die 16 Zähne des äusseren Peristoms am Grunde etwas zusammenhängend, die Basilarmembran des inneren die halbe Höhe der Zähne erreichend, Fortsätze am Kiel durchbrochen, Wimpern zu 2, unvollkommen, ohne Anhängsel.

294. *C. lutescens* Schimp. Zweihäusig. In weit ausgedehnten, lockeren, gelblichgrünen Rasen. Stengel 6—12 cm lang, niederliegend, vielfach getheilt, fast fiederig verästelt, Aeste aufrecht. Blätter aufrecht abstehend, steif, eilanzettförmig, lang und schmal zugespitzt, mehrfach tief längsfaltig, an der Spitze fein gesägt; Rippe kräftig, bis über die Mitte reichend. Stiel 2 cm lang, purpurroth, stark warzig. Kapsel etwas geneigt, eiwalzenförmig, gekrümmt. Deckel lang kegelförmig, fast geschnäbelt.

Auf trockenem, besonders kalkhaltigem Lehmboden an Abhängen und Grabenufern, zerstreut, an den Standorten in Menge. Frühjahr.

Westpreussen: Tuchel: bei Marikowo und Pilla (Brick). Konitz: bei Dunkershagen (Lucas). Danzig: bei Ohra (Klatt). Graudenz (Scharlock). Neustadt: im Kielauer Forst! Marienwerder: bei Bäckermühle! Unterberg! und Ziegelscheune! Rosenberg: bei Raudnitz! Stuhm: bei Paleschken! und Christburg (Kalmuss). Marienburg: am Galgenberg (Janzen). Elbing: im Pulvergrund (Kalmuss).

Ostpreussen: Pr. Eylau: bei Warschkeiten (Janzen). Königsberg: bei Lauth und Haffstrom (Sanio). Fischhausen: bei Kranz (Sanio). Lyck: auf der Taraszowka Gora, Schidlisker Berg und im Lassek (Sanio).

295. *C. nitens* Schimp. Zweihäusig. In hohen, dichten, goldgelben oder braungrünen, glänzenden Rasen. Stengel 6—15 cm hoch, aufrecht, mit braunem Wurzelfilz überzogen, unregelmässig fiederig verzweigt, mit spitzen Aesten. Blätter aufrecht abstehend, schmal lanzettförmig und sehr lang gespitzt, mehrfach tief längsfaltig, ganzrandig, an den Aesten schmäler; Rippe zart, unter der Spitze verschwindend. Innere Perichätialblätter sehr lang, mit haarförmiger Spitze. Stiel 4 cm lang, röthlichgelb, glatt. Kapsel übergeneigt bis fast wagerecht, dick walzenförmig, gebogen, trocken stärker gekrümmt und unter der Mündung zusammengeschnürt. Deckel hochgewölbt, mit kurzem Spitzchen.

In Torfbrüchen überall häufig. Juni.

Westpreussen: Schlochau (Grebe). Konitz (Lucas). Berent (Casp.). Danzig! Neustadt! Thorn (Nowicki). Marienwerder! Rosenberg! Löbau!

Ostpreussen: Allenstein (Casp.). Heilsberg (Casp.). Pr. Eylau (Janzen). Königsberg! Lyck (Sanio). Braunsberg (Seydler).

85. Brachythecium Schimp.

Stengel niederliegend, büschelig bewurzelt, meist unregelmässig fiederig verästelt, mit ungleichlangen Aesten. Blätter allseits abstehend, selten schwach einseitswendig, stets 1rippig. Zellen eng, rhomboidisch-6seitig, Blattflügelzellen meist deutlich. Weibliche Blüthen stengelständig; Perichätialast bewurzelt. Kapsel geneigt bis horizontal stehend, meist kurz eiförmig, selten länglich eiförmig bis fast walzenförmig. Deckel kegelförmig. Zähne des äusseren Peristoms am Grunde mehr oder weniger zusammenhängend, Basilarmembran des inneren kaum die halbe Höhe der Zähne erreichend, Fortsätze immer am Kiel durchbrochen, Wimpern zu 2—3, glatt oder mit Anhängseln. Ring vorhanden, sehr selten fehlend.

a. Stiel glatt.

296. *B. salebrosum* Schimp. Einhäusig. In dichten, lebhaft- oder gelblichgrünen Polstern. Stengel 5—10 cm lang, niederliegend, unregelmässig oder fast fiederig verästelt. Blätter aufrecht abstehend, eilanzettförmig, lang gespitzt, unregelmässig längsfaltig, schwach gesägt; Rippe zart, über der Mitte verschwindend. Zellen ziemlich lang, wenige, quadratische Zellen an den herablaufenden Blattflügeln. Stiel 2—5 cm lang, purpuroth. Kapsel übergeneigt bis fast horizontal, länglich eiförmig, gebogen. Deckel kegelförmig. Ring schmal. Wimpern mit dicken Knoten.

In Wäldern und Gebüschen, am Grunde der Stämme und auf der Erde, überall häufig. Winter.

Westpreussen: Schlochau (Grebe). Konitz (Lucas). Danzig! Neustadt! Strasburg! Marienwerder! Rosenberg! Löbau! Stuhm! Elbing!

Ostpreussen: Pr. Eylau (Janzen). Königsberg! Mohrungen (Kalmuss). Lyck (Sanio). Angerburg (Czekaj). Pillkallen (Abromeit). Memel!

β. *densum* Schimp. Stengel kriechend, dicht, fast fiederig verästelt. Blätter länger und schmäler, länger gespitzt.

Westpreussen: Rosenberg: bei Raudnitz! Löbau: bei Wischnewo!

Ostpreussen: Lyck (Sanio).

γ. *cylindricum* Schimp. Stengel kriechend, kurz fiederästig. Blätter locker anliegend, kürzer, seidenglänzend. Kapsel fast aufrecht, verlängert eiwalzenförmig, gekrümmt.

Ostpreussen: Lyck: an dem Badehaus am Piekoski Fluss (Sanio).

297. *B. Mildeanum* Schimp. Einhäusig und polygamisch. In grossen, lockeren, gelbgrünen, glänzenden Rasen. Stengel 10—15 cm lang, kriechend oder aufsteigend, unregelmässig verzweigt, Aeste aufstrebend oder aufrecht. Blätter abstehend, trocken aufrecht, eilanzettlich, lang zugespitzt, schwach gefaltet, fast ganzrandig; Rippe zart, über der Mitte verschwindend. Zellnetz ziemlich locker, wenige, quadratische Zellen an den Blattflügeln. Stiel 3 cm lang, purpuroth. Kapsel aufstrebend, kurz walzenförmig, gekrümmt. Ring breit. Wimpern knotig.

In Gräben und auf nassen Wiesen, allgemein verbreitet und sehr häufig. Herbst.

Westpreussen: Konitz (Lucas). Danzig! Neustadt! Marienwerder! Löbau! Marienburg (Preuschoff). Elbing (Kalmuss).

Ostpreussen: Pr. Eylau (Janzen). Königsberg (Sanio). Fischhausen (Seydler). Lyck (Sanio).

298. *B. glareosum* Schimp. Zweihäusig. In lockeren, dunkelgrünen oder etwas weisslich schimmernden Rasen. Stengel 5—15 cm lang, niederliegend oder aufsteigend, unregelmässig verästelt, Aeste aufrecht, meist einfach. Blätter dicht dachziegelig, schmal eilanzettförmig, sehr lang haarförmig zugespitzt, längsfaltig; Rand unten umgeschlagen, gegen die Spitze fein gesägt; Rippe dünn, über der Mitte verschwindend. Stiel 3 cm lang. Kapsel geneigt oder horizontal, länglich eiförmig, etwas einwärts gekrümmt. Deckel kegelförmig, spitz. Ring sehr schmal. Wimpern ohne Anhängsel.

An Grabenufern und in Wäldern auf der Erde, zerstreut und meist steril. Winter.

Westpreussen: Konitz: bei Giegel (Lucas). Danzig: im Jäschkenthaler Walde! Marienwerder: bei Kröxen! Elbing: bei Drewshof (Hohendorf).

Ostpreussen: Königsberg: bei Amalienau und Spandienen (Sanio). Lyck: bei Schedlisken, im Baraner Forst und Kupiker Walde (Sanio).

299. *B. albicans* Schimp. Zweihäusig. In lockeren, weisslichgrünen, glänzenden Rasen. Stengel 5—10 cm lang, niederliegend oder aufsteigend, unregelmässig verästelt, Aeste aufrecht, meist einfach. Blätter dicht gedrängt, anliegend, den Aesten ein rundliches, kätzchenförmiges Aussehen gebend, lang eilanzettförmig, lang und haarförmig zugespitzt, längsfaltig, nur an der Spitze undeutlich gezähnt; Rippe nur bis zur Mitte reichend. Perichätialblätter sparrig abstehend. Stiel 1—3 cm lang, purpurroth. Kapsel geneigt bis horizontal, klein, eiförmig, etwas gekrümmt. Deckel lang kegelförmig, spitz. Ring schmal. Wimpern zu 2, ohne Anhängsel.

Auf dürren Heiden und an Waldrändern, überall gemein. Winter.

Westpreussen: Schwetz! Schlochau (Grebe). Konitz (Lucas). Danzig! Neustadt! Thorn (Nowicki). Marienwerder! Rosenberg! Löbau! Stuhm! Elbing!

Ostpreussen: Mohrungen (Seydler). Pr. Eylau (Janzen). Königsberg! Fischhausen! Lyck (Sanio).

b. Stiel von unten bis oben warzig.

300. *B. velutinum* Schimp. Einhäusig. Bildet weiche, verworrene, hell- oder gelblichgrüne, seidenglänzende Polster. Stengel 2—3 cm lang, kriechend, stark bewurzelt, unregelmässig oder fast fiederig verästelt, Aeste aufrecht und oft bogig herab-

gekrümmt. Stengelblätter ziemlich weitläufig, abstehend, oft etwas einseitswendig, aus schmaler Basis eilanzettförmig, zugespitzt, fast ohne Längsfalten, am ganzen Rande gesägt; Rippe über der Mitte verschwindend. Astblätter schmal lanzettlich. Stiel 1—2 cm lang, purpurroth, stark warzig. Kapsel geneigt bis beinahe horizontal, dick eiförmig, braun, trocken unter der Mündung eingeschnürt. Deckel spitz kegelförmig. Ring breit. Wimpern mit kurzen Anhängseln.

In Wäldern an Baumwurzeln und auf der Erde, überall gemein. Frühjahr.

Westpreussen: Schwetz! Konitz (Lucas). Pr. Stargard (Ilse). Karthaus! Danzig! Neustadt! Thorn (Nowicki). Strasburg! Marienwerder! Rosenberg! Löbau! Stuhm! Elbing!

Ostpreussen: Osterode! Mohrungen (Kalmuss). Pr. Eylau (Janzen). Braunsberg (Seydler). Friedland (Sanio). Königsberg! Lyck (Sanio). Angerburg (Czekaj). Darkehmen (Czekaj). Pillkallen (Abromeit).

301. *B. vagans* Milde. Polygam. In grünen, verworrenen Polstern. Stengel kriechend, roth bewurzelt, fiederig beästet, Aeste aufrecht oder übergebogen. Stengelblätter locker stehend, aus breit eiförmigem Grunde lanzettförmig, lang zugespitzt, am ganzen Rande gesägt, fast ohne Längsfalten; Rippe unter der Spitze verschwindend. Astblätter fast 2zeilig abstehend, schmal lanzettlich, am ganzen Rande sehr scharf und tief gesägt. Stiel roth, sehr warzig. Kapsel horizontal, eiförmig, ledergelb. Deckel stumpf kegelförmig. Ring breit. Wimpern mit langen Anhängseln.

Wahrscheinlich öfter vorkommend, aber wegen der grossen Aehnlichkeit mit *B. velutinum* nicht beachtet.

Ostpreussen: Königsberg: bei Kosse und in der Wilky (Sanio). Lyck: bei Rothhof (Sanio).

302. *B. reflexum* Schimp. Einhäusig. In lockeren, dunkelgrünen Rasen. Stengel 2—5 cm lang, bogig niederliegend, unregelmässig oder fast fiederig verästelt, mit bogig aufsteigenden Aesten. Stengelblätter aus breit 3eckiger, aufrecht anliegender, herablaufender Basis mit langer, abstehender Spitze, kaum gefaltet, am ganzen Rande scharf gesägt; Rippe stark, bis zur Spitze reichend. Zellnetz kurz und weit, in den Blattflügeln mit zahlreichen grossen, quadratischen Zellen. Astblätter oft fast einseitswendig. Stiel 1—2 cm lang, roth, stark warzig. Kapsel geneigt bis horizontal, klein, dick eiförmig, dunkelbraun. Deckel kegelförmig, spitz. Ring breit. Wimpern mit kurzen Anhängseln. Haube sehr eng.

In Wäldern, auf der Erde, an Baumwurzeln, morschem Holze und auf Steinen. Ziemlich selten. Herbst.

Westpreussen: Karthaus: am Thurmberg! in den Forstbeläufen Bülow!
und Ostroschken! und im Mirchauer Forst! Danzig: im Olivaer Forst bei
Bärenwinkel! und bei Pelonken! Neustadt! bei Pretoschin (Lützow), und am
Marchowie-See! Elbing: bei Vogelsang (Janzen).

Ostpreussen: Königsberg: bei Julchenthal (Meyer), Juditten (Rauschke),
Dammhof. Moditten und Mettgeten (Sanio). Lyck: im Baraner Forst (Sanio).

303. *B. Starkii* Schimp. Einhäusig. In lockeren, grünen bis gelblich-
und bräunlichgrünen Rasen. Stengel 3—8 cm lang, gebogen
kriechend, unregelmässig verästelt, Aeste gewöhnlich bogig gekrümmt. Stengelblätter ziemlich entfernt, abstehend, aus breit
herzförmiger, herablaufender Basis lanzettförmig, zugespitzt,
nicht gefaltet, am ganzen Rande scharf gesägt; Rippe dünn,
über der Mitte verschwindend. Zellnetz lang und schmal, Blattflügelzellen gross, quadratisch. Astblätter breit lanzettlich, die
Spitze halb herumgedreht. Stiel 2 cm lang, dunkel purpurroth,
stark warzig. Kapsel horizontal, dick eiförmig; reif schwärzlich
werdend. Deckel kurz kegelförmig. Ring breit. Wimpern mit
langen Anhängseln.

In Wäldern an alten Baumstubben, seltener auf der Erde und Steinen.
Verbreitet. Winter.

Westpreussen: Karthaus: Forstbelauf Ostroschken! Schwetz: bei Lubochin!
Danzig: bei Oliva! Mattemblewo! und Jäschkenthal! Neustadt: im Gnewauer
Forst! Marienwerder: bei Kl. Bandtken! Löbau: bei Wischnewo!

Ostpreussen: Friedland: Gauleder Forst (Sanio), Zehlaubruch (Janzen).
Königsberg: in der Wilky, Juditter Wald, bei Dammhof und Trutenau (Sanio).
Lyck: im Milchbuder Forst, Baraner Forst, Mroser Wald, Dallnitz und Kupiker
Wald (Sanio). Angerburg: im Stadtwald (Czekaj).

304. *B. rutabulum* Schimp. Einhäusig. In blassgrünen, lebhaftgrünen oder gelblichgrünen, grossen Rasen. Stengel 4—10 cm
lang, niederliegend oder kriechend, unregelmässig verästelt,
Aeste aufgerichtet, am Ende verdickt. Blätter aufrecht abstehend, aus verschmälertem Grunde breit eilanzettförmig, scharf
zugespitzt, undeutlich gefaltet, am ganzen Rande sehr fein
gesägt; Rippe über der Mitte verschwindend. Zellen locker
rhombisch-6seitig, in den Blattflügeln kurz 6seitig. Perichätialblätter sparrig zurückgekrümmt, haarförmig gespitzt. Stiel
2 cm lang, purpurroth, ziemlich warzig. Kapsel geneigt bis
horizontal, gross, länglich eiförmig, etwas gebogen. Deckel spitz
kegelförmig. Ring breit. Wimpern ohne Anhängsel.

In Wäldern, auf Wiesen u. s. w., auf der Erde, am Grunde der Bäume und
auf Steinen. Ueberall gemein. Winter.

Westpreussen: Schwetz! Konitz (Lucas). Karthaus! Danzig! Neustadt!
Strasburg! Marienwerder! Rosenberg! Löbau! Stuhm! Elbing!

Ostpreussen: Osterode! Pr. Eylau (Janzen). Königsberg! Lyck (Sanio).
Angerburg (Czekaj). Mohrungen (Seydler).

β. longisetum Schimp. Stengel sehr lang und sparsam verästelt, Aeste fiederig verzweigt und sehr locker und schmaler beblättert. Stiel bis 4 cm lang. Kapsel länger und stärker gekrümmt.

An feuchteren Stellen auf der Erde im Grase.

Westpreussen: Marienwerder: bei Gorken! und Liebenthal! Rosenberg! bei Raudnitz! Löbau: bei Wischnewo!

Ostpreussen: Fischhausen: bei Kranz (Sanio).

γ. flavescens Schimp. Stengel und Aeste sehr lang, schlaff, niedergestreckt. Blätter sehr breit, kurz zugespitzt, weich, gelb.

In Wäldern und Gebüschen im Grase.

Westpreussen: Marienwerder: bei Liebenthal!

Ostpreussen: Königsberg: in der Wilky (Sanio).

δ. densum Schimp. Stengel kriechend, dicht fiederig verästelt, Blätter gedrängt stehend, dunkelgrün. Stiel kurz, schwach warzig. Kapsel kürzer, dick.

In Wäldern an morschen Baumstubben.

Westpreussen: Löbau: bei Wischnewo!

ε. robustum Schimp. Stengel lang, niederliegend, Aeste aufrecht, kräftig. Blätter gedrängt, breit, hellgrün.

In Wäldern an Baumwurzeln.

Westpreussen: Rosenberg: bei Gr. Herzogswalde!

Bemerkungen: *B. rutabulum* ist sehr vielgestaltig und daher sicher nur eine Collectivspecies, die, genauer erforscht, in mehrere Arten getrennt werden müsste. In der Elbinger Gegend, bei Dambitzen, in der Dörbecker Schweiz und im Grenzgrunde wächst auf erratischen Blöcken an Waldbächen eine sehr schöne Form, die sich durch bogig herabgekrümmte, schön hellgrün beblätterte Aeste auszeichnet, und bei der ausser den männlichen und weiblichen Blüthen auch einzelne Zwitterblüthen vorkommen. Diese verdient eine genauere Beobachtung.

305. *B. rivulare* Schimp. Zweihäusig. In grossen, schwellenden, hellgrünen Rasen. Stengel 6—12 cm lang, niederliegend, kräftig, mit aufsteigenden, bis 6 cm hohen Aesten, die büschelig mit gekrümmten Zweigen besetzt sind. Blätter des Stengels und der Aeste abstehend, sehr gross, aus verschmälerter, herablaufender Basis breit eiförmig, kurz gespitzt, unregelmässig breit gefaltet, am ganzen Rande fein gesägt; Rippe kräftig, über der Mitte verschwindend. Zellen ziemlich lang, an den Blattflügeln gross, fast rectangulär, wasserhell. Zweigblätter viel kleiner, schmaler und zarter. Stiel 2—3 cm lang, braunroth, stark warzig. Kapsel fast horizontal, länglich eiförmig, etwas gebogen. Deckel lang kegelförmig, spitz. Ring breit. Wimpern ohne Anhängsel.

An Quellen und Bächen, auch an Gräben in Sumpfwiesen. Wohl allgemein verbreitet. Winter.

Westpreussen: Konitz (Lucas). Danzig! Neustadt! Strasburg! Marien-werder! Löbau! Elbing!

Ostpreussen: Pr. Eylau (Janzen). Königsberg (Sanio). Lyck (Sanio). Angerburg (Czekaj).

c. Stiel nur oben warzig, unten glatt.

306. *B. campestre* Schimp. **Einhäusig.** In gelblichgrünen, lockeren Rasen. Stengel 2—6 cm lang, kriechend, fast fiederig ver-ästelt. Blätter gedrängt, ziemlich angedrückt, nur die Spitze gelöst, eilanzettförmig, lang und fein gespitzt, schwach längs-faltig; gegen die Spitze schwach, aber deutlich, gesägt; Rippe über der Mitte verschwindend. Blattflügelzellen wenig erweitert, quadratisch. Perichätialblätter sparrig abstehend, mit langer, haarförmiger Spitze. Stiel 1 cm lang, purpurroth; oben schwach, oft kaum merklich, warzig. Kapsel aufstrebend, eiwalzenförmig, etwas gebogen, trocken stark in sich gekrümmt. Deckel spitz kegelförmig. Ring schmal. Wimpern ohne Anhängsel.

In Wäldern auf der Erde, ziemlich selten. Winter.

Westpreussen: Danzig: bei Jäschkenthal! Marienwerder: bei Kl. Bandtken! Rosenberg: bei Raudnitz! Löbau: bei Wischnewo!

Ostpreussen: Königsberg (Sanio). Fischhausen: bei Kranz (Sanio). Lyck (Sanio).

307. *B. populeum* Schimp. **Einhäusig.** Rasen ziemlich dicht, dunkel-grün bis gelbgrün, auch röthlich oder bräunlich. Stengel 2—5 cm lang, kriechend, lang büschelig bewurzelt, unregel-mässig bis fast fiederig verästelt, mit aufrechten oder gekrümm-ten, verdünnten Aesten. Blätter abstehend, zuweilen etwas einseitswendig, eilanzettförmig, lang gespitzt, kaum gefaltet, gegen die Spitze gesägt; Rippe bis in die Spitze reichend. Stiel 1—2 cm lang, purpurroth, unten glatt, oben deutlich warzig. Kapsel geneigt, dick eiförmig. Deckel hochgewölbt, kegelförmig, mit scharfer Spitze. Ring schmal. Wimpern mit Anhängseln.

An feuchten Orten auf Steinen und am Grunde der Baumstämme. Allge-mein verbreitet und häufig. Winter.

Westpreussen: Schwetz! Konitz (Lucas). Danzig! Neustadt! Marien-werder! Rosenberg! Löbau! Stuhm! Elbing!

Ostpreussen: Osterode! Pr. Eylau (Janzen). Königsberg! Lyck (Sanio). Angerburg (Czekaj). Darkehmen (Czekaj).

Bemerkungen: Eine sehr vielgestaltige und in der Grösse sehr wechselnde Art, deren Formen wohl eine genauere Erforschung verdienen.

308. *B. amoenum* Milde. In röthlichgrünen Rasen, ganz vom Aus-sehen des vorigen, aber etwas kräftiger. Stengelblätter breit eiförmig, Astblätter länglich lanzettlich, nicht sehr lang zuge-

spitzt, alle mit fast bis zur Spitze umgerolltem Rande und an
der Spitze gesägt; Rippe bis in die Spitze reichend.

Wurde von Warnstorf als diese Art bestimmt. Mir sind keine Originalexemplare oder eine Diagnose bekannt, doch scheint sie mir von *B. populeum*
hinlänglich verschieden.

Westpreussen: Neustadt: erst einmal, und zwar steril auf einem erratischen Block bei Wahlendorf (Lützow).

309. *B. plumosum* Schimp. Einhäusig. In seidenglänzenden, dunkelgrünen, gelblichgrünen, auch bräunlichen Rasen. Stengel 3—6
cm lang, kriechend, fast fiederig verästelt, mit aufrechten oder
eingekrümmten, einfachen Aesten. Blätter gedrängt, mehr oder
weniger flach gedrückt, abstehend, aus breit eiförmiger Basis
lanzettlich zugespitzt, ohne Falten, ganzrandig oder an der
Spitze undeutlich gezähnt; Rippe meist nur bis zur Mitte
reichend, zuweilen gabelig. Stiel 2 cm lang, unten glatt, oben
deutlich warzig. Kapsel geneigt, eiförmig. Deckel kegelförmig,
spitz. Ring schmal. Wimpern mit langen Anhängseln.

Auf Steinen an Bächen, selten und noch seltener fruchtbar. Sommer.

Westpreussen: Karthaus: bei Ostroschken! Kalbszagel! Babenthal! und
Fischershütte! Neustadt: bei Pretoschin und Jellenschehütte (Lützow). Löbau:
bei Wischnewo! Elbing: in der Dörbecker Schweiz!

Ostpreussen: Königsberg: bei Apken (Sanio).

β. homomallum Schimp. Blätter einseitswendig, sichelförmig gekrümmt.

Westpreussen: Karthaus: im Mirchauer Forst (Lutzow).

86. Eurhynchium Schimp.

Stengel kriechend, büschelig bewurzelt, unregelmässig bis unterbrochen fiederig verzweigt. Blätter allseitig abstehend, selten etwas
einseitswendig, am ganzen Rande gesägt, immer mit Rippe. Zellnetz
schmal rhomboidisch-6 seitig, mit erweiterten Blattflügelzellen. Blüthen
stengelständig. Perichätialast bewurzelt. Stiel warzig oder glatt.
Kapsel dick- oder länglich-eiförmig, übergebogen bis horizontal.
Deckel mit kürzerem oder längerem Schnabel. Ring meist breit,
sehr selten fehlend. Peristom wie bei *Brachythecium*.

a. Stiel glatt.

310. *E. myosuroides* Schimp. Zweihäusig. In dichten, hellgrünen
Räschen. Stengel dünn, kriechend, klein beblättert, mit aufrechten, baumförmig verzweigten Aesten; Aeste und die rankenartig verlängerten Zweige nach einer Seite gebogen. Blätter
der Hauptäste abstehend, aus herzförmiger Basis lanzettförmig,
kurz und fein zugespitzt, die der Zweige schmaler, länglich

lanzettlich, zuweilen etwas einseitswendig, alle am ganzen
Rande fein gesägt; Rippe fein, bis über die Mitte reichend.
Zellen der ausgehöhlten Blattflügel, klein, gelb. Stiel 1—1½
cm hoch. Kapsel geneigt bis horizontal, länglich eiförmig,
etwas gekrümmt. Deckel kegelförmig, mit kurzem, dickem
Schnabel. Ring breit. Wimpern mehr oder weniger ausgebildet.
Auf erratischen Blöcken. Erst einmal gefunden.
Ostpreussen: Labiau: im Popelner Forst bei Szerszantinnen!

311. *E. strigosum* Schimp. In niedrigen, hell- oder gelblichgrünen
Rasen. Hauptstengel rankenartig kriechend, unregelmässig
verästelt, Aeste 1—2 cm lang, aufsteigend oder aufrecht, oft
fast fiederig verzweigt, Zweige zugespitzt. Blätter nach allen
Seiten abstehend, selten an den Zweigen etwas einseitswendig,
eiherzförmig, scharf gespitzt, mit kurzer Haarspitze, faltenlos,
am ganzen Rande scharf gesägt; Rippe unter der Spitze verschwindend. Männliche Pflanzen als kleine, knospenförmige
Saatpflänzchen auf den weiblichen wurzelnd. Perichätialblätter
rippenlos. Stiel 1—2 cm hoch, röthlich. Kapsel geneigt bis
horizontal, länglich eiförmig, etwas gebogen. Deckel kegelförmig, mit langem, geradem oder etwas gekrümmtem Schnabel,
so lang als die Urne. Ring breit. Wimpern fein, ohne Anhängsel.
In Wäldern auf der Erde; allgemein verbreitet und meist häufig. Herbst.
Westpreussen: Tuchel (Grebe). Schwetz! Schlochau (Grebe). Konitz
(Lucas). Karthaus! Danzig! Neustadt! Marienwerder! Rosenberg! Löbau!
Stuhm! Marienburg (Preuschoff). Elbing!
Ostpreussen: Pr. Eylau (Janzen). Friedland (Sanio). Königsberg (Sanio).
Lyck (Sanio).

β. *imbricatum* Schimp. Klein, Aestchen aufrecht, kurz, rund und
stumpf. Blätter dachziegelig, breiter, stumpflich, am Rande
nur schwach gezähnt.
Auf trockenem Boden an sonnigen Stellen.
Westpreussen: Schwetz: bei Lubochin! Löbau: bei Wischnewo!

312. *E. striatum* Schimp. Zweihäusig. In lockeren, schön grünen
Polstern. Stengel 5—10 cm lang, bogig kriechend, unregelmässig verästelt, Aeste bogig aufrecht oder niederliegend.
Blätter sparrig abstehend, aus breiter, etwas hohler Basis eiherzförmig lanzettlich, kurz und scharf gespitzt, längsfaltig, am
ganzen Rande gesägt; Rippe unter der Spitze verschwindend.
Perichätialblätter sparrig, weisslich, mit zarter Rippe oder fast
rippenlos. Stiel 2—3 cm lang, purpurroth. Kapsel geneigt
bis horizontal, eiförmig bis walzenförmig, dann gekrümmt.
Deckel aus kegelförmiger Basis lang und schief geschnäbelt,

so lang als die Urne. **Ring sehr breit. Wimpern mit Anhängseln.**

In Wäldern an der Erde und auf morschen Baumstubben, überall häufig.
Winter.

Westpreussen: Schwetz! Schlochau (Grebe). Konitz (Lucas). Karthaus!
Danzig! Neustadt! Strasburg! Marienwerder! Rosenberg! Löbau! Stuhm! Elbing!
Ostpreussen: Osterode! Braunsberg (Seydler). Heiligenbeil (Seydler).
Pr. Eylau (Janzen). Friedland (Sanio). Königsberg! Lyck (Sanio). Angerburg
(Czekaj). Pillkallen (Abromeit). Memel (Knoblauch).

b. Stiel warzig.

313. *E. velutinoides* Schimp. Zweihäusig. In niederen, gelblichgrünen Rasen. Stengel niederliegend, spärlich wurzelnd, Aeste
und Zweige aufsteigend, spitz. Blätter dicht gedrängt, aufrecht
abstehend, eilanzettlich, in eine kurze, schmale, halbumgedrehte
Spitze verschmälert, fast ganzrandig oder nur schwach an der
Spitze gezähnelt, mehrfach längsfaltig; Rippe stark, bis in die
Blattspitze reichend. Aeussere Perichätialblätter mit, innere
ohne Rippe. Stiel 1—2 cm lang, warzig. Kapsel geneigt,
schief eiförmig, gekrümmt. Ring breit. Wimpern ohne Anhängsel.

Ostpreussen: Königsberg: nur einmal in der Schlucht bei A p k e n gefunden (Sanio).

314. *E. piliferum* Schimp. Zweihäusig. In bleichgrünen, wenig zusammenhängenden Rasen. Stengel 10—15 cm lang, niederliegend, wenig bewurzelt, mit langen, fast fiederig verzweigten,
spitzen Aesten. Blätter locker aufrecht abstehend, länglich
eiförmig, stumpf, mit langer, verbogener, haarähnlicher Spitze,
etwas hohl, schwach längsfaltig, am ganzen Rande klein gesägt;
Rippe gegen die Mitte verschwindend. Blattflügelzellen zahlreich, gross, wasserhell. Perichätialblätter sparrig, mit schwacher
oder ohne Rippe. Stiel 2—3 cm lang, braunroth, warzig.
Kapsel übergeneigt, eiwalzenförmig, gekrümmt, trocken unter
der Mündung eingeschnürt. Deckel kegelförmig, mit sehr
langem, spitzem, gekrümmten Schnabel, so lang als die Urne.
Ring breit. Wimpern dünn, ohne Anhängsel.

In Wäldern und Gebüschen auf der Erde. Verbreitet, aber nicht häufig,
und meist steril. Frühjahr.

Westpreussen: Marienwerder: bei Bogusch! Rosenberg: bei Raudnitz!
Löbau: bei Wischnewo! Stuhm: bei Paleschken! und Christburg (Kalmuss).
Elbing: bei Vogelsang (Janzen) und Tolkemit! Nach Weiss auch bei Zoppot.
Ostpreussen: Mohrungen (Kalmuss). Braunsberg (Hübner). Pr. Eylau:
bei Wildenhof (Janzen). Friedland: im Gauleder Forst (Sanio). Königsberg:
bei Löwenhagen, Maraunenhof, Bladau und in der Wilky (Sanio). Lyck: im
Milchbuder Forst nnd Mroser Wald (Sanio). Angerburg: im Stadtwalde (Czekaj).

315. *E. praelongum* Schimp. Zweihäusig. In flachen, weit verbreiterten, kaum den Boden vollständig deckenden, gelbgrünen Rasen. Stengel 6—15 cm lang, schwach, wenig bewurzelt, hin- und hergebogen kriechend, unregelmässig verästelt, Aeste niederliegend oder etwas aufsteigend, oft fast fiederig verzweigt. Blätter an Stengel, Aesten und Zweigen gleichgestaltet, nur in der Grösse verschieden, entfernt, scheinbar 2 reihig gestellt, abstehend, aus herablaufendem, schmälerem Grunde eilanzettförmig, kurz zugespitzt, fast schief, ungefaltet, am ganzen Rande scharf gesägt; Rippe über der Mitte verschwindend. An den Blattflügeln wenige rechteckige Zellen. Perichätialblätter länglich, gespitzt, ohne Rippe. Stiel 1—2 cm lang, purpurroth, stark warzig. Kapsel fast horizontal, dick und schief eiförmig. Deckel aus hochgewölbter Basis in einen langen, pfriemenförmigen, gebogenen Schnabel gedehnt, so lang als die Urne. Ring breit. Wimpern mit Anhängseln.

An feuchten Stellen in Wäldern, unter Gebüsch und auf Brachäckern. Ueberall häufig. Winter. ·

Westpreussen: Konitz (Lucas). Danzig! Marienwerder! Rosenberg! Löbau! Stuhm! Marienburg (Preuschoff). Elbing!

Ostpreussen: Pr. Eylau (Janzen). Königsberg (Sanio). Braunsberg (Seydler). Lyck (Sanio).

316. *E. atrovirens* (Sw.). Zweihäusig. In zusammenhängenden, lockeren, dunkelgrünen Rasen. Stengel 5—6 cm lang, ziemlich kräftig, stärker wurzelnd, Aeste meist mehr oder weniger aufrecht. Blätter dichter gestellt, aufrecht abstehend, hohl, breit eiförmig, sehr kurz zugespitzt und sehr scharf gesägt. Sonst dem vorigen gleich.

In feuchten Wäldern und Gebüschen, nicht selten. Winter.

Westpreussen: Danzig: im Walde bei Jäschkenthal! Neustadt: bei Zoppot! Thorn (Nowicki). Graudenz (Scharlock). Marienwerder: bei Unterberg! Gorken! Bogusch! und Rachelshof! Marienburg: am Galgenberge (Janzen).

Ostpreussen: Königsberg: bei Jungferndorf (Sanio). Braunsberg (Seydler). Lyck: im Schlosswald (Sanio).

Bemerkungen: In der Tracht von den vorigen sehr verschieden, daher es mir auffällt, dass die meisten Bryologen es nur für eine Varietät desselben halten. Freilich lassen sich kaum bestimmte Unterscheidungsmerkmale auffinden; doch wird man nie im Zweifel sein, welches der beiden man vor sich hat.

317. *E. abbreviatum* Schimp. Zweihäusig. In flachen, dichten, gelbgrünen Rasen. Stengel 5—6 cm lang, kriechend, büschelig verästelt; Aeste kurz, meist aufrecht, unregelmässig fiederig verzweigt. Blätter gedrängt, breit eilanzettlich, zugespitzt, fein gesägt; Rippe gegen die Spitze verschwindend. Perichätialblätter scheidig, mit sehr langer, gesägter Spitze, rippenlos. Stiel 1 cm lang, rothbraun, warzig. Kapsel geneigt, dick eiförmig. Sonst alles wie bei *E. praelongum.*

In Waldschluchten auf der Erde, ziemlich selten. Frühjahr.

Westpreussen: Danzig: im Nawitzer Thal! und im Olivaer Forst am Wege von Oliva nach Schäferei! Marienwerder: in der Unterberger Schlucht! und bei Ruden! Elbing: bei Vogelsang (Janzen).

Ostpreussen: Königsberg: bei Löwenhagen (Sanio).

318. *E. Stokesii* Schimp. Zweihäusig. In lockeren, verworrenen, hellgrünen Rasen. Stengel bis 10 cm lang, stark, niederliegend, wenig bewurzelt, meist mit Paraphyllien, mit aufsteigenden oder aufrechten, oben fiederig verzweigten Aesten. Blätter des Stengels und der Hauptäste entfernt, aus breit herzförmiger Basis 3eckig, lang und schmal zugespitzt, mit den Spitzen sparrig abstehend, am ganzen Rande scharf gesägt; Rippe dünn, gegen die Mitte verschwindend. Blattflügel ausgehöhlt, mit zahlreichen, grossen, wasserhellen Zellen. Blätter der Zweige aufrecht abstehend, eilanzettförmig. Perichätialblätter rippenlos. Stiel 2 cm hoch, roth, stark warzig. Kapsel horizontal, länglich eiförmig, etwas gebogen, trocken unter der Mündung zusammengezogen und fast hängend. Deckel kegelförmig mit langem, pfriemenförmigem, geradem oder etwas gekrümmtem Schnabel, so lang als die Urne. Ring breit, Wimpern mit Anhängseln.

In Wäldern auf der Erde, sehr selten. Winter.

Westpreussen: Danzig: im Jäschkenthaler Walde (Klinsmann). Daselbst ist es jetzt auch noch hin und wieder zu finden. Die Exemplare von Klinsmann sind fruchtbar, seit 10 Jahren finde ich es aber immer nur steril.

87. Rhynchostegium Schimp.

Stengel kriechend, unregelmässig verästelt. Blätter allseitig abstehend, aber mit Neigung zur verflachten Stellung, oder 2seitig, faltenlos, mit zarter einfacher Rippe oder rippenlos. Weibliche Blüthen stengelständig. Perichätialästchen bewurzelt. Stiel glatt. Peristom wie bei *Brachythecium* und *Eurhynchium*, aber die Fortsätze des inneren nicht oder nur schwach durchbrochen. Wimpern glatt. Deckel lang und fein geschnäbelt.

319. *R. depressum* Schimp. Zweihäusig. In kleinen, niedergedrückten, weichen, hellgrünen, glänzenden Räschen. Stengel wenig über 1 cm lang, niederliegend, mit spärlichen Aesten. Blätter 2seitig verflacht abstehend, eilänglich, kurz zugespitzt oder fast

stumpf, am ganzen Rande undeutlich gesägt, Rippe fehlend
oder kurz gabelig. Stiel 1 cm lang. Kapsel länglich eiförmig,
etwas gekrümmt, trocken unter der Mündung stark eingeschnürt.
Deckel lang und schief geschnäbelt, etwas kürzer als die Urne.
Ring breit.

Auf erratischen Blöcken, selten. Herbst.

Ostpreussen: Königsberg: bei Kellermühle (Sanio). Fischhausen:
bei Warniken (Nikolai). Lyck: im Milchbuder Forst (Sanio). Angerburg: im
Popioller Thal (Czekaj).

320. *R. megapolitanum* Schimp. Einhäusig. In lockeren, weichen,
bleich- oder gelblichgrünen Rasen. Stengel kriechend, schwach
wurzelnd, mit entfernten, schlaffen Aesten. Blätter locker,
abstehend, auch trocken, aus sehr schmalem Grunde breit
eiförmig, in eine pfriemenförmige, halbgedrehte Spitze auslaufend, mit gezähntem Rande; Rippe zart, in der Mitte verschwindend. Zellnetz sehr durchsichtig, am Grunde lockerer.
Perichätialblätter fast scheidig, die inneren mit langer Spitze.
Stiel 2—3 cm lang, dünn. Kapsel fast walzenförmig, gekrümmt.
Deckel lang geschnäbelt, kürzer als die Urne.

An Bruchrändern, selten.

Westpreussen: Schwetz: an einem Erlenbruch im Oscher Forst (Hennings).
Ostpreussen: ? (Sanio).

321. *R. murale* Schimp. Einhäusig. In kleinen, flachen, braun-
oder gelbgrünen Rasen. Stengel 1—2 cm lang, kriechend,
ziemlich stark bewurzelt, mit unregelmässigen, dicken, aufrechten Aesten. Blätter dachziegelig, sehr hohl, eilänglich,
stumpf oder kurz zugespitzt, fast ganzrandig; Rippe zart, bis
über die Mitte reichend. Zellen an den Blattflügeln etwas erweitert. Perichätialblätter scheidig, rippenlos, die inneren lang
gespitzt. Stiel 1 cm lang, roth. Kapsel übergeneigt, schief,
länglich eiförmig, etwas gekrümmt. Deckel langgeschnäbelt, so
lang als die Urne. Ring vorhanden.

Auf Steinen und Ziegeln, selten. Frühjahr.

Westpreussen: Stuhm: an der St. Annen-Kapelle in Christburg (Kalmuss).
Marienburg: bei Tannsee (Preuschoff).

Ostpreussen: Braunsberg: bei Frauenburg (Seydler). Pr. Eylau: bei
Heinriettenhof (Janzen). Königsberg: bei Friedrichstein (Casp.), und bei Neuhausen und Kapkeim (Sanio).

322. *R. rusciforme* Schimp. Einhäusig. In verworrenen, dunkel-
bis schwarzgrünen, niederliegenden oder im Wasser fluthenden
Rasen. Stengel 6—10 cm und länger, unregelmässig verästelt.
Aeste gebogen aufsteigend oder niederliegend. Blätter gleichmässig abstehend odér etwas 2 seitig, sehr starr, aus schmaler

Basis eilänglich, breit zugespitzt oder stumpf, hohl, am ganzen
Rande fein gesägt; Rippe bis gegen die Spitze reichend. Zellnetz fast linealisch, in den Blattflügeln einige breitere, rechteckige Zellen. Perichätialblätter halbscheidig. rippenlos. Stiel
2—3 cm lang, purpurroth. Kapsel geneigt, länglich eiförmig,
etwas gekrümmt, schwarzbraun. Deckel aus gewölbter Basis
mit dünnem, langem Schnabel, so lang als die Urne. Ring
breit. Fortsätze undurchbrochen, Wimpern lang.

An Bächen auf Steinen und Holz. Verbreitet, aber nicht überall häufig.
Westpreussen: Schwetz: bei Buschin (Hennings). Konitz (Lucas).
Karthaus: bei Kahlbude! am Klodno-See! und im Forstbelauf Bülow! Neu-
stadt! Danzig: bei Oliva! Marienwerder: bei Bäckermühle! und Rachelshof!
Elbing (Kalmuss).
Ostpreussen: Pr. Eylau: bei Grundfeld (Janzen). Königsberg: bei Apken
und Friedrichstein (Sanio). Lotzen: im Berghöfer Walde (Czekaj). Lyck: im
Grabnicker Walde (Sanio).

β. *inundatum* Schimp. Stengel hingestreckt. Blätter allseitig
abstehend, breit eilänglich, allmählig zugespitzt.

Westpreussen: Löbau: bei Wischnewo!

γ *prolixum* Schimp. Stengel sehr lang, fluthend. Aeste peitschenförmig verlängert, mit kurzen, aufgerichteten Zweigen. Blätter
allseitig abstehend, breit eilanzettförmig.

Westpreussen: Danzig: an den Eisenhämmern bei Oliva! Neustadt: im
Cedronbach! Marienwerder: bei Bäckermühle!

δ. *complanatum* H. Schulze. Stengel hingestreckt, kürzer, Aeste
verflacht 2 zeilig beblättert.

Westpreussen: Danzig: an den Eisenhämmern bei Oliva!

88. Thamnium Schimp.

Hauptstengel einen kriechenden, stark wurzelfilzigen Wurzelstock
bildend, aus dem starke, aufrechte, nach oben baumartig verzweigte
Nebenstengel entspringen. Blätter mit einfacher Rippe. Zellnetz
an der Spitze und in der Mitte paremchymatisch, klein, quadratisch
und rundlich 6seitig, am Rande und Blattgrunde lang bis linealisch.
Blüthen auf den Nebenstengeln, Perichätialästchen wurzellos. Zähne
des Peristoms am Grunde zusammenhängend, Membran des inneren
bis zur halben Höhe der Zähne reichend, Fortsätze am Kiel durchlöchert, Wimpern zu 3, mit langen Anhängseln. Ring breit. Deckel
lang geschnäbelt.

323. *T. alopecurum* Schimp. Zweihäusig. In lockeren, dunkelgrünen
Rasen. Der kriechende Hauptstengel dünn und hin und wieder
mit einigen schuppenartigen Blättern; Nebenstengel 6—12 cm
hoch, aufrecht, bis zur Mitte einfach und nur mit schuppen-

artigen Blättern bekleidet, oben baumartig verästelt; Aeste
theils kurz und gekrümmt, theils lang und fiederig verzweigt.
Blätter allseitig aufrecht abstehend, eirund, mit kurzer Spitze,
etwas hohl, unten gezähnt, oben scharf gesägt; Rippe fast bis
zur Spitze reichend. Perichätialblätter rippenlos. Stiel 1,5 cm
lang, oft etwas gekrümmt, purpurroth. Kapsel geneigt bis
horizontal, eiförmig, unsymmetrisch. Deckel aus kegelförmiger
Basis lang und schief geschnäbelt, so lang als die Urne.

In Waldschluchten an Bächen auf Steinen, verbreitet, aber meist spärlich,
und selten schön gross entwickelt. Winter.

Westpreussen: Karthaus: hinter dem Schlossberg! und in den Forstbeläufen Bülow! und Schneidewind! Neustadt: bei Kl. Katz! Marienwerder:
bei Rachelshof! Stuhm: im Rehhofer Forst! Elbing: im Grenzgrund (Janzen).

Ostpreussen: Pr. Eylau: im Knautener Forst (Janzen). Königsberg: bei
Kleinheide (Rauschke). Fischhausen: bei Warniken (Sanio). Lyck: im Milchbuder Forst (Sanio). Darkehmen: Laninker Forst (Czekaj).

35. Familie. Hypnaceae.

Auf den verschiedenartigsten Substraten wachsende Moose, und
daher in der Tracht sehr verschieden. Stengel verschiedenartig verzweigt, unregelmässig bis sehr regelmässig fiederig. Blätter vielreihig, nach allen Seiten abstehend, häufig verflacht 2seitig, sehr oft
sichelförmig einseitswendig. Zellnetz meist prosenchymatisch, nie
papillös. Stiel immer glatt. Kapsel immer mehr oder weniger übergebogen, unsymmetrisch. Deckel gewölbt oder kegelförmig, selten
geschnäbelt. Haube kapuzenförmig, flüchtig.

89. Plagiothecium Schimp.

Stengel niederliegend, wurzelhaarig, zerstreut beästet. Blätter
mehr oder weniger flach 2seitig stehend, mit schwacher, kurzer,
gabelförmiger Doppelrippe. Zellnetz schmal rhomboidisch, mit kaum
merklichen Blattflügelzellen. Blüthen am Grunde der Aeste. Perichätialästchen bewurzelt. Stiel trocken unten rechts, oben links gedreht. Kapsel von beinahe aufrecht, geneigt bis fast horizontal.
Deckel gewölbt, kegelförmig bis plump geschnäbelt. Ring vorhanden.
Membran des inneren Peristoms kaum die halbe Höhe der Zähne
erreichend, Fortsätze am Kiel meist durchbrochen, Wimpern fehlen
oder zu 2—3, ohne Anhängsel.

324. *P. latebricola* Schimp. Zweihäusig. In kleinen, gelblichgrünen,
glänzenden Räschen. Stengel sehr kurz, aufsteigend, wurzelnd,
ästig. Blätter locker, verflacht, fast einseitswendig, aufrecht
abstehend, breit lanzettlich, zugespitzt, ganzrandig; Doppelrippe

undeutlich, fast fehlend. Perichätialblätter fast scheidig. lang, fein gespitzt. Stiel kaum 1 cm lang. Kapsel fast aufrecht, sehr klein, länglich eiförmig, entdeckelt mit weiter Mündung, fast kreiselförmig. Deckel gross, gespitzt kegelförmig. Ring schmal, Wimpern fehlen.

In Waldbrüchen an Erlenstämmen, sehr selten. Winter.

Westpreussen: Schlochau: im Düsteren Spring (Grebe).

Ostpreussen: Friedland: im Gauleder Forst, südlich von Lindonau (Sanio). Lyck: im Milchbuder Forst (Sanio). Angerburg: im Popiollner Walde (Czekaj).

325. *P. denticulatum* Schimp. Einhäusig. In niedergedrückten, lockeren, hell- oder gelblichgrünen Rasen. Stengel 4—5 cm lang, niederliegend oder aufsteigend, Aeste aufrecht oder bogenförmig gekrümmt, an der Spitze häufig rankenartig verdünnt und wurzelnd. Blätter flach gedrückt, 2 reihig abstehend, herablaufend. länglich eiförmig, kurz gespitzt, ganzrandig; trocken nicht verschrumpfend, sondern glatt und glänzend; Rippe kurz, gabelig. Zellnetz enge. Blüthen am Grunde der Aeste, männliche zahlreich. Perichätialblätter lang scheidig, mit zarter, einfacher oder gabeliger Rippe. Stiel 2—3 cm lang, roth. Kapsel geneigt bis fast horizontal, eiwalzenförmig, gebogen. Deckel lang kegelförmig, spitz. Ring breit. Wimpern zu 2—3.

In Wäldern auf der Erde, an Baumwurzeln und Steinen u. s. w., überall häufig. Juni.

Westpreussen: Tuchel (Grebe). Schwetz! Konitz (Lucas). Karthaus! Danzig! Neustadt! Strasburg! Marienwerder! Rosenberg! Löbau! Stuhm! Elbing!

Ostpreussen: Osterode! Mohrungen (Kalmuss). Heilsberg (Seydler). Braunsberg (Seydler). Heiligenbeil (Seydler). Pr. Eylau (Janzen). Königsberg (Sanio). Lyck (Sanio). Angerburg (Czekaj). Pillkallen (Abromeit). Memel (Knoblauch).

β. undulatum Ruthe. Aeste sehr lang, sehr flach 2 reihig beblättert. Blätter hell, durchscheinend, wellig verrunebnet. Stiel sehr lang.

Westpreussen: Rosenberg: bei Raudnitz!

Ostpreussen: Friedland: im Gauleder Forst (Sanio). Lyck: im Baraner Forst (Sanio). Braunsberg (Seydler).

Bemerkungen: Eine sehr vielgestaltige Art, die wohl noch mehrere Arttypen in sich birgt.

326. *P. Roeseanum* Schimp. Zweihäusig. In schwellenden, lockeren hellgrünen Rasen. Stengel 4—5 cm lang, Aeste aufrecht. Blätter fast allseitig abstehend, den Aesten ein gerundetes Aussehen gebend, herablaufend, eiförmig, kurz gespitzt, etwas hohl, ganzrandig, trocken zusammenschrumpfend; Doppelrippe kurz. Zellnetz ziemlich weit. Stiel 2—3 cm lang, roth. Kapsel beinahe aufrecht bis geneigt, länglich eiförmig. Deckel aus kegelförmiger Basis stumpf geschnäbelt. **Ring schmal. Wimpern zu 2—3.**

In schattigen Wäldern auf lockerer Walderde. Verbreitet und an den Standorten häufig. Juni, Juli.

Westpreussen: Tuchel (Grebe). Karthaus! Danzig! Putzig! Marienwerder! Löbau! Elbing!

Ostpreussen: Osterode! Königsberg (Sanio). Lyck (Sanio).

327. *P. silvaticum* Schimp. **Zweihäusig. In lockeren, schmutzig dunkelgrünen Rasen. Stengel 2—5 cm lang, niederliegend, Aeste meist aufrecht.** Blätter ziemlich locker 2 zeilig abstehend, herablaufend, eilanzettlich, allmählig zugespitzt, ganzrandig, trocken zusammenschrumpfend und gefaltet, daher sehr schmal erscheinend; Doppelrippe kurz, ziemlich kräftig. Zellnetz sehr locker. Perichätialblätter kurz, Stiel 2—4 cm lang, roth. Kapsel geneigt bis horizontal, walzenförmig, gebogen; trocken gefaltet und unter der Mündung zusammengeschnürt. Deckel ziemlich lang aber plump geschnäbelt. Ring schmal. Wimpern zu 2—3.

In feuchten, schattigen Wäldern auf lockerer Walderde und an Baumwurzeln. Allgemein verbreitet, aber viel sparsamer als *P. denticulatum* und *P. Roeseanum.* August.

Westpreussen: Tuchel (Brick). Schwetz! Pr. Stargard (Hohnfeldt). Karthaus! Danzig! Neustadt! Strasburg! Marienwerder! Rosenberg! Löbau! Stuhm! Elbing!

Ostpreussen: Pr. Eylau (Janzen). Königsberg (Sanio). Lyck (Sanio)· Angerburg (Czekaj). Darkehmen (Czekaj).

328. *P. undulatum* Schimp. **Zweihäusig. In niedergedrückten, ausgebreiteten, hellgrünen Rasen. Stengel 4—12 cm lang, niederliegend, Aeste niederliegend oder bogig herabgekrümmt. Blätter gedrängt, 2 reihig abstehend, aus lang herablaufender Basis länglich eiförmig, kurz gespitzt, mit zahlreichen Querwellen, nur an der Spitze etwas gezähnt; Doppelrippe kurz. Zellnetz am Rande viel enger als in der Blattmitte. Innere Perichätialblätter langscheidig, lang gespitzt, mit zarter Rippe. Stiel 4—5 cm lang, hin und hergebogen, roth. Kapsel geneigt, walzenförmig, gebogen, trocken gefaltet. Deckel aus hochgewölbter Basis kurz geschnäbelt. Ring breit. Wimpern zu 3.**

In Wäldern an feuchten Stellen. Selten, und bisher nur in der Nähe der Küste gefunden. August.

Westpreussen: Karthaus: im Mirchauer Forst (Lützow). Danzig: im Olivaer Forst! Putzig: bei Zdrada!

Ostpreussen: Memel: bei Schwarzort!

329. *P. Schimperi* Jur. **Zweihäusig. In dichten, niedergedrückten, hell- bis gelblichgrünen, sehr glänzenden Rasen. Stengel nieder-**

liegend, stark bewurzelt, mit niederliegenden, an der Spitze
meist abwärts gekrümmten Aesten. Blätter gedrängt, nicht
herablaufend, verflacht 2zeilig abstehend, hohl, eilanzettlich,
länger oder kürzer zugespitzt, an der Spitze entfernt und klein
gesägt; Doppelrippe sehr kurz oder fehlend. Zellnetz sehr eng.

In Wäldern auf trockener Erde. Bisher selten und nur steril gefunden,
wahrscheinlich aber nur übersehen und mit *P. denticulatum* verwechselt.

Westpreussen: Karthaus: im Mirchauer Forst (Lützow). Putzig: bei
Zdrada!

330. *P. silesiacum* Schimp. Einhäusig. Bildet unzusammenhängende,
hell- oder gelblichgrüne, etwas glänzende Räschen. Stengel
2—3 cm lang, kriechend, dicht wurzelhaarig, Aeste aufrecht,
bogig herabgekrümmt. Blätter gedrängt, sparrig einseitswendig
abstehend, lanzettförmig, lang und schmal zugespitzt, feingezähnt; Doppelrippe sehr kurz oder fehlend. Zellnetz eng, am
Grunde lockerer. Perichätium vielblättrig, schwach scheidig.
Stiel 2 cm lang, röthlich, oben etwas gebogen. Kapsel geneigt,
walzenförmig, oben etwas gebogen. Deckel hochgewölbt, mit
stumpfem Wärzchen. Ring schmal. Fortsätze undurchbrochen,
Wimpern zu 2—3.

In Wäldern auf morschem Holze, seltener auf lockerer Walderde. Allgemein verbreitet, aber nirgend in grösseren Massen. Juni.

Westpreussen: Karthaus! Danzig! Neustadt! Marienwerder! Rosenberg! Löbau! Stuhm! Elbing (Hohendorf).

Ostpreussen: Pr. Eylau (Janzen). Königsberg (Sanio). Lyck (Sanio).
Angerburg (Czekaj). Memel (Knoblauch). Braunsberg (Seydler).

90. Amblystegium Schimp.

Stengel kriechend, büschelig wurzelhaarig, unregelmässig verästelt,
Blätter allseitig abstehend, selten etwas einseitswendig, 1rippig oder
rippenlos. Zellnetz an der Basis immer, oben oft parenchymatisch,
locker. Blüthen auf dem Stengel oder den Hauptästen. Perichätialästchen bewurzelt. Kapsel von fast aufrecht bis horizontal, weich,
dünnhäutig. Deckel hochgewölbt, mit kurzem Spitzchen. Ring selten
fehlend. Zähne des Peristoms am Grunde kaum zusammenhängend;
Fortsätze des inneren undurchbrochen oder sehr wenig durchbrochen,
Wimpern selten fehlend, gewöhnlich zu 2—3, mit oder ohne Anhängsel.

A. Amblystegium s. str.

Zellen überall parenchymatisch, breit.

331. *A. subtile* Schimp. Einhäusig. In niedrigen, kleinen, hell- oder
gelbgrünen Polstern. Stengel 5—10 mm lang, sehr zart, mit
kurzen, aufrechten Aesten. Blätter weitläufig, allseits abstehend

oder zuweilen etwas einseitswendig, schmal eilanzettförmig, lang zugespitzt, ganzrandig, rippenlos oder Rippe nur ganz kurz angedeutet. Perichätialblätter lang zugespitzt, mit schwacher Rippe. Stiel 5—10 mm lang, röthlich. Kapsel fast aufrecht, länglich eiförmig, etwas unsymmetrisch, trocken unter der Mündung etwas zusammengezogen. Deckel hochgewölbt, mit scharfem Spitzchen. Ring schmal. Wimpern fehlend.

In Wäldern an Baumstämmen, besonders an Buchen. Wohl allgemein verbreitet. aber nicht häufig. Herbst.

Westpreussen: Konitz: bei Freiheit (Lucas). Karthaus: im Forstbelauf Dombrowken! Danzig: im Königsthal! und Olivaer Forst! Neustadt: bei Kl. Katz! Kölln! Piekelken! und Steinkrug! Putzig: bei Rekau! Marienwerder! Rosenberg: bei Schönberg! und Gr. Herzogswalde! Löbau: bei Wischnewo! Stuhm: bei Paleschken! Elbing (Janzen).

Ostpreussen: Pr. Eylau: im Warschkeiter Forst (Janzen). Königsberg: in der Wilky und bei Preil (Sanio). Lyck: im Milchbuder Forst, Lassek, Grabnicker Wald, Schlosswald und Reuschendorfer Wald (Sanio).

332. *A. tenuissimum* Schimp. Einhäusig. Hellgrün, kaum Räschen bildend. Stengel sehr dünn, mit aufrechten Aestchen. Blätter gedrängt, allseitig abstehend, eilanzettlich, zugespitzt, hohl, ganzrandig; Rippe sehr kurz, kaum angedeutet. Perichätialblätter länglich lanzettlich, mit Rippe. Kapsel etwas übergeneigt, länglich eiförmig. Deckel kurz kegelförmig. Ring fehlt. Wimpern kürzer als die Fortsätze.

Nur erst einmal gefunden.

Ostpreussen: Lyck: auf morschem Holz im Baraner Forst (Sanio).

333. *A. serpens* Schimp. Einhäusig. Flache und verworrene, hell- oder gelblichgrüne Rasen bildend. Stengel 1—6 cm lang, zart, kriechend, stark bewurzelt, unregelmässig verästelt, Aeste bald niederliegend bald aufrecht. Blätter entfernt, abstehend, aus eiförmiger Basis schmal lanzettförmig, lang zugespitzt, ganzrandig; Rippe in den Stengelblättern meist bis in die Spitze reichend. Astblätter schmäler, mit kürzerer Rippe. Perichätialblätter mit zarter Rippe. Stiel 1—3 cm lang, roth. Kapsel geneigt, walzenförmig, gebogen, trocken mehr oder weniger stark gekrümmt, unter der Mündung zusammengeschnürt. Deckel gewölbt kegelförmig. Ring breit. Membran des inneren Peristoms bis zur halben Höhe der Zähne reichend, Fortsätze etwas durchbrochen, Wimpern lang, zu 2—3.

Auf feuchter Erde, am Grunde der Baumstämme, auf Steinen u. s. w. Ueberall gemein. Mai, Juni.

Westpreussen: Tuchel (Brick). Schwetz! Konitz (Lucas). Berent (Casp.). Karthaus! Danzig! Neustadt! Thorn (Nowicki). Strasburg! Marienwerder! Rosenberg! Löbau! Stuhm! Marienburg (Preuschoff). Elbing!

Ostpreussen: Osterode! Ortelsburg (Abromeit). **Pr. Eylau (Janzen).**
Konigsberg! Lyck (Sanio). Angerburg (Czekaj). Braunsberg (Seydler).
Heiligenbeil (Seydler).

β. tenue Schimp. Dichte, kleine Räschen bildend. Blätter klein, langgespitzt, mit kurzer oder fast fehlender Rippe. Kapsel fast aufrecht.

An Baumstämmen, nicht selten.

Westpreussen: Danzig! Neustadt! Marienwerder! Stuhm! Elbing!
Ostpreussen: Lyck (Sanio). Angerburg (Czekaj). Pillkallen (Abromeit).

334. *A. radicale* Schimp. Einbäusig. In etwas starren, hell- oder
braungrünen Rasen. Stengel 2—4 cm lang, niederliegend, dicht
wurzelhaarig, mit kurzen, aufrechten und langen, niederliegenden
Aesten. Blätter allseits abstehend, aus eiförmiger Basis lang
pfriemenförmig, ganzrandig; Rippe kräftig, in der Spitze verschwindend. Perichätialblätter mit kräftiger, bis in die Spitze
reichender Rippe. Stiel 2 cm laug. Kapsel geneigt, walzenförmig, gekrümmt. Ring breit. Wimpern lang.

Auf morschem Holze, Steinen, feuchter Erde hin und wieder. Scheint
ziemlich selten zu sein. Mai, Juni.

Westpreussen: Konitz: bei Buschmühle (Lucas). Karthaus: im Mirchauer Forst (Lützow). Danzig: bei Gute Herberge (Klatt). Marienwerder
bei Bäckermühle! Marienburg: bei Tannsee (Preuschoff).

Ostpreussen: Pr. Eylau: im Knautener Forst (Janzen). Konigsberg: bei
Aweiden (Nikolai). Lyck: am Kirchhof, im Milchbuder Forst und Malleschöwer
Wald (Sanio). Angerburg: bei Krziwinsken (Czekaj).

335. *A. irriguum* Schimp. Einbäusig. In langen, starren, hell- bis
schwarzgrünen, auch oft röthlichen Rasen. Stengel 4—10 cm
lang, niederliegend, dicht wurzelhaarig, unregelmässig bis fast
fiederig verästelt. Blätter entfernt, abstehend oder etwas einseitswendig, aus herablaufender, eiförmiger Basis lanzettförmig,
lang zugespitzt, fast gekielt, ganzrandig oder undeutlich gezähnt;
Rippe stark, gelblich, fast auslaufend. Perichätialblätter mit
starker, bis in die Spitze reichender Rippe. Stiel 2—4 cm
lang, röthlich. Kapsel geneigt, eiwalzenförmig, gebogen,
trocken stark gekrümmt und unter der Mündung zusammengeschnürt. Deckel hoch gewölbt, scharf gespitzt. Ring breit.
Wimpern lang.

An Waldbächen auf Holz und Steinen. Verbreitet und oft in grossen
Massen. Mai.

Westpreussen: Konitz (Lucas). Karthaus: Stangenwalder Forst (Casp.).
Danzig: Nawitzer Thal! Neustadt: bei Gr. Katz! und am Marchowie-See!
Strasburg: bei Gurszno! Marienwerder: bei Ruden! Bogusch! Hammermühle!
Bäckermühle! Rachelshof! Löbau: bei Wischnewo! Stuhm: bei Paleschken!
und im Rehbofer Forst!

Ostpreussen: Pr. Eylau: bei Grundfeld und Landsberg (Janzen). Konigsberg: bei Apken und Neuhausen (Sanio). Lyck: im Lassek (Sanio). Angerburg: im Popioller Thal (Czekaj).

336. *A. fluviatile* Schimp. Einhäusig. In langen, weichen, dunkel-
bis schwarzgrünen, im Wasser fluthenden Rasen. Stengel bis
10 cm lang, wenig bewurzelt, unregelmässig in verlängerte,
fast einfache Aeste getheilt. Blätter aufrecht abstehend, eilänglich lanzettlich, kurz stumpflich zugespitzt, ganzrandig;
Rippe sehr stark, unter der Spitze verschwindend. Perichätialblätter mit starker Rippe. Stiel 2—4 cm lang. Kapsel walzenförmig, gekrümmt. Ring breit. Wimpern lang.

In Waldbächen auf Steinen, selten. Mai.

Westpreussen: Karthaus: im Forstbelauf Bülow! Neustadt: im Gossen-
tinbach (Lützow).

Ostpreussen: Königsberg: bei A p k e n und Neuhausen (Sanio). Lyck:
im Schlosswald (Sanio).

B. Leptodictyum.

Zellen prosenchymatisch, nur an der Basis parenchymatisch.

337. *A. Juratzkanum* Schimp. Einhäusig. In kleinen, flachen,
grünen Rasen. Stengel 2—3 cm lang, kriechend, bewurzelt,
mit aufrechten Aesten. Blätter nicht sehr dicht gestellt, sparrig
abstehend, aus eiförmigem Grunde lang und schmal zugespitzt,
am Grunde gezähnt; Rippe bis zur Spitze reichend. Zellen
bis tief herunter prosenchymatisch, am Grunde quadratisch.
Perichätialblätter bleich, zart, länglich lanzettlich. Stiel 2 cm
lang. Kapsel länglich walzenförmig, etwas gekrümmt. Deckel
gewölbt kegelförmig. Ring schmal.

Am Grunde feucht stehender Baumstämme, an feuchten Planken u. s. w.
Wahrscheinlich verbreitet, aber noch zu wenig beachtet, da es leicht mit
kleinen Formen des so vielgestaltigen *A. riparium* zu verwechseln ist. Mai.
Juni.

Westpreussen: Danzig: bei Oliva (Lützow). Strasburg: bei Gorzno!
Rosenberg: bei Raudnitz! Stuhm: bei Kl. Wattkowitz! und Paleschken!
Elbing: bei Tolkemit (Preuschoff).

Ostpreussen: Braunsberg: bei Rodelshöfen (Seydler). Königsberg: an der
Sternwarte und im Friedrichsteiner Bruch (Sanio). Lyck: am Flussbadehaus,
im Sarker Bruch, Baitkower Wald und Milchbuder Forst (Sanio). Angerburg:
bei Krziwinsken (Czekaj).

338. *A. Kochii* Schimp. Einhäusig. In hellgrünen, niedrigen Rasen.
Stengel 2—3 cm lang, kriechend, wurzelnd, zerstreut beästet,
Aeste theils aufsteigend bis aufrecht, theils niederliegend.
Blätter mässig dicht stehend, abstehend, aus herablaufendem,
herzförmigem Grunde mit langer, schmaler Spitze, am ganzen
Rande schwach gesägt; Rippe am Grunde stark, meist bis über
die Mitte reichend. Blattflügelzellen sehr locker, quadratisch,
wasserhell. Perichätialblätter mit langer, feiner Rippe. Stiel

bis 5 cm lang. Kapsel eiförmig bis fast walzenförmig, gekrümmt. Ring schmal. Fortsätze undurchbrochen. Wimpern lang, mit Anhängseln.

Auf nassen Wiesen und an Grabenufern, an den Standorten meist häufig. Mai.

Westpreussen: Marienwerder: bei Gorken! Rospitz! Liebenthal! und Kurzebrack! Rosenberg: bei Raudnitz! Löbau: bei Wischnewo! Marienburg: bei Tannsee (Preuschoff). Elbing: bei Dambitzen (Preuschoff).

Ostpreussen: Pr. Eylau: im Apothekengarten (Janzen). Friedland: im Zehlaubruch (Janzen). Lyck: im Baraner Forst (Sanio). Angerburg: im Stadtwalde (Czekaj). Pillkallen: im Draugupöner Wald (Abromeit).

339. *A. riparium* Schimp. Einhäusig. Sehr wechselnd in Grösse und Aussehen, Rasen sehr klein und dicht bis ausgedehnt, selbst fluthend, grün, gelblichgrün, braungrün. Stengel bald kurz, nicht viel über 1 cm, bald sehr lang, bis 20 cm, kriechend, unregelmässig bis fiederästig. Blätter entfernt, meist 2 reihig abstehend, oft einseitswendig, sehr veränderlich in der Form, meist verlängert lanzettlich, lang zugespitzt, ganzrandig; Rippe über der Mitte verschwindend. Blattflügelzellen locker quadratisch. Perichätialblätter fast scheidig, mit dünner Rippe. Stiel 2 cm lang, roth. Kapsel übergebogen, selten eiförmig, meist walzenförmig, gebogen, trocken stark gekrümmt und unter der Mündung zusammengeschnürt. Deckel gewölbt kegelförmig. Ring breit. Fortsätze undurchbrochen, Wimpern lang, mit Anhängseln.

An Holz, Steinen und auf der Erde, an und in Gewässern. Ueberall gemein. Juni.

Westpreussen: Flatow (Casp.). Tuchel (Brick). Konitz (Lucas). Danzig! Neustadt! Thorn (Nowicki). Strasburg! Graudenz! Marienwerder! Rosenberg! Löbau! Stuhm! Marienburg (Preuschoff). Elbing!

Ostpreussen: Osterode! Pr. Eylau (Janzen). Friedland (Janzen). Königsberg! Lyck (Sanio). Angerburg (Czekaj). Heiligenbeil (Seydler).

Bemerkungen: Eine der vielgestaltigsten Arten, deren Formen sehr der kritischen Sichtung bedürfen und die z. Th. wohl mehr als blosse Formen sein dürften. Dasselbe gilt auch von *A. serpens.*

91. Hypnum Dill.

Eine Charakteristik dieses Conglomerats verschiedenartiger Moose zu geben, halte ich für überflüssig. Nach meiner Ueberzeugung wäre es an der Zeit, die Subgenera, welche Sullivant und Schimper aus diesem Rest der alten, mehr als ³/₄ aller Pleurocarpen umfassenden Gattung gebildet, als Gattungen anzuerkennen. Sie sind nicht besser und nicht schlechter als die meisten anderen pleurokarpischen Gattungen, d. h. blosse Habitusgattungen, die kaum scharf zu charakterisiren, aber meist für den etwas Kundigen leicht zu erkennen sind. Zu einer solchen Aenderung ist jedoch eine Provinzialflora wohl nicht der passende Ort.

A. Campylium Sulliv.

Kleine und mittelgrosse Erd- und Sumpfmoose. Stengel kriechend bis aufrecht. Blätser allseitig sparrig abstehend, ohne oder mit schwacher Rippe. Zellnetz der Blätter eng linealisch, an den Blattflügeln quadratisch, goldgelb. Kapsel weich, dünnhäutig. Peristom wie bei *Amblystegium*.

Mit *Amblystegium* in naher Verwandtschaft stehend, fast nur durch das Zellnetz zu unterscheiden.

340. *H. Sommerfeltii* Myr. Einhäusig. In kleinen, verworrenen, hell- oder gelblichgrünen Rasen. Stengel 1—2 cm lang, kriechend, wurzelnd, unregelmässig verästelt, Aeste niederliegend oder aufrecht. Blätter sparrig abstehend, oft fast einseitswendig, aus breit eiförmiger, klein gesägter Basis lang pfriemenförmig gespitzt, rippenlos oder undeutlich 2 rippig. Perichätial- blätter mit zarter Rippe, schwach gefaltet, gegen die Spitze deutlich gesägt. Stiel 2 cm lang, röthlichgelb. Kapsel fast horizontal, eiwalzenförmig, gebogen, trocken unter der Mündung zusammengeschnürt. Deckel gewölbt kegelförmig, stumpf. Ring breit. Inneres Peristom dunkelgelb, Fortsätze schwach durch- brochen. Wimpern zu 2—3, glatt.

Auf trockenem Boden unter Gebüsch, besonders in sandigen Wäldern. Allgemein verbreitet. Juni.

Westpreussen: Konitz (Lucas). Karthaus! Danzig! Strasburg! Grau- denz (Scharlock). Marienwerder! Lobau! Stuhm!

Ostpreussen: Pr. Eylau (Janzen). Königsberg (Sanio). Lyck (Sanio).

341. *H. hygrophilum* Jur. Einhäusig. Kaum Rasen bildend, bleich- oder hellgrün. Stengel zart, weit umherkriechend, mit zer- streuten, kurzen Aesten. Blätter sparrig abstehend, aus schmälerem Grunde breit eiförmig, lang und schmal zugespitzt, fast ganzrandig; Rippe zart, bis zur Mitte reichend. Perichä- tialblätter lang, mit starker Rippe. Stiel 3 cm lang, röthlich. Kapsel länglich walzenförmig, stark gekrümmt. Deckel stumpf kegelig. Ring breit. Wimpern zu 3—4, stark knotig.

An feuchten Plätzen, selten.

Westpreussen: Tuchel: an Brüchen bei Klonowo (Grebe). Danzig: am Dorfteich bei Pietzkendorf (Klatt). Marienburg: an einem Brunnenrand bei **Tannsee** (Preuschoff).

Ostpreussen: Lyck: am Kl. Tatarensee (Sanio).

342. *H. elodes* Spruce. Zweihäusig. In weichen, olivengrünen oder
gelblichgrünen Rasen. Stengel bis 6 cm lang, dünn, umherschweifend, unregelmässig bis fast fiederästig, mit spitzen
Aesten. Blätter sparrig, an der Spitze der Aeste sichelförmig
einseitswendig, lanzettförmig, lang zugespitzt, an der Spitze
undeutlich gesägt; Rippe kräftig, fast auslaufend. Perichätialblätter sehr lang zugespitzt, mit dünner Rippe. Stiel 2—3 cm
lang. Kapsel walzenförmig, gekrümmt. Deckel kegelförmig,
zugespitzt. Ring breit.

Erst einmal gefunden, in Brüchen zu suchen.

Westpreussen: Lobau: bei Wischnewo auf einem feucht liegenden Stein!

343. *H. chrysophyllum* Brid. Zweihäusig. In verworrenen, gelblich-
oder schmutziggrünen Rasen. Stengel 4—8 cm lang, dünn,
niedergestreckt, unregelmässig bis fast fiederig verästelt.
Blätter sparrig abstehend, aus breiter, 3eckig herzförmiger
Basis schmal lanzettförmig, lang zugespitzt, ganzrandig; Rippe
dünn, über der Mitte verschwindend. Perichätialblätter sparrig
abstehend, mit dünner Rippe. Stiel 2—3 cm lang, hin und
hergebogen, roth. Kapsel geneigt, walzenförmig, gebogen;
trocken stark gekrümmt und unter der Mündung eingeschnürt.
Deckel gewölbt kegelförmig, mit kurzem Spitzchen. Ring breit.
Fortsätze undurchbrochen.

Unter Gebüsch, besonders auf Mergelboden. Sehr verbreitet, aber, da
selten fruchtbar, leicht zu übersehen. Juni, Juli.

Westpreussen: Tuchel (Grebe). Schwetz: bei Lubochin! Schlochau
(Grebe). Danzig: bei den 3 Schweinsköpfen! Neustadt: bei Kölln! Marienwerder: bei Liebenthal! und Kurzebrack! Rosenberg: bei Raudnitz! Löbau:
bei Wischnewo! Stuhm: bei Paleschken!

Ostpreussen: Pr. Eylau: bei Landsberg (Janzen). Lyck: im Schlosswald, Lassek, Sarker Bruch. Zielaser Wald, Malleschöwer Wald, Baraner Forst
und Milchbuder Forst (Sanio). Angerburg: Popiollener Wald (Czekaj). Tilsit!

344. *H. stellatum* Schreb. Zweihäusig. In dicken, schwellenden,
bräunlich- oder gelblichgrünen Rasen. Stengel 4—10 cm hoch,
aufrecht oder aufsteigend, ziemlich kräftig, schwach oder fast
gar nicht bewurzelt, unregelmässig verästelt. Blätter gedrängt,
sparrig, an der Spitze der Aeste sternförmig abstehend, eilanzettförmig, zugespitzt, ganzrandig, rippenlos oder mit 2 sehr
kurzen Streifchen. Perichätialblätter gefaltet, rippenlos. Stiel
2—4 cm lang, orange. Kapsel geneigt, eiwalzenförmig, gebogen, trocken unter der Mündung zusammengeschnürt. Deckel
gewölbt kegelförmig, kurz gespitzt. Ring breit. Peristomzähne
unten orange, oben gelb. Fortsätze kaum durchbrochen.

In Torfbrüchen, sehr verbreitet. Juli.

Westpreussen: Schlochau (Grebe). Berent (Casp.). Karthaus! Danzig! Neustadt! Putzig! Marienwerder! Rosenberg! Löbau! Elbing!
Ostpreussen: Friedland: Zehlaubruch (Janzen). Königsberg (Sanio). Lyck (Sanio).

β. *protensum* Brid. Stengel niederliegend, fast kriechend, unregelmässig fiederig verzweigt, braun- und gelbscheckig. Blätter kürzer.

In Torfbrüchen, hin und wieder.
Westpreussen: Rosenberg: bei Raudnitz! Löbau: bei Wischnewo!
Ostpreussen: Königsberg: bei Dammhof und in der Wilky (Sanio). Fischhausen: bei Kranz (Sanio). Lyck: im Zielaser Wald und Baraner Forst (Sanio). Angerburg (Czekaj).

345. *H. polygamum* Wils. Polygamisch. In blassgrünen, hellgrünen bis gelblichgrünen, lockeren Rasen. Stengel 2—8 cm lang, niederliegend, aufsteigend bis fast aufrecht, schwach bewurzelt, dünn, unregelmässig aufgerichtet verästelt. Blätter aufrecht abstehend, aus pfeilförmigem Grunde lanzettförmig, lang gespitzt, ganzrandig; Rippe fein, bis zur Spitze reichend. Perichätialblätter gefaltet, mit Rippe. Stiel 4 cm lang, gelblich, Kapsel übergeneigt, walzenförmig, gekrümmt. Deckel spitz kegelförmig. Ring breit.

In Brüchen und an Seeufern, sehr zerstreut. Juni, Juli.
Westpreussen: Dt. Krone: am Schmollensee (Casp.). Schlochau: am Dorfsee bei Woltersdorf (Casp.). Schwetz: im Plochotschiner Wald (Hennings). Neustadt: am See bei Wygodda (Lützow), und am Brunnen bei Jägersburg (Casp.). Putzig: im Brückschen Moor! Löbau: bei Waldeck!
Ostpreussen: Lyck: im Rothen Bruch, Baraner Forst, Milchbuder Forst, Sarker Bruch, Zielaser Wald, Reuschendorfer Wald und bei Miluken (Sanio). Heilsberg: im Retscher Walde (Seydler).

B. Harpidium Sulliv.

Mittelgrosse bis sehr grosse Sumpfmoose (mit Ausnahme von *H. uncinatum*). Stengel niederliegend, aufsteigend bis aufrecht, schwach bewurzelt oder ganz wurzellos, meist unregelmässig und weitläufig fiederästig, ohne Paraphyllien. Blätter mehr oder weniger sichelförmig einseitswendig gebogen, mit deutlicher, einfacher, langer Rippe. Zellnetz englinear, an den Blattflügeln weiter, meist quadratisch. Kapsel weich, dünnhäutig. Peristom wie bei *Amblystegium*.

Bemerkungen: Steht in nächster Verwandtschaft mit *Amblystegium* Subg. *Leptodictyum*.

Sehr verschiedengestaltige, in ihren extremsten Formen sich sehr unterscheidende Moose, die aber fast ohne auffindbare Grenzen in einander übergehen. Ein konsequent nur Arten mit festen Grenzen anerkennender Botaniker müsste alle hier aufgeführten Arten, etwa mit Ausnahme von *H. uncinatum*, zu einer Collectivspecies vereinigen, erhielte dann aber so viele Varietäten und Formen, dass kaum das ganze lateinische und griechische Alphabet zu ihrer Bezeichnung hinreichen würde, und er noch unzählige Sterne und Kreuze zu Hülfe nehmen müsste. Sanio ist durch den Tod verhindert worden, zu einem Abschlusse seiner umfassenden Arbeiten über die *Harpidia* zu kommen, was im Interesse der Wissenschaft sehr zu bedauern ist. Im Folgenden führe ich nun die Formen, welche als Arten zu betrachten mir zweckmässig erscheint, meist nach den Bestimmungen Sanio's auf, was auch einige Schwierigkeiten hat, da er im Verlaufe seiner mehrjährigen Untersuchungen wie natürlich seine Ansichten häufig stark modificirte, so dass das Verfolgen der einzelnen Formen recht schwierig und oft unsicher wird. Es wurde mir nur möglich, weil Sanio die sämmtlichen *Harpidia* meines Herbars selbst revidirt hat, und mir auch sein eigenes Moosherbar zu Gebote stand. Wenn Sanio sämmtliche europäische und nordasiatische *Harpidia*, abgesehen von *H. uncinatum* und *H. scorpioides*, deren Artrecht noch niemals angezweifelt worden, in 4 Arten unterbringt, so kann ich damit nicht einverstanden sein. So verschiedenartige Formen, wie z. B. *H. Kneiffii* und *H. Sendtneri*, oder *H. tenue* und *H. Wilsoni* zusammenzuzwängen, widersteht meinem Gefühl. Dass meine Begrenzung der Arten allgemeiner Zustimmung finden werde, erwarte ich kaum, es ist ganz natürlich, wenn andere nach ihren Erfahrungen zu anderen Ueberzeugungen kommen; allmählig wird doch in diese schwierige Moosgruppe einige Klarheit kommen.

Alle Arten wachsen in Sümpfen und reifen die Sporogonien im Anfange des Sommers.

I. Adunca.

Basalzellen der Blätter von den Stengelzellen nicht scharf gesondert, übergreifend. Perichätialblätter gefurcht. Ring breit.

a. Blattflügelzellen stark hervortretend, Blätter nicht gefurcht. Peristomzähne quergestreift.

346. *H. Kneiffii* Schimp. = *H. aduncum* α. *Kneiffii* a. *verum* Sanio ("Commentatio de Harpidiis europaeis." Bot. Centralblatt 1880.) = *H. aduncum* γ. *Hampei* c. *Kneiffii* Sanio ("Additamentum in *Hypni adunci* cognitionem." Bot. Centralblatt 1881 und 1883 und "Bryologische Fragmente." Hedwigia 1887.) Zweihäusig. In mehr oder weniger dichten, hell- oder gelblich-grünen Rasen. Stengel 15—20 cm lang, aufrecht, selten liegend, unregelmässig oder fast regelmässig fiederästig. Blätter sichelförmig einseitswendig, aus schmaler Basis eilanzettförmig, lang gespitzt, ungefaltet, ganzrandig oder undeutlich ausgebissen; Rippe fein, bis gegen die Spitze reichend. Blattflügelzellen zahlreich, oft bis gegen die Rippe hin, gross, wasserhell, selten gefärbt. Perichätialast nicht bewurzelt. Aeussere Perichätialblätter abstehend, innere tief gefurcht. Stiel 5 cm lang, dünn. Kapsel länglich walzenförmig, gekrümmt. Deckel gewölbt, kurz gespitzt.

Westpreussen: Konitz (Lucas). Neustadt: bei Kcliebken! Marienwerder: bei Liebenthal! Lobau: bei Wischnewo!

Ostpreussen: Friedland: im Zehlaubruch (Janzen). Braunsberg (Seydler). Königsberg: bei Friedrichstein und Trutenau (Sanio). Lyck: bei Grabnick, Karbojin, Sybba, am Kl. Sellment-See, im Sarker Bruch und Baraner Forst (Sanio).

β. aquaticum (Sanio). = *H. aduncum α. Kneiffii* c. *aquaticum* Sanio (Comm. 1880). = *H. aduncum γ. Hampei* a. *aquaticum* Sanio (Add. 1881 und Br. Fr. 1887). Rasen tief-, hell- oder schmutziggrün, auch ins purpurrothe gehend. Stengel aufrecht, dicker, mehr oder weniger fiederästig. Blätter breiter, eilanzettförmig, ganzrandig oder mit einzelnen Zähnen. Blattflügelzellen meist wenig entwickelt.

Westpreussen: Schwetz: bei Cisbusch!

Ostpreussen: Lyck: im Mroser Wald, Sarker Bruch und am Sellment-See (Sanio).

347. *H. tenue* (Schimp.) = *H. aduncum δ. tenue* Sanio (Comm. 1880). = *H. aduncum γ. Hampei* d. *tenue* Sanio (Add. 1881 und Br. Fr. 1887). Zweihäusig. Hell-, weisslich- oder gelblichgrüne Rasen. Stengel niederliegend oder aufsteigend, zart, unregelmässig verästelt. Untere Blätter aus schmaler Basis lanzettförmig, zugespitzt, kaum einseitswendig; die Blattflügelzellen aufgeblasen, bis zur Rippe reichend; obere Blätter breit eiförmig, lanzettlich gespitzt, sichelförmig einseitswendig, ganzrandig oder undeutlich gezähnt, Blattflügelzellen zahlreich, selten bis zur Rippe reichend; Rippe dünn, über der Mitte verschwindend. Kapsel länglich walzenförmig.

Westpreussen: Rosenberg: bei Gr. Herzogswalde! Löbau: bei Wischnewo!

Ostpreussen: Königsberg: bei Friedrichstein, Lauth und Kapkeim (Sanio). Lyck: im Sarker Bruch, Gollupker Wald, Reuschendorfer Wald, Mroser Wald Kopyker Wald, Baraner Forst, Lassek, Schlosswald, Rosinskoer Bruch, Lycker Seechen, bei Zielasen, Imionken, Dallnitz, Neuendorf und Karbojin (Sanio). Angerburg: Pietreller Bruch (Czekaj).

β. gracilescens (Schimp.) = *H. aduncum ε. legitimum* a. *gracilescens* Sanio (Comm. 1880). = *H. aduncum δ. legitimum* a. *gracilescens* Sanio (Add. 1881). Hell- oder gelblichgrün. Stengel aufrecht, regelmässig weitläufig fiederästig. Blätter stark sichelförmig einseitswendig. — Hat bei oberflächlicher Betrachtung das Aussehen eines zarten *H. vernicosum.*

Ostpreussen: Lyck: am Sellment-See, Dallnitz, Mroser Wald und Swinia Gora (Sanio). Braunsberg: bei der Kl. Amtsmühle (Seydler).

348. *H. polycarpum* Bland. = *H. aduncum γ. Blandowii* d. *polycarpum* Sanio (Comm. 1880). = *H. aduncum α. Blandowii* c. *polycarpum* Sanio (Add. 1881 und Br. Fr. 1887). Zweihäusig.

Hellgrüne, gelbgrüne bis braungrüne, weiche Rasen. Stengel niederliegend oder aufsteigend, ziemlich kräftig, unregelmässig oder fast fiederig verzweigt. Blätter allseitig abstehend, nur an der Spitze der Zweige sichelförmig einseitswendig, aus schmaler Basis lanzettförmig oder lang eilanzettförmig. Blattflügelzellen erweitert, meist bis zur Rippe reichend; Rippe über die Mitte reichend. Perichätium wurzelnd. Perichätialblätter tief gefaltet.

Westpreussen: Konitz: bei Giegel (Lucas). Karthaus: im Stangenwalder Forst! Marienwerder: am Kesselsee bei Neudörfchen! Neustadt: im Kielauer Moor! Löbau: bei Wischnewo! Stuhm: bei Montken!

Ostpreussen: Pr. Eylau: im Warschkeiter Forst (Janzen). Königsberg: bei Maraunenhof (Sanio). Lyck: Dallnitz, Sellment-See, Grabnick, Sybba, Baraner Forst, Mroser Wald, Rothes Bruch, Neuendorfer Bruch, Sarker Bruch, Lycker Seechen, Gollupker Wald, Chrosciellen, Hellmahner Bruch, Milchbuder Forst (Sanio). Angerburg: Kämmereibruch und Popioller Bruch (Czekaj).

349. *H. pseudofluitans* (Sanio) = *H. aduncum β. pseudofluitans* Sanio (Comm. 1880 und Br. Fr. 1887). Zweihäusig. Gelblichgrün. Stengel niederliegend oder aufsteigend, dicht und regelmässig fiederig verästelt. Blätter alle gleich, gerade abstehend oder an der Spitze kaum einseitswendig, länglich eilanzettlich, länger oder kürzer gespitzt; Blattflügelzellen zahlreich, meist bis zur Rippe reichend, meist aufgeblasen. Rippe bis über die Mitte reichend.

Westpreussen: Konitz: bei Buschmühle (Lucas). Rosenberg: am Sorgen-See bei Riesenburg! Stuhm: bei Paleschken!

Ostpreussen: Lyck: Rothes Bruch, Schikorren. Sellment-See, Sarker Bruch, Baraner Forst, Zielaser Wald, Grabnicker Wald, Mroser Wald und Milucken (Sanio). Angerburg: Czembalker Bruch (Czekaj).

350. *H. aduncum* Schimp. = *H. aduncum ε. legitimum b. vulgare* Sanio (Comm. 1880 und Add. 1881). Zweihäusig. In braungrünen, selten gelbgrünen Rasen. Stengel 5—10 cm lang und länger, kräftig, aufstrebend bis aufrecht, unregelmässig, selten fast regelmässig fiederästig. Stengelblätter länglich bis lang lanzettförmig, lang zugespitzt, schwach sichelförmig einseitswendig, Spitze etwas gedreht, ganzrandig; Astblätter kleiner, einseitswendig oder allseitig abstehend; Rippe stärker, bis weit über die Mitte reichend. Blattflügelzellen bald nur in den Blattflügeln, bald in einfacher Reihe die Rippe erreichend. Perichätialblätter alle aufrecht, die äussern klein, breit, die inneren lang, lang gespitzt, mit feiner Rippe, schwach gefaltet. Kapsel walzenförmig, trocken gekrümmt. Deckel gewölbt, mit kurzem Spitzchen. Peristomzähne rostbraun.

18

Bemerkungen: Wenn ich S c h i m p e r als Autor der Art nenne und nicht H e d w i g, so geschieht das mit gutem Bedacht, weil ich die Form im Auge habe, die mir S c h i m p e r selbst als sein typisches *H. aduncum* bezeichnet hat. H e d w i g ist zwar der Erfinder des Namens, aber welche Form er gemeint hat, wird sich schwerlich feststellen lassen. Wenn in seinem Herbar, wie gesagt wird, unter diesem Namen unser heutiges *H. Kneiffii* liegt, so kann man doch kaum annehmen, dass dieses die einzige Form der vielgestaltigen Gruppe gewesen, welche er gekannt. Seine Diagnose passt schliesslich auf jedes 2 häusige *Harpidium*.

Westpreussen: Neustadt: am Lang - Okoniewo - See! Rosenberg: bei Raudnitz! Löbau: bei Wischnewo! Stuhm: bei Stangenberg!

Ostpreussen: Lyck: Lycker Seechen, Schlosswald, Sarker Bruch, Sellment-See, Mroser Wald, Dallnitz, Baraner Forst, Rothes Bruch, Lassek (Sanio). Heydekrug: bei Russ!

351. *H. Sendtneri* Schimp. = *H. aduncum ε. legitimum* d. *Sendtneri* Sanio (Comm. 1880 und Add. 1881, auch Br. Fr. 1887). Zweihäusig. In dunkelgrünen, braungrünen bis schwarzgrünen, sehr grossen Rasen. Stengel bis 20 cm und länger, stark, niederliegend bis aufsteigend, unregelmässig oder weitläufig fiederästig. Blätter einseitswendig, eilanzettförmig, über der Mitte mit sichelförmig gekrümmter Spitze, hohl, ganzrandig oder undeutlich ausgefressen gezähnt, Zellnetz enger und fester als beim vorigen; Rippe fast bis zur Spitze reichend. Aeussere Perichätialblätter klein, sparrig abstehend, innere dicht zusammenschliessend, aufrecht, lang lanzettförmig, mit bis zur Spitze reichender Rippe. Kapsel aus aufrechtem Halse geneigt bis horizontal, walzenförmig, trocken, gekrümmt. Deckel gewölbt, kurz gespitzt. Peristomzähne orange.

Westpreussen: Dt. Krone (Casp.). Schwetz: bei Neuenburg! Schlochau: bei Prechlau (Casp.). Berent (Casp.). Neustadt: bei Koliebken!

Ostpreussen: Allenstein (Casp.). Pr. Eylau: bei Stablack (Janzen). Lyck: Rothes Bruch, Sarker Bruch, Karbojin, Lycker Seechen, Neuendorf, Baraner Forst, Schikorren, Sybba (Sanio).

352. *H. hamifolium* Schimp. = *H. aduncum ε. legitimum* a. *giganteum* Sanio (Comm. 1880 und Add. 1881). Gelb-, braun- bis schwarzgrün. Stengel meist im Wasser untergetaucht, stark, 20—30 cm lang, meist regelmässig fiederästig. Blätter dichter oder lockerer stehend; selten schwach, meist stark sichelförmig einseitswendig; sehr lang, aus breiter Basis lang lanzettförmig, ganzrandig oder schwach unregelmässig gezähnt; Rippe stark, gelblich, bis gegen die Spitze reichend. Nur steril bekannt.

Ostpreussen: Lyck: Baraner Forst, Rothes Bruch, Sellment See, Lycker Seechen, Mroser Wald, Sarker Bruch (Sanio).

353. *H. capillifolium* Warnst. = *H. aduncum β. Schimperi* Sanio (Comm. 1880). = *H. aduncum ε. capillifolium* Sanio (Add. 1881).

= *H. aduncum* ζ *Schimperi* a. *capillifolium* Sanio (Br. Fr. 1887).
Zweihäusig. Grün. Stengel kräftig, mässig lang, dicht fieder-
ästig. Blätter sichelförmig einseitswendig, 3eckig oder läng-
lich lanzettförmig, in eine lange, haarförmige Spitze gedehnt, am
Rande deutlich und dicht gezähnt; Rippe stark, auslaufend.
Blattflügelzellen zahlreich, zuweilen bis an die Rippe reichend.

Ostpreussen: Pr. Eylau: bei Stablack (Janzen). Lyck: Neuendorf, Rothes
Bruch, Grabnick, Chrosciellen, Oratzer Wald, Milchbuder Forst (Sanio).

354. *H. Wilsoni* Schimp. = *H. aduncum* ε. *legitimum* c. *Wilsoni* Sanio
(Comm. 1880). = *H. aduncum* δ. *molle* a. *Wilsoni* Sanio (Br. Fr.
1887). Zweihäusig. Schmutzig- oder gelblichgrüne, weiche Rasen.
Stengel bis 30 cm und darüber, meist kräftig, einfach oder
unregelmässig verästelt, selten unterbrochen oder regelmässig
fiederästig. Blätter meist gedrängt stehend, einseitswendig oder
fast einseitswendig, hohl, aus schmaler Basis sehr breit eiförmig
oder länglich eiförmig, kurz lanzettlich gespitzt, stumpf sägezähnig; Rippe bis über die Mitte reichend, dünn. Blattflügelzellen ziemlich wenige, etwas aufgeblasen.

Westpreussen: Dt. Krone (Casp.). Schwetz: bei Neuenburg! Thorn (Casp.).
Kulm: Jusi-See (Casp.). Graudenz: Kesselsee und Rittschensee (Casp.).

Ostpreussen: Allenstein (Casp.). Heilsberg: Gr. Rees-See (Casp.). Lyck:
Lycker Seechen, Sarker Bruch, Rothes Bruch, Rosinskoer Bruch, Baraner
Forst, Grabnick, Schönfelde (Sanio).

**b. Blattflügelzellen wenig hervortretend oder fehlend,
Blätter gefurcht. Peristomzähne punktirt gestrichelt.**

355. *H. lycopodioides* Schwägr. = *H. lycopodioides* β. *verum* Sanio
(Comm. 1880). Zweihäusig. In grossen, gelblich- oder bräunlichgrünen, weichen Rasen. Stengel bis 20 cm lang, fast einfach oder
unregelmässig fiederig verzweigt, mit an der Spitze hakenförmigen
Aesten. Blätter sehr gross, schlaff einseitswendig, eirund lanzettlich, schmal zugespitzt, fast sichelförmig gebogen, hohl, tief
gefurcht, ganzrandig; Rippe bis zur Mitte oder bis gegen die
Spitze reichend. Blattflügelzellen sehr wenige. Perichätialast
etwas bewurzelt. Perichätialblätter mit langer Rippe. Stiel
4 cm lang. Kapsel aufrecht übergebogen, eiwalzenförmig. Deckel
gewölbt, mit kurzem Spitzchen.

Westpreussen: Briesen: bei Czystochleb (Casp.). Graudenz: bei Kittnau
(Scharlock). Rosenberg: bei Gr. Herzogswalde! Löbau: bei Wischnewo!

Ostpreussen: Labiau: im Gr. Moosbruch (Nikolai). Lyck: Sellment-See,
Dallnitz, Neuendorf, Lycker Seechen, Sarker Bruch, Rothes Bruch, Baraner
Forst (Sanio). Angerburg: am Rumient-See (Czekaj).

356. *H. vernicosum* Lindbg. = *H. lycopodioides* α. *vernicosum* Sanio
(Comm. 1880). Zweihäusig. Hellgrüne bis gelblichgrüne, etwas

glänzende Rasen. Stengel 10—20 cm hoch, kräftig, aufsteigend, regelmässig weitläufig fiederästig, Aeste gegen die Spitze verdickt. Blätter sichelförmig einseitswendig, aus eirunder Basis lanzettlich, kurz gespitzt, mehrfach gefurcht, ganzrandig; Rippe über der Mitte verschwindend. Blattflügelzellen kaum merklich. Perichätialast wurzellos. Aeussere Perichätialblätter mit den Spitzen abstehend, innere aufrecht, mit langer Rippe. Stiel 5 cm lang. Kapsel horizontal, eiwalzenförmig, trocken stark gekrümmt, unter der erweiterten Mündung zusammengezogen. Deckel gewölbt, mit kurzem Spitzchen.

Westpreussen: Flatow: bei Illowo (Casp.). Schlochau: bei Pagelkau und am Olschewska-See (Casp.). Berent (Casp.). Karthaus: bei Lissniewo (Casp.). Thorn (Casp.). Marienwerder: bei Hartigswalde! und am Kesselsee bei Neudörfchen! Rosenberg: bei Raudnitz! Löbau: bei Wischnewo!

Ostpreussen: Ortelsburg (Schultz). Königsberg: bei Kapkeim (Sanio). Labiau: bei Szerszantinnen! Lyck: Sellment-See Baraner Forst, Sarker Bruch, Gollupker Wald, Mroser Wald, Rothes Bruch, Rosinskoer Bruch Neuendorf, Lycker Seechen, Sybba, Dallnitz, Millucken, Stutzer Bruch, Inionken, Milchbuder Forst (Sanio). Angerburg: am Rumient-See (Czekaj).

II. Intermedia.

Blätter nicht gefurcht, Basalzellen von den Stengelzellen scharf getrennt, nicht übergreifend; Blattflügelzellen nicht verschieden. Ring breit. Peristomzähne punktirt gestrichelt. Perichätialblätter gefurcht.

357. *H. intermedium* Lindbg. = *H. intermedium α. verum* Sanio (Add. 1883). Zweihäusig. In gelblich braungrünen, seltener schmutziggrünen Rasen. Stengel bis 10 cm lang, niederliegend oder aufrecht, Rückseite durch die breiten, gleichmässig herabgekrümmten Blätter breit gerundet, unterbrochen fiederästig. Aeste ungleich. Blätter stark sichelförmig einseitswendig, aus etwas herablaufender, breit eirunder Basis zugespitzt lanzettförmig, ganzrandig; Rippe bis über die Mitte reichend. Stiel 4 cm lang. Kapsel länglich walzenförmig, wenig gebogen.

Westpreussen: Schlochau (Casp.). Karthaus: am Stillen See! und bei Ostriz! Neustadt: bei Schmierau! und Kielau! Putzig: im Brückschen Moor! und bei Lissau! Löbau: bei Wischnewo!

Ostpreussen: Ortelsburg: bei Passenheim (Abromeit). Pr. Eylau: an der Pasmarquelle (Janzen). Lyck: Grabnick, Regeler See, Sybba, Baraner Forst, Karbojin, Milchbuder Forst, Schlosswald, Rothes Bruch, Zielaser Wald, Millucken, Reuschendorfer Wald, Sarker Bruch, Dallnitz, Rosinskoer Bruch, Baltkower Wald (Sanio). Angerburg (Czekaj).

358. *H. Cossoni* Schimp. = *H. intermedium β. Cossoni* Sanio (Comm. 1880). Zweihäusig. In schmutziggrünen oder gelbgrünen, untergetauchten Rasen. Stengel 15 cm und länger, kräftig, einfach

oder zerstreut, selten fiederig verästelt. Blätter wie bei dem
vorigen gestaltet, aber schärfer gespitzt und fast spiralig gebogen; Rippe bis gegen die Spitze reichend. Kapsel aus aufrechtem Halse geneigt bis horizontal, walzenförmig. Deckel
gewölbt, kurz gespitzt.

Ostpreussen: Lyck: bei Grabnick, Karbojin, am Gr. und Kl. Tataren-See
und im Milchbuder Forst (Sanio).

359. *H. revolvens* Sw. = *H. intermedium β. revolvens* Sanio (Add. 1883).
Einhäusig. In dunkel- oder schmutziggrünen Rasen, in Ge-
birgen und im Norden kommt es auch purpurroth vor. Stengel
5—10 cm lang, dünn, niederliegend bis aufsteigend, schwach
und unregelmässig verästelt. Blätter aus eiförmiger Basis sehr
lang lanzettlich, fein gespitzt, sehr regelmässig sichelförmig einseitswendig, wodurch der beblätterte Stengel auf der Rückseite
ausgezeichnet gerundet erscheint, ganzrandig; Rippe bis über
die Mitte reichend. Stiel 2—4 cm lang. Kapsel aus aufrechtem
Halse übergeneigt, länglich eiförmig, trocken kaum unter der
Mündung eingeschnürt.

Ostpreussen: Braunsberg: Torfmoor bei Migehnen (Preuschoff). Heydekrug: Torfgruben von Bridzul bei Ibenhorst!

Bemerkungen: Eine sehr schöne Art, die mit dem grössten Rechte den
Namen *julaceum* führen sollte; denn der niederliegende, sehr gerundete
Stengel, dessen regelmässig herabgekrümmte Blattspitzen wie kurze Füsschen
aussehen, gleicht auffallend einem *Julus terrestris* L.

III. Exannulata.

Basilarzellen der Blätter von den Stengelzellen abgegrenzt. Perichätialblätter glatt, nicht gefurcht. Ring fehlt. Peristomzähne punktirt gestrichelt.

360. *H. exannulatum* Gümb. = *H. fluitans β. exannulatum* Sanio
(Add. 1883). Zweihäusig. In hellgrünen, gelbgrünen bis braungrünen Rasen. Stengel bis 10 cm lang, niederliegend bis aufsteigend
oder fluthend, dünn, unregelmässig fiederästig, mit gekrümmten
Astspitzen. Blätter ziemlich locker, einseitswendig oder aufrecht
und nur an den Stengel- und Astspitzen sichelförmig gebogen,
länglich lanzettförmig, hohl, fein zugespitzt, zuweilen schwach
gefurcht, am Rande gesägt; Rippe bis gegen die Spitze
reichend, Blattflügelzellen gross, aufgeblasen, durchsichtig oder
gelb. Perichätialblätter lang, fein gerippt. Stiel 5 cm lang.
Kapsel aufrecht, eingekrümmt. Deckel gewölbt kegelförmig.

Westpreussen: Karthaus: bei Wilhelmshöhe! und am Tuchomer See!
Neustadt: bei Bozanken! und am Gesorke-See (Lützow). Elbing (Janzen).

Ostpreussen: Pr. Eylau: im Warschkeiter Forst (Janzen). Königsberg: bei Trutenau (Sanio). Lyck: Milchbuder Forst, Baraner Forst und bei **Neuendorf** (Sanio). Angerburg: am Popioller See (Czekaj). Heydekrug: bei Ibenhorst!

361. *H. fluitans* Hedw. = *H. fluitans* α. *amphibium* Sanio (Comm. 1880). Einhäusig. Rasen grün, gelb- oder braungrün. Stengel bis 20 cm lang, dünn, niederliegend, aufsteigend oder fluthend, unregelmässig oder fast fiederig verästelt. Blätter sehr locker gestellt, gerade, oder meistens etwas einseitswendig gekrümmt, lanzettförmig, in eine längere oder kürzere Spitze auslaufend, glatt, ganzrandig; Rippe bis gegen die Spitze reichend. Blattflügelzellen stark aufgeblasen, oft goldgelb. Männliche Blüthen gewöhnlich sehr zahlreich neben den weiblichen. Perichätium lang, scheidig, innere Blätter mit Rippe. Stiel 10 cm lang, meist hin- und hergebogen. Kapsel aufrecht, länglich eiförmig, eingekrümmt. Deckel gewölbt, mit kurzem, stumpfem Spitzchen. Peristomzähne gelblich.

Meistens im Wasser schwimmend, sehr häufig.

Westpreussen: Dt. Krone (Casp.). Flatow (Casp.). Schwetz! Berent (Casp.). Karthaus! Danzig! Neustadt! Thorn (Casp). Kulm (Casp.). Graudenz (Fritsch). Marienwerder! Rosenberg! Löbau! Stuhm!

Ostpreussen: Osterode! Allenstein (Casp.). Heilsberg (Casp.). Braunsberg (Seydler). Rössel (Casp.). Pr. Eylau (Janzen). Königsberg (Sanio). Lyck (Sanio).

β. *pseudostramineum* (H. Müll.). In weichen, gelbgrünen Rasen. Stengel aufsteigend, fast einfach oder wenig verästelt. Blätter aufrecht, breit gespitzt.

Westpreussen: Danzig: bei Heubude!

Ostpreussen: Lyck, Mroser Wald, Dallnitz und Seilment See (Sanio).

Bemerkungen: Für mich ein sehr fragwürdiges Moos, das ich kaum als Varietät hierher stellen möchte.

γ. *serratum* Lindbg. = *Dichelyma Swartzii* Lindbg. olim. = *H. fluitans* γ. *submersum* Sanio (Comm. 1880). Hellgrüne, fast weissliche, untergetauchte Rasen. Stengel sehr fein, oft büschelig verästelt. Blätter sehr entfernt, sehr lang und schmal, meist einseitswendig, an der Stengelspitze pinselförmig vereinigt, ringsum deutlich gesägt.

Westpreussen: Karthaus: Mirchauer Forst (Casp.). Neustadt: bei Jellenschehütte! Bojahn! Espenkruger See, Borowo-See, Grabowka-See, Karpionki-See (Casp.). Marienwerder: bei Rachelshof!

Ostpreussen: Lyck (Sanio).

Bemerkungen: Dürfte wohl als besondere Art betrachtet werden.

362. *H. aurantiacum* (Sanio). = *H. fluitans* var. *falcatum* Schimp. (Synopsis ed. II). = *H. fluitans* γ. *falcatum* Sanio (Add. 1883). = *H. fluitans* γ. *aurantiacum* a. *falcatum* Sanio (Br. Fr. 1887). Einhäusig. In fluthenden, gelblich-braungrünen Rasen. Stengel

bis 20 cm lang, stark, fiederästig. Blätter gedrängt, gross, stark sichelförmig einseitswendig, eiförmig oder länglich eilanzettlich, fein zugespitzt, undeutlich gezähnt; Rippe bis über die Mitte reichend. Blattflügelzellen oft beinahe fehlend. Kapsel wie bei *H. fluitans,* Peristomzähne orange.

Ostpreussen: Lyck: bei Grabnick (Sanio).

IV. Uncinata.

Basilarzellen der Blätter von den Stengelzellen nicht streng abgegrenzt, häufig etwas übergreifend. Stengel- und Perichätialblätter tief gefurcht. Ring breit.

363. *H. uncinatum* Hedw. Einhäusig. In gelblich- bis braungrünen Rasen. Stengel bis 5 cm und länger, niederliegend bis aufsteigend, weitläufig fiederästig. Blätter sehr stark sichelförmig einseitswendig, Spitzen fast schneckenförmig eingekrümmt, aus breiter Basis lanzettförmig, sehr lang pfriemenförmig gespitzt, tief gefurcht, fein gesägt; Rippe dünn, bis in die Spitze reichend. Zellnetz enge, Blattflügelzellen wenig ausgebildet. Perichätialblätter sehr lang, äussere zurückgekrümmt, innere aufrecht, sehr lang haarförmig gespitzt, scharf gesägt, alle mit feiner Rippe und tief gefurcht. Stiel 1—2 cm lang. Kapsel fast aufrecht, walzenförmig, eingekrümmt, trocken unter der Mündung stark eingeschnürt. Deckel hochgewölbt, mit kurzem Spitzchen, orange.

In feuchten Wäldern auf morschen Baumstämmen, feucht liegenden Steinen, am Rande der Brüche, auch auf Torfboden; überall häufig. Juni, Juli.

Westpreussen: Schlochau (Casp.). Karthaus! Danzig! Neustadt! Marienwerder! Rosenberg! Löbau! Stuhm! Elbing!

Ostpreussen: Pr. Eylau (Janzen). Friedland (Janzen). Königsberg (Sanio). Fischhausen (Sanio). Lyck (Sanio). Braunsberg (Seydler). Heiligenbeil (Seydler).

β. *plumosum* Schimp. Niederliegend, lang kriechend, regelmässig gefiedert. Blätter sehr lang gespitzt, fast kreisförmig eingekrümmt. Kapsel dünner.

Am Grunde der Baumstämme, auch auf Steinen, nicht selten.

Westpreussen: Karthaus: am Schlossberg: Neustadt: am Marchowie-See! und Steinkruger See! Löbau: bei Wischnewo! Elbing: am Seeteich (Hohendorf).

Ostpreussen: Osterode: im Hasenberger Wald! Pr. Eylau: bei Grundfeld (Janzen). Friedland: im Gauleder Forst (Sanio). Königsberg: in der Wilky (Sanio). Fischhausen: bei Kranz (Sanio). Lyck: Dallnitz, Milchbuder Forst (Sanio). Angerburg: im Popioller Thal (Czekaj).

γ. *plumulosum* Schimp. Klein und zart, in verworrenen Räschen, dicht fiederästig. Blätter klein, nicht so lang gespitzt, fast kreisförmig gekrümmt. Stiel kurz. Kapsel klein, kurz.

An morschen Baumstämmen, in feuchten Wäldern selbst auf den Zweigen der Bäume.

Westpreussen: Karthaus: im Stangenwalder Forst! Marienwerder: bei Rachelshof! Elbing: bei Vogelsang!

Ostpreussen: Lyck: im Milchbuder Forst (Sanio). Angerburg: im Popioller Bruch (Czekaj).

Bemerkungen: Wie schon durch den Standort, denn *H. uncinatum* ist kein ächtes Sumpfmoos, so unterscheidet sich diese Art auch in der Tracht sehr von allen übrigen Harpidien, und hat in beidem mehr mit den Drepanien gemein. Uebrigens ist es eine sehr vielgestaltige Art, deren Formen sehr eine kritische Untersuchung verdienten.

Harpidia hybrida?

Folgende Formen erklärt **Sanio** für Bastarde; ich finde aber durchaus keinen zureichenden Grund, sie dafür zu halten.

Die Standortsangaben sind nach Exemplaren, die **Sanio** selbst bestimmt hat, gemacht.

H. exannulatum × *aduncum* = *H. fluitans* × *aduncum s. exannulatum* Sanio (Br. Fr. 1887). Einhäusig. Blätter sichelförmig, verschiedengestaltig, die unteren ei- oder länglich lanzettförmig, die oberen eilanzettförmig oder eiförmig, plötzlich lanzettlich gespitzt bis pfriemenförmig, verschiedenartig gezähnt; Rippe in den schmalen Theil reichend. Basalzellen blatteigen oder verschiedenartig auslaufend. Perichätialblätter glatt oder schwach gefurcht.

Möchte ich für *H. fluitans* halten.

Westpreussen: Stuhm: bei Lindenkrug! Ferner dicht an der preussischen Grenze im Wierchotschiner Moor (Lauenburg i. Pomm.)!

Ostpreussen: Lyck: Dallnitz, Neuendorf, Baraner Forst (Sanio). Angerburg: Popioller Bruch (Czekaj).

H. fluitans × *aduncum* = *H. fluitans* × *aduncum α. amphibium* Sanio (Br. Fr. 1887). Grün. Blätter gerade, länglich oder eilanzettlich. gespitzt bis pfriemenförmig, gezähnt oder gesägt, oder nur an der Spitze gesägt; Rippe bis gegen oder etwas in den schmalen Blatttheil reichend. Basalzellen häufig auslaufend. Perichätialblätter glatt oder schwach gefurcht. — Möchte ich ebenfalls für *H. fluitans* halten.

Westpreussen: Pr. Stargard: bei Wilhelmswalde (Ilse). Karthaus: bei Ostroschken! Danzig: bei Gluckau! Neustadt: im Wertheimer Moor! Marienwerder: im Rehhöfer Forst! Stuhm: bei Montken!

Ostpreussen: Lyck: im Milchbuder Forst und am Sellment-See (Sanio). Angerburg: Pilluker Berge (Czekaj).

H. fluitans × *polycarpum* = *H. fluitans* × *aduncum η. polycarpum* Sanio (Br. Fr. 1887). Einhäusig. Blätter aufrecht oder schwach einseitswendig, die Spitzen gerade oder schwach sichelförmig gekrümmt, die unteren lanzettförmig oder länglich lanzettförmig, die oberen 3eckig eiförmig, kurz gespitzt, schwächer oder schärfer, zuweilen nur an den Spitzen gesägt; Rippe weit über die Mitte reichend. Basalzellen meist blatteigen, mitunter etwas auslaufend. Perichätialblätter glatt. Peristomzähne unregelmässig punktirt.

Westpreussen: Karthaus: im Stangenwalder Forst! Marienwerder: bei Kl. Krug!

Ostpreussen: Lyck: am Lyckfluss und bei Neuendorf (Sanio).

H. intermedium × *vernicosum* Sanio (Add. 1883). In Tracht und Farbe entweder dem *H. intermedium* oder häufiger dem *H. vernicosum* ähnlich, zuweilen an den Spitzen wie *H. vernicosum* hakenförmig. Blätter in der Form den Aeltern ähnlich, meistens breit und unregelmässig, aber nicht tief gefurcht. Basalzellen blatteigen, auch auslaufend. — Halte ich für *H. vernicosum*.

Ostpreussen: Lyck: im Baraner Forst und bei Sybba (Sanio).

H. intermedium × *Sendtneri* Sanio. Von diesem Moose fand ich in Sanio's Herbar kein Belagsexemplar.

C. Scorpidium Schimp.

Grosse Wassermoose. Stengel fluthend, fast wurzellos, schwach oder büschelig bis fast unregelmässig fiederig verästelt. Blätter einseitswendig, breit, meist stumpf, fast rippenlos. Zellnetz sehr enge.

364. *H. scorpioides* L. Zweihäusig. In schwarz- oder braungrünen, fluthenden, verworrenen Rasen. Stengel bis 30 cm lang, dick, gabelig getheilt, mit abstehenden, kurzen, an der Spitze gekrümmten Aesten. Blätter dachziegelig sich deckend, alle oder nur die oberen einseitswendig, eiförmig oder eilänglich, stumpf, selten kurz gespitzt, hohl, glatt, ganzrandig; Rippe sehr kurz, einfach oder doppelt. Zellnetz sehr eng, Blattflügelzellen wenige, kaum bemerkbar. Perichätialästchen wurzellos. Perichätialblätter tief gefurcht, mit zarter Rippe. Stiel bis 10 cm lang. Kapsel nickend eingebogen, länglich walzenförmig; trocken stark gekrümmt, gefurcht und unter der erweiterten Mündung eingeschnürt. Deckel gewölbt, kegelförmig. Ring sehr breit.

In tiefen Torfsümpfen und Torfgruben schwimmend. Verbreitet. Juni.

Westpreussen: Dt. Krone (Casp.). Flatow: Lummen-See (Casp.). Tuchel: um Minikowo-See (Grebe). Schwetz: bei Neuenburg! und Warlubien! Schlochau: bei Eisenbrück (Grebe) und Kaldau (Casp.). Berent: am Sdrojak-See und bei Grabau (Casp.). Karthaus: im Forstbelauf Bülow! und am Nuss-See (Lützow). Briesen: bei Czystochleb (Casp.).

Ostpreussen: Allenstein (Casp.). Lyck: Rothes Bruch, Baraner Forst, Milchbuder Forst, Lycker Seechen, Stützer Bruch, Bialla Biela, Grabnick, Millucken, Hellmahner Bruch, Sellment-See (Sanio). Stallupönen: Pakledimer Moor! Tilsit: in den Putschinen! Heydekrug: bei Russ!

β. gracilescens Sanio. Viel schlanker; und regelmässig weitläufig fiederästig.

Ostpreussen: Lyck: im Rothen Bruch (Sanio).

γ. *julaceum* Sanio. Stengel und kurze Aeste sehr dicht dachziegelig beblättert, rund. Blätter kaum einseitswendig, rund
eiförmig, an der Spitze stumpf, seicht ausgerandet.

Ostpreussen: Lyck: Lycker Seechen, Baraner Forst, Sybba, Sellment-See
(Sanio).

Bemerkungen: Milde, Limpricht und Sanio stellen *H. scorpioides*
zu *Harpidium*, aber wohl mit Unrecht. Weit mehr erinnert diese Art an
Limnobium, verdient aber gewiss eine eigene Gattung zu bilden.

D. Cratoneuron Sulliv.

Grosse Sumpf- und Wassermoose. Stengel regelmässig fiederästig, meist stark bewurzelt und mit Paraphyllien. Blätter mehr
oder weniger sichelförmig einseitswendig, eilanzettförmig, mit dicker,
langer Rippe. Zellnetz kürzer oder länger linealisch; Blattflügel
ausgehöhlt, mit grossen Zellen.

Bemerkungen: *Amblystegium irriguum* und *fluviatile* haben eine grosse
Verwandtschaft zu dieser Gattung, und würden vielleicht besser hierhergestellt.

865. *H. filicinum* L. Zweihäusig. In hellgrünen, dichten Rasen.
Stengel bis 10 cm lang, niederliegend oder aufsteigend bis aufrecht, dicht wurzelfilzig, mit zahlreichen Paraphyllien, durch
kurze, spitze Aeste gefiedert. Blätter fast sparrig allseitig abstehend bis einseitswendig, aus schmaler Basis fast 3eckig
lanzettlich, glatt, nicht gefurcht, am ganzen Rande fein gesägt;
Rippe dick, bis in die Spitze reichend. Zellnetz kurz 6seitig,
Blattflügelzellen gross, quadratisch, braungelb. Perichätialblätter
gefurcht, stark gerippt. Stiel 4 cm hoch. Kapsel aus aufrechtem Halse walzenförmig, gekrümmt. Deckel kegelförmig,
spitz. Ring schmal.

In Brüchen, an Grabenufern, Quellen u. s. w. überall gemein. Juni, Juli.
Westpreussen: Schwetz! Pr. Stargard (Hohnfeldt). Schlochau (Grebe).
Konitz (Lucas). Karthaus! Danzig! Neustadt! Thorn (Nowicki). Strasburg!
Marienwerder! Rosenberg! Löbau! Stuhm! Elbing!
Ostpreussen: Pr. Eylau (Janzen). Königsberg (Sanio). Lyck (Sanio).
Angerburg (Czekaj).

β. *elongatum.* Stengel sehr lang, bis 20 cm, im Wasser fluthend
oder an Mühlenwehren herabhängend, schwach bewurzelt und
mit weitläufig stehenden, langen Fiederästen.

Westpreussen: Danzig: an den Wehren der Eisenhämmer bei Oliva!

γ. *gracilescens* Schimp. Stengel sehr dünn, niederliegend, fast
kriechend, stark wurzelfilzig, kurz fiederästig. Blätter klein,
allseitig abstehend oder kaum einseitswendig, lebhaft grün.

Westpreussen: Danzig: bei Oliva!
Ostpreussen: Lyck: am Sunowo-See (Sanio).

δ. trichodes Brid. Stengel niederliegend, sehr dünn, sehr lang, unregelmässig und lang verästelt, nicht sehr stark bewurzelt. Blätter klein, weitläufig, sparrig abstehend.

Auf trockenem, nur zuweilen überschwemmtem Boden.

Westpreussen: Marienwerder: bei Liebenthal! Rosenberg: bei Raudnitz! **Ostpreussen:** Königsberg: bei Apken (Sanio). Lyck: im Lassek, Grabnicker Wald und Dallnitz (Sanio).

366. *H. fallax* Brid. Zweihäusig. Rasen dunkel- bis schwarzgrün. Stengel ausgestreckt und fluthend, fast wurzellos, sehr sparsam mit Paraphyllien besetzt, unregelmässig fiederästig, Aeste aufrecht. Blätter steif aufrecht, breit eilanzettförmig, nicht gefurcht, schwach gezähnt; Rippe stark, als Stachelspitze austretend. Zellnetz etwas kürzer und enger, chlorophyllreich, Blattflügelzellen gross, quadratisch, wasserhell. Kapsel wie beim vorigen.

Auf Steinen im fliessenden Wasser, bei uns noch selten und nur steril gefunden.

Westpreussen: Karthaus: in der Radaune bei Kahlbude! Neustadt: bei Ockalitz (Lützow).

367. *H. commutatum* Hedw. Zweihäusig. In gelbgrünen oder ockergelben, starren Rasen. Stengel bis 10 cm lang, aufsteigend bis aufrecht, mit röthlichbraunem Wurzelfilz und zahlreichen Paraphyllien, regelmässig fiederästig. Stengelblätter einseitswendig, aus herablaufender, etwas verschmälerter Basis plötzlich breit 3eckig, sehr lang lanzettlich gespitzt, sichelförmig, fast schneckenförmig eingebogen, mehrfach tief gefurcht, schon vom Grunde an fein gesägt; Rippe sehr breit, vor der Spitze verschwindend. Zellnetz eng linealisch, ohne Chlorophyll; Blattflügelzellen gross, quadratisch, wasserhell oder goldgelb. Astblätter schmäler und gedrängter stehend, trocken an den Spitzen gekräuselt. Perichätialblätter gefurcht und stark gerippt. Stiel 4 cm hoch. Kapsel walzenförmig, gekrümmt. Deckel kegelförmig, spitz. Ring breit.

An Quellen, seltener an Sumpfgräben, sehr zerstreut. Juni.

Westpreussen: Schlochau (Grebe). Neustadt: bei Zoppot (Klatt), bei Schmierau! Königsquelle bei Gr. Katz! Schmelz! bei Ockalitz und Wahlendorf (Lützow). Strasburg: bei Gurszno! Marienwerder: bei Liebenthal! **Ostpreussen:** Königsberg: bei Bladau (Sanio).

368. *H. falcatum* Brid. Zweihäusig. Dunkel- bis braungrüne Rasen. Stengel bis 10 cm lang und länger, kräftig, aufsteigend, wenig bewurzelt und mit wenigen Paraphyllien, unregelmässig verästelt. Blätter breit eiförmig, nicht 3eckig, allmählig gespitzt, stets sichelförmig gebogen, gefurcht, schwach gezähnt; Rippe breit, vor der Spitze verschwindend. Zellnetz eng linealisch, Blattflügelzellen weniger hervortretend. Perichätialblätter gefurcht, mit starker Rippe. Stiel 3 cm lang, purpurbraun. Kapsel geneigt. eiwalzenförmig, gebogen, trocken sehr gekrümmt und unter der Mündung eingeschnürt. Ring schmal.

In Sümpfen, selten.

Ostpreussen: Lyck: in einem Bruch auf der Przykopkener Feldmark (Sanio).

E. Drepanium Schimp.

Kleine und mittelgrosse Erd-, Stein- und Rindenmoose. Stengel kriechend, schwach bewurzelt, mit wenigen Paraphyllien, selten ohne dieselben, mehr oder weniger regelmässig fiederig verästelt. Blätter meist scheinbar in 2 deutlichen Reihen, einseitswendig sichelförmig, rippenlos oder mit kurzer Doppelrippe. Zellnetz eng linear oder rhomboidisch linear, Blattflügelzellen klein oder gross quadratisch. Perichätialblätter gefurcht, sehr selten glatt. Kapsel derbhäutig, mehr oder weniger walzenförmig. Deckel meist geschnäbelt, seltener kegelförmig.

Bemerkungen: Steht von den andern Hypnaceengattungen am nächsten *Plagiothecium.*

369. *H. incurvatum* Schrad. Einhäusig. In flachen, lebhaftgrünen, gelblich- oder bräunlichgrünen Rasen. Stengel 2—4 cm lang, dünn, kriechend, ohne Paraphyllien, unregelmässig, kaum fiederig verästelt, Aeste eingekrümmt. Blätter locker stehend, schwach einseitswendig, gegen die Spitzen sichelförmig, eilanzettlich pfriemenförmig, ganzrandig oder an der Spitze undeutlich gezähnt, rippenlos oder mit kurzer Doppelrippe. Perichätialblätter glatt, mit einfacher Rippe, fast scheidig. Stiel 1—1,5 cm lang, röthlich. Kapsel geneigt, kurz walzenförmig, gebogen, trocken stark gekrümmt und unter der Mündung zusammengeschnürt. Deckel aus breit kegelförmiger Basis kurz und spitz geschnäbelt, schön orange. Ring breit.

Auf feucht liegenden Steinen, zerstreut und nicht häufig. Juni.

Westpreussen: Tuchel: bei Schwiedt (Grebe). Karthaus: bei Buschkau (Klatt), bei Kolano! am Rekowo-See! und Klodno-See! Löbau: bei Wischnewo! Elbing: bei Vogelsang!

Ostpreussen: Osterode: bei Hasenberg! Lyck: bei Karbojin, im Grabnicker Wald, Baitkower Wald und Schlosswald (Sanio). Darkehmen (Kühn).

370. *H. pallescens* P. d. B. Einhäusig. In dichten, gelblichgrünen Räschen. Stengel 1 cm lang, mit spärlichen Paraphyllien, kriechend, unregelmässig verästelt, mit aufrechten Aesten. Blätter gedrängt, fast sichelförmig gekrümmt, aus eirunder Basis schmal lanzettlich, lang zugespitzt, am Rande gesägt; Rippe fehlend

oder undeutlich doppelt. Blattflügelzellen wenig hervortretend.
Perichätialblätter tief gefurcht, mit einfacher Rippe. Stiel 1 cm
hoch. Kapsel etwas übergeneigt, schmal, länglich eiförmig. Deckel
gross, spitz kegelförmig, fast geschnäbelt, gelb. Ring schmal.
Wimpern unvollkommen.

Ostpreussen: Lyck: auf einem Stein im Reuschendorfer Birken-
wald (Sanio).

371. *H. reptile* Michx. Einhäusig. In gelblich- bis dunkelgrünen
Räschen. Stengel 2—4 cm lang, kriechend, mit wenigen Paraphyllien, meist fast regelmässig fiederästig, Aeste aufrecht, einwärts gekrümmt. Blätter gedrängt, einseitswendig, mehr oder
weniger sichelförmig gekrümmt, länglich eiförmig, lang und fein
gespitzt, Rand unten zurückgebogen, von der Mitte bis zur
Spitze scharf gesägt, undeutlich 2 rippig. Blattflügelzellen
wenig hervortretend. Perichätialblätter gefurcht, gegen die Spitze
scharf gesägt, mit kurzer Doppelrippe. Stiel 1—2 cm lang,
röthlich. Kapsel schwach übergeneigt, walzenförmig, wenig
gebogen, trocken etwas gekrümmt und unter der Mündung
etwas zusammengeschnürt. Deckel aus breiter, hochgewölbter
Basis kurz und spitz geschnäbelt, Ring breit. Ziemlich ausgebildete Wimpern.

In Wäldern an Baumstämmen und Baumwurzeln, zerstreut. September.

Westpreussen: Karthaus! Danzig: im Königsthal! und bei Brentau!
Putzig: bei Nadolle! Marienwerder: bei Kl. Krug! und Kl. Bandtken! Rosenberg: bei Gr. Herzogswalde! und Raudnitz! Löbau: bei Wischnewo! Elbing:
im Pfarrwald (Hohendorf).

Ostpreussen: Allenstein: im Ramucker Forst (Abromeit). Pr. Eylau: im
Warschkeiter Forst (Janzen). Lyck: im Milchbuder Forst, Baitkower Wald,
Reuschendorfer Wald, Baraner Forst, Mroser Wald, Kupiker Wald und Dall-
nitz (Sanio). Angerburg: im Stadtwald (Czekaj). Pillkallen: im Schorellener Forst!

372. *H. fertile* Sendtn. Einhäusig. Rasen niedrig, grün oder gelbgrün. Stengel 4—5 cm lang, angedrückt kriechend, mit spärlichen Paraphyllien, fast regelmässig fiederästig, Aestchen in
der Mitte des Rasens aufrecht, am Rande niedergedrückt, kriechend. Blätter einseitswendig sichelförmig, trocken fast schneckenförmig aufgerollt, aus länglicher Basis sehr lang und schmal
zugespitzt, Rand unten zurückgeschlagen, an der Spitze entfernt gesägt, mit kurzer Doppelrippe. Blattflügelzellen sehr
gross, wasserhell bis goldgelb. Perichätialblätter lang, gefurcht,
mit einfacher, dünner Rippe. Stiel 2 cm lang. Kapsel übergeneigt, eiwalzenförmig, einwärts gekrümmt, röthlich, trocken
unter der Mündung kaum zusammengeschnürt. Deckel gross,
hochgewölbt, mit kleinem Spitzchen. Ring breit.

In Wäldern und Parks am Grunde der Baumstämme und auf Baumstumpfen. Bisher bei uns sehr selten und nur steril.

Westpreussen: Stuhm: am Grunde eines Birkenstammes im Garten in Paleschken! und auf einem Kiefernstubben im Rehhöfer Forst!

Bemerkungen: Hat grosse Aehnlichkeit mit *H. uncinatum*, und Sanio stellt es geradezu als Varietät zu demselben; doch gewiss mit Unrecht, denn die Beschaffenheit der Blattrippe hat für die Eintheilung der Hypnaceen die grösste Wichtigkeit, und danach ist es ein echtes *Drepanium*.

373. *H. imponens* Hedw. Zweihäusig. In flachen, olivengrünen bis braungrünen Rasen. Stengel 5 cm und länger, niederliegend, mit grossen Paraphyllien, ziemlich regelmässig fiederästig. Blätter einseitswendig, zierlich hakenförmig gekrümmt, aus breiter, eilänglicher Basis schmal und lang gespitzt, Rand unten zurückgeschlagen und schwach, oben stärker gezähnt, mit kurzer und undeutlicher Doppelrippe. Blattflügelzellen gross, goldgelb. Astblätter viel schmäler, an der Astspitze zusammen- und einwärts gerollt. Perichätialblätter gefurcht und ohne Rippe. Stiel 2—3 cm lang. Kapsel fast aufrecht, walzenförmig, wenig gebogen. Deckel gewölbt kegelförmig, mit scharfem Spitzchen. Ring breit.

In Wäldern am Grunde der Baumstämme und auf Steinen, selten. Herbst.

Westpreussen: Karthaus: im Mirchauer Forst (Lützow), und im Forstbelauf Karthaus! und Bülow!

374. *H. cupressiforme* L. Zweihäusig. In ausgedehnten, olivengrünen bis braungrünen Rasen. Stengel 5—10 cm lang, kriechend oder aufsteigend, mit sparsamen, schmalen Paraphyllien, mehr oder weniger regelmässig fiederästig. Blätter dachziegelig, sichelförmig einseitswendig, eilänglich-lanzettlich, in eine lange, dünne Spitze auslaufend, ganzrandig, rippenlos oder undeutlich 2-rippig. Blattflügelzellen zahlreich, quadratisch. Perichätialblätter wenig gefurcht. Stiel 2—3 cm lang. Kapsel fast aufrecht oder geneigt, walzenförmig, gekrümmt. Deckel gewölbt, kurz und spitz geschnäbelt. Ring breit.

Ueberall an Bäumen, auf Steinen, Erde u. s. w. Eins der gemeinsten Moose. Spätherbst.

Westpreussen: Tuchel (Brick). Schwetz! Konitz (Lucas). Pr. Stargard (Hohnfeldt). Berent (Casp.). Karthaus! Danzig! Neustadt! Strasburg! Marienwerder! Rosenberg! Löbau! Stuhm! Elbing!

Ostpreussen: Pr. Eylau (Janzen). Braunsberg (Seydler). Königsberg! Lyck (Sanio). Angerburg (Czekaj). Darkehmen (Czekaj). Pillkallen (Abromeit).

β. brevisetum Schimp. In dichten Rasen. Aeste und Zweige aufrecht. Blätter dicht, schwach einseitswendig oder allseitig abstehend, kurz gespitzt, hohl. Stiel kurz, nicht viel über 1 cm lang.

Auf Bretterzäunen und Steinen.

Westpreussen: Karthaus! Marienwerder: bei Baldram! Rosenberg: bei Gr. Herzogswalde!

Ostpreussen: Lyck: Baraner Forst, Rothhof, Seliggener Wald, Dallnitz, Biatkower Wald, Sarker Bruch (Sanio).

γ. *filiforme* Schimp. In angedrückten oder herabhängenden Rasen. Stengel bis 10 cm und länger, fadenförmig, wenig verästelt. Blätter flach, sichelförmig herabgekrümmt oder allseitig abstehend. Kapsel kurz gestielt, klein. Deckel lang geschnäbelt.

In Wäldern an Baumstämmen und Aesten herabhängend. Gemein.

Westpreussen: Pr. Stargard (Ilse). Danzig! Neustadt! Marienwerder! Rosenberg! Löbau! Stuhm! Elbing (Janzen).

Ostpreussen: Osterode! Königsberg! Lyck (Sanio). Pillkallen (Abromeit).

δ. *mamillatum* Schimp. In dichten, niedergedrückten, gelblichgrünen Rasen. Zweige rundlich beblättert. Blätter sehr gleichmässig einseitswendig, sichelförmig gebogen. Der Deckel soll ein stumpfes, zitzenförmiges Spitzchen haben.

In Wäldern an morschen, alten Baumstämmen. Nicht häufig; bis jetzt habe ich es nur steril gesehen.

Westpreussen: Karthaus: Mirchauer Forst (Casp.). Neustadt: am Rembowki-See!

Ostpreussen: Königsberg: bei Kapkeim (Sanio). Lyck: im Milchbuder Forst (Sanio).

ε. *ericetorum* Schimp. Bleichgrün. Stengel bis 10 cm lang, aufsteigend bis fast aufrecht, dünn, regelmässig fiederästig. Blätter schmaler, stark sichelförmig, fast schneckenförmig gegekrümmt. Stiel bis 4 cm lang. Kapsel geneigt, eiwalzenförmig, gekrümmt. Deckel mit kurzem, pfriemenförmigem Schnabel.

Auf Heiden und an trockenen Abhängen, selten fruchtbar.

Westpreussen: Schwetz: bei Lubochin c. fr.! Konitz (Lucas). Karthaus: im Mirchauer Forst (Lützow). Neustadt: bei Wahlendorf (Lützow). Rosenberg: bei Gr. Herzogswalde!

Ostpreussen: Königsberg: bei Moditten (Sanio). Lyck: im Schlosswald (Sanio). Pillkallen (Abromeit).

ζ. *elatum* Schimp. Braungrün. Stengel bis 10 cm lang, aufsteigend bis fast aufrecht, sehr kräftig, mit wenigen, dicken Aesten. Blätter gross, sehr hohl, breit, in eine kurze Spitze gedehnt, meist nur schwach einseitswendig. Kapsel aufrecht, walzenförmig, gekrümmt. — Kann leicht mit *H. arcuatum* verwechselt werden.

Auf Heiden und an dürren Abhängen, bisher bei uns nur steril gefunden.

Westpreussen: Neustadt: bei Schmelz! Marienwerder: bei Bäckermühle! Löbau: bei Wischnewo! Elbing: bei Tolkemit am Haffufer!

Ostpreussen: Königsberg: auf dem grossen Exercierplatz und bei Apken (Sanio). Lyck (Sanio).

Bemerkungen: *H. cupressiforme* ist eine Collectivspecies, welche sehr eine kritische monographische Bearbeitung verdiente. Die Varietäten *ð*, *ε* und *ζ* sind sicher eigene Arten.

375. *H. arcuatum* Lindbg. Zweihäusig. In gelbgrünen oder meist braungrünen Rasen. Stengel bis 10 cm lang, niederliegend, bogig aufsteigend bis aufrecht, sehr schwach wurzelnd und fast ohne Paraphyllien, unregelmässig und wenig beästet, mit gekrümmten Spitzen. Blätter hakenförmig einseitswendig, breit eiförmig lanzettlich, kurz zugespitzt, an der Spitze zuweilen gesägt, mit kurzer Doppelrippe. Blattflügelzellen sehr gross, aufgeblasen, wasserhell. Perichätialblätter gefurcht, rippenlos, ganzrandig. Stiel 3—4 cm hoch. Kapsel übergeneigt, eiwalzenförmig, gekrümmt, trocken gefurcht. Deckel gewölbt, kurz und scharf gespitzt, orange. Ring breit.

An Grabenufern, feuchten Abhängen, Wiesenrändern u. s. w. Scheint nirgend selten, aber sehr selten fruchtbar. Juni.

Westpreussen: Konitz (Lucas). Karthaus! Danzig! Neustadt! Marienwerder! Rosenberg! Löbau: bei Wischnewo c. fr.! Stuhm! Elbing (Hohendorf).

Ostpreussen: Pr. Eylau (Janzen). Friedland (Sanio). Königsberg (Sanio). Lyck (Sanio). Pillkallen!

376. *H. pratense* Bruch. et Schimp. Zweihäusig. In bleichen, gelbgrünen Rasen. Stengel 5—8 cm lang, aufsteigend bis aufrecht, platt, spärlich bewurzelt, fast ohne Paraphyllien, unregelmässig schwach verästelt. Blätter scheinbar 2reihig, eilanzettförmig, breit und stumpf zugespitzt, mit schwach einseitswendig gebogenen Spitzen, an der Spitze schwach gesägt, fast rippenlos, trocken querwellig. Blattflügelzellen wenig hervortretend. Männliche Blüthen auf kleinen, knospenförmigen Saatpflänzchen, die dem Stengel und den Blättern anhaften, seltener auf besonderen Stengeln. Perichätialblätter schwach gefurcht, gesägt, rippenlos. Kapsel klein, trocken glatt. Deckel gewölbt kegelförmig. Ring breit.

In nassen Wiesen und Ausstichen. Bisher selten gefunden, aber, da es bei uns immer nur steril vorzukommen scheint, wahrscheinlich nur übersehen.

Westpreussen: Konitz: bei Neuewelt und Giegel (Lucas). Neustadt: bei Rheda! Löbau: bei Wischnewo!

Ostpreussen: Pr. Eylau: an der Domnauer Chaussee (Janzen). Lyck: am Kl. Tatarensee und bei Karbojin (Sanio). Braunsberg: im Knorrwald (Seydler).

377. *H. Haldanianum* Grev. Einhäusig. In schöngrünen bis braungrünen Rasen. Stengel 2—5 cm lang, kriechend, stark wurzelhaarig, mit grossen Paraphyllien, unregelmässig fiederästig, Aeste aufsteigend. Blätter an den Stengeln aufwärts gerichtet,

schwach einseitswendig, an den Aesten allseitig abstehend, alle
eiförmig-lanzettlich, kurz zugespitzt, ganzrandig oder fast ganzrandig, mit sehr kurzer Doppelrippe. Blattflügelzellen sehr
gross, wasserhell. Perichätialblätter nicht gefurcht, lang fadenförmig gespitzt, rippenlos. Stiel 2 cm lang. Kapsel aufrecht,
walzenförmig, kaum gebogen. Deckel kegelförmig, mit langem,
schiefem, feinem, spitzem Schnabel. Ring schmal. Wimpern
kurz, zuweilen fast fehlend.

Sehr selten. September.

Westpreussen: Danzig: auf festem Boden an Wegerändern im Jäschkenthaler Walde!

Ostpreussen: Königsberg: auf morschem Holz am Fürstenteich
(Rauschke).

F. Ctenium Schimp.

Ansehnliche Erd- und Felsenmoose. Stengel niederliegend bis
aufrecht, schwach bewurzelt oder wurzellos, mit zahlreichen Paraphyllien, sehr regelmässig, straussfederartig fiederästig. Blätter
einseitswendig, schneckenförmig umgerollt, rippenlos oder mit undeutlicher Doppelrippe. Zellnetz sehr eng linealisch; Blattflügelzellen
klein, quadratisch. Kapsel ziemlich derbhäutig.

Eine schöne charakteristische Gattung, die sich zunächst an *Drepanium* anschliesst.

378. *H. molluscum* Hedw. Zweihäusig. In weichen, gelblichgrünen
Rasen. Stengel selten bis 10 cm lang, niederliegend, büschelig
wurzelnd oder aufsteigend und wurzellos, mit eiförmigen Paraphyllien, federartig dicht fiederästig. Blätter aus herablaufender,
breiter Basis in eine lange, lanzettliche, einseitswendige, sichel-
förmige oder beinahe schneckenförmige Spitze verlängert,
ungefurcht, am ganzen Rande klein gesägt, fast rippenlos. Blattflügelzellen klein, quadratisch. Innere Perichätialblätter lang
und fein gespitzt. Stiel 1—2 cm lang. Kapsel nickend oder
horizontal, dick eiförmig. Deckel gewölbt kegelförmig. Ring
sehr breit.

Ostpreussen: Heiligenbeil: bei Zinten (Hübner), nur einmal steril
gefunden.

Bemerkungen: Weiss giebt diese Art für die Danziger Flora an: „in
Wäldern auf der Erde und an Steinen." Nach dieser Angabe müsste man
glauben, sie käme hier nicht selten vor. Nun haben aber doch nach der
Zeit Klinsmann und Klatt, und in den letzten 10 Jahren Lützow und
ich die hiesigen Wälder sehr durchsucht, ein so charakteristisches und durchaus
nicht unscheinbares Moos hätte unserer Aufmerksamkeit doch nicht entgehen
können, wenn es eine häufigere Erscheinung wäre. Damit will ich durchaus
nicht sagen, dass es hier nicht gefunden werden könne, aber jedenfalls könnte
es nur eine Seltenheit sein.

879. *H. Crista castrensis* L. Zweihäusig. In dicken, gelblichgrünen,
im Schatten hellgrünen Rasen. Stengel 10—20 cm lang, aufgerichtet, selten niederliegend, wurzellos, mit vielen, schmal-
lanzettlichen Paraphyllien, durch die dichte, gleichmässig fiederige
Verästelung vollständig einer Straussfeder gleichend. Blätter
aus breiter Basis allmählig lang lanzettlich, sichelförmig bis
schneckenförmig gekrümmt, tief gefurcht, von der Mitte bis zur
Spitze fein gesägt, fast rippenlos. Astblätter viel schmäler und
gedrängter stehend. Blattflügelzellen kaum bemerkbar. Perichätialblätter lang, zugespitzt, gefurcht. Stiel 5 cm lang. Kapsel
geneigt bis horizontal, lang walzenförmig, gekrümmt. Deckel
gewölbt kegelförmig. Ring schmal.

In Nadelwäldern, besonders in Vertiefungen. Verbreitet und in manchen
Gegenden häufig. Sommer.

Westpreussen: Schwetz! Schlochau (Grebe). Konitz (Lucas). Pr. Stargard
(Ilse). Neustadt! Putzig! Strasburg! Marienwerder! Rosenberg! Löbau! Stuhm!
Elbing!

Ostpreussen: Mohrungen (Kalmuss). Heilsberg (Rosenbohm). Braunsberg
(Seydler). Heiligenbeil (Seydler). Ortelsburg (Abromeit). Pr. Eylau (Janzen).
Königsberg! Lyck (Sanio).

G. Limnobium Schimp.

Ziemlich ansehnliche, an sehr feuchten Stellen oder im Wasser
wachsende Moose. Stengel niederliegend, wenig oder gar nicht bewurzelt, ohne Paraphyllien, unregelmässig verzweigt. Blätter weich,
breit, stumpf gespitzt, meist nur schwach einseitswendig; Rippe einfach oder kurz gabelförmig. Zellnetz eng. Blattflügel wenig oder
gar nicht ausgehöhlt. Kapsel weichhäutig.

380. *H. palustre* L. Einhäusig. In niedergedrückten, selbst fluthenden,
gelbgrünen bis braungrünen Rasen. Stengel 1—10 cm lang,
niedergestreckt, unregelmässig verästelt, Aeste aufsteigend oder
herabhängend. Blätter gedrängt, meist einseitswendig, selten
allseitig abstehend, kahnförmig hohl, eilanzettförmig, zugespitzt,
ganzrandig, Rippe einfach, dünn, bis gegen die Spitze reichend,
oder doppelt und kurz. Blattflügelzellen quadratisch, goldgelb.
Perichätialblätter gefurcht, mit zarter Rippe. Stiel 2 cm lang.
Kapsel geneigt, eiwalzenförmig, gebogen, bräunlich orange;
trocken gekrümmt und unter der Mündung stark eingeschnürt.
Deckel gewölbt kegelförmig. Ring fehlt.

Auf Steinen an und in Bächen. Zerstreut und meist nicht häufig. Juni.

Westpreussen: Karthaus: bei Ostroschken! am Klodno-See! und Gr. Brodno-
See! Danzig: bei Oliva! und Freudenthal! Neustadt: bei Schmelz! und
Gossentin (Lützow). Marienwerder: bei Bäckermühle! Löbau: bei Wischnewo!
Elbing: bei Vogelsang! im Grenzgrund! und bei Tolkemit!

Ostpreussen: Osterode, bei Hasenberg! Pr. Eylau: bei Grundfeld (Janzen). Königsberg (Ebel). Lötzen: im Berghofer Wald (Czekaj). Lyck: im Schlosswald, Grabnicker Wald und auf der Domäneninsel (Sanio).

H. Calliergon Sulliv.

Grosse Erd-, Sumpf- oder Wassermoose. Stengel niederliegend bis aufrecht, schwach bewurzelt oder meist ganz wurzellos, ohne Paraphyllien, mit vereinzelten Aesten oder fiederästig. Blätter gross, stumpf, dachziegelig anliegend oder allseitig abstehend. Kapsel weich- oder derbhäutig.

Ein aus wenig verwandten Arten zusammengesetztes, nicht natürliches Subgenus, das mindestens 4 verschiedene Typen umschliesst und sich daher kaum charakterisiren lässt, weil wenig allen Gliedern gemeinschaftliches angegeben werden kann.

381. *H. cordifolium* Hedw. Einhäusig. In reingrünen Rasen. Stengel 10—20 cm lang, niederliegend oder aufsteigend, kaum bewurzelt, mit unregelmässigen Aesten, selten fast fiederig. Blätter locker, weich, herablaufend, breit herz-eiförmig, stumpf, Spitze oft kappenförmig, ganzrandig; Rippe fast bis zur Spitze reichend. Zellnetz in der Mitte locker, am Rande enger, am Grunde weit 6eckig; Blattflügel nicht ausgehöhlt. Männliche Blüthen in der Nähe der weiblichen. Perichätialästchen wurzelnd; Perichätialblätter lang zugespitzt, mit feiner Rippe, innere fast scheidig. Stiel 6—8 cm lang. Kapsel horizontal, eiwalzenförmig, weichhäutig. Deckel gewölbt, mit Wärzchen. Ring fehlt. Fortsätze des inneren Peristoms nicht durchbrochen, Wimpern zart.

In Waldsümpfen, verbreitet, aber nicht gerade häufig. Juni.

Westpreussen: Dt. Krone (Casp.). Schwetz: bei Neuenburg! Konitz (Lucas). Schlochau (Grebe). Karthaus: bei Ostroschken! Danzig: bei Heubude! Neustadt: bei Kölln! Putzig: bei Putzig! und Heisternest! Marienwerder: bei Ruden! Rachelshof! und Neudörfchen! Rosenberg: bei Raudnitz! Löbau: bei Wischnewo! Stuhm: bei Lindenkrug! Elbing: bei Vogelsang (Janzen).

Ostpreussen: Heiligenbeil (Casp.). Pr. Eylau: bei Stablack (Janzen). Friedland: im Gauleder Forst (Sanio). Königsberg: in der Wilky! bei Trutenau und Friedrichstein (Sanio). Labiau! Lyck: bei Neuendorf, Karbojin. Milchbuder Forst, Mroser Wald und Baraner Forst (Sanio). Darkehmen: im Laninker Forst und Skallischer Forst (Czekaj). Memel: bei Schwarzort! Heilsberg (Seydler).

β. *angustifolium* Schimp. in litt. Stengel sehr dünn, Blätter viel schmäler. Kann bei flüchtigem Blick leicht für *H. stramineum* gehalten werden.

In Waldsümpfen, die im Sommer austrocknen.

Westpreussen: Putzig: bei Karwenbruch (Casp.). Elbing: bei Damerau (Hohendorf).

Ostpreussen: Königsberg: bei Juditten (Sanio). Heydekrug: bei Ibenhorst!

382. *H. giganteum* Schimp. Zweihäusig. In dunkel- oder röthlichgrünen bis gelbgrünen Rasen. Stengel bis 30 cm und länger, aufrecht, wenig bewurzelt, fiederästig, mit kurzen, spitzen Aesten. Blätter locker, etwas herablaufend, breit herzeiförmig, stumpf, ganzrandig; Rippe bis gegen die Spitze reichend. Astblätter viel schmäler. Zellnetz eng; Blattflügel ausgehölt, mit grossen, wasserhellen Zellen. Perichätialästchen wurzelnd; Perichätialblätter mit feiner, bis zur Spitze reichender Rippe, innere scheidenartig eingerollt. Stiel bis 10 cm lang. Kapsel horizontal, eiwalzenförmig, weichhäutig. Deckel gewölbt, mit Warze. Ring fehlt. Fortsätze des inneren Peristoms kaum durchbrochen, Wimpern sehr zart. — An der männlichen Pflanze sind zur Blüthezeit im Spätsommer die jungen, mit männlichen Blüthen besetzten Triebe ganz einfach, gewöhnlich roth angeflogen, selbst beinahe purpurroth, und erst später treiben die Fiederäste hervor. Dieses ist aber ein regelmässig eintretender Entwickelungszustand und darf nicht, wie Sanio in seinem Herbar gethan, als Varietät *funale* bezeichnet werden.

In tiefen Torfsümpfen, überall sehr häufig. Juni.

Westpreussen: Dt. Krone (Casp.). Tuchel (Brick). Schwetz! Berent (Casp.). Karthaus! Danzig! Neustadt! Putzig! Strasburg! Marienwerder! Löbau!

Ostpreussen: Allenstein (Casp.). Königsberg (Sanio). Lyck (Sanio). Angerburg (Czekaj).

β. *fluitans.* Stengel dünn, schwimmend, mit weitläufig gestellten, breiten Blättern.

Westpreussen: Strasburg: in Waldsümpfen bei Lautenburg!

383. *H. stramineum* Dicks. Zweihäusig. In tiefen, weichen, gelblichgrünen Rasen, oder vereinzelt zwischen anderen Sumpfmoosen, besonders Sphagnen. Stengel 10 cm und länger, zart, gelblich, einfach oder getheilt, selten mit einzelnen kurzen Aestchen. Blätter aufrecht abstehend, trocken dachziegelig anliegend und der Stengel daher drehrund erscheinend, zart, hohl, aus herablaufender Basis länglich zungenförmig, stumpf, ganzrandig, an der Spitze häufig Wurzelfasern entwickelnd; Rippe bis weit über die Mitte reichend. Blattflügel ausgehölt, mit wasserhellen Zellen. Perichätialästchen wurzelnd; Perichätialblätter zart gerippt, an der Spitze ausgebissen gesägt. Stiel 6—8 cm lang, dünn, gelb. Kapsel übergeneigt bis hori-

zontal, klein, walzenförmig, gekrümmt, mit deutlichem Halse, weichhäutig. Deckel gewölbt kegelförmig, spitz. Ring fehlt.

In Torfbrüchen, auch auf sumpfigen Wiesen, verbreitet. Juni.

Westpreussen : Schwetz (Hennings). Schlochau (Grebe)   Konitz (Lucas). Berent (Casp.). Karthaus! Danzig! Neustadt! Putzig! Marienwerder! Rosenberg! Löbau! Stuhm!

Ostpreussen: Osterode!   Sensburg (Schultz).   Pr. Eylau (Janzen). Königsberg! Lyck (Sanio). Angerburg (Czekaj). Heydekrug!

384. *H. trifarium* Web. et M.   Zweihäusig.   Rasen tief, braungrün oder olivengrün.   Stengel bis 30 cm lang, gebogen aufrecht, einfach oder spärlich getheilt, selten einzelne Seitenästchen. Blätter dachziegelig anliegend, wodurch die Stengel drehrund erscheinen, derb, hohl, breit eirund mit abgerundeter, fast kappenförmiger Spitze, gefurcht, ganzrandig; Rippe einfach, über der Mitte endend, seltener doppelt.   Blattflügelzellen goldgelb. Perichätialblätter tief gefurcht, mit zarter Rippe.   Stiel bis 10 cm lang, hin- und hergebogen, röthlich.   Kapsel übergebogen bis horizontal, klein, eiwalzenförmig, gebogen, mit deutlichem Halse, weichhäutig.   Deckel gewölbt kegelförmig.   Ring breit.

In tiefen Torfbrüchen. Scheint bei uns recht selten, denn ausser der Gegend von Lyck noch nirgend gefunden. Juni.

Ostpreussen: Lyck: bei Millucken, Grabnick, am Lycker Seechen und Kl. Tatarensee, und im Rothen Bruch (Sanio).

385. *H. cuspidatum* L.   Zweihäusig.   Rasen gelblich- oder braungrün, starr, glänzend.   Stengel bis 10 cm lang, mehr oder weniger aufrecht, wurzellos, mit ziemlich regelmässig fiederigen, durch zusammengerollte Blätter stechend spitzen Aesten. Blätter unterhalb aufrecht abstehend, gegen die Spitze des Stengels und der Aeste eingerollt, hohl, breit eiförmig, stumpf, selten mit kurzer Spitze, ganzrandig; Doppelrippe sehr kurz, oft kaum bemerkbar.   Blattflügel ausgehöhlt, Zellen derselben gross, wasserhell.   Perichätialast wurzellos; Perichätialblätter feingespitzt, gefurcht, doppelrippig. Stiel 5—6 cm lang, roth. Kapsel aus aufrechtem Halse übergebogen bis horizontal, walzenförmig, gebogen, gross, ziemlich derbhäutig.   Deckel kegelförmig.   Ring breit.

Auf nassen Wiesen und in Brüchen, überall sehr gemein. Juni.

Westpreussen: Tuchel (Brick). Schwetz! Konitz (Lucas). Berent (Casp.) Pr. Stargard (Ilse). Schlochau (Grebe). Karthaus! Danzig! Neustadt! Thorn (Nowicki). Strasburg! Briesen (Casp.). Marienwerder! Rosenberg! Löbau! Stuhm! Marienburg (Preuschoff). Elbing!

Ostpreussen: Osterode! Allenstein (Casp.). Heilsberg (Casp.). Ortelsburg (Schultz). Pr. Eylau (Janzen). Friedland (Janzen). Königsberg!

Wehlau (Janzen). Lyck (Sanio). Angerburg (Czekaj). Darkehmen (Czekaj).
Pillkallen (Abromeit). Mohrungen (Seydler). Braunsberg (Seydler).

β. *pungens* Schimp. Aeste schneckenförmig gekrümmt, sehr spitz Stengelblätter sehr dicht dachziegelig anliegend, Astblätter am ganzen Aste eingerollt.

Westpreussen: Neustadt: in nassen Ausstichen bei Rheda!

γ. *molle.* Gelblichgrün. Stengel niederliegend, Aeste locker, scheinbar fast 2reihig beblättert. Blätter weich, abstehend, nicht eingerollt, daher die Aeste nicht spitz.

Auf ziemlich trockenem Mergelboden, nur steril.

Westpreussen: Marienwerder: bei Rachelshof! Rosenberg: bei Gr. Herzogswalde! Stuhm: bei Paleschken!

δ. *fluitans.* Stengel bis 20 cm lang, im Wasser schwimmend, fiederästig. Blätter weitläufig, scheinbar 2reihig abstehend, schwarzgrün

In Tümpeln schwimmend, nur steril.

Westpreussen: Löbau: bei Wischnewo! Elbing (Hohendorf).

Ostpreussen: Lyck (Sanio).

Bemerkungen: Lindberg macht *H. cuspidatum* zum Typus einer eigenen Gattung, und auch wohl mit Recht.

386. *H. purum* L. Zweihäusig. In hell- bis bleichgrünen, weichen, glänzenden Rasen. Stengel 10 cm lang, bleichgrün, wurzellos, niedergestreckt, mehr oder minder regelmässig fiederästig. Blätter dachziegelig, sehr hohl, aus etwas herablaufender Basis breit eiförmig, abgerundet, mit kurzem Spitzchen, breit gefurcht, am ganzen Rande fein gesägt; Rippe einfach, bis zur Mitte reichend, selten doppelt. Perichätium nicht bewurzelt; Perichätialblätter nicht gefurcht, rippenlos. Stiel 2 cm lang, dünn, hin und her gebogen, röthlich. Kapsel horizontal, eiwalzenförmig, etwas einwärts gebogen, derbhäutig. Deckel lang kegelig, spitz. Ring ziemlich breit.

In Wäldern, besonders Nadelwäldern, nicht selten. Herbst.

Westpreussen: Konitz (Lucas). Danzig! Neustadt! Marienwerder! Löbau! Stuhm! Elbing (Hohendorf).

Ostpreussen: Pr. Eylau (Janzen). Friedland (Janzen). Königsberg! Lyck (Sanio).

387. *H. Schreberi* Willd. Zweihäusig. In grünen oder braungrünen, etwas starren Rasen. Stengel 10 cm lang, rothbraun, ganz wurzellos, aufsteigend oder aufrecht, fast regelmässig fiederästig. Blätter locker dachziegelig, fast flach, länglich bis breit eirund, abgerundet, ohne Spitzchen, schwach gefurcht, ganzrandig; Doppelrippe sehr kurz. Blattflügelzellen gross, goldgelb. Perichätialästchen wurzellos, Perichätialblätter falten- und rippenlos. Stiel 3—4 cm lang, purpurroth. Kapsel geneigt

bis horizontal, länglich eiförmig, etwas gebogen, trocken stärker gekrümmt und unter der Mündung etwas zusammengezogen, derbhäutig. Deckel gewölbt kegelförmig. Ring fehlt.

In sandigen Wäldern, auf Heiden, am Rande trockener Brüche u. s. w. das gemeinste Moos. Winter.

Westpreussen: Tuchel (Grebe). Schwetz! Konitz (Kumm). Berent (Casp.). Karthaus! Danzig! Neustadt! Putzig! Thorn! Strasburg! Marienwerder! Rosenberg! Löbau! Stuhm! Elbing!

Ostpreussen: Osterode! Ortelsburg (Abromeit). Pr. Eylau (Janzen). Königsberg! Lyck (Sanio). Pillkallen (Abromeit). Tilsit! Heiligenbeil (Seydler).

β. pungens. Blätter um die gekrümmten Zweige eingerollt, und diese dadurch rund und spitz erscheinend.

Unter Gebüsch, steril.

Westpreussen: Schwetz: bei Lubochin! Marienwerder: bei Schadau!

Bemerkungen: De Notaris stellt *H. purum* und *H. Schreberi* zu *Hylocomium.* Dahin passen sie aber auch nicht recht, und es wäre daher das Beste, aus diesen beiden nahe verwandten Arten eine eigene Gattung zu bilden.

* *H. turgescens* Schimp. Tiefe, weiche, schwellende, goldgelbe oder grüne Rasen bildend. Stengel dünn, wurzellos, aufrecht, sparsam büschelig verästelt, Aeste einfach oder mit wenigen, dicken, kurzen oder längeren, dünnen Zweigen. Blätter dachziegelig, breit eiförmig, sehr hohl, an der Spitze fast kappenförmig, mit kurzem Spitzchen, ganzrandig; Doppelrippe kurz. Zellnetz im oberen Blatttheil sehr eng hexagonallinealisch, gegen die Basis weiter, an den nicht herablaufenden und nicht gehöhlten Blattflügeln quadratisch. Nur mit weiblichen Blüthen bekannt.

Von C. Müller in Torfproben von Sarkau im Kreise Fischhausen aufgefunden. Sicher wird dieses Moos, welches bisher in Skandinavien und in den Alpen gefunden wurde, bei uns auch noch lebend vorkommen, und ist sehr der Aufmerksamkeit der Bryologen zu empfehlen.

Bemerkungen: Sanio erklärte es für ein *Harpidium* (Br. Fr. 1887), und stellt es als eine Form zu var. *molle* seines *H. aduncum.* Das ist nach meiner Ansicht durchaus falsch, denn, von allem übrigen abgesehen, entfernt schon die Doppelrippe der Blätter dasselbe von den Harpidien. Die richtige Stellung im System ist noch zu ermitteln.

92. Hylocomium Schimp.

Sehr grosse Erd- und Felsenmoose. Stengel wurzellos, mehr oder weniger regelmässig fiederästig. Blätter starr, glänzend, allseits abstehend oder sparrig, selten etwas einseitswendig, mit schwacher Doppelrippe. Zellnetz sehr schmal linealisch; Blattflügel nicht ausgehöhlt und deren Zellen wenig hervortretend. Die männlichen Blüthen auf den Aesten, die weiblichen auf dem Hauptstengel stehend. Perichätialästchen wurzellos, Perichätialblätter ungefurcht und rippenlos. Kapsel kurz und dick, derbhäutig. Beide Peristome gleich lang, Zähne des äusseren am Grunde zusammenfliessend, Fortsätze des inneren durchbrochen; Wimpern lang, zu 2—3.

A. Pleurozium Sulliv.

Stengel mit zahlreichen Paraphyllien.

388. *H. splendens* Schimp. In grossen, starren, gelblich- oder olivengrünen, glänzenden Rasen. Stengel bis 30 cm lang, kräftig, braunroth, in bogig gekrümmten, gesonderten, jährlichen Spitzensprossen weiterwachsend, mit vielen, grossen, vieltheiligen Paraphyllien, sehr regelmässig doppelt fiederästig; alle Aeste und Zweige dünn, in einer gewölbten Fläche ausgebreitet. Stengelblätter locker dachziegelig, breit eilanzettlich, in eine lange, geschlängelte Spitze auslaufend, etwas querfaltig, am ganzen Rande fein gesägt; Doppelrippe kurz. Astblätter viel kleiner und kürzer gespitzt, mit stärkerer Rippe. Perichätialblätter gross, scheidig, aufrecht, ganzrandig, rippenlos. Stiele meist mehrere aus einem Perichätium, 3—4 cm lang, purpurroth. Kapsel geneigt, dick eiförmig. Deckel gewölbt, mit dickem Schnabel. Ring sehr schmal.

In Wäldern auf der Erde, überall eines der häufigsten Moose. Mai.

Westpreussen: Tuchel (Brick). Schwetz! Konitz (Lucas). Berent! Karthaus! Danzig! Neustadt! Thorn! Strasburg! Marienwerder! Rosenberg! Löbau! Stuhm! Elbing!

Ostpreussen: Osterode! Mohrungen (Kalmuss). Allenstein (Abromeit). Heilsberg (Seydler). Ortelsburg (Abromeit). Pr. Eylau (Janzen). Königsberg Lyck (Sanio). Pillkallen (Abromeit). Braunsberg (Seydler).

β. *fallax* Sanio. Einfach fiederästig, Aeste ziemlich kurz.

Westpreussen: Stuhm: bei Christburg (Ludwig).

Ostpreussen: Lyck: an Abhängen am Lyckfluss (Sanio). Heiligenbeil: im Streitwald (Seydler).

389. *H. umbratum* Schimp. Zweihäusig. In lockeren, starren, dunkel- oder braungrünen Rasen. Stengel bis 20 cm lang, niederliegend, unregelmässig doppelt fiederästig, mit ungleichen, herabgekrümmten Zweigen. Stengelblätter aus herablaufender Basis breit herzförmig, allmählig zugespitzt, tief gefurcht, am ganzen Rande unregelmässig und grob gesägt; Doppelrippe bis zur Mitte reichend. Astblätter kleiner, eiförmig, mit sehr langer Doppelrippe und scharfen Zähnen. Perichätialblätter grösser und breiter, an der Spitze abstehend. Stiel 3—4 cm lang; trocken unten rechts, oben links gedreht. Kapsel geneigt oder horizontal, eiförmig. Deckel kegelförmig. Ring fehlt.

In Wäldern auf erratischen Blöcken, erst einmal und steril gefunden.

Ostpreussen: Osterode: im Hasenberger Walde!

390. *H. brevirostre* Schimp. Zweihäusig. In gelblich- oder bräunlich-grünen, selten reingrünen, etwas starren Rasen. Stengel 10 cm und länger, stark, durch zahlreiche, geschlitzte Paraphyllien fast filzig, bogig niedergestreckt, fast büschelig, einfach fiederästig. Stengelblätter sparrig, etwas hohl, aus abgerundetem Grunde breit herzförmig, plötzlich in eine lange und schmale, gekrümmte Spitze verschmälert, unregelmässig gefurcht, fast am ganzen Rande gesägt; Doppelrippe undeutlich. Astblätter kleiner, eilanzettförmig. Perichätialblätter sparrig abstehend, an der Spitze gesägt. Stiel 3 cm lang, oben gekrümmt. Kapsel horizontal, eiförmig, trocken gefurcht. Deckel hoch kegelförmig, kurz geschnäbelt. Ring schmal. Wimpern mit kurzen Anhängseln.

In Wäldern auf erratischen Blöcken. Zerstreut, an den Standorten zuweilen in Menge. Herbst.

Westpreussen: Karthaus: bei Kolano! Schneidewind! Kalbszagel! und im Mirchauer Forst! Neustadt: im Schmelzthal! bei Gr. Katz! und bei Kl. Katz! Putzig: bei Krockow! und Buchenrode!

Ostpreussen: Osterode: im Döhlauer Wald! und Hasenberger Wald! Königsberg: bei Kl. Heide, Kellermühle und Bladau (Sanio). Lyck (Sanio). Labiau: bei Szerszantinnen!

B. Hylocomium s. str.

Stengel ohne Paraphyllien.

391. *H. squarrosum* Schimp. Zweihäusig. In lockeren, bleich- oder gelblichgrünen Rasen. Stengel 10—15 cm lang, niederliegend oder aufsteigend, einfach gabelig getheilt oder mit mehr oder weniger regelmässig fiederigen, bogig herabgekrümmten, gegen die Spitze verdünnten Aesten. Stengelblätter sparrig, hakenförmig zurückgebogen, aus breit eiförmiger, stengelumfassender Basis in eine sehr lange, schmal lanzettliche Spitze auslaufend, nicht gefurcht, an der Spitze fein gesägt, am Rücken fast ganz glatt; Rippe fehlend oder kurz, doppelt. Blattflügelzellen ziemlich deutlich. Astblätter kleiner, weniger sparrig, an der Spitze schwach gezähnt. Perichätialblätter lang, sparrig, an der Spitze gesägt. Stiel 3 cm lang, trocken rechts gedreht. Kapsel horizontal, dick eiförmig. Deckel gewölbt, kegelig spitz. Ring breit. Wimpern mit kurzen Anhängseln.

In feuchten Wäldern und Gebüschen, auch auf Wiesen. Ueberall gemein. Frühjahr.

Westpreussen: Schwetz! Danzig! Neustadt! Thorn (Nowicki). Strasburg! Marienwerder! Rosenberg! Löbau! Stuhm! Elbing!

Ostpreussen: Osterode! Pr. Eylau (Janzen). Königsberg! Lyck (Sanio). Pillkallen (Abromeit).

392. *H. triquetrum* Schimp. Zweihäusig. In starren, gelbgrünen Rasen. Stengel 10—20 cm lang, kräftig, aufsteigend oder aufrecht, wiederholt gabelig getheilt, fiederig verästelt, mit theils am Ende verdünnten, theils verdickten Aesten. Stengelblätter sparrig, selten etwas einseitswendig, aus breiter, etwas herablaufender Basis breit eiförmig, lanzettlich zugespitzt, etwas gefurcht, fast am ganzen Rande scharf gesägt, am Rücken durch Zähne rauh; Doppelrippe bis zur Mitte reichend. Astblätter kleiner, eilanzettförmig. Perichätialblätter sparrig. Stiel 3—4 cm lang. Kapsel horizontal, dick eiförmig, trocken etwas gefurcht. Deckel gewölbt, mit Warze. Ring schmal. Wimpern mit langen Anhängseln.

In Wäldern und Gebüschen, überall gemein. Frühjahr.

Westpreussen: Tuchel (Grebe). Schwetz! Berent (Casp.). Karthaus! Danzig! Neustadt! Thorn (Nowicki). Marienwerder! Rosenberg! Löbau! Stuhm! Elbing!

Ostpreussen: Osterode! Heilsberg (Casp.). Ortelsburg (Abromeit). Pr. Eylau (Janzen). Königsberg! Lyck (Sanio). Darkehmen (Czekaj). Pillkallen (Abromeit).

393. *H. loreum* Schimp. Zweihäusig. In lockeren, schön grünen oder olivengrünen Rasen. Stengel 10—20 cm lang, niedergestreckt, wiederholt gabelig getheilt, am Ende mit unregelmässig fiederigen, spitzen, oft herabgebogenen und aus der Spitze wurzelnden Aesten. Stengelblätter sehr gedrängt, sparrig, meist sichelförmig einseitswendig, aus tiefgefurchter, eiförmiger Basis sehr lang und schmal zugespitzt; unten undeutlich, oben scharf gesägt; Doppelrippe kaum zu bemerken. Astblätter eipfriemenförmig, weniger gebogen. Perichätialblätter aus halbscheidiger Basis pfriemenförmig zugespitzt, sparrig. Stiel 4 cm lang. Kapsel horizontal, dick eiförmig, trocken gefurcht. Deckel hochgewölbt, mit Warze. Ring schmal. Wimpern mit langen Anhängseln.

In Wäldern auf erratischen Blöcken, aber auch auf der Erde. Bisher bei uns nur in der Nähe der Küste gefunden. Selten fruchtbar. Herbst.

Westpreussen: Karthaus: im Mirchauer Forst (Lützow). Neustadt: bei Kl. Katz! im Schmelzthal! Barlominer Wald! und bei Pretoschin c. fr. (Lützow). Putzig: bei Krockow! und Buchenrode!

Ostpreussen: Königsberg: in der Wilky (Sanio).

Nachtrag.

In den Monaten, die seit der Abfassung meiner Moosflora und während ihres Druckes verflossen, ist mir noch einiges Neue zugegangen, und ich sehe mich daher veranlasst, noch einige Nachträge zu machen.

Seite 10 ist mir ein leidiger lapsus calami passirt; es steht dort *Funaria Mühlenbeckii* statt *Mühlenbergii*, was ich zu verbessern bitte.

Zum allgemeinen Theil.

Herr Oberlehrer S c h a u b e in Bromberg und Herr Aktuar M i l l e r in Posen haben mir ihre Moossammlungen gütigst zur Ansicht übersandt, und so kann ich denn wenigstens einen Anfang zur Vergleichung unserer mit der Moosflora der Provinz Posen machen. Es sind in diesen Sammlungen 8 Lebermoosarten und 158 Laubmoosarten enthalten, also jedenfalls nur ein sehr kleiner Theil des in jener Nachbarprovinz wirklich Vorkommenden, und es sind durchweg Arten, die auch unsere beiden Schwesterprovinzen besitzen. Nachfolgend sind diejenigen angeführt, welche bei uns zu den selteneren, oder wenigstens nicht allgemein verbreiteten gehören:

Sphagnum subnitens. Posen (Miller).
— *fimbriatum.* Bromberg (Schaube).
Pleuridium subulatum. Posen (Miller).
Mildeella bryoides. Posen (Miller).
Hymenostomum microstomum. Posen (Miller).
Dicranum spurium. Bromberg (Schaube).
— *montanum.* Ostrowo (Miller). Bromberg (Prahl).
Pterygoneuron cavifolium. Posen (Miller). Bromberg (Schaube).
Pottia minutula. Schrimm (Miller).
Aloina rigida. Bromberg (Schaube).
Barbula Hornschuchiana. Bromberg (Schaube).
Orthotrichum patens. Bromberg (Schaube).
Encalypta ciliata. Bromberg (Schaube).

Bryum inclinatum. Bromberg (Schaube).
— *uliginosum.* Bromberg (Schaube).
— *erythrocarpum.* Bromberg (Schaube).
— *intermedium.* Bromberg (Schaube).
— *cirrhatum.* Bromberg (Schaube).
— *pallescens.* Bromberg (Schaube).
— *badium.* Bromberg (Schaube).
— *turbinatum.* Bromberg (Schaube).
Mnium serratum. Bromberg (Schaube).
— *Seligeri.* Bromberg (Schaube).
Amblyodon dealbatus. Bromberg (Schaube).
Paludella squarrosa. Bromberg (Schaube).
Bartramia pomiformis. Schrimm (Miller).
Philonotis marchica. Bromberg (Schaube).
— *caespitosa.* Bromberg (Schaube).
Atrichum tenellum. Bromberg (Schaube).
Buxbaumia aphylla. Posen (Miller).
Thuidium delicatulum. Posen und Schrimm (Miller).
Platygyrium repens. Bromberg (Schaube).
Amblystegium radicale. Ostrowo (Miller). Bromberg (Schaube).
— *Juratzkanum.* Bromberg (Schaube).
— *Kochii.* Bromberg (Schaube).
Hypnum hygrophilum. Bromberg (Schaube).
— *tenue β. gracilescens.* Bromberg (Schaube).
— *Sendtneri.* Posen (Miller).
— *lycopodioides.* Posen (Miller).
— *incurvatum.* Bromberg (Schaube).

Zum systematischen Theil.

Folgende neue Arten und neue Standorte sind mir noch bekannt geworden. Die Artnummern sind beibehalten, die neuen Arten haben fortlaufende Nummern erhalten und in der Klammer daneben die Nummer der vorhergehenden Art mit einem b.

Lebermoose.

12. *Metzgeria furcata.*
    Westpreussen: Schlochau (Taubert).
18. *Aneura palmata.*
    Ostpreussen: Osterode (Winter).
19. *Pellia epiphylla.*
    Ostpreussen: Osterode (Winter).

90. **(19 b.)** *Pellia Neeseana* Gottsche. Zweihäusig. Laub niederliegend, wurzelfilzig, länglich keilförmig, 1—3 cm lang, 5—10 mm breit, Ränder flach, wenig aufsteigend, mehr oder weniger röthlich bis bräunlich. Kelch ringförmig bis röhrenförmig, gefurcht, ganz geschlossen oder an der Rückseite mit Schlitz, mit gestutzter Mündung. Haube etwas über den Kelch hervortretend.

Westpreussen : Elbing:.bei Panklau (Janzen).

Bemerkungen : Das als *P. calycina* von diesem Standorte angeführte Moos hat sich schliesslich als diese Art herausgestellt, jener Standort muss also für *P. calycina* gestrichen werden.

20. *Pellia calycina.*

Ostpreussen : Osterode (Winter).

30. *Chiloscyphus pallescens.*

Ostpreussen: Osterode: Rother Krug (Winter).

34. *Lophocolea minor.*

Ostpreussen : Osterode (Winter).

37. *Sphagnoecetis communis.*

Ostpreussen: Osterode: bei Grünort (Winter).

91. (60 b.). *Jungermannia Rutheana* Limpr. In tiefen, schwammigen, fettglänzenden, gelblichgrünen Rasen. Stengel aufrecht, bis 5 cm lang, einfach oder wenig ästig, bis zur Spitze wurzelhaarig. Blätter gross und schlaff, schräg angeheftet, aus breiter Basis schief breiteiförmig, stark unsymmetrisch, die unteren Blätter flach ausgebreitet, die oberen aufgerichtet, alle durch eine flache, mondförmige Bucht in zwei kurze, breite, meist stumpfliche, oben eingeschlagene Lappen getheilt. Zellen in den Ecken stark verdickt. Unterblätter gross, vieltheilig, mit 2—3 langen, schmalen Lappen, die beiderseits mit wimperartigen, eingekrümmten Zähnen besetzt sind. Männliche Blüthen mit fast kreisrunden, aufgerichteten Deckblättern, Antheridien mit wenigen Paraphysen. Weibliche Hüllblätter angedrückt, rund, breit, wellig verbogen, mit spitzen Lappen, an der Basis mit 2—3 rückwärts gekrümmten, langen, wimperartigen Zähnen. Kelch zusammengedrückt oder 3kantig, mit eingedrückter Spitze.

Ostpreussen: Osterode: Sumpf am Rothen Kruge (Winter).

68. *Jungermannia anomala.*

Ostpreussen: Osterode (Winter).

73. *Scapania irrigua.*

Ostpreussen: Osterode: Rother Krug (Winter).

82. *Trichocolea Tomentella.*

Ostpreussen: Osterode: Rother Krug (Winter).

84. *Radula complanata.*

Westpreussen: Schlochau (Taubert).

Laubmoose.

4. Sphagnum Warnstorfii.
Ostpreussen: Osterode: Rother Krug (Winter).

6. Sphagnum fuscum.
Ostpreussen: Osterode: Rother Krug (Winter).

11. Sphagnum squarrosulum.
Ostpreussen: Osterode: Rother Krug (Winter).

12. Sphagnum teres.
Ostpreussen: Osterode: Rother Krug (Winter).

13. Sphagnum squarrosum β. subsquarrosum.
Ostpreussen: Osterode: Rother Krug (Winter).

16. Sphagnum laxifolium.
Ostpreussen: Osterode (Winter).

21. Sphagnum subsecundum.
Ostpreussen: Osterode (Winter).

23. Sphagnum rufescens.
Ostpreussen: Osterode: am Schwarzen See bei Grünort (Winter).

28. Sphagnum compactum.
Ostpreussen: Osterode: am Ochsenbruch (Winter).

54. Dicranella varia.
Ostpreussen: Osterode: bei Leschaken (Winter).

141. Ulota Bruchii.
Westpreussen: Marienwerder: bei Rachelshof (v. Bünau).

142. Ulota crispa.
Westpreussen: Schlochau (Taubert).

144. Ulota crispula.
Westpreussen: Schlochau (Taubert).

151. Orthotrichum stramineum.
Westpreussen: Schlochau: Schönberger Forst (Taubert).

157. Orthotrichum affine.
Westpreussen: Schlochau (Taubert).

164. Orthotrichum gymnostomum.
Ostpreussen: Osterode: am Pausen-See beim Rothen Kruge an *Populus tremula* (Winter).

215. Mnium Seligeri.
Ostpreussen: Osterode: Rother Krug (Winter).

222. Mnium punctatum β. elatum Brid. Stengel bis 10 cm hoch, sehr stark braunfilzig.
Ostpreussen: Osterode: in Brüchen bei Grünort (Winter).
Bemerkungen: Diese sonst noch nicht bei uns gefundene Abart zeichnet sich nicht nur durch ihre Grösse, sondern auch durch den Standort in Brüchen aus, wo die Stammform nicht vorkommt.

260. Buxbaumia aphylla.
Westpreussen: Marienwerder: bei Fiedlitz (v. Bünau).

270. *Neckera pennata.*
   Ostpreussen: Osterode: im Schiesswald (Winter).

277. *Leskea nervosa.*
   Ostpreussen: Osterode: im Schiesswald (Winter).

286. *Thuidium Blandowii.*
   Ostpreussen: Osterode: Rother Krug (Winter).

305. *Brachythecium rivulare.*
   Ostpreussen: Osterode: Schiesswald (Winter).

307. *Brachythecium populeum.*
   Ostpreussen: Osterode: Schiesswald (Winter).

325. *Plagiothecium denticulatum.*
   Westpreussen: Schlochau (Taubert).

331. *Amblystegium subtile.*
   Ostpreussen: Osterode: Schiesswald (Winter).

343. *Hypnum chrysophyllum.*
   Ostpreussen: Osterode: bei Leschaken (Winter).

346. *Hypnum Kneiffii.*
   Ostpreussen: Osterode: Rother Krug (Winter).

357. *Hypnum intermedium.*
   Westpreussen: Schwetz: Cisbusch (Prahl).

361. *Hypnum fluitans γ. pseudostramineum.*
   Ostpreussen: Osterode: bei Grünort (Winter).

373. *Hypnum imponens.*
   Ostpreussen: Fischhausen: Cranz, in den Brüchen am Fichtenhain (Winter).

374. *Hypnum cupressiforme γ. filiforme.*
   Westpreussen: Schlochau: bei Baldenburg (Taubert).

377. *Hypnum Haldanianum.*
   Ostpreussen: Osterode: bei Grünort an morschen Baumstumpfen, zahlreich (Winter).

Register.

Die fett gedruckten Zahlen bezeichnen die Seite, wo die Art,
Gattung oder Familie beschrieben ist, die kleineren, wo sie
gelegentlich erwähnt wird.

Hypnum cordifolium Hedw. 15. **291**.

— Cossoni Schimp. 4. **276**.
— Crista castrensis L. 14. 36. **290**.
— cupres-iforme L. 12. 14. 15. **286**. 303.
— cuspidatum L. 16. 25. 34. **293**.
— elodes Spruce. 4. 11. **269**.
— exannulatum Gümb. **277**.
— falcatum Brid. 4. 11. **283**.
— fallax Brid. 9. 11. **283**.
— fertile Sendt. 4. 9. **285**.
— filicinum L. 16. 17. **282**.
— fluitans Hedw. **278**. 303.
— giganteum Schimp. 16. 24. 25. **292**.
— Haldanianum Grev. 9. **288**. 303.
— hamifolium Schimp. **274**.
— hygrophilum Jur. 11. **268**. 300.
— imponens Hedw. 4. 11. **286** 303.
— incurvatum Schrad. 19. **284**. 300.
— intermedium Lindbg. **276**. 303.
— Kneiffii Schimp. **271**. 303.
— lycopodioides Schwägr. **275**. 300.
— molluscum Hedw. 2. 4. 11. **289**.
— ochraceum Wils. 8.
— pallescens P. d. B. 4. 9. 11. 19. **284**.
— palustre L. **290**.
— polycarpum Bland. **272**.
— polygamum Wils. 16. **270**.

Hypnum pratense Bruch. et Schimp. 28. **288**.

— pseudofluitans (Sanio) **273**.
— purum L. 11. 14. **294**.
— reptile Michx. 15 **285**.
— revolvens Sw. 4. **277**.
— rugosum Ehrh. 8.
— Schreberi Willd. 14. **294**.
— scorpioides L. 16. 20. **281**.
— Sendtneri Schimp. **274**. 300.
— Sommerfeltii Myr. 15. **268**.
— stellatum Schreb. 16. **269**.
— stramineum Dicks 15. 16. **292**.
— tenue (Schimp.) **272**. 300.
— trifarium Web. et M. 4. 11. **293**.
— turgescens Schimp. 19. **295**.
— uncinatum Hedw. **279**.
— vernicosum Lindbg. 9. **275**.
— Wilsoni Schimp. **275**.

Isothecium Brid. **243**.

— myurum Brid. **244**.

Jubuleae **81**.

Jungermannia. L. **61**.

— acuta Lindenb. 7. 10.
— alpestris Schleich. 4. 8. 9. **66**.
— anomala Hook. **70**. 301.
— attenuata Lindenb. 9. 15. **63**.
— barbata Schreb. **61**.
— bicrenata Lindenb. 14. **65**.
— caespiticia Lindenb. 4. **68**.
— crenulata Sm. **68**.
— excisa Hook. **64**.
— exsecta Schmied. 5. 14. **70**.
— Floerkei Web. et M. 4. 8. 9. 10. **62**.
— Hornschuchiana N. a. E. 10.

www.ingramcontent.com/pod-product-compliance
Lightning Source LLC
Chambersburg PA
CBHW020912210326
41598CB00018B/1841